Hanspeter Padrutt

Der epochale Winter

Zeitgemäße
Betrachtungen

Diogenes

Umschlagabbildung:
Caspar David Friedrich
Abtei im Eichwald 1809/10
Schloß Charlottenburg, Berlin
Verwaltung der Staatlichen
Schlösser und Gärten

*Mit Ania
für Duscha und Roman*

Ihr lacht wohl über den Träumer,
Der Blumen im Winter sah?

Wilhelm Müller, Frühlingstraum
(Aus dem Zyklus »Die Winterreise«)

Inhalt

Fehlt den Grünen eine Weltanschauung?

Ein Rundgang durch die Literatur der ökologischen Bewegung mit vielen Fragen

Das überhandnehmende Maschinenwesen

Ein Rundgang durch die Welt der Technik mit vielen Beispielen

Das Lied vom epochalen Winter

Die »Winterreise« von Franz Schubert und Wilhelm Müller, in ungewohnter Weise ertönend

Winston Smith und die Ereignisblume

Die Neusprache und das Wort

Eine Wiese ist eine Wiese

Der tautologische Weg der Phänomenologie

Wenn die Gräser sprossen wollen...

...weht daher ein lauer Wind, und das Eis zerspringt in Schollen, und der weiche Schnee zerrinnt

Anhang

Fehlt den Grünen
eine Weltanschauung?

*Nichtaugenfällige Harmonie ist stärker
als augenfällige.*

Heraklit

Im Jahre 1797 schrieb Friedrich Hölderlin an einen in Paris
lebenden, von den Geschehnissen der Französischen Revolution
enttäuschten Freund: »Ich glaube an eine künftige Revolution
der Gesinnungen und Vorstellungsarten, die alles Bisherige
schamrot machen wird.«[1]

Wir schreiben jetzt das Jahr 1984. Die »grüne Bewegung« hat
in den letzten Jahren immer weitere Kreise erfaßt. Wenn ich hier
von den »Grünen« spreche, so meine ich damit aber nicht eine
politische Partei. »Grüne« will ich all jene nennen, die – quer
durch Parteien und Bekenntnisse hindurch – von der ökologischen Problematik getroffen sind, der Erhaltung der Natur und
dem Schutz der Umwelt eine große Bedeutung beimessen und
versuchen, sich allmählich auch im Alltag darauf einzurichten.

Die grüne Bewegung spricht von »Umdenken« und von
»alternativem Handeln«. Hat die von Hölderlin beschworene
Revolution der Gesinnungen und Vorstellungsarten jetzt vielleicht ihren Anfang genommen? Allerdings warnte Martin Heidegger noch im Jahre 1969: »Die Revolution der Denkart, die
dem Menschen bevorsteht, ist noch nicht vorbereitet, eine
öffentliche Erörterung darüber nicht an der Zeit.«[2] Doch gerade
im Jahre 1969 geschah etwas Bedeutungsvolles.

Man erinnert sich: Millionen saßen damals vor dem Fernseh-
schirm, um zuzusehen, wie sich zwei grotesk vermummte
Gestalten auf einem staubigen Terrain fortbewegten – der

Mensch betrat zum erstenmal den Boden des Mondes. Aber obschon man diese Stunde mit Spannung erwartet hatte, verflog die Begeisterung über den Triumph der Menschheit merkwürdig rasch. Bald erkannte man, daß die Weltraumfahrer nur ein wenig am Rand des Universums gekratzt und dabei den Bereich des menschlichen Zugriffs kaum erweitert hatten. Sobald sie von ihrem Ausflug zurückgekehrt waren, wandte sich auch die Aufmerksamkeit ihrer Zuschauer wieder dem Leben auf der friedlosen Erde zu.

Die Kompliziertheit der Maschinen, die man gebaut hatte, um den Astronauten das zu geben, was auf der Erde so selbstverständlich schien – Luft, Wasser, Nahrung und Unterkunft –, und die Sparsamkeit, die im Raumschiff notwendig wurde (man denke an das Recycling des Urins), schärften jedoch den Blick der Menschen für die Bedingungen des Lebens auf der Erde. Mit einem Mal sprach man vom »*Raumschiff Erde*«.

Mit diesem Raumschiffdenken nahm die grüne Bewegung vor gut fünfzehn Jahren ihren Anfang, auch wenn sich ihre Wurzeln weiterhin verzweigen.[3] Schon bald erschien die berühmte Studie des *Club of Rome*, welche die Menschen aufrüttelte: DIE GRENZEN DES WACHSTUMS. Hier wurde erstmals ein Inventar der beschränkten Ressourcen des Raumschiffs Erde vorgelegt.

Eine Bestandsaufnahme ist freilich keine Weltanschauung. Fehlt den Grünen eine Weltanschauung?

Ich will versuchen, diese Frage zu erörtern, indem ich den *Diskussionen zur ökologischen Problematik* nachgehe, wie sie *in den fünfzehn Jahren von der Mondlandung bis heute (1969–1984)* zu verfolgen waren. Es werden sich dabei zahlreiche neue Fragen ergeben.

Die Mondfahrer hatten die Erde als kleine farbige Kugel im All vor sich gesehen. Das war ihre »Welt-Anschauung«. Und im Hinblick auf die beschränkten Vorräte auf dieser Kugel sprach man vom Raumschiff Erde, von einer Weltmaschine gewissermaßen. Damit lag es auch nahe, diese Maschine in einem verkleinerten Modell abzubilden, um ihre Funktionen darzustellen: in einem sogenannten *Weltmodell.*

Wissenschaftlich-technische Modelle vereinfachen die Wirklichkeit im Hinblick auf einen bestimmten Zweck. So wird bei einer Modelleisenbahn alles verkleinert nachgebildet, damit man mit ihr spielen kann. Das Weltmodell seinerseits dient der rechnerischen Planung der Zukunft. Daher braucht es keine maßstabgetreue Wiedergabe; Zahlen und Kurven genügen. Die Welt wird reduziert auf mathematisch faßbare Quantitäten, welche ein Computer auswerten kann. Das Weltmodell ist ein Computermodell.

Im Bericht *»zur Lage der Menschheit«,* den der *Club of Rome* 1972 unter dem Titel DIE GRENZEN DES WACHSTUMS veröffentlichte, erschienen jene berühmten Kurven des Schreckens, die ein Computer berechnet hatte für den Fall, daß Weltbevölkerung, Industrialisierung und Umweltverschmutzung im selben Ausmaß zunehmen wie bisher. Der Computer »simulierte« einen katastrophalen Zusammenbruch im Laufe der nächsten hundert Jahre.

Der Bericht wurde weitherum gehört und sogleich heftig diskutiert. Dabei übersah man zuweilen, daß er keine Vorhersage und keine Weissagung war, sondern eine simple Hochrechnung. Wie alle Hochrechnungen ist auch die des Weltmodells an Bedingungen geknüpft: Wenn die Studie die mathematisch faßbaren Dinge richtig erfaßt hat (z. B. die Größe der Kupfervorräte der Erde) und wenn sie die bestehenden Wechselbeziehungen zwischen diesen Dingen richtig eingesetzt hat (z. B. zwischen Kupferverbrauch und Industrieproduktion) und wenn es schließlich mit diesen Dingen so weitergeht wie bisher, dann – geht es in absehbarer Zeit nicht mehr so weiter. In diesen Bedingungssätzen verbirgt sich natürlich einiges, wodurch eine »Computersimulation« der Zukunft grundsätzlich in Frage gestellt wird: etwa die Kompliziertheit der Welt, welche sich jeder Reduktion auf ein Modell entzieht. Dann die Fragwürdigkeit der »Extrapolation« aus der Vergangenheit auf die Zukunft.

Und schließlich die Unberechenbarkeit des Menschen. Der Zweite Weltkrieg mit allen nachträglich berechenbaren Konsequenzen konnte durch einen einzelnen Menschen ausgelöst werden; dieselbe Möglichkeit besteht auch für einen dritten. Aber auch die belebte und unbelebte Natur kann uns mit Unvorhergesehenem überraschen. Wer garantiert uns, daß nicht morgen die Mutation eines Virus eine Weltepidemie auslöst, die alle Prognosen über den Haufen wirft? Welcher Geologe könnte uns versichern, daß nicht plötzlich Berge versetzt werden, die alle Zukunftsplanung unter sich begraben?

Dennoch sind solche Hochrechnungen nicht sinnlos, wenn sie uns die Augen öffnen für den ungeheuren Raubbau, den wir an den Schätzen der Erde betreiben, für die Ausbeutung und Vergewaltigung der Natur – auf Kosten der übrigen Lebewesen und auf Kosten unserer geborenen und ungeborenen Nachkommen – und für den verschwenderischen Leerlauf, in welchem unsere Industriegesellschaft rotiert. Die Studie des *Club of Rome* hat gewiß in diesem Sinne gewirkt, als Aufruf zur Schonung der Natur, zur Bremsung von Industrieproduktion und Bevölkerungswachstum, zu Umsicht und Bescheidung.

Noch unmißverständlicher ist die Botschaft jener Studie, welche fünf Jahre später vom Präsidenten der USA, Jimmy Carter, in Auftrag gegeben wurde: GLOBAL 2000. DER BERICHT AN DEN PRÄSIDENTEN. Als der Präsident den Bericht im Jahre 1980 erhielt, mußte er freilich schon bald das Feld einem Manne räumen, der nicht so wirkt, als würde er einen Bericht von eintausendvierhundert Seiten auch lesen.

Die Hochrechnung eines gewaltigen Datenmaterials, das von zahlreichen Mitarbeitern innerhalb und außerhalb der Regierungsämter der Vereinigten Staaten gesammelt worden war, führte bekanntlich zu einem sehr beunruhigenden Ausblick auf das Jahr 2000.

Wenn sich die gegenwärtigen Entwicklungstrends fortsetzen, hält der Bericht in trockener Sprache fest, wird die Weltbevölkerung um 50% auf mehr als 6 Milliarden zunehmen; die Kluft zwischen den reichen und den hungernden Nationen wird sich weiter vertiefen, indem das in den Industriestaaten lebende Viertel der Weltbevölkerung weiterhin mehr als drei Viertel der Rohstoffe verbraucht, während in gewissen Regionen das Wasser und der landwirtschaftlich nutzbare Boden immer knapper werden. In den Industrieländern werden Boden und Ernte vom sauren Regen bedroht, und in der Dritten Welt werden die Wälder durch das Abholzen um fast die Hälfte dezimiert. Den Ökosystemen der Küstengebiete, welche für die Mehrheit der nutzbaren Fischarten lebensnotwendig sind, droht die Zerstörung. Die Ausrottung von Pflanzen- und Tierarten nimmt in dramatischer Weise zu; auch Arten, die eines Tages für die Ernährung der Menschheit von großer Bedeutung sein könnten, sind gefährdet: wildwachsende Getreidesorten zum Beispiel, die gegen Schädlinge resistenter sind als die heute viel verwendeten Hochertragssorten. Gifte und radioaktive Abfälle werfen immer häufiger Gesundheits- und Sicherheitsprobleme auf, und schließlich wird sich auch das Klima entscheidend verändern, dies allerdings vielleicht »erst« in der Mitte des einundzwanzigsten Jahrhunderts. Dabei betonen die Autoren von GLOBAL 2000 immer wieder, daß ihre beklemmenden Resultate vermutlich noch viel zu optimistisch sind.

»Die Wüste wächst...«, lautet ein unheimlicher Stabreim in Nietzsches ALSO SPRACH ZARATHUSTRA.[4] GLOBAL 2000 zeigt es mit geographischen Karten.

Was die Klimaveränderung betrifft, so hat eine 1983 erschienene Publikation der Nationalen Schweizerischen UNESCO-Kommission, die sich mit dem »Treibhauseffekt« des zunehmenden Kohlendioxyds in der Atmosphäre befaßt, ernsthafte klimatische Folgen schon für den Beginn des nächsten Jahrhunderts vorausgesagt. Ungewohnte Wirbelstürme, Überschwemmungen und Dürrekatastrophen und vor allem die allmähliche Überflutung der Meeresküsten durch das Schmelzen des Polareises seien früher zu erwarten, als man noch vor wenigen Jahren angenommen habe.[5] Dies sagt sich leichthin, aber es bedeutet für manche Hafenstadt den Untergang. Und wohl auch eine neue Völkerwanderung.

Die Studie GLOBAL 2000 hat das gegenwärtige Waldsterben in Europa noch nicht einmal vorausgesehen. Sie erwähnt lediglich die Möglichkeit, daß der saure Regen das Wachstum der Wälder in Nordeuropa hemmen könnte.[6] Inzwischen ist im tschechischen Erzgebirge der Wald abgestorben, und in Mitteleuropa sind die Wälder bis in die abgelegensten Alpenregionen sehr krank. GLOBAL 2000 war tatsächlich noch viel zu optimistisch. Vielleicht waren auch die Daten aus dem Ostblock zu wenig ergiebig. Denn eigentlich war das tschechische Waldsterben schon vor fünf Jahren alarmierend. Der im Westen erschienene geheime Bericht eines hohen Funtkionärs zeigte schon 1979, wie prekär die ökologische Situation auch im Sowjetbereich, trotz offizieller Beschönigung, ist.[7]

Doch die GRENZEN DES WACHSTUMS und GLOBAL 2000 sind, wie gesagt, Hochrechnungen, nicht Prophezeiungen. Wer sie studiert, muß freilich immer wieder an zukünftige Hungersnöte und Kriege denken, auch wenn er den Autoren glauben will, daß sie eine »globale« Lösung der Probleme für möglich halten, wenn »weltweit mutige und entschlossene neue Initiativen« ergriffen werden.[8]

Die beiden Bücher sind ehrliche Bestandsaufnahmen und eindringliche Aufrufe zu solchen Initiativen. Indem ihre Hochrechnungen auf Weltmodellen basieren, verfestigen sie jedoch die Ansicht, daß die Welt tatsächlich eine Maschine sei, die sich in einem Modell abbilden läßt. Ist die Erde wirklich ein Raumschiff?

Der amerikanische Sozialwissenschaftler und Historiker *Lewis Mumford,* der für die Ökologiebewegung in Amerika große Bedeutung gewann, hat in seinem monumentalen Werk MYTHOS DER MASCHINE schon einige Jahre vor der Mondlandung die Weltraumfahrt in einen nahen Zusammenhang mit dem Heraufkommen des »mechanisierten Weltbildes« zu Beginn der Neuzeit gebracht.

Zu nennen sind hier vor allem Nikolaus Kopernikus, Johannes Kepler und Galileo Galilei – Francis Bacon, René Descartes und Gottfried Wilhelm Leibniz – Robert Boyle und Isaac Newton. Kopernikus wurde im Jahre 1473 geboren und Newton starb 1727. In diesen zweieinhalb Jahrhunderten ist die Welt für Philosophen und Wissenschaftler eine *Weltmaschine* geworden.

Kopernikus und Kepler bemühten sich um die Gesetze der »Himmelsmaschine«. Kepler hat, so berichtet Mumford, diese Maschine mit einem Uhrwerk verglichen. Kepler soll auch in einem Werk mit dem Titel SOMNIUM (Traum) den Mondflug vorhergesagt haben. Ausdrücklich verglich er in diesem Traum die Mondfahrt mit den Entdeckungsreisen der Seefahrer, und ausdrücklich stellte er seine astronomischen Bemühungen in den Dienst der zukünftigen Astronauten.[9]

Mit Kepler, Galilei und Newton kam die neuzeitliche naturwissenschaftliche Methode, die alles auf meßbare und berechenbare Quantitäten reduziert, zum Durchbruch. Gewicht, Distanz und Zeitdauer waren einer genauen Messung am leichtesten zugänglich; die Reduktion auf Masse und Bewegung begann. Mumford nennt diese Reduktion Galileo Galileis »wahres Verbrechen«. So wurde die Natur zu einem Bewegungszusammenhang von Massenpunkten in einem dreidimensionalen geometrischen Raum, ablaufend in einer eindimensionalen, als »Zeitachse« vorgestellten Zeit. Die Dinge wurden zu geometrischen Körpern von bestimmter Ausdehnung. »Man muß sich diese ›Gleichschaltung‹ von Sternen, Steinen, Seen, Blumen, Hunden, Maschinen, Kleidern, usw. einmal vergegenwärtigen«, meinte *Helmut Holzhey* kürzlich in einem Vortrag.[10] Der dürre, an und für sich wenig plausible Reduktionismus aber gewann seine »Bestätigung« durch die schlagenden Erfolge der maschinellen Mechanik.

Francis Bacon war der Einpeitscher der neuen experimentell vorgehenden Wissenschaft und Isaac Newton ihr Vollstrecker. René Descartes aber brachte die philosophische Grundlage. Im Zweifelssturm der heraufkommenden Neuzeit suchte er nach unbezweifelbarer Gewißheit (certitudo). Unbezweifelbar gewiß erschien ihm einzig der zweifelnde menschliche Geist selbst. Ich denke – zweifle – ich bin (cogito ergo sum). In dieser Selbstgewißheit wurde der menschliche Geist, die denkende Sache (res cogitans), zum einzigartigen, allem anderen zugrunde liegenden Subjekt; dem gegenüber wurde alles andere zum Objekt, zum Gegenstand. Es begann die Herrschaft des neuzeitlichen, die Objekte vor sich hinstellenden Subjekts, der *objektivierende Subjektivismus*. Die Selbstgewißheit des Subjekts wurde unerschüttertes Fundament (fundamentum inconcussum) der Wahrheit. Nahe an die Selbstgewißheit des Subjekts kam für Descartes die Gewißheit der Mathematik: Wahr ist das klar und deutlich (clare et distincte) Erfaßte. Am klarsten und deutlichsten erfaßbar, am exaktesten meßbar ist die geometrische Ausdehnung der Dinge. Die denkende (Mathematik verstehende) Sache (res cogitans) stand nun der ausgedehnten Sache (res extensa) gegenüber. Die ausgedehnte Sache aber, die meß- und berechenbare Natur, wurde von Descartes ausdrücklich maschinenhaft vorgestellt. Selbst die Lebewesen, den menschlichen Körper eingeschlossen, interpretierte er nun im Prinzip wie ein Uhrwerk.[11]

In ähnlicher Weise bezeichnete Robert Boyle den menschlichen Körper als »lebenden Automaten«, und die Welt nannte er »fabric of the world«.[12]

Leibniz schließlich verwahrte sich zwar dagegen, daß die künstlich hergestellten Maschinen so ohne weiteres mit den natürlichen Dingen gleichgesetzt wurden; zu groß war seine Ehrfurcht vor der Erhabenheit der Schöpfung. Dennoch nannte auch Leibniz die Lebewesen »Maschinen der Natur«.[13]

Der Begriff machina mundi, Maschine der Welt, läßt sich allerdings schon einige Jahrhunderte früher nachweisen.[14] Aber erst die Neuzeit versteht diese Welt-machina nun auch wirklich mechanistisch.

Ist die Erde ein Raumschiff? Ist die Welt wirklich eine Maschine, die sich in einem Weltmodell abbilden und simulieren läßt?

Kann den Grünen eine Welt-Anschauung genügen, welche die Welt als Maschine anschaut?

Zu den unabdingbaren Ressourcen eines Raumschiffes gehört die sogenannte *Energie*. Ob der Treibstoff zur Überwindung der Erdenschwere genügt, ob der Brennstoff, die Isotopenbatterie oder das Sonnenlicht zum Betriebsunterhalt des Raumschiffes ausreicht – alles ist eine Frage der Energie. Ist es ein Zufall, daß der Energiebegriff erst im Jahrzehnt nach der Mondlandung in den allgemeinen Sprachgebrauch getreten ist? Ehedem sprach man doch noch von Kohle, Holz und Gas, von Wasserkraft, Petrol und Benzin. Doch als nun im Jahre 1973 das Benzin knapp wurde, hieß es, eine Energiekrise sei ausgebrochen. Und alsbald erhob man auch die Forderung, Energie zu sparen. Zugleich entbrannte manchenorts eine leidenschaftliche Diskussion um die Höhe des zukünftigen Energiebedarfs und um die Art und Weise seiner Deckung, insbesondere um die Problematik der Atomenergie.

Gegner und Befürworter der Atomenergie waren sich dabei völlig einig im Gebrauch des Wortes Energie. Unsere Umgangssprache braucht das Wort zwar noch in doppelter Bedeutung: im physikalischen und im psychologischen Sinne. Der psychologische Energiebegriff meint soviel wie Tatkraft, Leistungsvermögen; energisch nennt man ein Verhalten von gespanntem und entschiedenem Schwung. Der physikalische Energiebegriff wird definiert als physikalisches Arbeitsvermögen. Er begegnet uns im Alltag vor allem im Zusammenhang mit Produktion und Verbrauch, mit Verschwenden und Sparen, und im Zusammenhang mit den entsprechenden Kosten.

Der physikalische Energiebegriff hat in den letzten Jahren deutlich überhandgenommen. Doch ist dieser Gebrauch so selbstverständlich? Ist es so selbstverständlich, daß das Licht und die Wärme der Sonne, der Sturz des Bergbachs und das Strömen des Flusses, das Tosen des Windes und das Feuer von Holz und Kohle, daß auch das Ziehen eines Pferdes, die Spannung einer Feder, die Kraft eines Magneten und einer stromdurchflossenen Drahtwicklung – daß dies alles auf den Begriff der Energie reduziert wird? Noch vor wenigen Jahren erhielt man in der Stadt Zürich eine Rechnung für elektrischen Strom, gemessen in Kilowattstunden, und eine Rechnung für Gas, gemessen in

Kubikmetern. Heute gibt es nur noch eine Energierechnung, und beides, Gas und Strom, wird in Kilowattstunden angegeben. Eine Belanglosigkeit?

Alles wird über den Leisten des Energiebegriffs geschlagen – aber ist wirklich so klar, was Energie überhaupt heißt? Wie manche physikalischen Grundbegriffe läßt sich der Energiebegriff präzis definieren im Hinblick auf sein Verhältnis zu anderen physikalischen Grundbegriffen und im Hinblick auf die allseitige Verrechnung. Doch wie bei manchem physikalischen Grundbegriff stehen die Präzision der Definition und die quantitative Exaktheit in einem seltsamen Kontrast zur geistigen Leere und Verschwommenheit des Begriffs.

Energie ist Arbeitsvermögen; Arbeit ist Kraft mal Weg oder Leistung mal Zeit; Kraft ist Masse mal Beschleunigung; Beschleunigung ist Geschwindigkeit pro Zeit; Geschwindigkeit ist Weg pro Zeit. Die Energie wird gemessen in Joule und Kilowattstunden (oder in Elektronvolt), und 1 Joule ist 1 Wattsekunde oder 1 Newtonmeter und damit 1 Quadratmeterkilogramm pro Quadratsekunde (oder 6,24 Millionen Teraelektronvolt). Nur eben: Was ist Zeit, was ist Weg und Bewegung, was ist Materie? Was ist also Energie?

Kann den Grünen die Forderung, Energie zu sparen, wie sie in den vergangenen fünfzehn Jahren immer vernehmlicher erhoben wurde, genügen? Die Berechtigung der Forderung ist bei dieser Frage absolut unbestritten. Wir müssen Energie sparen, wenn wir uns und unseren Kindern eine Zukunft offenhalten wollen. Aber kann es der Umweltschutz bei einem Begriff wie dem Energiebegriff bewenden lassen, der in seinem eigentlichen Gehalt so dunkel ist und der eine ganze Welt auf Kilowattstunden reduziert?

Kann den Grünen eine physikalisch reduzierende Welt-Anschauung genügen?

Die Reduktion auf den Energiebegriff ist eine neuere Variante des bereits erwähnten naturwissenschaftlichen, physikalischen

Reduktionismus, der alles auf das zahlenmäßig Faßbare, auf das Meßbare reduziert. »Wirklich ist, was sich messen läßt«, soll ein moderner Physiker erklärt haben, in radikaler Konsequenz.[15]

Dazu hat freilich schon Mephistopheles in Goethes FAUST gesagt:

> Daran erkenn' ich den gelehrten Herrn!
> Was ihr nicht tastet, steht euch meilenfern,
> Was ihr nicht faßt, das fehlt euch ganz und gar,
> Was ihr nicht rechnet, glaubt ihr, sei nicht wahr,
> Was ihr nicht wägt, hat für euch kein Gewicht,
> Was ihr nicht münzt, das, meint ihr, gelte nicht![16]

Ist wirklich nur wirklich, was sich messen läßt?

Nahe beim energiebewußten Raumschiffdenken mit seiner Verrechnung knapper Bestände liegt eine wirtschaftliche Betrachtungsweise. Den Begriff Raumschiff Erde hat denn auch ein Ökonom, Kenneth E. Boulding, geprägt. Bald wurde die Forderung nach einer Umweltökonomie erhoben, welche nicht nur den traditionellen Kreislauf von Produktion und Konsum berücksichtigt, sondern – wie bei einem Raumschiff – auch die Reserven (Rohstoffe) und die Belastung durch die Abfälle in die Rechnung miteinbezieht. Eine ökologische Buchhaltung und dieser Buchhaltung entsprechende gesetzliche und steuerliche Maßnahmen sollten die Wirtschaft des Raumschiffes Erde so verbessern, daß die Bedürfnisse der Menschen »durch den Einsatz von *möglichst wenig* Güterverbrauch befriedigt werden«, wie *Bruno S. Frey* in seiner Publikation über UMWELTÖKONOMIE 1972 schrieb.[17]

Die traditionelle Wirtschaftswissenschaft wurde dabei immer fragwürdiger, insbesondere ihr Fetisch, das sogenannte Bruttosozialprodukt, dessen Zunahme ein Wirtschaftswachstum anzeigen soll. Das Bruttosozialprodukt eines Landes ist die Summe (nicht das Produkt) aller im Laufe eines Jahres erzielten

Löhne und Gewinne oder getätigten Käufe von Gütern und Dienstleistungen (insofern sie nicht im Produktionsprozeß selbst verbraucht werden). Daher steigt das Bruttosozialprodukt auch, wenn mehr Verkehrsunfälle mehr Spitalbehandlungen notwendig machen, und es sinkt, wenn mehr Menschen Kartoffeln statt Rasen pflanzen und sich damit selber versorgen. Auf die Absurdität dieses Gradmessers des »Wohlstandes« eines Volkes, der weder die sozialen Kosten noch den informellen Bereich berücksichtigt, wurde nun mehr und mehr hingewiesen, zum Beispiel von *James Robertson* und von *Alois Steiger*. Auch wurde deutlich gezeigt, wie ineffizient und verschwenderisch unsere Industriegesellschaft wirtschaftet.

So stellte der britische Ökonom *E. F. Schumacher* 1973 in seinem berühmten Buch DIE RÜCKKEHR ZUM MENSCHLICHEN MASS, SMALL IS BEAUTIFUL, den Leerlauf des abendländischen Industriesystems bloß, in welchem fünf Prozent der Weltbevölkerung fast die Hälfte der primären Quellen an Rohstoffen und Energie verbrauchen[18].

Die Produktions- und Konsummaschinerie der Industrieländer verschlingt die Rohstoffquellen der Welt, verwüstet die Erde, erfordert ein immenses Verkehrsaufgebot und hinterläßt einen gewaltigen Berg von Abfällen – wofür? Dafür, daß die Menschen dieser Länder schlecht und recht leben können, in einigen Belangen vielleicht etwas besser als früher, in anderen, wesentlichen Belangen jedoch schlechter –, während die Mehrheit der Weltbevölkerung auf eine Hungersnot von apokalyptischem Ausmaß zusteuert. Man hat zwar gesagt, die Weltwirtschaft zeichne sich dadurch aus, daß die Reichen immer reicher und die Armen immer ärmer würden; doch will mir scheinen, daß beide ärmer werden, die Reichen allmählich und die Armen rascher.

Oft zitiert wird in diesem Zusammenhang *Ivan Illichs* Rechenübung zur sogenannten Mobilität des reichen Teils der Weltbevölkerung: Der Amerikaner bewegt sich mit dem Auto durchschnittlich 10000 km pro Jahr. Seinem Auto widmet er mindestens 1500 Stunden pro Jahr (Fahren, Parkieren, Reparieren, Geld verdienen für das Auto, für die Versicherung, usw.). Die durchschnittliche Geschwindigkeit, mit der sich der Autofahrer fortbewegt, beträgt demnach höchstens 6 km/h.[19] Sie ist niedriger als beim den Autogebrauch kompensierenden Jogging.

Der unsere Welt in zunehmendem Maße beherrschende industrielle Apparat verwandelt nach der Meinung von Illich die ganze Welt schließlich in ein ungeheures Einkaufszentrum und in eine endlose Autobahn. Und außerdem in eine alle Lebensbereiche durchwuchernde Schulanstalt und in ein riesiges Krankenhaus.

Immer vernehmbarer wird der Wirtschaft unserer modernen Industriegesellschaft die Forderung nach einer *alternativen Wirtschaftsform* gegenübergestellt. Der Bericht DIE GRENZEN DES WACHSTUMS riet bereits zur Geburtenkontrolle, zum Verursacherprinzip und zur Wiederverwertung von Abfällen (Recycling). Und E. F. Schumacher forderte mit seiner Parole SMALL IS BEAUTIFUL auf zur Dezentralisierung in allen Wirtschaftsbereichen. Zwar suchte er einen mittleren Weg zwischen reiner Planwirtschaft, die zur Diktatur führen muß, und einem absolut freien Unternehmertum, das im Chaos endet. Doch wichtiger als die Frage, ob eine Organisationsform privat oder staatlich sei, war ihm die Frage nach ihrer Größe. Denn »klein ist schön« und Dezentralisierung bedeutet in der Regel Freiheit. Schumacher prägte auch das Wort vom qualitativen Wachstum, das er dem quantitativen gegenübersetzte, und er forderte vor allem eine Technologie mit menschlichen Zügen, eine sanfte oder mittlere Technologie (in der Mitte zwischen primitiver Technik und Großtechnologie), welche die Erkenntnisse der neuzeitlichen Naturwissenschaft zwar berücksichtigt, sich aber abkehrt von der Maßlosigkeit und Gewalttätigkeit unserer Technik. Eine solche Technologie würde die Menschen nicht arbeitslos machen, sondern gutes Werkzeug für sinnvolle Arbeit bereitstellen und der Dritten Welt helfen, anstatt ihr Elend zu vergrößern.

Ähnliches postulierte gleichzeitig (im Jahre 1973) Ivan Illich, wenn er konviviales, also lebensgerechtes Werkzeug für eine konviviale Gesellschaft forderte. Eines der zahlreichen nicht

konvivialen Werkzeuge der letzten Jahrzehnte ist zum Beispiel
das Automobil. Das Auto stört nach Illich das Gleichgewicht des
Lebens allein schon durch seine übertriebene Geschwindigkeit.
Seine zunehmende Herrschaft zerstört die Natur und die
gewachsenen Dörfer und Städte. Zugleich entwickelt sie sich zu
dem, was Illich ein »radikales Monopol« nennt: Wenn das Auto
manchenorts das einzige Mittel der Fortbewegung und des
Warentransports geworden ist, wenn es Fußgängern und Rad-
fahrern die Straße zur Hölle macht, die Eisenbahn in die Pleite
treibt und die Siedlungsweise nach seinen Bedingungen verändert. Sachzwänge nennt man das heute. Sie herrschen relativ
unabhängig vom politischen System. Autobahnen sind immer
zerstörerisch, ob sie nun von der Mafia, dem obersten Sowjet
oder der Appenzeller Landsgemeinde kontrolliert werden.

Der Einfluß von Schumacher und Illich auf die grüne Bewegung
ist unverkennbar und weiterum nachzuweisen. James Robertson hat 1978 in seinem Buch DIE LEBENSWERTE ALTERNATIVE
(THE SANE ALTERNATIVE) die Grundzüge einer alternativen,
»gleichgewichtigen« Ökonomie zusammengefaßt: Eine Rich-
tungsänderung vom Wirtschaftswachstum zum ökonomischen
Gleichgewicht und zur wirtschaftlichen Entinstitutionalisierung
zeichnet sich ab. Wie jedes ordentlich geführte Unternehmen
soll die gleichgewichtige Ökonomie ihren laufenden Bedarf
durch Einkommen und nicht durch Rückgriffe auf das Kapital
bestreiten. Die gleichgewichtige Ökonomie kann sich auf selbst-
erneuernde Energiequellen – wie Wind, Wasser, Sonne oder
natürliche Vegetation – verlassen und nicht auf solche, die sich
erschöpfen oder Abfallprobleme mit sich bringen. Die Landwirtschaft muß zur Selbsterneuerung der Fruchtbarkeit (biologi-
scher Landbau) zurückkehren und die Industrie zur Herstellung
langlebiger, reparierbarer und wiederverwendbarer Produkte.
Die Selbstversorgung der einzelnen Haushalte, Gemeinden und
Länder sollte in einer dezentralisierten, demokratischen »Small-
is-beautiful-Ökonomie« zunehmen, und die weltweite Verstäd-

terung sollte sich verlangsamen oder sogar zurückbilden. Die starren Grenzen zwischen Arbeits- und Freizeit würden sich dabei wohl verwischen, und es könnte sich zusehends eine zweigeteilte Dual-Ökonomie ausbilden, deren institutioneller Teil in bezahlter Arbeit und deren informeller Teil in Geschenk- und Tauschwirtschaft bestünde. Mit der Zeit kann dann auch der institutionelle Teil demokratischer werden. Kurz: Die Wirtschaft, dieser verlorene Sohn, kehrt nach Hause zurück. So weit James Robertons Entwurf einer *»vernünftigen menschlichen und ökologischen Zukunft«*, die irritierenderweise VMÖ-Zukunft genannt wird (im englischen Original heißt das – sane, human, ecological – SHE-Future; die Übersetzung raubt der Abkürzung auch die feministische Pointe).

In eine ähnliche Richtung weisen der französische Publizist *André Gorz* mit seinem »ökologischen Realismus« und viele andere Stimmen mehr. Kürzlich ist im Auftrag des Bundes für Umwelt und Naturschutz Deutschland e. V. ein breit angelegtes Gemeinschaftswerk verschiedener Ökonomen (Herausgeber: Hans Christoph Binswanger) erschienen, welches die Herausforderung der Ökonomie durch die Ökologie in kompetenter Weise aufnimmt.[20]

So widersprüchlich oder gar chaotisch manche grünen Manifestationen auch erscheinen mögen, die VMÖ-Zukunft ist, von ihrem schrecklichen Namen abgesehen, wohl die einzig denkbare Möglichkeit einer lebenswerten Zukunft angesichts der unbestreitbaren Grenzen des Wachstums, wenn man weder auf eine Katastrophe setzen will noch auf eine rigorose Weltdiktatur und wenn man jenen Propheten mißtraut, welche die Lösung unserer Probleme in einem nochmaligen technischen Durchbruch mit Kolonialisierung des Weltraums, alles durchdringender elektronischer Datenverarbeitung, genetischen Eingriffen und mit unbeschränkter Energieproduktion durch Atomkernverschmelzung sehen.

Immerhin läßt auch die Debatte über eine alternative Ökonomie manche grundsätzliche Frage offen, die vielleicht eine eingehende Erörterung verdiente. So muß auch eine gleichgewichtige Umweltökonomie mit Zahlen rechnen. Auch sie muß erst einmal alles auf Zahlenwerte reduzieren. Zwar kritisiert E. F. Schumacher an der klassischen Wirtschaftswissenschaft, daß sie alles und jedes auf seinen Geldwert und auf abstrakte Zahlen hin reduziert. Aber kann eine Wirtschaftswissenschaft überhaupt anders? Muß nicht auch eine Ökonomie mit ökologischer Buchhaltung ausschließlich mit Soll und Haben rechnen? Was kostet ein Gramm Ozon in der Atmosphäre, das wir mit einem Haarspray zerstören? Was kostet eine Stunde ohne Lärm? Die Frage ist eigentlich kaum absurder als die Frage: Was kostet ein Quadratmeter Boden?

Kann den Grünen eine Welt-Anschauung der Krämer genügen, welche alles auf den Geldwert reduziert? Sollte die Ökonomie nicht stets eine Hilfswissenschaft sein, nicht das Fundament? Hängt dann aber ein Begriff wie qualitatives Wachstum nicht ziemlich in der Luft?

Woher kommt eigentlich die Unterscheidung Qualität/Quantität? Wohl aus der Philosophie, aus der lateinischen Übersetzung von Aristoteles. Und die philosophische Unterscheidung – wo hat denn sie ihre Wurzeln? Könnte es sein, daß sie ihrerseits im Alltag gründet, zum Beispiel gerade in der Sprache des griechischen Handels? Wieviel Stoff willst du von welcher Farbe kaufen?

Und das konviviale Werkzeug von Illich – sind das Auto und gar die Schule und die Heilkunst wirklich nur Werkzeuge? Paßt nicht vielleicht gerade diese Bezeichnung zum ökonomischen Denken der Industriegesellschaft, die für alles und jedes ihre Mittel und Instrumente einsetzt? Und das Gleichgewicht – erinnert nicht auch das an die Waage des Kaufmanns?

Mit diesen Einwänden will ich wiederum in keiner Weise die ökologische Ökonomie diskreditieren. Ich frage mich nur, ob sie nicht einer Erörterung bedürfen.

Die Erde als riesige Maschine mit ihren Beständen, die buchhalterisch verrechnet werden müssen –, wer oder was soll diese ungeheure Rechnung bewältigen, wenn nicht der Computer. Es war nur folgerichtig, daß die Umweltdebatte früh vom Computerdenken beherrscht wurde. Überall in der Natur entdeckte man nun »Rückkoppelungen« (feedbacks), wie man sie von der Radio- und Regeltechnik her kannte. Der Heizkessel wärmt ein Heizungssystem auf, und die Aufwärmung bewirkt über den rückgekoppelten Thermostat-Regelkreis, daß der Kessel ausgeschaltet wird. So bleibt das »System« im gleichbleibenden Zustand, in der »Homöostase«. Nur daß wir es in der Natur nicht nur mit *einem* Regelkreis zu tun haben, sondern mit unzähligen, die untereinander zu einem großen »Netzwerk« verknüpft sind.

Damit sind bereits vier wichtige Begriffe der computergerechten, kybernetischen Betrachtungsweise genannt: Feedback, Homöostase, System und Vernetzung. Unsere Welt ist nach *Frederic Vester »ein vernetztes System«.* Dieser Begriff ist heute – wie der Begriff »Energie« – drauf und dran, in die Alltagssprache einzugehen. Vielenorts fordert man schon »vernetztes Denken« und meint damit, daß man etwas im Zusammenhang sehen muß. Und statt von Dezentralisierung spricht man jetzt von »kleinen Netzen«.

Ein System besteht nach Vester aus verschiedenen Teilen, die in einer bestimmten, geordneten Weise so zusammenhängen und aufeinander einwirken, daß das Ganze etwas völlig anderes ist als die einzelnen Teile. Jedes System besteht aus Teilsystemen und ist zugleich Teil eines größeren. Jedes Atom ist ein System, jedes Molekül, jede lebende Zelle, jedes Lebewesen, auch ein Wald und ein See und die ganze »Biosphäre« und auch eine Maschine und eine Fabrik. Geschlossene Systeme gibt es nach Vester nur in der Theorie, in der Realität sind sie alle offen, mit anderen vernetzt und »dynamisch«, im »Fließgleichgewicht« mit der übrigen Welt. Die einzelnen Zusammenhänge – die Schnüre im Netzwerk – sind Wirkungen und Wechselwirkungen, die sich, immer nach Vester, in mathematischen Funktionen angeben lassen, zum Beispiel in »linearen« und »nichtlinearen« Beziehungen. Eine bekannte nichtlineare Beziehung ist etwa die Exponentialfunktion (exponentielles Wachstum). Rückwirkungen können »positiv« oder »negativ« sein (Aufschaukeln und Abschaukeln), wobei oft gerade eine sogenannte »positive« Rückkopplung verheerende Folgen haben kann.

Mit diesen Denkformeln gelingt es der Kybernetik, sämtliche physikalischen, biologischen, psychologischen, gesellschaftlich-politischen und technischen Zusammenhänge in gleicher Weise zu beschreiben und zu interpretieren. Zum Beispiel das Ökosystem der Wüste oder die Aggregation selbständiger Amöben zu einem sich wie ein selbständiger Organismus verhaltenden Schleimpilz, die Vorgänge in einem Atomkraftwerk oder in einer Familie, die Funktionsweise unseres Gehirns bei der Erinnerung oder bei der Wahrnehmung einer Schlange im Traum, usw.

Frederic Vester ist ein überzeugter Vorkämpfer der grünen Bewegung. Mit seiner kybernetischen Denkweise hat er in unserem kurzfristig und kurzsichtig rechnenden Zeitalter manchem die Augen geöffnet für größere Zusammenhänge und für langfristige Folgen. Nicht gegen Vester wende ich mich, wenn ich trotzdem auch hier frage:

Kann den Grünen eine kybernetische Welt-Anschauung genügen, welche die Welt als riesiges vernetztes System ansieht, das im Prinzip wie ein Computer funktioniert?

Läßt sich alles, was geschieht, auf positive und negative, lineare und nichtlineare Wirkungen reduzieren? Warum paßt nahezu alles, was es gibt, unter den Hut des Systembegriffs? Ist er nicht ähnlich dunkel wie der Energiebegriff? Und geht es bei der Umweltproblematik denn wirklich nur um die »Optimierung« eines aus den Fugen geratenen Systems? Oder könnte es sein, daß auch ein ökologischer Funktionalismus, der alles kybernetisch angeht, eine Gefahr ist, wie der Beelzebub neben dem Teufel?

Der Systembegriff verwischt alle Grenzen zwischen *Maschinen* und *Lebewesen*. Für die kybernetische Denkweise unterscheidet sich ein Computer vom Gehirn eines Tieres oder eines Menschen nur in bezug auf den Grad der Kompliziertheit und der Selbstregulation. Es ist daher nur konsequent, wenn man im Zeichen der Kybernetik ein Lebewesen als komplizierte Maschine versteht und umgekehrt den Maschinen eine primitive Art von Leben oder gar von Bewußtheit zuschreibt. An sich selbst reproduzierenden, »lernfähigen« Computern wird zur Zeit intensiv gearbeitet und ebenso an der künstlichen Herstellung von primitiven Lebensformen wie zum Beispiel Viren. Über Descartes' Vergleich eines Lebewesens mit einem primitiven Uhrwerk mag man sich ja mokieren, aber angesichts solcher Unternehmungen fragen heute manche, gibt es noch prinzipielle Grenzen zwischen einem Lebewesen und einer Maschine?

Wenn die Erde als Raumschiff, unsere Welt als computerartiges, vernetztes System und lebendige Organismen ebenfalls als computerartige Maschinensysteme betrachtet werden können, dann liegt es auch nicht allzufern, die Erde selbst als Organismus zu bezeichnen. Für *Ilya Prigogine* jedenfalls ist die ganze Erde wohl eine »dissipative Struktur« wie ein Schneehase oder eine Amöbe. Als Dissipation wird in der Physik der Übergang einer höherwertigen Energieform (z. B. Elektrizität) in die niederwertige Energieform der Wärme bezeichnet. Dissipative Vorgänge führen bekanntlich zu einer Nivellierung, zu einem zunehmenden Durcheinander, zu einer Zunahme der Entropie. Auf der Kochplatte können wir mit dem durch eine dünne Leitung herbeigeführten, auf komplizierte Weise hergestellten elektrischen Strom Wasser erhitzen. Nun schalten wir den Strom aus, und das Wasser kühlt sich an der Luft wieder ab. Zum Schluß ist alles lauwarm, die Luft, das Wasser und die Kochplatte, und die elektrische Energie ist verbraucht. Die Küche befindet sich in einem gleichförmigen, »toten« Gleichgewicht, die »Unordnung«, die Entropie, hat zugenommen. Daß das am Ende mit der ganzen Welt geschehen werde, ist die düstere Vision des 19. Jahrhunderts: der Wärmetod der Welt. Die *Theorie dissipativer*

Strukturen von Ilya Prigogine zeigt nun, daß gerade dort, wo Dissipation erfolgt, fernab vom Gleichgewicht, vorübergehend stabile Ordnung entstehen kann. Ein Paradebeispiel gibt schon die anorganische Chemie: Bei der Oxydation von Malonsäure durch Kaliumbromat in Gegenwart von Ceriumionen kann sich – während der chemischen Reaktion – im Reagenzglas eine über mehrere Stunden stabile Ordnung von hellen und dunklen Schichten aufbauen, nach Prigogine eine sich selbst organisierende, vorübergehend stabile dissipative Struktur. Eine dissipative Struktur wie ein Pfau oder eben – wie unsere ganze Erde?[21]

Doch ob nun Raumschiff oder vernetztes System oder dissipative Struktur – die Frage bleibt: Kann den Grünen eine solche physikalisch-technisch-kybernetisch geprägte Welt-Anschauung genügen?

Die Kybernetik hat natürlich nicht erst mit Frederic Vester die Ökologie infiltriert. Kybernetisches Denken hat als Biokybernetik schon seit längerer Zeit Einzug in die Biologie gehalten, wie der Blick in ein Ökologielehrbuch zeigen mag.[22]

Ökologie ist ursprünglich ein Teilgebiet der Biologie. Der Begriff wurde schon 1866 vom Zoologen *Ernst Haeckel* eingeführt. Oikos heißt griechisch Haus, Haushalt, Wohnsitz und oikein heißt wohnen (vgl. lateinisch vicus: Hof, Dorf, Stadtteil, ferner das deutsche Weichbild für Ortsgebiet und das englische -wich, z. B. in Greenwich). Haeckel dachte allerdings weniger ans Wohnen als an eine, wie er sagte, »Wissenschaft von den Beziehungen des Organismus zur umgebenden Außenwelt«. Etwas später sprach er auch von einer »Lehre vom Haushalt der Natur«.[23]

Trotz ihres beachtlichen Alters fristete die Ökologie freilich eher ein Schattendasein in den naturwissenschaftlichen Instituten, bis sie dann im Gefolge der Umweltschutzdebatte plötzlich in die Öffentlichkeit hervortrat. Zum einen fanden die biologisch-ökologischen Fragen jetzt mehr Beachtung in Wissenschaft und Forschung, zum andern verlor das Wort Ökologie im allgemeinen Sprachgebrauch seinen engeren biologischen Sinn und wurde mehr und mehr mit dem Umweltschutzgedanken überhaupt in Verbindung gebracht. Diese Entwicklung des Ökologiebegriffs wird von einigen Biologen bedauert und als eine Gefahr für ihre Wissenschaft betrachtet.[24]

Daß man es auch anders sehen kann, hat *Franz Vonessen* in seinem anregend und anschaulich geschriebenen Buch DIE HERRSCHAFT DES LEVIATHAN gezeigt: In Nietzsches Zarathustra begegnet uns »der Gewissenhafte des Geistes«. Er ist ein engagierter Erforscher des Blutegelgehirns.[25] Die Ökologie dagegen bemüht sich nach Vonessen, die zahllosen, in ihren Einzelforschungen befangenen Gewissenhaften des Geistes zu vereinigen. Die Ökologie achtet nicht nur auf das Blutegelgehirn, sondern auf den ganzen Kreis des Blutegellebens in seiner Umwelt, auf die anderen Lebewesen neben ihm und ihre Umwelten, auf das Ganze des Binnengewässers und am Ende auf die ganze Erde. Zwar ist das Feld der Ökologie viel zu groß, als daß es jemals nach der Art der Blutegelgehirnforschung gewissenhaft und exakt ausgemessen werden könnte. Aber der Sinn der Ökologie liegt nach Vonessen in der Wendung zum Ganzen unserer *Welt*, in der wir *wohnen*.[26] Vielleicht wird also der inzwischen übliche Gebrauch des Wortes Ökologie diesem Weltwohnhaus eher gerecht als der streng biologische und nähert sich damit unfreiwillig, und entgegen der Absicht Haeckels, wieder der ursprünglichen griechischen Bedeutung des Wortes.

Auch das Wort *Umwelt* hat in jüngster Zeit einen solchen Wandel weg von der streng biologischen Bedeutung erfahren. Sein Gebrauch in der Biologie wird schon aus Ernst Haeckels Definition der Ökologie als der »Wissenschaft von den Beziehungen des Organismus zur *umgebenden Außenwelt*« deutlich. Bei dieser Definition wird der Organismus im Mittelpunkt gedacht, im »Mittel-Ort«, in seinem »Mi-Lieu«.

Die Begriffe Milieu und Umwelt wurden gebräuchlich im

Zusammenhang mit der Frage nach der Vererbung (vererbte Anlage oder Umwelteinfluß?) und in der Auseinandersetzung mit den Umweltforschungen des Biologen *Jakob von Uexküll*. Nach Uexküll ist die Umwelt eines Organismus jeweils nur jener Ausschnitt der Umgebung, welcher der Reichweite und Funktion der Sinnesorgane entspricht. Jede biologische Art, aber auch jedes einzelne Lebewesen hat, so gesehen, seine spezifische, den anderen Lebewesen verschlossene Umwelt. So kann die Fliege zu ihrem Nachteil die Spinnenfäden nicht sehen. Nur der allmächtige Forscher schreitet wie ein Gott zwischen der Umwelt der Fliege und der Umwelt der Spinne hin und her. Schließlich wird die Bezeichnung Umwelt auch für jenen Ausschnitt der Umgebungseinflüsse verwendet, die für einen Organismus in *irgendeiner* Weise, nicht nur für seine Sinnesorgane, von Bedeutung sind.[27] Doch wurde das Wort »Umwelt« lange Zeit auch in einem andern, nicht biologischen Sinn gebraucht, so zum Beispiel bei Goethe: Umwelt im Sinne der nächsten häuslichen Welt, in der man lebt. Dieser Klang des Wortes erreicht uns heute kaum noch; doch war er vermutlich im Jahre 1927, als *Martin Heidegger* seine »Umweltanalyse« veröffentlichte, noch zu hören. »Die nächste Welt des alltäglichen Daseins ist die Umwelt.«[28] Dieser Satz aus SEIN UND ZEIT hat mit dem biologischen Umweltbegriff noch nichts zu tun.

Der biologische Umweltbegriff wurde wie der Begriff Ökologie erst in den letzten fünfzehn Jahren allgemein gebräuchlich, und zwar in der Wortverbindung *Umweltschutz*, die ein Jahr nach der ersten Mondlandung als deutsche Übersetzung für das englische environmental protection eingeführt wurde. Alle Welt spricht seither von der Umwelt, und einige Biologen mögen wieder den sich zunehmend verwässernden Gebrauch des wissenschaftlichen Begriffes bedauern.

Die Bedeutung ändert sich aber auch hier wieder in einer Weise, die man vielleicht sogar begrüßen kann: nämlich *von Umwelt zu Welt*. Das abgegriffene Wort Umwelt klingt heute manchenorts fast so, als wollte man eigentlich Welt sagen, so daß man sich wirklich fragen muß, warum dann noch von Umweltschutz und nicht von Weltschutz gesprochen wird, warum von Umweltverschmutzung und nicht von Weltverschmutzung (oder noch zutreffender: Weltzerstörung).

Franz Vonessen hat diese Frage auch gestellt und sie so beantwortet: Daß wir Umwelt sagen statt Welt, ist kein Zufall. Einst war der Mensch eingefügt in die Welt, in die hinein er geboren wurde. Umwelt dagegen ist Polster, ist Besitz, rund um den sich selbst als Zentrum setzenden Menschen. Da sitzt nun der Mensch in seinem Mi-Lieu, im Mittel-Ort der Langeweile und Einsamkeit, und verfügt narzißtisch, herrisch über die Umwelt. Diese Sicht leugnet die allen gemeinsame Welt, und so zeigt sich gerade im Gebrauch des Wortes Umwelt die Entfremdung des Menschen von seiner Welt, die Aufkündigung der Solidarität mit dem Ganzen, welche die Weltverwüstung zur Folge hat. Umwelt nennt die Entfremdung, Umweltkrise ist deren Folge.[29]

Man ist versucht, das bekannte Wort von Karl Kraus über die Psychoanalyse abzuwandeln: Der Umweltschutz ist jene Krankheit, für deren Therapie er sich hält.

Offensichtlich legt Franz Vonessen den Finger auf einen sehr wunden Punkt. Liegt im Namen Umwelt die ganze Umweltproblematik vielleicht schon drin? Ist die biologische Gegenüberstellung von Organismus und Umwelt etwa gerade das Fragwürdige? Dennoch will mir scheinen, im heutigen Gebrauch des Wortes Umwelt, der von der biologischen Wissenschaft her gesehen eine Verwässerung darstellt, zeige sich nicht nur die von Vonessen kritisierte »Polster- und Besitzhaltung«, sondern gerade auch das Gegenteil: eine Tendenz weg von der Umwelt, die wir besitzen und ausbeuten, hin zur Welt, in der wir wohnen.

Wie dem auch sei, die Frage ist unumgänglich: Kann den Grünen eine biologisch geprägte Welt-Anschauung genügen? Wären nicht die Grundlagen und die Geschichte der biologischen Denkweise, welche sich in den »grünen« Begriffen Ökologie und Umwelt und in der Trennung von Organismus und Umwelt verbergen, zuvor zu bedenken?

Schon jetzt sind jedenfalls die zwei Grundtendenzen fast nicht zu übersehen, die sich im biologischen Organismusbegriff und in der Gegenüberstellung von Organismus und Umwelt verdichtet haben: die Tendenz zur Maschine und die Tendenz zur Trennung von Subjekt und Objekt.

Die Kybernetik konnte doch nur deshalb so leicht Einzug halten in die Biologie, weil diese schon seit langem alle Lebewesen als maschinenartige Organismen verstanden hatte. Denn von Anfang an war die Biologie vom neuzeitlichen mechanisierten Weltbild bestimmt, das die Lebewesen mit Uhrwerken verglich. Selbst Goethe, der sich gegen manche naturwissenschaftlichen Unternehmungen stemmte, sagte, der Mensch sei der »größte und genaueste physikalische Apparat«[30].

Die von Franz Vonessen angeprangerte anthropozentrische Denkweise, die den Menschen ins »narzißtische« Zentrum setzt und die Umwelt als sein »Polster« und seinen »Besitz« versteht, entspricht doch der Herrschaft des auf sich gestellten neuzeitlichen Subjekts, das alles andere um sich herum zu seinem Objekt macht, das heißt dem objektivierenden Subjektivismus.

Offenbar liegt im Organismusbegriff der Biologie eine *eigentümliche Verquickung von Maschine und Subjekt*. Denn die Biologie betrachtet die Lebewesen einerseits als funktionierende Mechanismen, andererseits interpretiert sie das Verhalten der nicht menschlichen Lebewesen ganz selbstverständlich vom Menschen her. Sie klammert sich in naturwissenschaftlicher Reduktion an das Meß- und Berechenbare und deutet zugleich die Erscheinungen der Tier- und Pflanzenwelt nach dem Bild des Menschen, das heißt anthropomorph.

Durch die *naturwissenschaftliche Reduktion* werden alle Lebewesen, von der Amöbe bis zur Weißtanne, vom Schimmelpilz bis zum Delphin und vom Grubenwurm bis zum Menschen, zu kybernetisch gesteuerten, mit Nukleinsäurelangzeitspeichern (Genen) versehenen Apparaten.

Durch die *anthropomorphe Deutung* aber wird das Leben der Tiere und Pflanzen von der menschlichen Erfahrung her interpretiert. Zum Beispiel übertragen wir den Begriff der Aggression, der aus dem menschlichen Erfahrungsbereich stammt, auf die Tierwelt. Ist ein böser Hund böse? Die *Naturgeschichte der Aggression* von *Konrad Lorenz* gründet auf schwankendem Boden: Um das aggressive Verhalten des Menschen aufzuklären, nicht zuletzt, um dem friedlosen Menschen zum Frieden zu verhelfen, untersucht Lorenz das aggressive Verhalten der Tiere – wobei dieses »aggressive Verhalten der Tiere« eine Deutung aus menschlicher Sicht ist. Die vergleichende Verhaltensforschung deutet gewissermaßen in einem ersten Schritt das Schneckenhaus vom Menschenhaus her, um dann in einem zweiten Schritt das Menschenhaus wieder vom Schneckenhaus her zu untersuchen.

Martin Heidegger meinte jedenfalls, weil wir mit den Tieren nicht sprechen können, finde »unser menschliches Auslegen kaum Wege«, sobald es die mechanische Erklärung des Tierwesens, die jederzeit durchführbar sei, ebenso entschieden meide wie die anthropomorphe Deutung.[31] Das ist keine Kapitulation, sondern ein Verzicht, Bescheidenheit vor dem Geheimnis.

Dank der naturwissenschaftlichen Reduktion und der anthropomorphen Deutung gelingt es der Biologie, alle Lebewesen »unter einen Hut« zu bringen. Dies aber ist eine Grundvoraussetzung für eine Lehre von der Entwicklung des Lebens, für eine Lehre von der *Evolution*.

Die Bedeutung der *naturwissenschaftlichen Reduktion* für die *Evolutionslehre* zeigt sich am schlagendsten im Triumph der vergleichenden Molekulargenetik, der es in zunehmendem Maße zu gelingen scheint, die verschiedenen Verwandtschaftsgrade der Arten biochemisch, durch den Nachweis des Unterschieds im chemischen Aufbau der Eiweißstoffe (und damit der den Eiweißaufbau steuernden Gene) zu belegen. Zum Beispiel kommt der für die Zellatmung notwendige Eiweißstoff Cytochrom C in allen Zellen sowohl der Pflanzen als auch der Tiere und Menschen vor. Trotz gleicher Cytochrom-C-Funktion zeigt der Aufbau dieses Eiweißstoffs bei den verschiedenen Arten kleine Unterschiede in der Folge und der Verkettung der Aminosäuren. Diese Unterschiede mehren sich mit zunehmender verwandtschaftlicher Entfernung. Damit läßt sich die nähere Verwandtschaft von Wolf und Hund oder von Mensch und Affe »beweisen« und die entferntere von Affe und Affenbrotbaum.

Doch auch die *anthropomorphe Deutung* hatte eine große Bedeutung für das Heraufkommen der *Evolutionslehre.* Nur mit ihrer Hilfe wurde es Charles Darwin möglich, überall in der Natur einen Kampf ums Dasein zu sehen. Vom Menschen her wissen wir, was ein Kampf ist, und von hier aus verstehen wir dann die Vorgänge in einer Bakterienkultur als Kampf ums Dasein.

Der Vater der Grünen in der Bundesrepublik Deutschland ist *Herbert Gruhl,* ein ehemaliger CDU-Politiker. Er wurde bekannt durch seinen Versuch, eine grüne Partei ins Leben zu rufen. 1975 schrieb er seine »Schreckensbilanz unserer Politik« mit dem Haupttitel Ein Planet wird geplündert. Darin sagt er im wesentlichen folgendes:

Unsere Industriegesellschaft ist in einen totalen Krieg gegen die Natur verwickelt, der den Wahnwitz des Zweiten Weltkriegs noch übertrifft. Dieser Krieg ist vor etwa zweihundert Jahren in Europa ausgebrochen. Zwar sind schon in der Antike und im Mittelalter bahnbrechende wissenschaftliche Entdeckungen und Erfindungen gemacht worden, aber erst durch den Sieg des Wirtschaftsliberalismus und später durch die kommunistische Wirtschaftsform sind die Dämme gebrochen, und das angestaute Wissen hat die Menschheit in eine besinnungslose Raserei fortgerissen. In dieser Raserei – Fortschritt genannt – haben wir »die Natur und ihre Gesetze« vergessen, und der Eroberungskrieg, der die Erde ausplündert, bringt uns zusehends in eine hoffnungslose Lage. Noch immer sieht die gegenwärtige Politik in einem gigantischen Selbstbetrug an der Größe der Gefahr vorbei. Zwar spricht jedermann von Umweltschutz, aber die meisten Politiker ergehen sich weiterhin in Illusionen, zum Beispiel indem sie glauben, die zur Neige gehenden Rohstoffe und Energiequellen ließen sich durch neue technische Errungenschaften beliebig ersetzen. Gruhl sieht einen »erbarmungslosen Kampf ums Überleben« voraus, in dem seiner Meinung nach jene Völker die größte Chance haben, die eine hohe Wehrbereitschaft mit einer großen Genügsamkeit verbinden können. Er fordert eine ökologische Politik, die wieder Grundbedingungen für eine »stabile Kultur« anstrebt, im Einklang mit der »Natur und ihren Gesetzen«.

Die Natur und ihre Gesetze – was versteht Herbert Gruhl darunter? Zum einen die Gesetze der Physik, zum Beispiel den Erfahrungssatz von der zunehmenden Entropie, den zweiten Hauptsatz der Wärmelehre. Unordnung ist wahrscheinlicher als Ordnung. Wenn ich ein Glas kaltes Wasser und ein Glas heißes Wasser zusammenschütte, erhalte ich lauwarmes Wasser. Doch wenn ich dieses lauwarme Wasser wieder auf zwei Gläser verteile, wird im einen Glas das Wasser nicht mehr heiß und im anderen nicht mehr kalt sein, die alte Ordnung ist nicht so leicht wiederherstellbar. Herbert Gruhl erinnert zu Recht an dieses Naturgesetz, wenn er die Meinung, die Umweltproblematik könne allein durch die Wiederverwertung der Abfälle gelöst werden, als Illusion entlarvt. Mit jedem Rohstoffverbrauch wächst die Entropie, die Unordnung. Je größer sie ist, um so mehr Energie braucht die Wiederherstellung der Ordnung. Das Recycling von Rost zum Beispiel, der mit dem Regen in die Erde gesickert ist, würde einen ungeheuren Energieeinsatz und eine immense Materialumwälzung erfordern. Zum andern bezeichnet Herbert Gruhl auch den Darwinschen »Kampf ums Dasein« als ein Naturgesetz. Die ganze Geschichte der Menschheit sei diesem Gesetz unterworfen.[32] Jedoch ist hier wohl einzuwenden: Dieser Kampf ums Dasein ist kein Naturgesetz von der Art der physikalischen Gesetze. Das physikalische Gesetz sagt im Grunde nur »Wenn – dann«, und sein Kriterium ist der Erfolg. *Wenn* ich die beiden Gläser zusammenbringe, *dann* passiert das und das. Die Lehre vom Kampf ums Dasein ist kein Wenn-dann-Gesetz, sondern eine anthropomorphe Deutung.

Ich wandere über eine Wiese im Frühling. Das Aufblühen der Erde beschwingt mich, und wenn ich um mich schaue, sehe ich farbige Blumen und saftiges Gras. Doch – wenn ich es recht bedenke – im Grunde genommen ist es ganz anders auf der grünen Wiese: Manche Pflanzen sondern giftige Stoffe ab, um andere Pflanzen in ihrem Wachstum zu hemmen, und jeder Grashalm reckt sich zum Licht, das ihm ein anderer Grashalm verdeckt. Im Boden kämpfen Würmer und Bakterien um ihr Leben. Die Wiese ist eigentlich das Schlachtfeld eines erbarmungslosen Kampfes aller gegen alle. Doch diese These ist, im Unterschied zu einem physikalischen Gesetz, weder zu beweisen noch zu widerlegen. Hingegen scheint sie mir in engem Zusammenhang mit dem neuzeitlichen Subjektivismus zu stehen. Zunächst verstehen wir uns als isolierte Subjekte, denen die Objekte gegenüberstehen. Nach unserem Vorbild interpretieren wir dann die anderen Lebewesen – bis hinunter zu den kleinen Viren – ebenfalls als solche Subjekte. Und nachdem wir einmal all die Subjekte in der Wiese isoliert betrachtet haben, deuten wir ihr Wachstum als Erfolg und ihren Untergang als Niederlage und Vernichtung. Dann ist ihr Leben ein Kampf ums Dasein, und das heißt nun: ein Kampf um die Aufrechterhaltung und Expansion des Subjekts.

Wir können es so sehen, doch wir müssen nicht. Denn woher wissen wir, daß das Verenden des Wurms eine Niederlage ist? Wir, die wir sterblich sind und keinen Zugang haben zu dem, was uns in der Todesstunde erwartet? Und woher wissen wir, daß es im Grunde genommen eine Täuschung ist, wenn wir das Aufblühen der Erde riechen und die Wiese als Ganzes sehen?

Herbert Gruhl wird heute von manchen Grünen als konservativ abgelehnt. Soweit ich aus seinem Buch ersehen kann, richtet sich seine Tendenz des conservare, des Bewahrens, aber weniger auf die bestehenden wirtschaftlichen oder politischen Verhältnisse als vielmehr auf die Erde als Heimat des Menschen.

Um so gebieterischer stellt sich die Frage, ob den Grünen eine *darwinistisch* gefärbte Welt-Anschauung genügen kann. Vielleicht kommt es am Ende darauf an, was wir von der Wiese, im

Grunde genommen, eigentlich denken. Ob die Wiese uns nur vordergründig als grüne Wiese, eigentlich aber als Schlachtfeld erscheint, oder ob wir zutiefst im Herzen glauben, daß die Wiese eigentlich eine Wiese ist. Weiter gefaßt lautet die Frage, ob die Kombination von naturwissenschaftlicher Reduktion und von anthropomorpher Deutung, wie sie uns in der Biologie, im Organismusbegriff und in der Evolutionslehre begegnet, nicht höchst fragwürdig ist, so selbstverständlich sie uns auch zunächst vorkommen mag. Dann freilich gibt es vielleicht oft nur wenig zu sagen. Eine Wiese ist eine Wiese...

Können es sich die Grünen leisten, weiterhin an der mechanischen Erklärung und an der anthropomorphen Deutung der Lebewesen festzuhalten?

Die Lehre von der Evolution der Organismen basiert auf der naturwissenschaftlich-maschinenmäßigen Reduktion und auf der anthropomorph-subjektivistischen Deutung. Hinzu kommt wohl noch ein Drittes: der Glaube, daß wir die Krone der Schöpfung und der Höhepunkt der Kulturgeschichte sind. Wohl nicht zufällig ist die Evolutionslehre in jenem Zeitalter geboren worden, das den technischen Fortschritt gebracht hat. Gehören die Lehre von der *Evolution* des Lebens und der Glaube an den zivilisatorischen *Fortschritt* vielleicht zusammen? Und gehört damit auch die Angst vor dem zivilisatorischen Rückschritt hierher?

Konrad Lorenz veröffentlichte im Jahre 1973 eine, wie er selbst sagte, »Jeremiade« oder Bußpredigt über DIE ACHT TODSÜNDEN DER ZIVILISIERTEN MENSCHHEIT. Darin führte er aus, unsere Kultur, ja sogar die Menschheit als biologische Art sei wegen acht voneinander unterscheidbarer, wenn auch in engem Zusammenhang miteinander stehender Vorgänge vom Untergang bedroht. Diese Vorgänge seien:

– Die Übervölkerung der Erde, die uns durch das Überangebot an sozialen Kontakten zur Abkapselung zwinge und aggressionsauslösend wirke.

– Die Verwüstung unserer Umwelt, die im Menschen auch die Ehrfurcht vor der Natur zerstöre.

– Der ängstlich gehetzte Wettlauf der Menschheit mit sich selbst, der die Entwicklung der Technologie immer rascher vorantreibe und uns blind für alle wahren Werte mache.

– Der Schwund aller starken Gefühle durch Verweichlichung. Durch die technische Bekämpfung von allem Unlust Erregenden schwinde auch die Fähigkeit, Freude zu erleben.

– Der genetische Verfall – viele Infantilismen der heutigen Menschheit seien vielleicht bereits genetisch bedingt.

– Das Abreißen der kulturellen Tradition durch mangelnden Kontakt zwischen Eltern und Kindern.

– Die Zunahme der Indoktrinierbarkeit der Menschen.

– Die Aufrüstung mit Kernwaffen (als, wie Lorenz glaubt, vielleicht am leichtesten zu vermeidende Gefahr).

Der kulturelle und genetische Zerfall der menschlichen Spezies sei letztlich die Folge von stammesgeschichtlich einst sinnvollen Eigenschaften, die unter den heutigen Umständen schädlich geworden seien. Zum Beispiel sei es für den stets von Hunger bedrohten Urmenschen notwendig gewesen, möglichst viel zu essen, wenn er einmal eine fette Beute erjagt habe. Mit unserer Lebensmittelindustrie aber führe diese einst sinnvolle Verhaltensweise zur lebensbedrohenden Fettsucht.

Die biologische Spezies Mensch, der Homo sapiens, ist nach Konrad Lorenz vom Untergang bedroht. Die Bußpredigt fordert auf zu einer Umkehr, die auf die »*grundlegenden biologischen Wahrheiten*« achtet. Nur mit einer solchen Umkehr sei »unsere Art zu erhalten«. Biologische Wahrheiten sind für Lorenz unter anderem gerade die Bedingungen zur »Erhaltung der Art«.

Konrad Lorenz, der Beobachter der Tiere, der »mit dem Vieh, den Vögeln und den Fischen« redete, erweist sich in seinem Traktat über die Todsünden auch als scharfer Beobachter des Menschengeschlechts. Woran es wohl liegen mag, daß die gut formulierte Predigt doch merkwürdig kühl und abstrakt klingt und manchmal geradezu die freche Frage provoziert: ›Na und?

Warum soll denn auch ausgerechnet der Homo sapiens überleben?‹

Hinter dem Aufruf von Konrad Lorenz steht jene *evolutions-
biologische Welt-Anschauung, die in Jahrmilliarden denkt.* Die
Geschichte des Lebens auf der Erde, von der Entstehung der
ersten selbstvermehrungsfähigen Moleküle im Meer vor mindestens 3,8 Milliarden Jahren über die Entwicklung der Säugetiere
bis hin zur Industrialisierung des Homo sapiens in den letzten
Jahrhunderten wird in dieser Sicht in einem ungeheuren Überblick, von einer ungeheuer distanzierten Warte aus aufgerollt.
Von den Proportionen dieser Evolution des Lebens her gesehen
ist dann die überlieferte Menschheitsgeschichte nur ein flüchti-
ger Augenblick. Gerne werden diese Proportionen in einem
Vergleich mit der Uhrzeit veranschaulicht: Wenn die Entstehung
des Lebens um 0.00 Uhr begonnen hätte, dann hätte sich der
»Homo sapiens sapiens«, zu welcher Unterart wir uns offenbar
zählen dürfen, etwa zehn Sekunden vor 24.00 Uhr herausgebil-
det, und Nikolaus Kopernikus hätte der Wende zur Neuzeit
etwa eine Hundertstelsekunde vor 24.00 Uhr seinen Namen
gegeben.

Ähnliche Vergleiche werden zur Veranschaulichung der riesigen Distanzen des *Weltalls* herangezogen. Eine Großbank hat
kürzlich auf einem Ausflugshügel bei Zürich einen »Planetenweg« errichtet. Dort kann der Wanderer, bei der Sonne startend,
von Planet zu Planet schreiten, wobei die Distanzen im Sonnen-
system maßstabsgerecht, in den entsprechenden Proportionen
abgesteckt sind, die Erde zum Beispiel nach 150 Metern. An
diesen Wegposten sind kleine Planetenmodelle in Schaukästen
ausgestellt nebst einer kurzen Beschreibung und einer Reklame
für die Großbank. Wer den Planetenweg absolviert, staunt über
die ungeheuren Distanzen, besonders wenn er bedenkt, daß er
sich ja nur im Modell des Sonnensystems bewegt. Der nächste
sonnenähnliche Stern wäre, im selben Maßstab gemessen, bereits
40000 Kilometer und die fernsten Galaxien, von denen wir noch
Kunde haben, Billionen von Kilometern entfernt. Der Wanderer
staunt mit dem Kommentar im Schaukasten über die Größe des

Alls und über die Kleinheit der Erde, und die Probleme der Wichtigtuer, die auf dieser Erde – Mikroben vergleichbar – ihren Wohnsitz haben, erscheinen ihm lächerlich. Merkwürdig nur, daß die Erbauer der Anlage ihre Firma doch für so wichtig halten, daß sie diese bei jedem Planetenmodell eigens erwähnen.

Die kopernikanische Weltsicht dieses Planetenweges und die Weltsicht der Evolutionsbiologen sind offensichtlich von derselben ungeheuren »Großzügigkeit«. Wir sind bescheidene Stäubchen im All, und unser Leben dauert »eine Tausendstelsekunde«. Und gleichzeitig überblicken wir dieses All bis zu den fernsten Quasaren und unsere Geschichte bis hin zu den ersten Nukleinsäuren.

Doch – ist das nicht erneut *die Welt-Anschauung des Astronauten,* der die Erde als kleine Planetenkugel sieht? Und die Erdgeschichte und die Evolution des Lebens als kurze Filmvorstellung?

Zwar sagt man, das kopernikanische Weltbild, das den Menschen aus dem Mittelpunkt der Welt herausgenommen hat, und die Evolutionstheorie, welche ihn in die unermeßliche Ahnenreihe der biologischen Arten einordnet, hätten den Menschen zu größerer Bescheidenheit genötigt. Seltsam ist nur, daß das Heraufkommen der kopernikanischen und der evolutionistischen Denkweise in der Neuzeit ganz im Gegenteil mit dem entschiedensten Anthropozentrismus einhergegangen ist, den man sich denken kann.

Oder ist das gar nicht seltsam? Der Astronaut in seiner »exponierten« Lage ist ja alles andere als bescheiden. Die Lehre von der Evolution des Lebens ordnet den Menschen zwar an seinen bescheidenen Platz im ungeheuren Stammbaum ein, betrachtet ihn aber doch als Höhepunkt der Entwicklung. Und die Evolutionslehre spricht von der Entstehung der Arten, als ob wir dabei gewesen wären. Unsere Gentechnologie schließlich, welche nun auch die Evolution technisch in den Griff nimmt, folgt der Evolutionslehre auf dem Fuß, rascher noch als die Weltraumfahrt den Berechnungen von Kopernikus und Keplers prophetischem Traum.

Charles Darwin erkannte in der Evolution des Lebens ein großes, alles durchwaltendes Prinzip: *zufällige Veränderung plus notwendige Selektion.* Immer wieder verändert sich etwas in der Geschichte des Lebens und wird dann auf die Probe gestellt. Zufällig entstandene weiße Hasen haben die größte Chance, in der Schneelandschaft zu entkommen. Sie werden sich dort eher vermehren als die schwarzen. So entsteht der Schneehase.

Das Prinzip gilt nach heutiger Ansicht vom Anfang des Lebens an, schon für die ersten sich selber vermehrenden Moleküle. Und schon bald soll das Prinzip mit der Entstehung jener Nukleinsäuren, die den Eiweißaufbau steuern können, mit den Genen, gewissermaßen institutionalisiert worden sein. Nun heißt es: Genmutation plus Selektion.

Außerdem wird das Prinzip mehr und mehr in der exakten Physik verankert. Die schon erwähnte Theorie dissipativer Strukturen von Ilya Prigogine hat hier in jüngster Zeit einen Durchbruch gebracht. Die Organismen sind jetzt »sich selbst organisierende, vorübergehend stabile dissipative Strukturen«. Die Ausbildung einer dissipativen Struktur ist jeweils daran gebunden, daß eine zufällige kleine Schwankung (Fluktuation) durch irgendeinen Vorgang verstärkt wird. Bei der Evolution des Lebens wird die zufällige Fluktuation der Genmutation durch die Selektion verstärkt. So kommt es zu den vorübergehend stabilen Strukturen der Evolutionsgeschichte, zur Entstehung der Arten. Die Theorie dissipativer Strukturen befaßt sich grundsätzlich mit vorübergehend stabilen Zuständen; doch hier geht es jetzt lediglich um den Hinweis darauf, daß die Wissenschaft neuerdings versucht, die Theorie von der Evolution des Lebens mit physikalisch-statistischen Gesetzmäßigkeiten zu begründen.

Überdies wächst die Evolutionslehre neuerdings auch zusammen mit der geologischen Erdgeschichte und mit der physikalischen Lehre von der Entstehung des Kosmos. Die Ablagerungsweise der Erze wird mit den sich entwickelnden Stoffwechselvorgängen des primitiven Lebens in Zusammenhang gebracht (von der Vergärung über die sauerstofffreie und die sauerstoffproduzierende Photosynthese zur Sauerstoffatmung), und die Tatsache, daß viele in den Lebewesen vorkommende Substanzen polarisiertes Licht nach links drehen, wird darauf zurückgeführt, daß die noch vor dem Beginn des Lebens entstandenen organischen Moleküle durch Elektronen mit Linksdrall bombardiert worden seien, welche beim radioaktiven Zerfall eines Kohlenstoffisotops aufgetreten seien. Ob man darauf eines Tages auch zurückführen will, daß wir das Herz meist auf dem linken Fleck haben? Die biochemische Links-Rechts-Asymmetrie wird jedenfalls mit der Links-Rechts-Asymmetrie der schwachen nuklearen Wechselwirkung erklärt.[33] Und die Entstehung dieser Kohlenstoffisotope wird gar bis auf Kernverschmelzungsprozesse in älteren, teilweise bereits explodierten Sternen zurückverfolgt.

Eine *einheitliche naturwissenschaftliche »Entstehungslehre«* zeichnet sich ab, welche die Entstehung des Kosmos vom Urknall vor etwa 15–20 Millarden Jahren über die Scheidung des Homo sapiens sapiens vom Homo sapiens neanderthalensis vor etwa 500000 Jahren bis zur Versauerung des Regens im zwanzigsten Jahrhundert nach Christi Geburt umfaßt und welche in dieser ganzen unermeßlichen »Evolution« eine einheitliche Gesetzgebung entdeckt: z. B. die physikalische »Weltformel« der fundamentalen Kräfte und die Theorie dissipativer Strukturen, innerhalb derer das Darwinsche Prinzip der zufälligen Veränderung und notwendigen Selektion dann gewissermaßen einen Spezialfall darstellt.

Immerhin zeigt gerade dieser Spezialfall auch besonders deutlich, was an Grundsätzlichem alles in die neue Superentstehungslehre eingeflossen ist:

– Die *Astronautenperspektive* mit dem ungeheuren Überblick über Lichtjahre und Jahrmilliarden.

– Der grundsätzliche Gedanke einer *Entwicklung*, eines *Fortschritts* vom Einfachen zum Komplizierten, vom Niedrigen zum Hohen, und die selbstverständliche Annahme, daß wir das Hohe sind.

– Die *naturwissenschaftlich-mathematische Reduktion auf das*

Meß- und Berechenbare. Entsprechend die Bedeutung von
Zufall und Selektion in der Evolutionslehre: Zufall wird hier
beileibe nicht als Zu-Fallen (aus einer Verborgenheit in unsere
Welt hinein), sondern mathematisch-statistisch verstanden, im
Sinne des Spielwürfels, bei dem alle Zahlen die gleiche Wahrscheinlichkeit des Erscheinens haben. Es ist der Zufall im Sinne
des »Zufallsgenerators« der Kybernetik. Und bei der Selektion
wird an den Vorteil der Vermehrung gedacht, und zwar wiederum im mathematisch-statistischen Sinne.

– Die *kybernetisch-technische Reduktion auf das Maschinen-
hafte.* Stichworte: Organismus, dissipative Struktur, vernetztes
System.

– Der *neuzeitliche Subjektivismus,* die Herrschaft des Subjekts
in der Neuzeit. Sie zeigt sich zum einen in der wissenschaftlich-
astronautischen *Objektivierung* von allem (das Subjekt stellt
alles als Objekt vor sich). Zum anderen zeigt sie sich in der
anthropomorphen Deutung im Organismusbegriff und wohl
auch im Begriff der Art. Der Organismus wird interpretiert als
Subjekt, und die Art ist ein kollektives Subjekt. Vielleicht
schimmert das anthropomorphe Subjekt auch noch durch die
anonyme, roboterhafte »Selbstorganisation der dissipativen
Struktur«.

– Und schließlich die *Macht,* welche zum neuzeitlichen Subjektivismus gehört. Denn das Subjekt, das sich von den Objekten
abgesetzt hat, muß um seine Position kämpfen und diese gegen
die Ansprüche anderer Subjekte verteidigen. Die Herrschaft der
Macht zeigt sich in den Begriffen *Kampf ums Dasein* und
Erhaltung der Art und auch in der *totalen Bemächtigung* selbst,
die sich in der neuen wissenschaftlichen Entstehungslehre verbirgt, welche vom Urknall an alles überblickt.

Nachdem für *Friedrich Nietzsche* die Werte ihre höhere, jensei-
tige Bedeutung verloren haben, wird für ihn der Gesichtspunkt
des Wertes zum »Gesichtspunkt von Erhaltungs-Steigerungs-
Bedingungen in Hinsicht auf complexe Gebilde von relativer
Dauer des Lebens innerhalb des Werdens«. Diese komplexen

Gebilde sind »Herrschafts-Gebilde«, »Willens-Punktationen, die beständig ihre Macht mehren oder verlieren...«[34] In der grünen Wiese sind gewisse Pflanzenüberreste wertvoll für die Erhaltung und Steigerung der Willens-Punktation, genannt Regenwurm. »Hört mir nun mein Wort, ihr Weisesten! Prüft es ernstlich, ob ich dem Leben selber in's Herz kroch, und bis in die Wurzeln seines Herzens! Wo ich Lebendiges fand, da fand ich Willen zur Macht...« (Friedrich Nietzsche, ALSO SPRACH ZARATHUSTRA).[35]

Spüren wir jetzt vielleicht besser, woher der kalte Hauch weht, der die Predigt von Konrad Lorenz durchzieht?

Kann den Grünen eine Welt-Anschauung genügen, welche sich, wie auch immer, auf eine solche Evolutionslehre stützt?

Wo Zarathustra Lebendiges fand, da fand er Willen zur Macht.

Leben ist ein Stichwort für die Grünen. In ihrem kleinen Büchlein PHILOSOPHIE DER GRÜNEN schrieb *Manon Maren-Grisebach* 1982: »Die Grünen bilden eine Partei der Hoffnung auf Leben.«[36] Im selben Jahr erschien eine Publikation über den Zusammenhang zwischen der Ökologiebewegung und der Friedensbewegung mit dem Titel PRINZIP LEBEN. Darin äußerten sich bekannte »Grüne« wie *Petra K. Kelly, Jo Leinen* und zahlreiche andere zur »Oekopax«, der »neuen Kraft«, die sich sowohl einer jähen Zerstörung durch einen Atomkrieg wie auch einer allmählicheren ökologischen Zerstörung entgegenstellt. Der Titel des bereits erwähnten Buches, THE SANE ALTERNATIVE von James Robertson, wurde im Deutschen mit DIE LEBENSWERTE ALTERNATIVE übersetzt. »Lebensqualität« ist ein Schlagwort geworden. Und Ivan Illich forderte »Konvivialität«, Lebensgerechtigkeit. Doch allen zuvor rief schon *Albert Schweitzer* auf zu einer neuen »Ehrfurcht vor dem Leben«.

Gibt uns also das Leben das Maß? Doch was heißt eigentlich Leben? Wille zur Macht nach Nietzsche. Beim Biologen und Kybernetiker *Wolfgang Wieser* dagegen wird Leben folgendermaßen definiert: »Das Wesen der biologischen Organisation besteht also in der Entfaltung des organischen Materials, der Eiweißstoffe, Kohlehydrate und Fette, in einer ganz spezifischen Raum-Zeit-Ordnung.«[37]

Der nordamerikanische Indianer *Crowfoot* wiederum soll die Frage, was das Leben sei, folgendermaßen beantwortet haben: »Es ist das Aufleuchten eines Glühwurms in der Nacht. Es ist der Hauch eines Büffels im Winter. Es ist der kleine Schatten, der über das Gras huscht und sich im Sonnenuntergang verliert.«[38]

Und der Bote in der Tragödie DIE PERSER von *Aischylos* überbringt die Nachricht, daß König Xerxes der von ihm angezettelten Schlacht bei Salamis lebend entkommen ist, mit den Worten: »Xerxes zwar selber lebt und schauet Licht.«[39] Leben heißt hier also: in einem Bezug stehen zum Licht. Dies schwingt auch noch in der stereotypen Wendung gewisser Lebensläufe mit: »Am... erblickte ich das Licht der Welt.«

Die wenigen Zitate werden wohl genügen, um uns den Mut zu kühlen: Das Leben gibt uns kaum das Maß. Das Wort Leben erklingt in den unterschiedlichsten Tonarten. Was Leben heißt, ist geschichtlich bedingt.

Kann den Grünen das Prinzip Leben und die Ehrfurcht vor dem Leben genügen, ohne daß die Frage geklärt wird, was Leben denn eigentlich heißt?

Wenn Leben auch wie bei Aischylos heißt »in einem Bezug zum Lichte stehen«, dann ist ein Lebewesen – griechisch zoon – nicht von vornherein das, was wir heute, geprägt von naturwissenschaftlicher Biologie und von christlicher Theologie, darunter verstehen. Ein Lebewesen ist dann ein ins Lichte, Offene aufgehendes Wesen, ein Geschehen von Weltoffenheit, nicht etwas Animalisches. Zwar hat vielleicht die lateinische Übersetzung von zoon mit animal ursprünglich einen weiteren, »luftigeren« Klang: Anima heißt nicht nur Seele, sondern auch Wind. Aber mit dem Heraufkommen der mittelalterlichen Theologie und der neuzeitlichen Wissenschaft engt sich die Bedeutung von animal ein, und die Übersetzung von zoon wird irreführend.

Dies betrifft auch die lateinische Übersetzung der alten griechischen Definition des Menschen als ein zoon, das logos hat. Was damit gemeint war, ist heute vielleicht schwer zu sagen, jedenfalls aber muß zoon nicht unbedingt zoologisch verstanden werden, logos nicht unbedingt im Sinne unserer Computerlogik und »hat« nicht unbedingt im Sinne des Privatbesitzes. Die römisch-mittelalterlich-neuzeitliche Übersetzung der Definition ist hingegen eindeutig: Ein animal, das ratio hat: *animal rationale*. Das ist das Tier, das Vernunft hat. Fortan ist der Mensch *das vernünftige Tier*. Mit dem Begriff animal rationale wird der Mensch von vorneherein als gespaltenes Wesen gesehen, das sich aus zwei Komponenten – Tier und Vernunft – zusammensetzt. Diese beiden Teile stehen in einer eigentümlichen Rangordnung zueinander: Einerseits ist das animal unten, das rationale hingegen oben. Das Untere wird von oben herab betrachtet, es wird verachtet, bekämpft, abgewehrt oder auch sublimiert. Andererseits ist das animal immer auch das Tragende, die Grundlage. Der Mensch wird am Ende, auch wenn seinem Verstand der höchste Rang eingeräumt wird, doch als Tier interpretiert und seine Rationalität nur als Attribut, als Werkzeug dieses Tiers. So kann das Hohe den Charakter des Sekundären, weniger Wirklichen, nie ganz verlieren. Animal ist das Hauptwort und rationale nur das Eigenschaftswort.

Dieser merkwürdige Zwiespalt – *das Hohe, Unwirkliche gegenüber dem Niedrigen und eigentlich Wirklichen* – gehört untrennbar zur Definition des Menschen als animal rationale.

In der neueren Geschichte dieses zerrissenen animal rationale sehe ich mindestens *drei große Phasen:* zuerst jene, in der die ratio noch als ein *Ebenbild göttlicher Vernunft* galt. Damals war der Geist willig und das Fleisch schwach. Die Tierheit des Menschen mußte von der gottnahen Vernunft gebändigt werden, und sei es im Kampf gegen Hexe und Teufel. Die zweite Phase war das Zeitalter der *Aufklärung*. Die göttliche Vernunft verzog sich, und die menschliche Vernunft trat ihren Triumphzug an.

Das Menschengeschlecht fühlte sich nun »mündig« (Kant), und es schickte sich an, sich selbst im Sinne der Vernunft zu »erziehen« (Lessing). Wo das Animalische sich widersetzte, mußten Schule und Medizin korrigierend eingreifen. Aus Hexenjägern wurden Mikrobenjäger.

Der arme Soldat Woyzeck wurde vom »Doktor« für ein wissenschaftliches Experiment angeheuert. Er durfte nur noch Erbsen essen und mußte seinen Harn beim Doktor lösen.

> Doktor: Was erleb ich, Woyzeck? Ein Mann von Wort!
> Woyzeck: Was denn, Herr Doktor?
> Doktor: Ich hab's gesehn, Woyzeck: Er hat auf die Straße gepißt, wie ein Hund! – Und doch drei Groschen täglich und Kost: Woyzeck, das ist schlecht; die Welt wird schlecht, sehr schlecht!
> Woyzeck: Aber Herr Doktor, wenn einem die Natur kommt.
>
> Georg Büchner, WOYZECK[40]

In der dritten Phase der Geschichte des animal rationale kommt der geschundene Woyzeck zu seinem Recht. Wenigstens darf er jetzt »spontan«, »aus dem Bauch heraus«, pissen. Eine *Umwertung aller Werte* kehrt das Verhältnis von animal und ratio um: Die Vernunft wird zum bloßen Ausfluß des Animalischen.

Georg Büchners Bruder, Louis Büchner, zitiert in seinen 1862 erschienenen »empirisch-naturphilosophischen Studien« die damals offenbar weitherum bekannte Äußerung eines Carl Vogt: »Die Gedanken stehen in demselben Verhältnis zu dem Gehirn wie die Galle zur Leber oder der Urin zu den Nieren.«[41]

Nichts anderes, sagt nun *Friedrich Nietzsche*, sei real gegeben »als unsre Welt der Begierden und Leidenschaften«, als die »Realität unsrer Triebe«, und Denken sei »nur ein Verhalten dieser Triebe zu einander ...«[42] Der Glaube an den Leib sei »fundamentaler als der Glaube an die Seele ...«[43] Unsere Wertschätzungen, was wir als wahr und falsch taxieren, habe seinen Ursprung in »unsren Bedürfnissen«[44], den Bedürfnissen des vernünftigen Tieres. Das Tierwesen mit seinen Bedürfnissen, das nun dem Menschen mit seinem Geist und seiner Moral zugrunde liegt, nennt Nietzsche den *homo natura,* den Menschen im Sinne der Natur, den Menschen in seinen natürlichen Bedürfnissen: »Es sind schöne glitzernde klirrende festliche Worte: Redlichkeit, Liebe zur Wahrheit, Liebe zur Weisheit, Aufopferung für die Erkenntniß, Heroismus des Wahrhaftigen, – es ist Etwas daran, das Einem den Stolz schwellen macht. Aber wir Einsiedler und Murmelthiere, wir haben uns längst in aller Heimlichkeit eines Einsiedler-Gewissens überredet, daß auch dieser würdige Wort-Prunk zu dem alten Lügen-Putz, -Plunder und -Goldstaub der unbewußten menschlichen Eitelkeit gehört, und daß auch unter solcher schmeichlerischen Farbe und Übermalung der schreckliche Grundtext homo natura wieder heraus erkannt werden muß.« (Friedrich Nietzsche, JENSEITS VON GUT UND BÖSE)[45]

Die dritte Phase der Geschichte des animal rationale bringt also *die Revolution des animal,* die Revolution des homo natura. Diese Revolution steht im Zeichen von drei großen Namen: *Friedrich Nietzsche, Karl Marx* und *Sigmund Freud.* In gewiß sehr unterschiedlicher Weise stehen sie alle ein für den »natürlichen Menschen« mit seinen »Trieben« und »Bedürfnissen« wie Nahrung, Kleidung und Sexualität, wobei der Geist bei Marx zum »Überbau« wird und bei Freud zum »Sekundärprozeß«.

Ludwig Binswanger hat schon im Jahre 1936, in seinem Festvortrag zum 80. Geburtstag von Sigmund Freud, bei aller Anerkennung des von Freud Geleisteten, »Freuds Auffassung des Menschen« und ihre Verwurzelung in der Idee des homo natura in Frage gestellt.[46] Sigmund Freud hat die Botschaft wohl gehört und in einem Brief an Binswanger folgendermaßen beantwortet: »Natürlich glaube ich Ihnen doch nicht. Ich habe mich immer nur im Parterre und Souterrain des Gebäudes aufgehalten. Sie behaupten, wenn man den Gesichtspunkt wechselt, sieht man auch ein oberes Stockwerk, in dem so distinguierte Gäste wie Religion, Kunst und andere hausen. Sie sind nicht der einzige. Die meisten Kulturexemplare des *Homo natura* denken so. Sie sind darin konservativ, ich bin revolutionär. Hätte ich noch ein Arbeitsleben vor mir, so getraute ich mich, auch jenen Hochgeborenen eine Wohnstatt in meinem niedrigen Häuschen anzuweisen. Für die Religion habe ich es schon gefunden, seitdem ich auf die Kategorie ›Menschheitsneurose‹ gestoßen bin.«[47]

Das animal hat sich für die Hexenverfolgung und für die Schikanierung von Woyzeck gerächt. Gejagt wird jetzt umgekehrt der Überbau. Sei es, daß die Religion zu einer »Illusion ohne Zukunft« (Freud) oder zum »Opium des Volks« (Marx) erklärt wird, sei es, daß gar jegliches Denken von vornherein in den Verdacht gerät, bloße kopfmäßige, intellektuelle Selbstbefriedigung zu sein. Aus Hexen- und Mikrobenjägern sind neuerdings nämlich Kopfjäger geworden. Herrlich »spontan« und »kreativ« verkünden sie nun die Wahrheit des »Bauchs«.

Doch damit schweife ich ab. Ich wollte nur zeigen, daß wir offenbar noch mitten in der dritten Phase der Geschichte des animal rationale stecken. Und wer sich, wie manche religiöse Kreise, über das Dreigestirn Nietzsche, Marx und Freud beklagt, der sei darauf hingewiesen, daß die dritte Phase ohne die erste nicht zu denken ist.

Das vernünftige Tier mit seinen Bedürfnissen: Es bestimmt nicht nur »Freuds Auffassung des Menschen«; es ist wohl überhaupt die heute am weitesten verbreitete Auffassung vom Menschen. Es beherrscht die Planwirtschaft der sozialistischen Länder ebensosehr wie die freie Marktwirtschaft. Es regiert in der psychoanalytischen Theorie und auch in der Gegenbewegung der »humanistischen Psychologie«. Und vor allem prägt es unseren Alltag, in dem immer mehr Menschen darüber verzweifeln, daß »ihre Bedürfnisse nicht befriedigt werden«. *Alice Holzhey* hat dies kürzlich in ihrem Vortrag Jenseits des Bedürfnisprinzips sehr klar dargestellt. Unsere Welt ist zur »Bedürfnisanstalt« geworden.[48]

Das vernünftige Tier mit seinen Bedürfnissen – wir finden dies natürlich auch bei den Grünen. Ivan Illich glaubt, daß eine konviviale Gesellschaft der »Bedürfnisbefriedigung« des einzel-

nen eher dienlich sein werde als unsere »verzunftete« und
»verschulte« Industriegesellschaft. In der vorindustriellen Vergangenheit habe es ein solches Glück für die Mehrheit der
Menschen allerdings auch nicht gegeben. Illich erhofft sich somit
von einer konvivialen Umkehr auch einen Fortschritt im üblichen sozialen Sinne: im Sinne von mehr Bedürfnisbefriedigung
für eine größere Anzahl von Menschen. Wobei es freilich nur um
die Befriedigung von »echten Bedürfnissen« gehe und auch
durchaus zu erwarten sei, daß die Umgewöhnung, der Verzicht
auf die Befriedigung der vermeintlichen Bedürfnisse, sehr
schmerzhaft werden könnte.

Gewinn durch Verzicht lautet die oft zu hörende Kurzformel
für diesen Gedanken. Er wird deutlich ausgesprochen im 1981
erschienenen Buch mit dem Titel DIE ZUKUNFT DES FORT-
SCHRITTS von *Johano Strasser* und *Klaus Traube*. Den Autoren
geht es um die Grundlagen eines »neuen Fortschritts«, im
Einklang mit der Natur, um einen *alternativen »Ökosozialismus«*. Indem Strasser und Traube den Industrialismus in Ost und
West einer scharfen Kritik unterwerfen, versuchen sie die »auf-
klärerische, emanzipatorische, humane« Bedeutung des Fort-
schrittsbegriffs zu halten. Der menschliche Fortschritt soll im
Sinne von liberté, égalité, fraternité weitergehen, aber in einer
neuen, ökologisch orientierten, nicht-industrialistischen Form.
Hilfe zur Selbsthilfe, Mitbestimmung, Selbstverwaltung und
Solidarität sind Stichworte dieses neuen Fortschritts, der sich
auch auf die Bedingungen der Arbeit und nicht nur auf deren
Produkte erstrecken soll. Nicht radikale Arbeitszeitverkürzung
im Zeichen totaler Automation sei anzustreben, sondern sinnvolle Tätigkeit. Der klassische Gegensatz Privateigentum/Ver-
staatlichung verliere in diesem Ökosozialismus seine Bedeutung;
er mache der komplexen Frage Platz, welche gesellschaftlichen
und wirtschaftlichen Strukturen jeweils den gemeinsamen ökologischen Zielen *und* der Befriedigung der Bedürfnisse des
einzelnen am förderlichsten seien. Dies verlange eine »Selbstauf-
klärung« unserer Gesellschaft im Hinblick auf ihre Bedürfnisse:
welche Bedürfnisse sind wahr und echt, und welche sind viel-

leicht nur »kompensatorisch« oder »defensiv«, wie zum Beispiel das Bedürfnis nach Autofahrten »ins Grüne« infolge des städtischen Autoverkehrs? Der Ökosozialismus führe von der abstrakten Industriegesellschaft mit ihrem Konkurrenzkampf (Kapitalismus) und ihrer Gleichmacherei (klassischer Sozialismus) zur *solidarischen Gemeinschaft freier Menschen mit gleichen Rechten.* Dieser Mensch sei nicht ein grundsätzlich »neuer Mensch«, denn auch der kalt rechnende, eigensüchtige »homo oeconomicus« der klassischen kapitalistischen und sozialistischen Wirtschaftslehre sei eine Fiktion. Auch das nichtökonomische Bedürfnis nach Liebe, Achtung und Selbstverwirklichung, auch das Bedürfnis nach Geborgenheit in einer gerechten Gemeinschaft gehöre schließlich seit jeher zum Menschen.

Der Ökosozialismus versteht sich als »grün«, »progressiv« und »links«. Und er sieht sich in ziemlich scharfem Gegensatz zu den »konservativen« Grünen, zum Beispiel zum bereits erwähnten Herbert Gruhl. Doch wer die Vorschläge der Progressiven und Konservativen vergleicht, stellt überrascht fest, daß die Unterschiede gar so dramatisch nicht sind. Gewiß fordert Gruhl angesichts des drohenden Kampfes um die letzten Ressourcen eine starke militärische Verteidigung, während der Ökosozialismus den Nutzen der Rüstung grundsätzlich in Frage stellt. Aber weder ist Gruhl ein Propagandist eines wahnwitzigen Wettrüstens, noch übersehen Strasser und Traube die Notwendigkeit einer modifizierten Art von Verteidigung, wenn trotz der Tendenz auf Abrüstung kein militärisches Vakuum entstehen soll.

Die *Auseinandersetzung zwischen »linken« und »rechten« Grünen* kommt mir bisweilen reichlich akademisch vor. Angesichts der gemeinsamen fundamentalen Abkehr vom Industrialismus gleicht die Differenz zwischen linken und rechten, zwischen progressiven und konservativen Grünen manchmal dem Streit zwischen einem Protestanten und einem Katholiken, die beide schon seit Jahren keine Kirche mehr von innen gesehen haben.

Gewiß steht der Ökosozialismus näher beim jungen Marx, der

die »Entfremdung« im heraufkommenden Industrialismus gesehen hat, als beim späteren Marx des Grundwiderspruchs von
Kapital und Arbeit. Zweifellos entsprechen die praktischen
Vorschläge von Strasser und Traube in mancher Hinsicht den
Vorschlägen von Schumacher, Illich, Robertson und Vester und
in mancher Hinsicht sogar jenen von Herbert Gruhl und Konrad
Lorenz. Nicht gegen diese Vorschläge richtet sich die Frage, die
der Ökosozialismus mit seiner Forderung nach der Befriedigung
wahrer Bedürfnisse nun doch hinterläßt:

> *Dürfen sich die Grünen mit dem Bedürfnisprinzip des homo*
> *natura zur Ruhe setzen? Kann ihnen eine Welt-Anschauung,*
> *die auf der Revolution des homo natura gründet, genügen? Ist*
> *es wirklich nur die Befriedigung eines Bedürfnisses, wenn ich*
> *meinen Durst mit Wasser lösche? Decke ich dann wirklich nur*
> *ein Defizit des Stoffes H_2O in mir?*

Johano Strasser und Klaus Traube schreiben: »Den Stoffwechsel
des Menschen mit der Natur rational regeln – dieser zentrale
Richtpunkt des Marxschen Denkens – bedeutet weder totale
Beherrschung der Natur durch die umfassende Technisierung
des Lebens noch Verzicht auf Technik und Rückgriff auf die
rudimentäre Ökonomie der Steinzeit.«[49]

Das animal rationale schickt sich offensichtlich an, seinen
»Stoffwechsel mit der Natur« entsprechend der in seinem
Namen genannten Bestimmung rational zu steuern.

> *Doch können die Grünen weiterhin bei der Bestimmung des*
> *Menschen als animal rationale stehenbleiben?*

Überaus schillernd ist das Wort *Fortschritt*. Die Ökosozialisten
brauchen das Wort fast synonym mit zunehmender Emanzipation des Menschen und mit der zunehmenden Verwirklichung
von liberté, égalité, fraternité. Dieser menschliche Fortschritts-
begriff hat seine Wurzeln natürlich in der Aufklärung. Berühmt

wurde die Definition von *Immanuel Kant:* »Aufklärung ist der
Ausgang des Menschen aus seiner selbst verschuldeten Unmündigkeit.«[50] Dieser menschliche Fortschritt im Zeichen der Vernunft verband sich in der Stimmung des letzten Jahrhunderts mit
der Lehre von der Evolution und mit der Begeisterung über die
technischen Erfindungen. Er wurde zum zivilisatorischen und
technischen Fortschritt. Der Ökosozialismus wendet sich also
gewissermaßen wieder zurück zum *Fortschrittsgedanken der
vorindustriellen Aufklärung.*

Heute jedoch hat das Wort Fortschritt einen bedrohlichen
Klang. Der technische Fortschritt führte zwar zu einer Perfektion im Bereich der Apparate – vom mechanischen Phonogra-
phen zur Digitalschallplatte, von der Kanone zur Interkontinen-
talrakete –, aber diese Entwicklung droht unsere Welt zu
zerstören, sie erscheint uns immer deutlicher als Fort-Schritt,
von der Erde fort ins Nichts. FORTSCHRITT INS NICHTS lautet
der Titel eines lesenswerten Buches von *Andreas Lommel* über
die »Modernisierung der Primitiven Australiens«.

Von Friedrich Nietzsche ist eine Notiz überliefert, die er kurz
vor seiner geistigen Umnachtung aufgezeichnet hat:

> der Anfang des Nihilismus
>   die Ablösung, der Bruch mit der Scholle
>   *unheimisch* beginnts
>   *unheimlich* endets[51]

Das Wort Scholle hören wir heute nicht mehr gern. Zu sehr
erinnert es uns an die Blut- und Bodenphrasen der Nationalsozialisten. Doch Nietzsche gehört, bei aller Maßlosigkeit, nicht in
diese Gesellschaft. Er hätte ihr wohl das entgegengeschleudert,
was er den Antisemiten und den Deutschen ins Stammbuch
schrieb (und was zum Teil erst in den letzten Jahren mit der
Kritischen Gesamtausgabe unverstellt an die Öffentlichkeit
kam). Die Scholle hatte damals noch keinen üblen Geruch.

»Unheimisch beginnts, unheimlich endets«, schrieb Nietzsche zu einer Zeit, die den Triumph des Fortschritts feierte, zum

Beispiel an jener Weltausstellung in Paris, als ein Alexandre Gustave Eiffel mit seinem Turm in die Höhe strebte – fort von der Erde ins Nichts. Begonnen jedoch hatte dieser Fort-Schritt spätestens mit Kopernikus. Auch das wußte Friedrich Nietzsche: »Seit Copernikus rollt der Mensch aus dem Centrum ins x«.[52] Aber der »emanzipatorische, humanistische« Fortschritt aus der Unmündigkeit in die *Autonomie,* der Fortschritt im ursprünglichen, aufklärerischen Sinne, wie er jetzt vom Ökosozialismus wieder aufgenommen wird, die Befreiung der Unterdrückten und Entrechteten dieser Erde – *dieser* Fortschritt ist doch kein solcher Fort-Schritt?

Die immer weitere Kreise ziehende Emanzipation in Richtung immer größerer Autonomie hat gewiß und zum Glück zahlreiche ungerechte Herrschaftsverhältnisse aufgelöst. Und doch führt sie, konsequent zu Ende gedacht, ins Absurde, zur autonomen Republik für jeden einzelnen. Jedem seine eigene Briefmarke! Der Autonomiebegriff wird heute oft anstelle des Wortes Freiheit gebraucht.

Ob es mit der Verwechslung von Freiheit und Autonomie zusammenhängt, daß die neuzeitlichen Revolutionen andauernd ihre eigenen Kinder fressen?

Jedenfalls hängt das Heraufkommen der *sich emanzipierenden Autonomie* untrennbar mit dem *anthropozentrischen, objektivierenden Subjektivismus* zusammen. Das auf sich gestellte Subjekt, das alles andere zu seinem Objekt macht, emanzipiert sich von allem anderen: von den Objekten und von den anderen Subjekten. Jedes Subjekt wird autonom. Und spontan und kreativ. Das Ebenbild Gottes schwingt sich selbst auf den Thron. Nachdem der Schöpfergott leise abgetreten ist, wird der Mensch zu seinem schöpferischen Thronfolger.

Zwar hat die kopernikanische Wende nach den Worten von Friedrich Nietzsche den Menschen vom Zentrum der Welt ins x – ins leere Nichts – versetzt. Zwar wird nach Nietzsche der Mensch seither immer nur »verkleinert«[53] – der Planetenweg bei

Zürich hat es uns drastisch vor Augen geführt. Zugleich aber setzt sich der verkleinerte, gottverlassene Mensch in die *radikalste Herrschaftsposition,* die man sich denken kann, in den Mittelpunkt der Macht. Denn im Zeichen des *autonomen Subjekts* ist jeder Mensch zum kleinen Sonnenkönig geworden. Sein naturwissenschaftlich-technisches Wissen ist Macht, entsprechend dem geflügelten Wort von *Francis Bacon.* Und schon einige Jahrzehnte vor dem Sonnenkönig, im Jahre 1637, knüpfte der Vordenker des anthropozentrischen Subjektivismus, *René Descartes,* an die Bedingung einer neuen »praktischen Philosophie«, deren Beschreibung vor allem an die heraufkommende Naturwissenschaft denken läßt, eine sagenhafte Verheißung: »Denn sie (d. h. diese Begriffe) haben mir gezeigt, daß es möglich ist, zu Kenntnissen zu kommen, die von großem Nutzen für das Leben sind, und statt jener spekulativen Philosophie, die in den Schulen gelehrt wird, eine praktische zu finden, die uns die Kraft und Wirkungsweise des Feuers, des Wassers, der Luft, der Sterne, der Himmelsmaterie und aller anderen Körper, die uns umgeben, ebenso genau kennen lehrt, wie wir die verschiedenen Techniken unserer Handwerker kennen, so daß wir sie auf ebendieselbe Weise zu allen Zwecken, für die sie geeignet sind, verwenden und uns so zu Herren und Eigentümern der Natur machen könnten...«[54] *Der Herr und Besitzer der Natur* läßt seinen souveränen Blick über seinen Besitz schweifen, über die Treppen von Versailles. Jeder ein kleiner Sonnenkönig, jedem seine eigene Briefmarke, und jeder im Kampf mit jedem. Wer das bedenkt, den mag ein Schwindel ergreifen – wie nahe beieinander liegen doch plötzlich der Imperialismus eines Napoleon und der Egoismus des kleinen, demokratisch zurückgestutzten Karriere- und Vermögenmachers...

JEDER FÜR SICH UND GOTT GEGEN ALLE lautet der Titel eines Films von Werner Herzog über das Findelkind Kaspar Hauser und das beginnende neunzehnte Jahrhundert. Der Titel parodiert ein freches französisches Sprichwort (chacun pour soi et Dieu pour tous), und er nennt das autonome, gottverlassene neuzeitliche Subjekt.

Der Fortschritt im ursprünglichen, aufklärerischen, emanzi-
patorischen, humanistischen Sinne – gehört er vielleicht auch
schon zum Fort-Schritt? Fort ins x, in die autonome, auf sich
gestellte Position? Fort in die Astronautenkapsel, fort von der
Erde ins Nichts?

Kann den Grünen eine Welt-Anschauung helfen, welche den
Fort-Schritt zur Autonomie besinnungslos übernimmt?

Radix heißt die Wurzel. Wenn der Mensch als autonomes
Subjekt radikal, von der Wurzel her, auf sich selbst gestellt ist,
dann herrscht der *radikale Humanismus.*

Dieser Begriff findet sich bei *Erich Fromm* in HABEN ODER
SEIN, einem Buch, das wie DIE GRENZEN DES WACHSTUMS und
wie SMALL IS BEAUTIFUL für die Grünen wegweisend wurde.
Erich Fromm sieht einen breiten »humanistischen Protest«
gegen die Fortschrittsreligion des Industriezeitalters, den Protest
des radikalen Humanismus. Fromm findet ihn etwa bei E. F.
Schumacher und bei Albert Schweitzer, und nicht zuletzt bei
Karl Marx.

Karl Marx schrieb in jungen Jahren: »Radikal sein ist die Sache
an der Wurzel fassen. Die Wurzel für den Menschen ist aber der
Mensch selbst.«[55]

Martin Heidegger bemerkte zu diesem Satz in einem Seminar
im Jahre 1973, hier fehle ein Zwischengedanke, der es ermögli-
che, vom ersten Gedanken zum zweiten überzugehen. Das sei
der Gedanke, daß der Mensch die Sache sei, um die es geht. Für
Marx sei im vorhinein entschieden, daß der Mensch und einzig
der Mensch und nichts anderes diese Sache sei.[56]

Der Mensch ist das, worum sich alles dreht. Er selbst kreist
immer nur um sich selbst.[57]

Der alte christliche Gott wird in der Französischen Revolution zum »höchsten Wesen« (l'être suprême), und wenn der
radikale Humanismus siegt, ist das höchste Wesen der Mensch.
»Die Kritik der Religion endet mit der Lehre, daß der *Mensch*

das höchste Wesen für den Menschen sei...« So zumindest Karl Marx in seiner Schrift Zur Kritik der Hegelschen Rechts-philosophie.[58] Doch nicht nur mit *Gott* ist es dann nichts, sondern beispielsweise auch mit der *Geschichte:* »Die *Geschichte* tut *nichts,* sie ›besitzt keinen ungeheuren Reichtum‹, sie ›kämpft keine Kämpfe‹! Es ist vielmehr der *Mensch,* der wirkliche, lebendige Mensch, der das alles tut, besitzt und kämpft; es ist nicht etwa die ›Geschichte‹, die den Menschen zum Mittel braucht, um *ihre* – als ob sie eine aparte Person wäre – Zwecke durchzuarbeiten, sondern sie ist *nichts* als die Tätigkeit des seine Zwecke verfolgenden Menschen.« (Karl Marx, Die heilige Familie)[59]

Womit ist es sonst wohl noch nichts? Nichts heißt nihil. Ist der radikale Humanismus ein *radikaler Nihilismus?* Unheimisch beginnts, unheimlich endets...

Die *Welt* ist nun die Umwelt des Menschen. Die *Natur* ist nun seine Bedürfnisbefriedigungsanstalt. Die *Dinge* sind nun seine Objekte. Der Mensch sitzt auf dem Thron, und die Natur ist sein Pissoir.

Mit der Welt ist es im radikalen Humanismus nichts, und nichts mit der Natur, nichts mit den Dingen, nichts mit der Geschichte, nichts mit Gott – nichts ist es erst recht mit dem *Sein.*

Und doch heißt das Buch des radikalen Humanisten Erich Fromm Haben oder Sein.

Der Charakter des Menschen steht – nach Fromm – in einer Wechselbeziehung zu den jeweiligen sozialen und ökonomischen Verhältnissen. Wenn Sigmund Freud den sogenannten analen Charakter beschreibt, der sich durch Geiz, Ordnungs-liebe und Trotz auszeichnet, und wenn er diesen Charakter als unreif betrachtet und in seinem Verhältnis zu Kot und Geld einen auffallenden Zusammenhang entdeckt, dann ist das nach Fromm im Grunde nichts anderes als eine scharfe Kritik an der bürgerlichen Gesellschaft des 19. Jahrhunderts. Damals ist der anale, hortende Charakter zur Weltherrschaft gelangt. Bis er dann im 20. Jahrhundert, in der modernen Industriegesellschaft, vom Marketing-Charakter abgelöst wurde, der sich auf dem Persönlichkeitsmarkt selbst als Ware verkauft, dessen Ziel weniger Reichtum ist als vielmehr Anpassung, um »socially well adjusted« zu sein, ein gut funktionierender Bestandteil der großen Weltmaschine.

Den Grundzug dieser beiden Charaktere bezeichnet Erich Fromm als Haben, im Unterschied zum Sein. *Haben* kennzeichnet die besitzergreifenden Verhaltensweisen des Menschen. Dazu zählt Fromm beispielsweise das gierige Konsumieren, das mechanische Festhalten mit Notizen und Fotografien, die Diskussion, welche nur die eigene Meinung verteidigt, das Gespräch, das Informationen austauscht wie Waren, das Wissen, das solche Informationen speichert, die Autorität, die sich nur auf ihre Position beruft, den dogmatischen Glauben, die besitzergreifende Liebe, die fanatische Askese und schließlich die habsüchtige kapitalistische Ausbeutung und die fanatische kommunistische Gleichmacherei.

Sein dagegen kennzeichnet jene Verhaltensweisen des Menschen, die sich durch Lebendigkeit, Echtheit und Reife auszeichnen: das Gespräch, in dem der eine auf den anderen hört, das Wissen in einem tieferen Sinne, die natürliche Autorität, die echte Gläubigkeit und die echte Liebe, die selbstlose, nicht nur moralisch verbrämte Aufopferung und das freie, selbständige Handeln im Unterschied zur entfremdeten, außengesteuerten Geschäftigkeit.

Beide Möglichkeiten, zu haben und zu sein, sind nach Fromm dem Menschen angeboren. Aber darüber, was in einer bestimmten Epoche den Vorrang hat, entscheidet in erster Linie die »jeweilige Gesellschaftsstruktur«. Fromm wendet sich gegen das psychoanalytische Dogma, wonach die Charakterentwicklung stets in der frühen Kindheit abgeschlossen wird. Die scheinbare Fixiertheit des Charakters beruhe oft nur darauf, daß sich die gesellschaftlichen Bedingungen nicht wesentlich geändert hätten. Häufig spiele dabei auch eine Art Mitläufertum eine große Rolle.

Heute leben wir nach Fromm in der Weltherrschaft des Habens. Nicht zuletzt zeige sich dies im heutigen Sprachgebrauch: Die Verben werden mehr und mehr durch Substantive in Verbindung mit haben ersetzt. Man sorgt sich nicht mehr, sondern man hat ein Problem. Man hat Freude und Angst, Ansichten und Krankheiten, seinen Job und seinen Sex. Und das besitzanzeigende Fürwort erscheint häufiger als früher: meine Meinung, meine Diät, mein Kampf. Zum Haben gehört die Gewalt, die den Widerstand, der sich meiner Habgier entgegensetzt, bricht, und die Macht, die das, was ich habe, verteidigt. Weltkriege, Klassenkampf und die Koexistenz im Gleichgewicht des Schreckens wurzeln nach Fromm in dieser Weltherrschaft des Habens.

Doch was man hat, das kann man auch verlieren. Oder es nutzt sich ab und verringert sich durch den Gebrauch. Zum Haben gehört daher die Angst, bis hin zur Angst vor dem eigenen Tode, die jene Menschen quält, die sich an ihr Leben klammern.

Zum Sein dagegen gehört nach Fromm der seltsame Sachverhalt, daß es durch die »Praxis« nicht verbraucht wird, sondern zunimmt. Echte Liebe wächst, indem sie gelebt wird, wie der brennende Dornbusch in der Bibel, der sich nicht verzehrt.

Sein steht bei Fromm auch im Gegensatz zum Schein. Wir gelangen zum Sein, wenn wir »durch die Oberfläche dringen« und »die Wirklichkeit« erfassen. Ein möglicher Weg ist für Fromm *die Psychoanalyse* mit ihrer Grundregel der freien Assoziation (daß man ehrlich sagt, was einem in den Sinn kommt). Hier wird der Einstellung des Habens von allem Anfang an schärfstens widersprochen. Allerdings sieht Fromm in der Psychoanalyse nicht einfach ein Heilmittel für die gefährliche Situation unserer Welt. Die Möglichkeit eines jähen Endes der Zivilisation oder gar des Lebens infolge eines Atomkriegs oder einer ökologischen Katastrophe macht eine weitreichende gesellschaftliche Umwälzung notwendig, für die nicht mehr viel Zeit zur Verfügung steht. Die Umwälzung vom Haben zum Sein. Sein, nicht Haben, muß nach Fromm den Charakter des »neuen Menschen« und der »neuen Gesellschaft« bestimmen.

Die Unterscheidung von Sein und Haben kannte, wie Fromm betont, bereits Karl Marx. Und noch vor Marx hatte im Jahre 1851 *Arthur Schopenhauer* in seinen populären Aphorismen zur Lebensweisheit diese Unterscheidung gemacht.[60] Sie hat, ob mit oder ohne Einfluß von Schopenhauer und Marx, in der Folge nicht nur Erich Fromm fasziniert. Vor ihm hat schon Ivan Illich festgehalten, Produktivität werde mit haben, die Konvivialität aber mit sein konjugiert.[61]

Oscar Wilde schrieb 1891: »Die wahre Vollkommenheit des Menschen liegt nicht in dem, was er hat, sondern in dem, was er ist.«[62]

Und *Gabriel Marcel* 1935 in Sein und Haben: »Letztlich führt sich alles auf die Unterscheidung zwischen dem, was man hat, und dem, was man ist, zurück.«[63]

Wenden sich die Grünen ab vom Haben, hin zum Sein?

Für Erich Fromm sind Haben und Sein letztlich biologisch bestimmt. Er sieht den Ursprung des Habens im »biologisch gegebenen Wunsch nach Überleben«. Wir horten Vorräte, um nicht zu verhungern. Das Sein entspringt dem Drang, die Isolierung zu überwinden, in die der Mensch wegen seiner geringen Instinktgebundenheit und seiner hochentwickelten Großhirnrinde zu geraten droht. Aus demselben biologischen Grund hat die »Spezies Mensch« auch ein »religiöses Bedürfnis«, sie braucht einen »Rahmen der Orientierung« und ein »Objekt der Hingabe«, um überleben zu können.[64]

Vom Opium des Volks über eine Illusion ohne Zukunft zum notwendigen Rahmen der Orientierung – immer noch wird alles vom homo natura abgeleitet. Auch der radikale Humanismus von Erich Fromm, nicht anders als jener von Karl Marx und Sigmund Freud, gründet sich auf eine Auffassung vom Menschen als einem vernünftigen Tier, als einem animal rationale. Das radikal auf sich gestellte autonome Subjekt versteht sich radikal als Lebewesen.[65]

Bedeutsamer noch scheint mir, daß sich bei Erich Fromm Sein von vornherein ausschließlich auf die Lebensweise des Menschen bezieht.

Erich Fromm gebraucht das Wort Sein ganz ähnlich wie William Shakespeares Hamlet: »To be or not to be« – Sein oder Nichtsein, das heißt: Es ist eine Frage auf Leben und Tod. Sein heißt Leben.

Deutlich spricht dies Friedrich Nietzsche aus: »Das ›Sein‹ – wir haben keine andere Vorstellung davon als ›leben‹. – Wie kann also etwas Todtes ›sein‹?« » ... Das *Lebende* ist das Sein: weiter giebt es kein Sein.«[66]

Sein heißt hier Leben, und Leben heißt bei Nietzsche Wille zur Macht. Dieses Sein ist fundamentaler als das Denken. Auch für Karl Marx kommt das Sein vor dem Bewußtsein. Sein heißt für ihn gesellschaftliche Tätigkeit, Arbeit.[67]

Sein ist bei Fromm ein Wort, in dem dies – »Leben«, »gesellschaftliche Tätigkeit« – mitschwingt und das nur dem Menschen zugesprochen wird. Sein heißt für Fromm echtes Leben des Menschen.

Dieser Wortgebrauch von Sein bei Fromm hebt sich nun freilich von einer alten philosophischen Tradition ab. Nach ihr ist auch das Haben ein Sein, nämlich ein »Habend-sein«. Aber auch das Gehabte, zum Beispiel eine Banknote, ist etwas, das ist. Sein ist weder auf den Menschen noch auf das Leben begrenzt. Gerade wenn Erich Fromm in seinem Buchtitel das Sein eigens nennt, ist es mit dem Sein im Sinne dieser alten philosophischen Tradition am Ende doch nichts.

Ist es etwa auch mit dem Sein – wie mit Gott, Geschichte, Welt, Natur und Ding – im radikalen Humanismus nichts? Unheimisch beginnts, unheimlich endets. *Nichts – nihil – ist's mit dem Sein.* »Der Nihilimus steht vor der Thür: woher kommt uns dieser unheimlichste aller Gäste? –« (Friedrich Nietzsche, Nachlaß 1885/86)[68] ... »Ich beschreibe, was kommt: die Heraufkunft des Nihilismus ...« »Was ich erzähle, ist die Geschichte der nächsten zwei Jahrhunderte ...« (Friedrich Nietzsche, Nachlaß 1887/88)[69]

Der Gast ist jetzt mitten unter uns, steinerner als der Gast des Don Giovanni.

Und die Grünen, können sie es bei der Position des radikalen Humanismus bewenden lassen?

Vielleicht klingt jetzt plötzlich jenes auf Platon Bezug nehmende Vorwort zu SEIN UND ZEIT von Martin Heidegger weniger befremdlich: »»Denn offenbar seid ihr doch schon lange mit dem vertraut, was ihr eigentlich meint, wenn ihr den Ausdruck *seiend* gebraucht, wir jedoch glaubten es einst zwar zu verstehen, jetzt aber sind wir in Verlegenheit gekommen‹ (Plato: SOPHISTES). Haben wir heute eine Antwort auf die Frage nach dem, was wir mit dem Wort ›seiend‹ eigentlich meinen? Keineswegs. Und so gilt es denn, *die Frage nach dem Sinn von Sein* erneut zu stellen. Sind wir denn heute auch nur in der Verlegenheit, den Ausdruck ›Sein‹ nicht zu verstehen? Keineswegs. Und so gilt es denn vordem, allererst wieder ein Verständnis für den Sinn dieser Frage zu wecken...«[70]

Genügt den Grünen eine Welt-Anschauung, die sich auf den Unterschied von Haben und Sein gründet, wenn nicht gefragt wird, was Sein heißt? Können wir vom Sein reden und uns um die Frage nach dem Sinn, nach der Bedeutung, von Sein weiterhin drücken?

Nicht nur Erich Fromm, auch E. F. Schumacher sprach vom Sein, allerdings in ganz anderer Weise. Er verstand es nicht ausschließlich vom Menschen her. In seiner letzten Publikation, dem RAT FÜR DIE RATLOSEN, legte er kurz vor seinem Tod die geistigen Grundlagen von SMALL IS BEAUTIFUL dar. Schumacher diagnostizierte eine *»philosophische Krankheit«* des neuzeitlichen Abendlandes, die der ökologischen Krise zugrunde liegt. Diese Krankheit zeigt sich im allgemeinen »Reduktionismus« (z. B. bei Freud, Marx und in der Naturwissenschaft), welcher das Ranghöhere immer nur als eine Äußerung des Rangniedrigeren versteht, so daß am Ende jeder Unterschied verschwindet. So sind Lebewesen schließlich nur noch Maschinen. Angesichts dieser philosophischen Krankheit empfahl Schumacher eine

Rückkehr zur überlieferten Weisheit. Solche Weisheit fand er in
der chinesischen Philosophie, im Buddhismus, in den Evange-
lien Jesu und insbesondere in der *christlichen Philosophie des
Mittelalters* (Scholastik). Die scholastische Philosophie prägte
wohl auch Schumachers Begriff des Seins. Er legte nämlich
großen Wert auf die Unterscheidung verschiedener »*Seins-
Stufen*«, die er mit einer (nicht eigentlich mathematisch gemein-
ten) formelhaften Darstellung erläuterte:

Unbelebte Materie	m
Pflanzen	$m + x$
Tiere	$m + x + y$
Mensch	$m + x + y + z$

m: das Sichtbare, Meßbare, mit dem sich Physik und Chemie
befassen

x: »Leben«

y: »Bewußtsein, Wahrnehmung«

z: »Selbstreflexivität, Person«

Entscheidend ist dabei die Rangfolge der vier Seinsstufen. Ein
Pferd steht in einem höheren Rang als ein Traktor. In dieser
Rangfolge von der unbelebten Materie bis zum Menschen (und
über ihn hinaus zu Gott?) findet sich von Stufe zu Stufe eine
Zunahme an Aktivität, an Eigenständigkeit und an Freiheit.[71]
Das Schema von Schumacher gründet wohl zur Hauptsache in
der Metaphysik des Thomas von Aquin.

Auch wenn wir Schumacher durchaus beipflichten, daß ein
Traktor nie und nimmer ein Pferd ist, müssen wir uns heute doch
fragen, ob ein solches Schema von Seins-Stufen noch aufgestellt
und überdies durch pseudo-mathematische Formeln »veranschaulicht« werden darf, wenn nicht zuvor gesagt wird, was
denn das heißen soll: »Sein.« Ist diese Frage weder gestellt noch
ein Verständnis für sie geweckt, dann ist auch nicht klar, was eine
bestimmte »Stufe« des Seins und was ein »hoher oder ein
niedriger Rang« einer solchen Stufe sein soll. Wenn das alles aber

nicht geklärt ist, dann ist die Gefahr groß, daß sich alles von selber versteht, das heißt so, wie es dem unbedachten Vorurteil entspricht. Sein heißt dann vielleicht unversehens: für ein beobachtendes Subjekt als Objekt vorhanden sein. Und nunmehr paßt es auch in ein Schema auf einer Tafel oder gar in eine mathematische Formel. So mag es dann geschehen, daß wir am Ende genau wieder dort landen, von wo wir eigentlich wegkommen wollten: bei der modernen Denkweise, die alle Dinge als Objekte für das selbstherrliche Subjekt versteht.

Sollen sich die Grünen unbesehen auf die scholastische Einteilung in Seins-Stufen stützen?

Die unbelebte Materie steht im Schema der Seins-Stufen im niedersten Range. Die philosophische Krankheit des neuzeitlichen Abendlandes zieht nach Schumacher alles auf diese niedrigste Stufe herunter: Er nennt die Krankheit daher auch *Materialismus.*

Krank ist unser Zeitalter auch für *Max Thürkauf.* Es leidet – entsprechend dem Titel des gleichnamigen, im Jahre 1978 erschienenen Buches – an TECHNOMANIE, an der Sucht, ausschließlich technisch zu denken und zu handeln. Diese Technomanie ist auch für Thürkauf die »Todeskrankheit« des Materialismus, der behauptet, die Materie habe das Primat vor dem Geist und unsere Sinne täuschten uns. Der menschliche Geist sei nur ein Produkt physikalisch-chemischer Hirnprozesse und der Himmel sei nicht blau, sondern erscheine uns nur so, weil die Moleküle der Luft das kurzwellige durchgehende Licht stärker zerstreuen als das langwellige. Auch hier stoßen wir wieder auf den naturwissenschaftlichen Reduktionismus. Da gibt es nur Physik und Chemie. Und den Zufall, der zur Evolution komplexer Nukleinsäuremoleküle geführt hat, die das steuern, was wir Leben nennen. Und die Information, von den Nukleinsäuren zum Eiweiß, von Computer zu Computer, vom einen Gehirn zum andern. Ob dieses technomane Weltbild kapitalistisch oder kommunistisch genannt wird, ist für Thürkauf durchaus belanglos. Es sei »die Leugnung des Geistes durch den Geist, die zur Abschaffung des Menschen durch den Menschen führt«.[72]

Materie steht hier also gegen Geist, Materialismus gegen Spiritualismus. Der mittelalterliche Spiritualismus hat sich nach Thürkauf in die selbstsüchtige Erdenflucht verstiegen und den Körper verleugnet. Der naturwissenschaftliche Materialismus sei zwar eine Gegenbewegung gegen diese Erdenflucht und gegen die Verachtung der Materie, wobei die Verbrennung des Giordano Bruno, der Prozeß gegen Galileo Galilei und die vielen weiteren Unterdrückungsversuche des Klerus dieser Gegenbewegung nur förderlich waren. Doch sie habe sozusagen das Kind mit dem Bade ausgeschüttet. Unser Materialismus verleugne nun die Seele und führe zur herzlosen Technomanie.

Beide Haltungen, der mittelalterliche Spiritualismus und der moderne Materialismus, werden von Thürkauf als Abweichungen von der ausgewogenen *»Geist-Seele-Körper-Einheit«* verstanden, vom Gleichgewicht von »Kopf, Herz und Hand«, von der »menschlichen Mitte«. Als Gleichgewichtsstörungen, als Pendelausschläge nach links oder rechts.[73]

Ob das aber zum Verständnis von Mittelalter und Neuzeit ganz ausreicht? Was heißt Geist, was heißt Seele, was heißt Körper? Wie schon beim Leben stehen wir wiederum vor drei Worten, die eine lange und schwere Geschichte mit sich tragen und die ihre Bedeutung im Verlaufe dieser Geschichte geändert haben. Psyche bei Heraklit und psychischer Apparat bei Sigmund Freud sind nicht dasselbe. Diese Geschichte ist zudem zutiefst von der Problematik des zerrissenen animal rationale und des neuzeitlichen Subjekts durchzogen. Ohne nähere Bestimmung gibt uns die Geist-Seele-Leib-Einheit nicht das Maß. Spiritualismus und Materialismus als Abweichungen von einer Sache, die ihrerseits ungeklärt ist?

Doch stimmt es überhaupt, daß der heute herrschende Materialismus den Vorrang der Materie vor dem Geist proklamiert? Sagt er überhaupt: Es gibt nur Materie? Sagt der moderne Materialismus nicht vielmehr: alles ist Material, und zwar für das arbeitende Subjekt? Verbrauchsmaterial, Ersatzmaterial, Transportmaterial, Menschenmaterial – *alles ist Material.*[74]

Wenn dem so ist, können wir den Materialismus nicht mehr nur als Pendelausschlag, als Reaktion auf den mittelalterlichen Spiritualismus verstehen. Eher achten wir jetzt auf das Pendel selbst, auf das Gemeinsame von Mittelalter und Neuzeit. Im Mittelalter war alles von Gott geschaffen; alles war vom obersten Handwerker geformter Stoff. Heute ist alles Material für den Menschen; er ist gewissermaßen der Arbeiter in der Welt-Fabrik. Die verborgene Verwandtschaft der zum Himmel ragenden gotischen Kathedrale mit der modernen Fabrik, ist sie zu spüren? Der Kathedrale, deren Türme auf den Schöpfer zeigten und damit auf die Geschaffenheit von allem und jedem, mit der Fabrik, für die alles und jedes zum Material geworden ist?

Kann den Grünen empfohlen werden, sich vom Materialismus abzuwenden, wenn so fragwürdig ist, was Materialismus überhaupt heißt? Was soll ihnen eine Welt-Anschauung, die sich auf eine ebenso ungeklärte Geist-Seele-Leib-Einheit stützt?

Materie und Geist, Körper und Seele, animal und ratio, sinnlich und nichtsinnlich – und immer die seltsame Kluft: das Niedrige und das Hohe. Am aufschlußreichsten ist vielleicht die Unterscheidung *sinnlich/nichtsinnlich.* Im naturwissenschaftlichen Materialismus ist nach Thürkauf der Himmel nicht mehr blau; der Gesichtssinn hat uns getäuscht. Der naturwissenschaftliche Materialismus ist dafür mit der Entdeckung der Elektrizität und der drahtlosen Effekte und mit der Atomphysik in einen okkulten Bereich der Materie vorgedrungen, ins Untersinnliche. Zugleich ist dieser Materialismus blind für alles Übersinnliche.[75]

Mit der Unterscheidung *sinnlich/nichtsinnlich* betritt Thürkauf ein weites Feld der europäischen Philosophie. Drei Stichworte und drei Namen sind hier nicht zu übersehen: die *Erkenntnis,* die *Gewißheit* und die *Idee; Immanuel Kant, René Descartes* und *Platon.*

Ob uns das Auge täuscht, wenn wir die Bläue des Himmels sehen, ist ein Problem der *Erkenntnistheorie*. Diese wird notwendig, wenn eine Kluft aufgerissen ist zwischen dem Denken und seinem Gegenstand. Nun geht es um die richtige oder falsche Überbrückung dieser Kluft. Die Erkenntnistheorie setzt die eigenmächtige Abkapselung des Menschen von den Dingen seiner Welt voraus, wie sie René Descartes erfahren hat, die Scheidung eines denkenden, zweifelnden Subjekts von den gegenständlich vorgestellten Objekten. Die neuzeitliche Erkenntnistheorie, die in der kritischen Eingrenzung der menschlichen Erkenntnis durch Immanuel Kant gipfelt, gründet in der Sache – nicht dem Titel nach – im neuzeitlichen *objektivierenden Subjektivismus*. Sie befaßt sich mit dem Zugang vom Subjekt zum Objekt. Dabei geht sie aus von der sinnlichen Wahrnehmung. Das Subjekt steigt hinüber zum Objekt mit Hilfe der Sinne. Zunächst gegeben sind uns da Farben und Formen, Gerüche, Töne, Tastwiderstände und Wärmedifferenzen. Primär sehen wir nach dieser Ansicht nicht ein Dreieck, sondern das strichförmige Tuscheschwarz auf dem weißen Papier. Primär hören wir nach dieser Ansicht Töne und Geräusche und nicht das Tosen des Sturms.

Wobei wir uns täuschen können: Vielleicht spielt uns jemand nur ein Tonband vor. Ob Tonband-Sturm oder realer Sturm, ist nicht gewiß. Doch woran wir uns halten dürfen, ist wohl die Tatsache, daß wir das Geräusch hören, ist die sinnliche Wahrnehmung. Es sei denn, wir hörten ein Geräusch, das andere nicht hören können. Doch da hilft uns dann vielleicht das Meßgerät weiter: Die Schallwellen, die der Oszillograph aufzeichnet, können von jedermann jederzeit kontrolliert werden.

Seit Descartes sucht der Mensch das, woran er sich mit unbezweifelbarer Gewißheit halten darf, das unerschütterte Fundament (fundamentum inconcussum), den festen Boden. Descartes selber hielt sich an die Selbstgewißheit des Subjekts. Nach ihr hatten sich die Dinge fortan zu richten, so daß das Subjekt mit ihnen rechnen konnte. Mit dem Geräusch, mit den leiblichen Sinneseindrücken aber ist leichter zu rechnen als mit einem Sturm in der Nacht. Und ein noch festerer Boden als die sinnlichen Daten sind die Meßwerte. Nun ist die Rechnung perfekt. Immer auschließlicher entscheidet die mathematische Formulierbarkeit über die Wirklichkeit der Objekte. Wirklich wird, was sich messen läßt.

So verlagert sich der »feste Boden« *von der Selbstsicherheit des Subjekts auf den Körper mit seinen Sinnen und von dort schließlich auf den öffentlich kontrollierbaren physikalischen Meßwert,* aber die neuzeitliche Grundhaltung bleibt dieselbe: die Abstützung auf das unbezweifelbar Gewisse, Sichere, Berechenbare, die ihrerseits erst durch den selbstherrlichen Zweifel des objektivierenden Subjektivismus, durch die Trennung des Subjekts vom Objekt notwendig wird.

Doch nehmen wir wirklich primär das Geräusch wahr und erst sekundär den Sturm?

»Niemals vernehmen wir, ..., im Erscheinen der Dinge zunächst und eigentlich einen Andrang von Empfindungen, z. B. Töne und Geräusche, sondern wir hören den Sturm im Schornstein pfeifen, wir hören das dreimotorige Flugzeug, wir hören den Mercedes im unmittelbaren Unterschied zum Adler-Wagen. Viel näher als alle Empfindungen sind uns die Dinge selbst. Wir hören im Haus die Tür schlagen und hören niemals akustische Empfindungen oder auch nur bloße Geräusche. Um ein reines Geräusch zu hören, müssen wir von den Dingen weghören, unser Ohr davon abziehen, d. h. abstrakt hören.« (Martin Heidegger, DER URSPRUNG DES KUNSTWERKES)[76] Auch wenn wir heute den Unterschied zwischen einem Mercedes und einem Adler-Wagen nicht mehr kennen, hören wir ein vorbeifahrendes Auto und nicht bloße Schallwellen oder sinnliche Daten. Sind wir vielleicht immer schon *näher bei den Dingen,* als eine von den Sinnesempfindungen ausgehende Erkenntnistheorie es postuliert? Also nehmen wir doch primär den Sturm wahr; wir sehen primär das Dreieck und nicht die Tuschestriche auf dem Papier?

Aber ist es das Dreieck oder *die Idee* des Dreiecks? Man zeichne ein Dreieck in den Sand. Wir sehen das Dreieck, es liegt sichtbar vor uns. Nun stürzt die Welle heran und verwischt die Zeichnung im Sand. Das sichtbare Dreieck ist verschwunden. Man zeichne ein zweites, größeres Dreieck mit anderen Winkeln. Auch es liegt sichtbar vor uns und wird bald wieder vergehen. Das Sichtbare ist das Vergängliche, das, was kommt und geht.

Beständig anwesend, nicht vergänglich dagegen ist nach Platon etwas, das für das gewöhnliche Auge zwar unsichtbar, aber dennoch mit dem Auge der Seele um so deutlicher eingesehen werden kann: das Aussehen, die Form, die Gestalt, das Urbild des Dreiecks überhaupt. Platon nennt *dieses* nur geistig zu sehende *Aussehen* eidos oder idea (griechisch eidon heißt auf deutsch: ich sehe). Die Idee des Dreiecks ist beständig, sie ist das, was bleibt, wenn die Welle das Dreieck im Sand verwischt. Die Idee des Dreiecks ist aber auch das, was alle Abarten von sichtbaren Dreiecken erst möglich macht, sie ist die Bedingung der Möglichkeit von jeglichem Dreieck überhaupt. Sie ist eigentlich und beständig anwesend, anwesend in der Weise der ungetrübten Anwesenheit, anwesendhaft anwesend (ontos on), während das vergängliche Dreieck im Sand ihr gegenüber nur ein eidolon ist, ein Ideelein, ein Abbild, ein Schatten, anwesend und doch nicht anwesend (me on).

Wer sich an die mannigfaltigen sichtbaren Dreiecke klammert, der baut dann allerdings auf Sand. Er ist einem Gefangenen zu vergleichen, der gefesselt in einer Höhle einem Schattentheater beiwohnt. Von Kind auf durch die Fessel gezwungen, immer in dieselbe Richtung zu schauen, hält er die Schatten an der Wand für das einzig Wahre und weiß nichts vom Licht als dem Ursprung der Schatten und nichts von den Figuren, deren Schatten er sieht. Wer aber in der Vielfalt der sichtbaren Sanddreiecke die eine Idee des Dreiecks zu sehen vermag und schließlich jene eine Idee, die auch die einzelnen Ideen erst ermöglicht (die Idee des Seinsgrundes überhaupt, des Guten, des agathon), der ist jenem zu vergleichen, dem in der Höhle die Fesseln abgenommen wurden. Er sieht die Figuren selbst und das Licht, das die Schatten wirft, und wenn er gar die Höhle verläßt, sieht er das Tageslicht und die Sonne, die alles erwärmt und belebt. Das ist *das Höhlengleichnis von Platon*.[77]

Darin liegt ein Zug, der im Gefolge Platons, im *Platonismus*, stärker zur Geltung kam: Wer in der Höhle sitzt, ist zu bedauern, und er sollte ans Licht geleitet werden. Und wer sich im Lichte befindet, ist dazu berufen, das Geschick der anderen zu lenken. Die Philosophen sollten Könige werden in den Städten oder die Könige Philosophen.[78] Denn wer die Idee sieht, sieht die Wahrheit, während der im bloß Sichtbaren Befangene in einer Scheinwelt lebt. Die Zwei-Welten-Lehre und die Abwertung der *sinnlichen* (scheinbaren) Welt gegenüber der *übersinnlichen* (wahren) Welt nimmt ihren Anfang. Bald wird der Platonismus im Verein mit dem Christentum diese Welt, in der ihr Angst habt, als diesseitiges Jammertal erklären, das aber, seid getrost, überwunden ist in der Ewigkeit des Jenseits. Übersinnlich und sinnlich, jenseitig und diesseitig, metaphysisch und physisch, geistig und materiell, rational und animalisch, intellektuell und emotional, psychisch und somatisch, Form und Stoff, Software und Hardware – der Ausstieg aus Platons Höhle zieht einen ganzen Rattenschwanz von solchen Unterscheidungen nach sich.

Wobei freilich im Verlaufe von mehr als zweitausend Jahren das Übersinnliche seinen Sonnenglanz allmählich verliert. In der Scholastik wird es noch mit viel Scharfsinn erörtert, dann muß es – immer verzweifelter – bewiesen werden (Gottesbeweise) und wird von einem philosophischen Meister als unzugänglich erklärt (Kant), bis es schließlich von einem philosophischen Titanen gänzlich abgeschafft wird (Nietzsche). Der Titan hat dabei sehr wohl bemerkt, daß mit der Abschaffung des Übersinnlichen auch dessen Gegensatz, das Sinnliche, seinen Sinn verliert. Der Platonismus verendet im Nihilismus.

Die große Frage dabei bleibt die Frage nach dem »Wurm im Gebälk«: Ist er erst später hineingekommen, oder war er von Anfang an, schon bei Platon, drin?

Im Dialog PHAIDON ließ Platon Sokrates sagen: »Denn unsere Erde da und die Steine und die ganze Örtlichkeit hier ist verwittert und zerfressen, so wie das, was im Meere ist, durch das Salzwasser. Im Meere wächst ja auch nichts, was der Rede wert ist, und es gibt darin sozusagen nichts Vollkommenes, sondern überall, wo irgend noch Erde ist, finden sich da nur ausgehöhlte Klippen und Sand und gewaltige Schmutz- und Schlamm-Massen, und es gibt dort gar nichts, was man mit den Schönheiten unserer Erde vergleichen könnte. Der Unterschied zwischen jener höheren Welt und der unsrigen wird aber noch viel größer erscheinen.«[79] Unsere Erde ist nach Platon schöner als das Meer, aber auch sie ist im Verhältnis zur höheren Welt der Ideen unvollkommen und vergänglich, verwittert und zerfressen. Nur die unverwüstlichen, bunten Edelsteine kommen nahe an die Vollkommenheit des höheren Reiches heran.

Keine Chance für das welkende Grün der Wiese. Friedrich Nietzsche sagte zum Platonismus, zur Herabsetzung des Irdischen zugunsten der Idee: »Versteht man es? Das *war die größte Umtaufung:* und weil sie vom Christenthum aufgenommen ist, so sehen wir die erstaunliche Sache nicht...«[80]

Hat vielleicht die Abwertung des Sinnlichen gegenüber dem Übersinnlichen diesem einen Bärendienst erwiesen? Seither hat sich eine Kluft aufgetan und diesseits wird das Sinnliche entwertet, jenseits der Kluft das Geistige überhöht, bis es sich wie ein aufsteigender Luftballon am Himmel verliert. Doch nun, ohne den Halt im Übersinnlichen, schwankt alles auf Erden, und es beginnt eine verzweifelte Suche nach einem festen Fundament, nach dem unbezweifelbar Gewissen. Diese Suche jagt mit Hilfe der Erkenntnistheorie von einem vermeintlichen Fundament zum nächsten, um schließlich bei den meß- und berechenbaren Effekten der modernen Atomphysik zu landen. Doch der Boden, auf dem wir stehen, wird gerade durch diese Suche immer unsicherer. Ist die erste Atombombe etwa unterirdisch explodiert, damals in Platons Höhle?

»Ich sehe wohl Menschen, aber keine Menschheit, wohl Pferde, aber keine Pferdheit.«[81]

So spottet schon *Antisthenes,* ein Schüler des Sokrates wie Platon. Platon entwertet das Pferd um der Pferdheit, um der Idee des Pferdes willen. Die Reaktion bleibt nicht aus, das Pferd wird schon in der Antike in Schutz genommen, jedoch auf Kosten der Pferdheit, die geleugnet wird. Die Folgen zeigen sich später, denn mit der Pferdheit verschwindet am Ende auch das Pferd. Eine Weile vermag es sich noch als Maßeinheit zu halten, als »Pferde-stärke« im Automobilmotor. Doch seit kurzem hat der Pionier der Dampfmaschine, James Watt, auch diese Erinnerung an das Pferd ausgelöscht: Das Kilowatt hat die Pferdestärke besiegt.

War der Wurm von Anfang an drin im Gebälk, schon bei der Unterscheidung der Idee des Dreiecks von der flüchtigen Figur im Sande? Steht der naturwissenschaftliche Materialismus in einem geheimen Zusammenhang mit dem Platonismus? Ist nicht erst die moderne Erkenntnistheorie, sondern schon der platoni-sche »Idealismus« fort-geschritten von den Dingen?

Wir sind nicht genug vorbereitet für so schwindelerregende geschichtliche Fragen. Aber Max Thürkaufs Technomanie lenkt uns eben doch darauf. Max Thürkauf ist inspiriert von *Rudolf Steiner,* und auch die *Anthroposophie* Rudolf Steiners kann uns zu solchen Fragen führen. Auf die Anthroposophie wiederum stützen sich viele Grüne. In ihrer praktischen Tätig-keit waren auch viele Anthroposophen unter den ersten »Alter-nativen«.

Rudolf Steiner soll seine gedruckten Vorträge mit folgendem »Hochschulvermerk« versehen haben: »Als Manuskript für die Angehörigen der freien Hochschule für Geisteswissenschaft, Goetheanum, gedruckt. Es wird niemand für die Schriften ein kompetentes Urteil zugestanden, der nicht die von dieser Schule geltend gemachte Vor-Erkenntnis durch sie oder auf eine von ihr selbst als gleichbedeutend erkannte Weise erworben hat. Andere Beurteilungen werden insofern abgelehnt, als die Verfasser der entsprechenden Schriften sich mit den Beurteilern in keine Diskussion über dieselben einlassen.«[82] Ich bekenne: Ich habe die entsprechende »Erkenntnisschu-lung« nicht durchgemacht. Ich will mir aber auch kein kompe-tentes Urteil über die Anthroposophie anmaßen, sondern lediglich einige Fragen aufwerfen, die sich mir bei der Lektüre der TECHNOMANIE gestellt haben. Sie betreffen auch vor allem die Anfangsgründe der Anthroposophie – gewissermaßen ihre Vor-Vor-Erkenntnis – und nicht ihre Hohe Schule.

Rudolf Steiner setzt sich in einer frühen Schrift mit dem Titel GRUNDLINIEN EINER ERKENNTNISTHEORIE DER GOETHESCHEN WELTANSCHAUUNG bewußt ab von Immanuel Kant: Wenn wir ein Dreieck sehen, nehmen wir nach Kant nur die sinnlichen Gegebenheiten wahr, das Weiße des Papiers, die schwarzen Striche in einer bestimmten Anordnung. Daß es sich um ein Dreieck handelt, gehört nicht zur Anschauung, sondern ist ein Urteil, eine Leistung des menschlichen Verstandes. Demgegenüber deutet Steiner an, daß wir das Dreieck selbst ebenso sehen wie die sinnlichen Gegebenheiten, wenn auch nicht mit dem sinnlichen Auge. Das Dreieck selbst und nicht bloß seinen Schatten im Scheinwerferlicht des Verstandes.[83]

Steiners erkenntnistheoretische Ansätze muten in manchem neu an. Sie bleiben aber mit der von Kant geprägten Denkweise darin verbunden, daß eine Erkenntnistheorie überhaupt aufgestellt werden muß, und mit dem Platonismus verbindet sie die Unterscheidung von sinnlich und nichtsinnlich. Das führt dazu, das Sehen eines Dreiecks als geistige Erkenntnis, welche die bloße Sinnenerfahrung überschreitet, zu deuten. Und es führt dazu, das geistige Auge zu schulen. Der Aufstieg aus Platons Höhle wird organisiert.

Eine nichtmaterialistische Naturwissenschaft wird nach Thürkauf zu einer Geisteswissenschaft, die nicht mehr vom Hundertsten ins Tausendste gerät. Zum Beispiel verliert sich eine solche Wissenschaft nicht sofort in den zahllosen Unterscheidungen der Botanik, sondern sucht mit Goethe zunächst die geistige, sinnlichkeitsfreie und unvergängliche Idee der Urpflanze. Erst wenn diese Idee »inkarniert« ist, stehen wir nach Thürkauf vor der einzelnen, sinnlich-materiell-wahrnehmbaren und vergänglichen Pflanze. Auch der inkarnierte, sterbliche Mensch könne durch entsprechende »Erkenntnisschulung« seine »vorgeburtliche« und »nachtodliche« Existenz erfahren. Die Erkenntnisschulung führe zur Anerkennung der Reinkarnation. So wie die Idee der Pflanze im Laufe der Evolution immer wieder in gewandelter Art Gestalt geworden sei, geschehe es mit dem geistigen Wesen des Menschen. Allerdings verlaufe dieser Aufstieg nicht gefahrlos und nicht stetig. Heute sei er bedroht von der Technomanie.

Die Anthroposophie von Rudolf Steiner und Max Thürkauf ist ein geistiger Brennpunkt, der uns gewiß sehr viel zeigt. Zum einen hat die Anthroposophie praktische Konsequenzen; sie will erklärtermaßen »den Grund zu einer neuen Zivilisation legen«[84], und sie bietet sich den Grünen als Weltanschauung an. Zum andern mutet sie in mancher Hinsicht an wie eine Vorwegnahme dessen, was seit Anfang unseres Jahrhunderts *Phänomenologie* genannt wird. Dennoch bleibt die Anthroposophie mit ihrer Erkenntnislehre im neuzeitlichen *objektivierenden Subjektivismus* und mit ihrer Ideenlehre im *Platonismus* verhaftet. Im Wort Anthroposophie mag sich auch die *anthropozentrische* Orientierung der Neuzeit zeigen. Auffällig ist ferner die Affinität der Anthroposophie zur *biologischen* Lehre von der *Evolution.* Der Mensch ist für sie der Höhepunkt der Evolution. Doch die Evolution drängt weiter, auch die Technomanie überwindend, hin zum Christus. Christus als Endziel der geistig und biologisch vorgestellten Evolution des Lebens – die Kombination des biologischen Entwicklungsgedankens mit einer Heilserwartung für die Menscheitsgeschichte findet sich nicht nur bei Rudolf Steiner, sondern zum Beispiel auch bei *Teilhard de Chardin,* mit seinem Gedanken der Evolution zum »Punkt Omega«.

Gegen diese Kombination wendet *Carl Amery* in seinem 1972 erschienenen Buch mit dem Titel Das Ende der Vorsehung ein: »Wenn die Geschichte des Menschen, nein, des Kosmos, auf den Punkt Omega zustrebt, eine Art totalen Bewußtseins – dann wird man zwangsläufig den Blauwal, den bengalischen Tiger, den amerikanischen Seeadler, den Apollo-Falter, die alle dem Untergang geweiht sind, und zwar durch uns und unsere expansiven Bedürfnisse – dann wird man sie alle als notwendige Etappen solcher Entfaltung abschreiben müssen; als liebenswürdige, aber letzten Endes überschüssige Entwürfe...«[85]

Max Thürkauf und auch Rudolf Steiner allerdings ist *diese* Konsequenz der christlich-biologischen Heilserwartung nicht anzulasten. Im Gegenteil, wo die Anthroposophen tätig wurden, haben sie nicht Blauwale getötet, sondern Kinder gehegt und das Land »biologisch-dynamisch« bestellt. Eher zeigten sie die pflegliche Haltung des Hirten als die Haltung des Herrschers von Punkt Omega. Max Thürkauf hat – ausgehend von der Anthroposophie – eine klare, pointierte Kritik an unserem Zeitalter und seiner Wissenschaft geliefert.

Gerade darum jedoch möchte ich die Frage stellen, ob die erkenntnistheoretische (Kant, Descartes) und platonistische Prägung des Steinerschen Denkens und die Parallele zur Evolutionslehre von Teilhard de Chardin (und damit die innere Verwandtschaft mit der technomanen Naturwissenschaft) nicht zuvor zu bedenken wären, bevor man sich anschickt, mit der Anthroposophie »den Grund zu einer neuen Zivilisation« zu legen.

Genügt den Grünen eine anthroposophische Welt-Anschauung?

Zur *Reinkarnation* und zu unserer *vorgeburtlichen* und *nachtodlichen* Existenz möchte ich mich nicht äußern, insofern sie jemand glaubend erfährt. Allerdings meint Thürkauf, sie sei auch erfahrbar durch eine entsprechende »Schulung der Erkenntnis«. Das hinwiederum ist für mich nicht möglich, und sei es nur, weil ich diese Schulung nicht absolviert habe. Gerne halte ich mich da an *Heraklit:* »Die Menschen erwartet, wenn sie gestorben sind, was sie nicht erhoffen/befürchten (im Griechischen ein einziges Wort) und nicht vermuten.«[86] Unzugänglich ist uns das Totenreich, solange wir als Sterbliche leben.

Gewiß stellt sich bei Heraklits Texten stets die Frage nach der richtigen Überlieferung und der angemessenen Übersetzung. Und da will ich gerne einräumen, daß die meisten Übersetzer zwar den Satz im genannten oder in einem ähnlichen Sinne verstehen, daß es aber auch Interpreten gibt, die bei Heraklit

Hinweise auf eine Seelenwanderungslehre finden. Ein Übersetzer gar vertritt die Ansicht, die Rede von den Menschen im Satz
des Heraklit sei abschätzig gemeint: Die gewöhnlichen Menschen im Unterschied zu den weisen Menschen hätten keine
Ahnung, was sie nach dem Tode erwarte.[87] Womit wir bei einer
Übersetzung angelangt wären, die fast dasselbe sagt wie Thürkauf und Steiner mit ihrer Schulung der Erkenntnis?

Ich weiß es nicht – doch für mich klingen die Sätze des
Heraklit nun einmal nicht so, und für mich hat das vorgreifende
Hoffen zwar vielleicht, in einem gewissen Sinne, etwas Tröstli-
ches, aber zugleich hat es, weil es unserem Leben seine einmalige
Schärfe raubt, in einem anderen Sinne doch etwas Trostloses.
Wenn wir immer wieder inkarniert werden – was tut es dann zur
Sache, ob der Geist der Technomanie (Thürkauf nennt ihn
Ahriman) jetzt oder erst in fünfzigtausend Jahren, nach dem
Abklingen der Radioaktivität des Plutoniums auf der verwüste-
ten Erde, seine endgültige Niederlage erfährt?

Von der Erkenntnistheorie gelangte Rudolf Steiner zur
Erkenntnisschulung. Bekanntlich war er ein ausgeprägter
Schulengründer. Mit dieser starken Betonung der *Bildung* wandelt er wohl ebenfalls in den Fußstapfen Platons. Die Erzählung
des Höhlengleichnisses wird mit einem Satz eingeleitet, der auf
die (philosophische) Erziehung (paideia) verweist. Das Höhlengleichnis illustriert nicht nur die Ideenlehre, es setzt zugleich den
Anfang des *Zeitalters der Bildung*[88]. Nun werden sich gut zwei
Jahrtausende um die Bildung des Menschen bemühen. Einmal
geht es dabei um die Tugend, ein anderes Mal um die Unterrich-
tung in den Künsten, dann wieder um die Erlösung der unsterblichen Seele, die Schulung der Vernunft, die Pflege der Persönlichkeit, die Entfaltung des kreativen Potentials oder die Entwicklung des Ich aus dem Es. Oder dann um die sportliche
Ertüchtigung, die Emanzipation in der Gesellschaft und am
Ende um die Züchtung des genetischen Materials.

Zur Bildung gehören die Bilder, nach denen gebildet wird, das
Vorbild und das *Leitbild*. Gebildet wird nach einem bestimmten
Bild des Menschen. Und Platons Höhlengleichnis ist der Auftakt

zur späteren humanistischen Erziehung des Menschenge-
schlechtes bis hin zur technokratischen Bildungsplanung unserer
Tage, ja sogar bis hin zur schwachsinnigen Utopie des Genfor-
schers Haldane, der im Jahre 1962 auf einem CIBA-Symposion
die Züchtung von Menschen mit Greiffüssen und einem affen-
ähnlichen Becken (wie bei unseren »Vorfahren im mittleren
Pliozän«) vorgeschlagen haben soll, weil solche Wesen für die
Schwerelosigkeit in einem Raumschiff geeigneter wären.[89]

Allein – »Das Zeitalter der Bildung geht zu Ende, nicht weil
die Ungebildeten an die Herrschaft gelangen, sondern weil
Zeichen eines Weltalters sichtbar werden, in dem erst das
Fragwürdige wieder die Tore zum Wesenhaften aller Dinge und
Geschicke öffnet.« (Martin Heidegger, WISSENSCHAFT UND
BESINNUNG)[90] Das Frag-Würdige und nicht das Leitbild. Geht
es, wie Heidegger meint, um eine *Besinnung,* die »vorläufiger,
langmütiger und ärmer« ist »als die vormals gepflegte Bildung im
Verhältnis zu ihrem Zeitalter«?

*Kann den Grünen eine Welt-Anschauung genügen, die noch
im Zeitalter der Bildung verankert ist?*

Leitbilder und Vorbilder gehören auch in jenen vielfältigen
Bereich, den man Ethik nennt. In der zunehmenden ökologischen Krise ertönt heute weitherum der Ruf nach einer neuen
»ökologischen Ethik«, ohne daß ganz klar wäre, in welchem
Sinne der Name Ethik hier gemeint ist. Einige sagen ökologische
Ethik und denken tatsächlich an Erziehung. An Bildung – oder
besser *Um-Bildung* – in der Richtung einer »vernünftigen,
menschlichen, ökologischen Zukunft«. VMÖ-Schulung sozusagen.

Carl Friedrich von Weizsäcker, der deutsche Physiker-Philo-
soph, forderte schon 1977 in WEGE IN DER GEFAHR eine solche
Um-Bildung im Sinne einer notwendigen »Bewußtseinsände-
rung«, und zwar im Lichte der *Vernunft.* Ein »vernünftiger
Gebrauch der Technik« und eine Überwindung des Krieges

wären nach Weizsäcker möglich, wenn sich »alle Agenten« von
Vernunft leiten ließen. Gewiß lasse sich eine allgemeine Vernünf-
tigkeit nicht durch Appelle schaffen. Und doch werde Vernunft
letztlich »nicht durch materielle Bedingungen hervorgerufen,
sondern nur durch den Anruf der Vernunft selbst«. Die bisherige
Aufklärung freilich habe die Menschen nur zum Begriff und
nicht zur Wahrnehmung erzogen. Das bisherige Verstandestrai-
ning müsse durch eine »Schule der Wahrnehmung« ergänzt
werden, die man auch »Meditation« nennen könne, wenn man
die Meditation vom mythischen Weltbild befreie.[91]

Ganz ähnlich sprach *Reinhart Maurer* kürzlich an einer
Tagung: Es bedürfe sozusagen einer *zweiten Aufklärung* als
Aufklärung der ersten. Sie bestehe in geduldiger pädagogischer
und politischer Arbeit. Diese Erziehungsarbeit müsse eine Vernunft fördern, die nicht im Gegensatz zur Natur stehe, die der
Natur im Gegenteil selbst einen vernünftigen Sinn zugestehe,
den es zu vernehmen gelte. Das wäre eine »vernehmende Vernunft«, im Unterschied zur bisherigen »setzenden«, welche die
Natur unterjocht und zum Zweck menschlicher Bedürfnisbefriedigung manipuliert habe. Und diese Erziehungsarbeit müsse zur
Selbstbeherrschung des Menschen führen in bezug auf alle Arten
von materieller Befriedigung, die technischen Aufwand und
damit technologische Naturbeherrschung erfordern.[92]

Zu einer freiwilligen *Selbstbegrenzung* rief auch Ivan Illich
auf. Nur wenn die Menschen begreifen würden, »daß sie
glücklicher wären, wenn sie miteinander arbeiten und verzichten
und füreinander sorgen könnten«, sei eine Lösung der ökologischen Krise zu erwarten.[93] Schließlich forderte schon Carl
Amery in DAS ENDE DER VORSEHUNG eine »neue Ethik«, für die
gut sei, was dem Überleben der Menschheit und der Natur
fromme. Es gehe um eine *»neue weltliche Askese«,* welche –
askesis heißt Übung – Verhaltensweisen einübe, die den ökologischen Erfordernissen nicht widersprechen, und welche die
Solidarität mit den nichtmenschlichen Lebewesen und mit den
Ungeborenen nicht vergesse. Heute verhalte sich die Menschheit
wie das Ancien régime kurz vor der Revolution. ›Après nous le

déluge‹, nach uns die Sintflut. Immerhin, die drohende Sintflut, meinte Amery, habe auch ihr Gutes: sie vereinfache das Problem der Ethik. Denn die Notwendigkeit, unser Verhalten zu ändern, habe »die schlichte und massive Einsichtigkeit eines Betonblocks, der an einem Nylonfaden über unseren Köpfen hängt«.[94]

Auf die Einsicht der Menschen wird also auch gesetzt. In besonders eindrücklicher Weise baute *Franz Vonessen* in DIE HERRSCHAFT DES LEVIATHAN (1978) auf die Selbsterkenntnis.

Er sah in der Verblendung des Abendlandes, das an den Fortschritt glaubt, ein Zeichen für die Herrschaft des Leviathan.

Der Leviathan ist ein Untier. Nachrichten von ihm findet Vonessen in der Bibel, bei Thomas Hobbes und schließlich bei Platon. Im *Alten Testament* ist der Leviathan ein Ungeheuer, das entweder bereits in der Urzeit von Jahwe überwunden wurde oder das dereinst erst besiegt werden wird (Psalm 74, 14; Jesaia 27, 1). *Thomas Hobbes* veröffentlichte 1651, drei Jahre nach der Beendigung des Dreißigjährigen Krieges, ein Werk über den Leviathan. Für Hobbes ist der Leviathan der Staat, ein »sterblicher Gott«, dem die Menschen ergeben und gewissenlos dienen müssen, auf daß er mit seiner Gewalt den Frieden sichere.

Die griechische Mythologie erzählt vom Vater der Hydra, Typhon, einem riesigen Ungeheuer mit hundert Drachenköpfen und Schlangenfüßen. Zeus besiegte Typhon, indem er ihn mit seinem Blitze traf und den Aetna auf ihn herabschleuderte. An der Tätigkeit des Vulkans merkt man mitunter, daß das Untier immer noch lebt. *Platon* nun läßt Sokrates dem Phaidros erklären, daß er keine Zeit dazu habe, nach Art der Sophisten an den mythologischen Sagen herumzuzweifeln und eine »natürliche Erklärung« für sie zu suchen: »Mir aber steht für solche Dinge überhaupt keine Zeit zur Verfügung. Und zwar hat das folgende Ursache, mein Lieber: bis jetzt bin ich noch nicht imstande, gemäß der Inschrift in Delphi, mich selbst zu erkennen. So kommt es mir denn lächerlich vor, solange ich dieses Wissen nicht besitze, mich mit anderen Dingen zu befassen. Deshalb kümmere ich mich nicht weiter um diese Geschichten und glaube eben das, was man davon allgemein für wahr hält. Und wie ich vorhin sagte, befasse ich mich nicht damit, sondern mit mir selbst, ob ich etwa auch so ein Ungetüm sei, noch viel verschlagener und aufgeblähter als Typhon, oder ein sanfteres und einfacheres Wesen, das seiner Natur nach an einer göttlichen und maßvolleren Art Anteil hat...«[95]

Das kosmische Ungeheuer – der Typhon –, steht es in einem Bezug zum Untier in uns selbst? Im Kosmos und in der Seele schlummern nach Vonessen zerstörerische, lebensfeindliche Kräfte. Wenn der Mensch sie in der Seele nicht beherrsche, vermählten sich beide miteinander, und geboren werde der Leviathan. Die Atomkraft, die in der Sonne und in den Sternen gebunden gewesen sei, habe der Leviathan auf die Erde heruntergeholt, als der Streit unter den Menschen ins Maßlose gestiegen sei. Wie der Drache in der *Offenbarung des Johannes:* »Und es erschien ein andres Zeichen im Himmel, und siehe da, ein feuerroter, großer Drache, der sieben Köpfe und zehn Hörner und auf seinen Köpfen sieben Kronen hatte. Und sein Schwanz zog den dritten Teil der Sterne des Himmels nach sich; und er warf sie auf die Erde.« (OFFENBARUNG, 12, 3 u. 4)

Vonessens Leviathan umfaßt alle vier Bedeutungen, von denen uns die Bibel, Hobbes und Platon Kunde bringen: das kosmisch-mythische Untier der Urzeit und der Apokalypse, das Untier des modernen Staates und das Untier im Menschen selbst. Der Leviathan offenbare sich in den riesenhaften Institutionen des Fortschritts, in dem, was wir Technik, Industrie und Wirtschaft nennten. Dieser Leviathan sei von äußerster Realität. Zwar sei er kein Wesen aus Fleisch und Blut, aber er lebe von Fleisch und Blut. In ihrer Hilflosigkeit wüßten die Politiker und Wirtschaftskapitäne überhaupt nichts anderes zu tun, als den Leviathan nur immer weiter zu füttern. Denn das Drachentöten habe keiner von ihnen gelernt. »Sieht denn keiner die Tatsachen? Ein Drache vernichtet das Land. Saubermänner gehen hinter ihm her und räumen den Kot fort. Und glauben, damit sei es getan.«[96]

Womit aber wäre es nach Franz Vonessen denn getan? Mit der Befolgung einer uralten Forderung. Sie war zu lesen in der Vorhalle des Apollon-Tempels zu Delphi: »gnothi seauton«, erkenne dich selbst! Daß wir uns selber erkennen, uns und unsere Verblendung, daß wir uns – wie Sokrates im PHAIDROS – selber prüfen im Hinblick auf das Untier und uns nicht verlieren in tausend sophistischen, in tausend wissenschaftlichen und wirtschaftlichen Geschäften, das ist für Vonessen die einzige Antwort auf die Herrschaft des Leviathan, die nicht von vornherein ohne Chancen gegen den Drachen sei. Das gnothi seauton von Delphi sei das Gegenwort zu unserer Entfremdung, zu unserem Fort-Schritt von uns selbst. Das gnothi seauton sei auch der einzige Weg zum *Frieden*. Zunächst zum inneren Frieden des Herzens, den es ohne Kampf nicht gebe und der kein Zustand sei, sondern ein Stand, die aufrechte Haltung des Menschen. Ohne diesen Frieden werde der äußere, der politische Frieden, nicht kommen.

Jetzt aber herrsche Krieg. Weder das bürgerliche Behagen in den durch kugelsicheres Glas abgeschirmten reichen Bezirken der Welt noch die mit immer mehr Aufwand erkauften Robinsonferien auf den letzten Inseln der freien Natur könnten darüber hinwegtäuschen, daß Krieg ist auf Erden. Ein Rechenexempel, das noch immer in manchem Schulbuch steht, weise deutlich darauf hin. Es ist die Sparkassenweisheit vom Pfennig, der, wäre er bei Christi Geburt auf die Bank gelegt worden, inzwischen einen Goldklumpen von der Größe der Erde erwirtschaftet hätte. Eine falsche Rechnung, denn entweder hätte der Pfennig längst die Bank gesprengt, oder die Folgen des unerbittlich wachsenden Pfennigs hätten die Welt in Teuerung, Hungersnot und Krieg gestürzt. Denn es gebe jenen Goldklumpen nicht, auf den der Pfennig nach überstandener Wartezeit Anspruch haben könnte. Und eine Welt, die dem Geld Zins-Füße zum Fort-Schritt gebe, könne nicht friedlich sein. Jeder Pfennig, der Ansprüche habe, aber auch jeder pfenniglose Anspruch sei ein Same des Krieges. Ein Ende könne nur der Mensch setzen, der seine Ansprüche begrenze – erkenne dich selbst...

Auf Erden herrsche Krieg bis zur Erschöpfung, und der Friede leuchte fremd wie ein Stern. Aber der Stern leuchte, und niemand könne weniger für den Frieden tun als das Schwerste: ihn in sich selber zu finden. Seine kühnste Darstellung habe dieser Friede des Herzens in der *Stoa* gefunden. Am Schluß seiner HERRSCHAFT DES LEVIATHAN zitiert Franz Vonessen den römischen Stoiker *Epiktet,* der sich auf sein Vorbild, *Diogenes von Sinope,* beruft, von dem wir zumeist nur noch wissen (abgesehen davon, daß er einen Verlag gegründet hat), daß er zeitweise in einer Tonne gehaust haben soll und daß er dem großen Weltbeherrscher Alexander, der ihm die Erfüllung eines beliebigen Wunsches versprach, geantwortet haben soll: »So geh mir ein wenig aus der Sonne!« Epiktet nun erzählte den friedlosen Römern, was dieser Diogenes einst verkündet habe: der Tod sei kein Übel, böse Nachrede sei ohne Gehalt, Armut sei der wahre Reichtum, nirgendwo seien Feinde in Sicht, tiefster Friede herrsche überall...[97]

So weit jene ökologische Ethik, die auf eine Erziehung des Menschen zur Vernunft, zur Menschlichkeit und zur ökologischen Askese und Selbstbegrenzung setzt, oder auf die Einsicht des Menschen, auf seine Selbsterkenntnis. Natürlich habe ich in keiner Weise etwas dagegen. Die Frage ist nur, ob eine solche Ethik, die mit einem Fuß offensichtlich noch im Zeitalter der Bildung steht, genügend weit trägt. Franz Vonessen ist kein radikaler Humanist, sondern ein unzeitgemäßer Philosophielehrer, der es versteht, die nachplatonische antike Philosophie (Stoa) zu erstaunlichem Leben zu erwecken und darin überraschende Antwort auf die Fragen unserer Zeit zu finden. Selbst bei Franz Vonessen aber hängt wieder alles am *Menschen,* an seiner Fähigkeit, sich selbst zu erkennen. Jedoch, ist es überhaupt ausgemacht, daß wir das gnothi seauton in Delphi – nicht bei Platon, *sondern in Delphi selbst* – als Selbsterkenntnis im modernen psychologischen Sinne verstehen müssen? Bedeutet die Forderung überhaupt ›Erkenne dich in deinem Charakter, in

deinen Wünschen‹? Nach manchen Kennern durchaus nicht:
Das gnothi seauton wäre nach ihnen eher zu verstehen als
Aufforderung zur Bescheidenheit vor dem Heiligtum. ›Erkenne
dich selbst in deiner Beschränktheit, dich als Sterblichen im
Angesicht des unsterblichen Gottes, des Herrn, dem das Orakel
zu Delphi gehört!‹[98]

Also hing einst gerade in Delphi nicht alles am Menschen?

Die Bemerkung des platonischen Sokrates gegenüber Phaidros ist im Grunde genommen ausgesprochen zweideutig. Er hat
keine Zeit für eine sophistische, natürliche Erklärung der Mythen, aber er hat auch keine Zeit mehr für die Mythen selbst. Die
anthropozentrische Umdeutung der Inschrift in Delphi nimmt
ihren Lauf.

*Kann den Grünen eine ökologische Ethik genügen, die sich auf
die Vernunft, die Erziehung, die Askese und die Selbsterkenntnis des Menschen abstützt und die damit, wie die heute
herrschende anthropozentrische Denkweise, weiterhin alles
ganz vom Menschen abhängig macht?*

Macht eine solche Ethik nicht gewissermaßen »die Rechnung
ohne den Wirt«[99]? Auch wenn einzuräumen ist, daß sich ein Wirt
nicht blicken läßt? In Delphi hieß der Wirt Apollon, später hieß
er »der liebe Gott«, und in der Neuzeit wird in zunehmendem
Maße ohne einen Wirt gerechnet. Was Wunder, daß wir so viele
Computer brauchen.

Ethik kann freilich auch noch anders, im Sinne einer Bindung
des Verhaltens an sogenannte *Werte*, verstanden werden. Politiker sprechen gerne von höheren Werten oder ewigen Wahrheiten, und weil man dabei die Absicht spürt, ist man nicht selten
auch verstimmt. Aber nicht alle, die so sprechen, haben ganz und
gar unewige, kurzfristige Absichten. Franz Vonessen zum Beispiel glaubt, daß die Selbsterkenntnis den Menschen dazu führen
könnte, sich wieder an die »unveränderlichen, immer gleichen
Probleme der Menschheit«, an ihre »zeitlosen« großen Fragen zu
erinnern.[100]

Nun ist die Rede von ewigen Werten freilich mit der Meinung *Nietzsches* konfrontiert, daß sich die obersten Werte entwertet haben, und es stellt sich die Frage, ob das je wieder rückgängig zu machen und ob eine Rückkehr zu den Werten überhaupt anzustreben sei.

Vielleicht ist das *Wertprinzip* so fragwürdig wie das *Bedürfnisprinzip.* Jedenfalls gehören der Wert und das Bedürfnis in ähnlicher Weise zum Wortschatz mancher Politiker, und beide Begriffe sind in unserem rechnenden und messenden Zeitalter zu etwas Abstraktem, fast Zahlenmäßigem geworden. Das Bedürfnis zu einem »Defizit«, zum Beispiel zu einem in »Streicheleinheiten« meßbaren »Triebdefizit«; und der höhere »Wert« zu etwas, das gehandelt, verteidigt, gefälscht und inflationär entwertet wird – fast wie ein Wertpapier. Am Ende stehen schwarze oder rote Zahlen, mit positivem (Wert) oder negativem (Bedürfnis) Vorzeichen.

Dabei kommen die »höheren Werte« und die »ewigen Wahrheiten« wohl von sehr weit her. Franz Vonessen betont die Zeitlosigkeit der immer gleichen Probleme der Menschheit. Wir erinnern uns an das vergängliche Dreieck im Sand. Beständig anwesend, nicht vergänglich, ist nach *Platon* die Idee jenes Dreiecks. Warum nennt Platon dieses für das gewöhnliche Auge Unsichtbare ausgerechnet ein Aussehen (eidos)? Weil er es mit dem geistigen Auge sieht. Darin verbirgt sich aber ein gewisser Vorrang des »ruhigen Sehens«. Das Anschauen der Idee des Dreiecks steht in höherem Rang als das Wahrnehmen des von der Meereswoge verwischbaren Dreiecks im Sande.

In der Vorherrschaft des ruhigen Sehens liegt wohl von Anfang an eine Gefahr: die Gefahr der Distanz, der Gleichgültigkeit des unbeteiligten Beobachters, der die Dinge kühl betrachtet, ohne von ihnen berührt zu werden. Die Gefahr ist bei Platon kaum zu spüren! Wohl aber spüren wir jetzt vielleicht das Wehen eines geschichtlichen Windes, der uns von Platon zum neuzeitlichen, distanziert beobachtenden Subjekt hinträgt, das alles als seinen Gegenstand, als sein Objekt vor sich stellt und wissenschaftlich betrachtet. Wir spüren einen geschichtlichen Zusammenhang *zwischen dem ruhigen Sehen,* das sich auf das beständig Anwesende konzentriert (und vielleicht den Schmerz der Vergänglichkeit meidet?) *und der neuzeitlichen Objektivierung* von allem und jedem.

Besteht also auch ein geschichtlicher Zusammenhang zwischen dem verrechenbaren *Wert* und der platonischen *Idee?* Ist die Idee des Guten bei Platon die verborgene Voraussetzung für den neuzeitlichen höheren Wert des Guten, den der moderne Geschäftsmann und Christ beschwört? Nietzsche jedenfalls nannte dieses Christentum – vielleicht Karl Marxens »Opium des Volks« parodierend – »Platonismus für's ›Volk‹«.[101] Im Reiche dieses Platonismus spürte Nietzsche die »Heraufkunft des Nihilismus«.

Nietzsche freilich glaubte noch an eine »Umwertung aller Werte«. *Armin Baumgartner* dagegen forderte in seinen kürzlich erschienen Zumutungen anstelle einer Umwertung aller Werte eine »Überwindung des Wertdenkens« überhaupt. Einen Standort »jenseits des Wertprinzips« gewissermaßen, denn das Wert-Denken gehöre zum neuzeitlichen Anthropozentrismus, in dem der Mensch als Subjekt die Werte setzt.[102]

Baumgartner beruft sich auf Heideggers Nietzsche-Interpretation und auf Heideggers Brief über den Humanismus. Dort vertrat *Heidegger* die Meinung, die Kennzeichnung von etwas als Wert lasse das Gewertete nur als Gegenstand für die Schätzung des Menschen zu und beraube es so seiner Würde. Wenn man vollends »Gott« als den »höchsten Wert« verkünde, so sei das eine Herabsetzung des Wesens Gottes.[103] Wie Gott zum Wertpapier wurde…

Kann den Grünen eine ökologische Ethik genügen, die sich auf Werte stützt, auch wenn es höchste, ewige oder gar neue, ökologische sind? Und die damit auf dem Umweg über die für selbstverständlich genommene Wertsetzung nicht weniger alles vom Menschen abhängig macht als die Bildungsethik? Wären nicht auch bei dieser Wertsetzung der auf Descartes weisende objektivierende Subjektivismus und der verborgene Platonismus zu bedenken?

Doch damit ist zur Frage der ökologischen Ethik beileibe nicht alles gesagt. Unter diesem Titel begegnen uns nämlich nicht nur Um-Erziehungen und neue Werte, sondern von verschiedensten Seiten her auch so etwas wie *eine Umstimmung in eine neue Grundhaltung.*

Sehr schön zeigt dies ein Aufsatz von *Robert Spaemann* in einem 1980 erschienenen kleinen Sammelband über Ökologie und Ethik. Spaemann argumentiert darin mit präziser, geradezu klassisch anmutender moralphilosophischer Logik über Grundfragen der ökologischen Ethik. Da die luzide Abhandlung in einer Stellungnahme gegen Atomkraftwerke gipfelt, ist sie als vorbereitende Lektüre für entsprechende Debatten sehr zu empfehlen. Vor allem aber gelangt Spaemanns moralphilosophische Logik zum Ergebnis, daß der Mensch die anthropozentrische Perspektive verlassen müsse und daß er »nur in einem wie immer begründeten religiösen Verhältnis zur Natur« imstande sein werde, auf lange Sicht die Basis für eine menschenwürdige Existenz zu sichern.[104] Spaemanns Aufsatz zielt auf die Umstimmung in eine andere Grundhaltung.

Auf dem Hintergrund einer solchen fundamentalen Umstimmung ist wohl auch manches zu sehen, was sich in jüngster Zeit unter dem Titel *Friedensbewegung* manifestiert. *Carl Friedrich von Weizsäcker,* gewiß weder ein von Moskau gesteuerter Agent noch ein naiver Pazifist, warnte davor, die europäische Friedensbewegung als »vorübergehende Panik« oder als »anti-amerikanische«, »pro-sowjetische« oder »neutralistische« Stimmungsmache zu verkennen. Die Friedensbewegung sei vielmehr, glaube er wahrzunehmen, »der Beginn der Erkenntnis einer seit langem verdrängten Wahrheit«. Denn die Hoffnung, daß die atomare Abschreckung das Friedensproblem für immer lösen werde, sei »eine hirnverbrannte Verrücktheit«. Und so sei die Friedensbewegung »ein unerläßliches Element der Bewußtseinserweckung im Volk und damit bei den vom Volk gewählten Politikern«.[105]

Daß eine solche Bewußtseinserweckung einem Wandel in der Grundhaltung des einzelnen Menschen entspricht, haben *Peter Kern* und *Hans-Georg Wittig* in ihren ökologisch-pädagogischen Publikationen deutlich gemacht. Angeregt durch Carl Friedrich von Weizsäcker haben sie sich auch intensiv mit dem umfangreichen Werk von *Mahathma Gandhi* befaßt, der auf verschiedenartige Weise die Friedensbewegung beeinflußt hat. Gandhi ist offensichtlich nicht nur als Lehrer des gewaltlosen Kampfes, sondern auch als sokratischer Auslöser einer »Revolution der Denkungsart« in der »Ökokrise« von großer Bedeutung für die Grünen und für eine ökologisch orientierte Pädagogik.[106]

Hier ist nicht der Ort, auf die Publikationen der Friedensbewegung näher einzugehen (z. B. Prinzip Leben, herausgegeben von Petra K. Kelly und Jo Leinen, und Frieden ist möglich von Franz Alt). Gerne erinnere ich hier aber nochmals an Franz Vonessen, der schon 1978, noch vor dem NATO-Doppelbeschluß und dem darauf folgenden Aufbruch der Friedensbewegung, sein Friedensprinzip verkündete. Vonessen wies auch auf die etymologische Verwandtschaft von Friede, Freiheit und Freundschaft hin.[107] Aber die Dreiheit ist am Ende nicht bloß etymologisch begründet; sie entspricht vielleicht der von Gandhi geforderten gewaltlosen, befreienden und solidarischen Grundhaltung.

Umstimmung in eine andere Grundhaltung – darin verbirgt sich der Gedanke, daß wir uns in einer *fundamentalen Zeitenwende* befinden. Wörtlich von einer solchen »Zeitenwende« sprach im Jahre 1980 der Wiener Physiker *Herbert Pietschmann* in seinem Buch Das Ende des naturwissenschaftlichen Zeitalters. Der Gedanke taucht heute vielenorts auf. Deutlich formuliert wurde er bereits im Jahre 1972, im Nachwort zu Die Grenzen des Wachstums. Darin steht der bemerkenswerte Satz, daß es im Grunde genommen um eine »geistige Umwälzung kopernikanischen Ausmaßes« gehe.[108]

Die *kopernikanische Wende* entrückte die Erde aus dem

Zentrum der Welt und machte sie zu einem Satelliten der Sonne. Sie hat den Menschen aber gerade nicht zur Bescheidenheit genötigt, sondern auf den anthropozentrischen Hochsitz des neuzeitlichen Subjekts erhoben.

Zu diesem Gehalt der kopernikanischen Wende paßt sehr gut die Vorrede von *Immanuel Kant* zur zweiten Auflage der Kritik der reinen Vernunft. Darin nahm Kant auf Kopernikus Bezug: Kopernikus habe es gewagt, die beobachteten Bewegungen der Himmelskörper auf die Bewegung des Zuschauers zurückzuführen. Dadurch erst sei es möglich geworden, die physikalischen Gesetze der Gegenstände des Himmels zu entdecken. In analoger Weise hoffte Kant mit seiner Eingrenzung und Beschränkung der Vernunft auf die Erfahrung, »die menschliche Vernunft in dem, was ihre Wißbegierde jederzeit, bisher aber vergeblich, beschäftigt hat, zur völligen Befriedigung zu bringen«.[109]

So wie die Selbstbescheidung des Kopernikus den unbescheidenen Mondflug erst ermöglichte, so förderte die Selbstbescheidung der Vernunft bei Kant den Aufstieg der wissenschaftlichtechnischen Vernunft zur Weltherrschaft. Nicht von ungefähr denken manche Philosophen beim Titel Kopernikanische Wende zuerst an Immanuel Kant. Kopernikus und Kant gehören zur gleichen Wende.

Und nun soll es nach der Meinung des *Club of Rome* wieder um eine *geistige Umwälzung kopernikanischen Ausmaßes* gehen. Kopernikanischen Ausmaßes, aber nicht unbedingt in der Richtung der Kopernikanischen Wende! Doch in welcher Richtung denn?

Die Kopernikanische Wende hängt mit der von Kopernikus, Kepler und Galilei geprägten wissenschaftlichen Revolution zusammen. Es erstaunt daher kaum, daß man auch heute wieder von neuen wissenschaftlichen Revolutionen eine fundamentale geistige Wende erwartet. *Drei moderne wissenschaftliche Umwälzungen* sind es vor allem, an die große Hoffnungen geknüpft werden:

– die *evolutionäre Erkenntnistheorie,*

– die Kybernetik mit der *Systemtheorie,*
– die *moderne Physik* mit der Relativitätstheorie, der Quantenmechanik und der Theorie dissipativer Strukturen.

Die evolutionäre Erkenntnistheorie ist von der Evolutionslehre
und der vergleichenden Verhaltensforschung ausgegangen; ihr
Lehrmeister heißt *Konrad Lorenz.* Ihre These lautet, unser
Denken, unsere Art und Weise des Erkennens, das, was Kant die
Apriori der Vernunft genannt hat, sei evolutionär bedingt. Auch
der »Weltbildapparat« des Menschen sei ein Produkt der Evolution. Daraus erkläre sich die überraschende Übereinstimmung
zwischen der Ordnung in der Natur und unserer Denkordnung.
So sei zum Beispiel unsere Erwartung, mit dem einmal Erfolgreichen am ehesten wieder Erfolg zu haben, stammesgeschichtlich
bedingt. Das Prinzip finde sich schon beim Ausweichreflex des
einzelligen Pantoffeltierchens. In Kants Philosophie finde sich
diese »Hypothese vom anscheinend Wahren« unter den Katego-
rien der Modalität. In ähnlicher Weise seien unsere Neigung,
überall verursachende Kräfte und beabsichtigte Zwecke zu
vermuten, oder unsere dreidimensionale Auffassung vom
Raume und unsere eindimensionale Auffassung von der Zeit
evolutionär bedingt. Unser dreidimensionales Raumgefühl ver-
weise auf unsere baumbewohnenden Urahnen. Gerade in solchen Denkkategorien aber spiegelten sich auch die Grundstruk-
turen der Welt. Diese würden auf dem Weg von der Zecke, die
ihr Opfer an der Körpertemperatur und an der ausströmenden
Buttersäure erkenne, bis zum nun neuerdings also selbst die
Gesetze der evolutionären Erkenntnistheorie erkennenden
Menschen immer genauer und adäquater gespiegelt. Die ganze
Evolutionsgeschichte sei ein Lernprozeß, genauso wie die
Geschichte unserer Kultur und Wissenschaft. Nur verlaufe der
kulturelle Wissenserwerb sehr viel rasanter als der genetische.
Längst hätten wir damit die bescheidenen Umwelten unserer
weit zurückliegenden Vorfahren überstiegen. Deshalb sei unser
angeborener Weltbildapparat der heutigen Wirklichkeit auch

nicht mehr gewachsen. Einsteins vierdimensionales Raum-Zeit-Kontinuum etwa sei für uns nicht anschaulich vorstellbar. Dagegen sähen wir Gestalten, wo es keine gebe, zum Beispiel die Sternbilder. Die auf dieser Unzulänglichkeit beruhenden, von Lorenz angeprangerten TODSÜNDEN unserer Zivilisation wurden bereits erörtert.

Rupert Riedl, ein Hauptvertreter der evolutionären Erkenntnistheorie, formulierte es drastisch: wir seien »alle verbunden in einer Sippenhaftung für kollektiven Unsinn«. Aber daß sich dies erkennen und sagen lasse, enthalte eine gewisse Hoffnung. Wir hätten »die Chance, die Fehler der Aufklärung durch ein Zeitalter der Abklärung wiedergutzumachen«. Bei dieser Abklärung gehe es »um die Übergriffe von Ideologie, Kapital und Technokratie und um die Warnung vor dem Machbaren, um das Wissen um die Machbarkeitsgrenzen für den Wissenden und Einflußreichen«. Auch gehe es darum, die in Wissenschaft und Pädagogik institutionalisierte Dominanz der (für alles Deduktiv-Rationale verantwortlichen) linken Hirnhälfte des Menschen gegenüber dem »Rechtshemisphärischen«, dem Induktiven und Schöpferischen, abzubauen.[110]

Die auf die Arbeiten des Neurophysiologen *Roger W. Sperry* zurückgehende Theorie über die unterschiedliche Funktion der beiden Hirnhemisphären geistert heute überall herum. Auch der Schriftsteller *E. Y. Meyer* beruft sich in seinem PLÄDOYER für »die Erhaltung der Vielfalt der Natur beziehungsweise für deren Verteidigung gegen die ihr drohende Vernichtung durch die Einfalt des Menschen« darauf, ebenso wie auf die evolutionäre Erkenntnistheorie. Die philosophische Erkenntnistheorie, die mit Kant und seinem Kritizismus ihren Höhepunkt erreicht habe, beginne nun, zu einer biologischen Naturwissenschaft, zu einer Wissenschaft der »harten Fakten« zu werden.[111]

Rupert Riedel spricht von drei »kopernikanischen Wenden«. Die erste ist auch für ihn verbunden mit den Namen von Kopernikus und Galilei. Wir sind nicht im Zentrum des Weltalls. Die zweite läßt er nicht – wie die Philosophen – mit Immanuel Kant beginnen, sondern mit Charles Darwin und Ernst Haeckel:

Wir sind eine biologische Art unter anderen, eingebettet in die Evolution. Schon Sigmund Freud nannte die Theorien von Kopernikus und Darwin bekanntlich die zwei goßen »narzißtischen Kränkungen« der Menschheit, und seine eigene Theorie, die Rückbindung des Bewußtseins in unbewußte Triebe, die dritte.[112] Auch Rupert Riedl mißt seiner eigenen Theorie offensichtlich nicht weniger Bedeutung bei als denjenigen von Kopernikus und Darwin: Indem sie nun auch den menschlichen Geist zurückbinde in die Evolution der Arten, veranlasse sie möglicherweise die dritte kopernikanische Wende.

Die evolutionäre Erkenntnistheorie sei dazu berufen, seit langem in fruchtlosem Streit verstrickte Positionen wie Naturwissenschaft kontra Geisteswissenschaft, Kausalität kontra Finalität, Materialismus kontra Idealismus, ja sogar Ostblock kontra Westblock miteinander zu versöhnen und die Ideologie der Machbarkeit einzudämmen. Diese Chance werde jedoch nur dann wachsen, schreibt Riedl, wenn wir schneller weise und bescheiden würden, als wir tüchtig und mächtig werden.[113]

Weise und bescheiden. Auch *Gerhart Vollmer,* ein anderer Vertreter der evolutionären Erkenntnistheorie, beschließt einen wissenschaftlichen Aufsatz mit den Worten: »Und es ist ein bleibendes Verdienst der evolutionären Erkenntnistheorie, uns solche ›Lektionen der Bescheidenheit‹ vermittelt zu haben.«[114] Also läutet sie in der Tat eine Zeitenwende ein, eine Umstimmung in eine neue, bescheidenere Grundhaltung?

Allein, das zur Evolutionstheorie und zur neuen »einheitlichen Entstehungslehre« Gesagte gilt natürlich auch für die evolutionäre Erkenntnistheorie. Sie verläßt noch keineswegs die neuzeitlich-subjektivistische Astronautenperspektive mit dem grandiosen Überblick, dem Fortschrittsgedanken, der mathematisch-technischen, objektivierenden Reduktion und der »anthropomorphen Deutung«, welche unsere Selbsterfahrung bis in die Pantoffeltierchen hineindeutet, um von diesen wiederum zurück auf den Menschen zu schließen. Oder ist etwa auch die evolutionäre Erkenntnistheorie »evolutionär bedingt«? Die Theorie beißt sich in den eigenen Schwanz. Rupert Riedl schreibt an einer Stelle: »Gewiß ist es erstaunlich genug, daß die Evolution 10^{28} Moleküle, wie jene in der Struktur eines Menschen, so weit zu organisieren vermochte, daß diese selbst über Moleküle nachdenken können.«[115] 10^{28} Moleküle denken über Moleküle nach. Das Verfahren erinnert (um nochmals Max Thürkauf aus einem anderen Zusammenhang heraus[116] zu zitieren) doch bedenklich an jene »Methode, die Karl Friedrich Hieronymus Freiherr von Münchhausen beschrieb, als er sich an den eigenen Haaren aus dem Sumpf gezogen hatte«.

Der Zug zur Bescheidenheit sei anerkannt. Aber hinter den Anspruch Rupert Riedls, eine fundamentale Wende einzuleiten, ist doch ein Fragezeichen zu setzen. Und auf Münchhausens Rettungsversuche im Sumpf der ökologischen Krise sollten wir vielleicht doch nicht allzuviel Hoffnung setzen.

Die zweite große wissenschaftliche Hoffnung ist *die kybernetische Systemtheorie.* Für *Gregory Bateson* ist soviel »sicher, daß in der Kybernetik auch das Mittel angelegt ist, eine neue und vielleicht menschliche Weltanschauung zu erreichen, ein Mittel, unsere Philosophie der Macht zu verändern, und ein Mittel, unsere eigenen Dummheiten in einer größeren Perspektive zu sehen«.[117]

Für diesen originellen Mann (dem die Psychiatrie den Begriff des double bind verdankt) sind die beiden wichtigsten historischen Ereignisse des zwanzigsten Jahrhunderts Versailles und die Kybernetik: der harte »Friedensvertrag« von Versailles, mit dem Deutschland im Jahre 1919 demoralisiert wurde, nachdem ihm zuvor ein Waffenstillstand mit dem Versprechen milder Bedingungen abgerungen worden sei, was, fast voraussehbar, zum Zweiten Weltkrieg geführt habe – ein auf kurzfristigen Vorteil bedachter Ad-hoc-Eingriff (das Versprechen milder Bedingungen) und die langfristigen Wechselwirkungen und Rückkoppelungen im »System«, welche dann nach dem Zweiten Weltkrieg erstmals wissenschaftlich durch die kybernetische Informations- und Systemtheorie erfaßbar geworden seien.

Das Beispiel zeigt: Die kybernetische Systemtheorie will nicht etwas herausgreifen, zum Beispiel das Ende des Ersten Weltkrieges, sondern sie berücksichtigt das Ganze und damit auch die Zukunft. Und sie überwindet, meint Bateson, die klassischen Gegensätze von Geist und Materie, von Seele und Körper, von Organismus und Umwelt. Während zum Beispiel Darwins Evolutionstheorie die Einheit des Überlebens bei der einzelnen Art ansetzt, sieht sie Bateson im System »Umwelt plus Organismus«.

Dies habe weitreichende Folgen. Denn unsere Umweltproblematik beruhe letztlich auf unserer Befangenheit in der klassischen Denkweise, welche nicht »systemisch« sei, insofern sie einseitige Macht und Kontrolle über Umwelt und Mitwelt anstrebe. Doch das »Geschöpf, das gegen seine Umgebung siegt, zerstört sich selbst«. Die kybernetische Systemtheorie aber vermittle uns »eine breite Konzeption der Welt, in der wir leben – eine neue Weise, darüber nachzudenken, was *Geist* ist«. Darum nannte Gregory Bateson das Buch, das seine Vorträge und Aufsätze versammelt, STEPS TO AN ECOLOGY OF MIND – Schritte zu einer *Ökologie des Geistes*.

Geist ist nach Bateson eine Funktion komplexer Systeme, welche auf der Grundlage von Unterschieden arbeiten, die sie in geschlossenen Schleifen oder Netzen von Bahnen übertragen und welche sich selber mit »Versuch und Irrtum« regulieren. Ein solches System wäre etwa ein Wald, ein Korallenriff, ein Organismus mit seiner Umwelt oder auch eine ganze menschliche Gesellschaft. Geist sei also »immanent« im Ökosystem und nicht nur in den einzelnen Körpern. Denn Bahnen und Mitteilungen gebe es auch außerhalb des Körpers – und es gebe einen größeren Geist, von dem der individuelle nur ein Subsystem sei. Vielleicht sei es das, was einige Menschen Gott nennen würden, aber es sei dem gesamten sozialen System und der planetaren Ökologie immanent.

Dieses neue Weltkonzept, man könnte es *kybernetischen Pantheismus* nennen, nötigt uns nach Gregory Bateson zu einer »gewissen Demut« (im Unterschied zur bisherigen »wissenschaftlichen Arroganz«), die gemildert werde »durch die Würde oder Freude, Teil von etwas viel Größerem zu sein«.[118]

Ohne Zweifel, wir können auch hier wieder etwas von einer Umstimmung in eine neue Grundhaltung spüren. Dennoch bleibt die Frage, ob das, was bereits zum vernetzten System von Frederic Vester gesagt wurde, nicht auch hier zu bedenken ist. Trägt der kybernetische Pantheismus genügend weit? Ist er nicht an den naturwissenschaftlich-technisch-reduzierenden Geist der Regeltechnik gekettet? Schleppt die Ökologie des Geistes nicht doch, wie schwere Eisenkugeln an dieser Kette, den Heizkessel-thermostaten und den Dampfmaschinenregler mit sich? Und schlimmer noch: Könnte es sein, daß gerade der Grundbegriff der kybernetischen Systemtheorie, der Begriff der *Information,* fragwürdig ist?

Die dritte wissenschaftliche Hoffnung ist *die moderne Physik.* Seit Albert Einstein im Jahre 1905 seine spezielle Relativitäts-theorie veröffentlicht hat, spricht man von den die gewohnte Denkweise erschütternden philosophischen Folgen der Umwäl-zungen in der modernen Physik.

Einsteins Relativitätstheorie brachte einen ersten Einbruch in die Grundannahmen der klassischen Physik, die eine »objektive Wirklichkeit« voraussetzt, welche vom unerwähnt bleibenden Physiker gewissermaßen von außen betrachtet werden kann. Für Einstein ist der messende Beobachter auf Signale angewie-sen, die sich jedoch nie schneller als mit der größten Geschwin-digkeit, der Lichtgeschwindigkeit c, übermitteln können. Des-halb kann es keine absolute Gleichzeitigkeit geben. *Zeit und Raum* sind nicht absolut, sondern *relativ* zum Bezugssystem des Beobachters. Für *Ilya Prigogine* und *Isabelle Stengers* bedeutet dies das »Ende der Universalität«. In ihrem kürzlich erschienenen Buch DIALOG MIT DER NATUR schreiben sie, daß die Relativität eben für jene Wesen gelte, »die zu einer bestimm-ten Zeit nur an einem Ort und nicht überall zugleich sein können«. Die Relativitätstheorie gebe den Anspruch der universalen Allgemeingültigkeit auf, sie habe eine »humane Qualität«.[119]

Die *Relativitätstheorie* betrachtet die Zeit als vierte Dimension in einem *vierdimensionalen Raum-Zeit-Kontinuum*. Sie widerspricht also der Auffassung von einem dreidimensionalen geometrischen Raum und einer davon getrennten eindimensionalen Zeit. Für *Fritjof Capra* (WENDEZEIT) zeigt sich darin die Tendenz der modernen Physik zur Ganzheit.[120]

Die folgenschwerste Konsequenz der neuen Raum- und Zeitauffassung kam bald an den Tag: Die *Relativitätstheorie* hat schließlich – vierzig Jahre vor Hiroshima – gezeigt, daß *Energie und Masse dasselbe* sind. E = mc², Energie gleich Masse mal Lichtgeschwindigkeit im Quadrat. Fritjof Capra sieht darin auch einen Hinweis auf die durch und durch »dynamische« Struktur des Universums. Kraft und Materie hätten ihren gemeinsamen Ursprung in der Struktur der sogenannten »Elementarteilchen«, die aber gar keine isolierten Teilchen seien. Auch die Kräfte zwischen ihnen werden ja neuerdings als Austausch von Austauschteilchen beschrieben, die elektrischen Kräfte zwischen zwei geladenen Teilchen zum Beispiel als Austausch von Photonen. *Harald Fritzsch* hat dies mit einem Ballspiel veranschaulicht (die Teilchen spielen Ball mit den Austauschteilchen).[121] Fritjof Capra spricht von einem »Tanz«, vom »kosmischen Reigen«.[122]

Die *Quantenmechanik* war der zweite Einbruch. Die Rolle, welche für die spezielle Relativitätstheorie die größte Geschwindigkeit spielt, hat hier etwas extrem Kleines, die Planksche Konstante h eingenommen. Sie bestimmt die berühmte Heisenbergsche *Unschärferelation*, welche besagt, daß es unmöglich ist, gleichzeitig den Ort und den Impuls (Impuls = Masse mal Geschwindigkeit) eines untersuchten Objektes mit beliebiger Genauigkeit zu bestimmen. Die Unschärfe des Ortes mal die Unschärfe des Impulses ist nie kleiner als h. Wenn ich den Ort eines Elektrons mit der Messung genau festlege, entzieht sich mir die Kenntnis seiner Geschwindigkeit und umgekehrt. Es ist unmöglich, den Gesamtzustand eines physikalischen Systems objektiv zu erfassen. Meßgerät und Meßobjekt lassen sich im atomaren Bereich nicht mehr trennen. Für Prigogine und Stengers führt die Quantenmechanik auf dem Wege der Bescheidung noch weiter als die Relativitätstheorie. Sie weise uns nicht nur, wie die Relativitätstheorie, einen Ort innerhalb der Natur zu, sondern kennzeichne uns außerdem als »schwere« Wesen, die nicht auf Photonen oder Elektronen reiten können.[123] Wir sind Elefanten im Porzellanladen.

Die *Quantenmechanik* mit der Unschärferelation rüttelt an den Begriffen *Substanz und Objekt*. Das feste Objekt löst sich auf, und es bleibt nur der Meßprozeß. Die Quantentheorie zeigt nach Capra, daß das Universum ein Netz von Zusammenhängen und Wechselbeziehungen ist und nicht eine Ansammlung von Objekten. Es gebe »keine Tänzer, sondern nur den Tanz«.[124] Auch für Prigogine und Stengers bedeutet die Quantenmechanik das »Ende des Galileischen Objektes«, und sie bringt »eine dem klassischen Denken fremde Art von Ganzheit«.[125]

Der messende Beobachter kann nur zu *Wahrscheinlichkeitsgesetzen* gelangen. Im alltäglichen Leben spielen diese, physikalisch gedacht, eine große Rolle. Es ist zum Beispiel extrem wahrscheinlich, daß die Gasmoleküle der Luft einigermaßen gleichmäßig verteilt bleiben und wir nicht plötzlich wegen eines Luftlochs ersticken. Im atomaren Bereich aber ist das Verhalten eines einzelnen Elementarteilchens weder genau bestimmbar noch voraussehbar. Daß dies die bisherigen Ansichten der Physik über die Kausalität in Frage stellt, ist schon früh gesehen worden. Nach dem Ersten Weltkrieg wurde die »Akausalität« zu einer Modeströmung.[126] Für Harald Fritzsch zeigt jedenfalls die Quantenphysik, daß der kalte Determinismus nicht mehr gilt und daß wir in einer »offenen Welt« leben, »in der es Raum für Entwicklung und Platz für den freien menschlichen Willen gibt«.[127]

Zur *Quantenmechanik* gehört auch der Gedanke der *Komplementarität*. Schon Einstein war gezwungen, anzunehmen, daß das Licht sowohl als (elektromagnetische) Welle als auch als Schauer von Teilchen (Photonen) verstanden werden muß, je nach der Versuchsanordnung. In der Quantentheorie gilt dieser komplementäre Dualismus sich widersprechender Beschreibungen für alle Materie, und das Komplementaritätsprinzip bestimmt auch die Heisenbergsche Unschärferelation. Die Realität läßt sich nicht auf eine einzige widerspruchsfreie Beschreibung reduzieren. Darin kommt aber für Prigogine und Stengers die »Unmöglichkeit zum Ausdruck, einen göttlichen Standpunkt zu finden, von dem aus die gesamte Realität gleichzeitig überblickbar wäre«.[128] Die Elefanten im Porzellanladen sind eben keine Götter. Und für Capra verweist der Gedanke der Komplementarität sogar auf die chinesische Yin/Yang-Lehre.[129] Trotz der von Capra betonten dynamischen »Ruhelosigkeit« der Materie liegt im »kosmischen Reigen« eine stille Harmonie, welche Prigogine und Stengers im Auge haben, wenn sie meinen, daß in der »stillen Welt der Quantenmechanik« »sehr viel weniger Lärm und sehr viel mehr ›Harmonie‹« herrsche als in der Welt der klassischen Physik; »friedlicher« sei die Welt der Quantenmechanik.[130]

Die *allgemeine Relativitätstheorie Einsteins* brachte nicht nur Raum und Zeit, sondern auch die Schwerkraft, die Gravitation, in einer einheitlichen Theorie zusammen. Die Gravitation ist nach dieser Theorie keine Fernwirkung. Die Erde kreist nicht wegen einer Anziehungskraft um die Sonne, sondern weil die Sonnenmasse den Raum um sie herum so »krümmt«, daß die Planeten um die Sonne kreisen, wenn sie »geradeaus« fliegen. Die Schwere verändert nach dieser Theorie auch die Zeit. Uhren im Keller laufen »ein bißchen« langsamer. *Einsteins* Bemühungen um eine *einheitliche Feldtheorie* versuchten ferner, auch die Gesetze des elektromagnetischen Feldes und der Gravitation unter einen Hut zu bringen. Die gegenwärtige physikalische Forschung geht in derselben Richtung weiter. Sie ist getrieben von der Suche nach einer *einheitlichen Theorie für die vier fundamentalen Naturkräfte:* für die elektromagnetische Wechselwirkung (welche verantwortlich ist für die meisten alltäglich erfahrbaren physikalischen Effekte außer der Schwerkraft), für die schwache Wechselwirkung (welche beim radioaktiven Zerfall eine Rolle spielt), für die starke Wechselwirkung (welche die

Protonen im Atomkern trotz ihrer gegenseitigen elektrischen Abstoßung zusammenhält) und für die Gravitation. Zugleich müßte eine solche Theorie die Eigenschaften der verschiedenen Elementarteilchen erklären. All dies Streben steht im Zeichen der Vereinheitlichung, der *fundamentalen Unifizierung*. Es wurde auch bekannt unter der von *Heisenberg* eingeführten Bezeichnung *Weltformel*. Die fundamentale Unifizierung von Elektromagnetismus und schwacher Wechselwirkung ist kürzlich offenbar gelungen; sie wurde im Jahre 1983 in Genf experimentell bestätigt. *Fritjof Capra* erwähnt außerdem eine *S-Matrix-Theorie* der starken Wechselwirkung, die nach seiner Vermutung auch auf die elektromagnetische und die schwache Wechselwirkung ausgeweitet werden könne und die sich im provozierenden Satz zusammenfassen lasse, daß jedes Teilchen aus allen anderen Teilchen bestehe. Es gehe darin nicht mehr um Grundbausteine der Materie, sondern um eine »folgerichtige Gesamtübereinstimmung«. Nur die verschiedenen Beobachtungsmethoden würden »einige sehr allgemeine Prinzipien« als fundamentale Gesetze bestimmen; »die beobachteten Strukturen der Materie wären somit Spiegelungen der Strukturen unseres Bewußtseins«.[131] In all diesen Bemühungen der modernen Physik um eine fundamentale Unifizierung sieht Capra hoffnungsvolle Ansätze in Richtung eines »ganzheitlichen«, »dynamischen« Weltbildes, das sich der buddhistischen oder taoistischen Philosophie immer mehr annähere, was für die Ökologie und für die Zukunft der Menschheit von größter Bedeutung sei.[132]

Für *Ilya Prigogine* und *Isabelle Stengers* schließlich führt die Entwicklung der modernen Physik und insbesondere die *Theorie dissipativer Strukturen* zur Anerkennung der »Irreversibilität«. Man könne sagen, daß die Physik die Zeit und auch die Richtung der Zeit jetzt nicht mehr leugne. Die Zeit dringe vermehrt in die Beschreibung der physikalischen Welt ein und mit ihr die Vielfalt von Entwicklungsphänomenen. Dadurch verändere sich auch unsere Haltung zur Welt. Wir seien nicht länger die allwissenden Beobachter des »Automaten« Natur, sondern eingebettet »in eine gemeinsame Erfahrung«, »ein Strudel in einer turbulenten Natur«. »Wir können die Natur nicht beliebig manipulieren.« Die modernen physikalischen Theorien lehrten uns jenen Respekt, den vielleicht Bauern und Seeleute noch gegenüber der Welt empfinden, in der sie leben.[133]

Die mannigfaltigen Einflüsse der modernen physikalischen Umwälzungen auf unsere Denkweise sind nicht zu übersehen. Können sie uns nicht in der Tat allesamt *umstimmen in eine neue Grundhaltung* der Bescheidenheit, des Repekts und der Einfügung in ein Ganzes, das uns trägt und das wir nicht besitzen und beherrschen können?

Angeregt durch die Quantentheorie, schwärmte man allerdings von der Freiheit der »Akausalität« schon zwei Jahrzehnte, bevor ein kleiner Sprengsatz über einer japanischen Stadt zwei nicht-kritische Massen durch und durch kausal so zusammenfügte, daß sie *eine*, nun aber eine kritische, wurden, die sich, multipliziert mit c^2, zum Teil in Energie umwandelte. Umstimmung oder Hiroshima – Capra meint, es sei die Verantwortung eines jeden einzelnen Wissenschaftlers, zu entscheiden, welchen Weg er mit der Physik gehen wolle, ob den Weg »zu Buddha oder zur Bombe«.[134] Ist es die Entscheidung jedes einzelnen?

Ilya Prigogine und Isabelle Stengers betonen immer wieder, die Quantenmechanik nötige uns vor allem zu einer Revision unserer Begriffe. Offenbar nötigt sie uns beispielsweise zu einer Revision des Objektbegriffs. Doch da nun zeigt sich die Physik so naiv wie die zum Kinde gekommene Jungfrau. Ist denn der Objektbegriff vor Urzeiten vom Himmel gefallen? Hat denn der Objektbegriff nicht auch seine ganz bestimmte vorphysikalische Geschichte, und ist er nicht auch ohne Quantenmechanik fragwürdig geworden? Immer wieder sind wir doch hier auf das neuzeitliche Subjekt gestoßen, das alles andere als sein Objekt vor sich hinstellt. Ist diese von Descartes inspirierte Gegenüberstellung von Subjekt und Objekt denn nicht auch ohne Unschärferelation ein Problem? Wie auch die Kantsche Vorstellung vom

Raum, von der Zeit? Und ist die Frage nach dem Wesen der menschlichen Freiheit nicht älter als die physikalische Debatte um Kausalität und Determinismus?

Doch es geht hier nicht um Prioritätsrechte, sondern viel eher darum, daß man, statt über die Entdeckung der Freiheit in der Atomphysik zu jubeln, das Ganze auch einmal anders herum anschaut: In welche irrsinnige Position haben wir uns eigentlich verstiegen, daß uns die mangelhafte Bestimmbarkeit der Geschwindigkeit eines Elektrons das Herz vor Freiheitsfreude höher schlagen läßt? In welche Zwangsherrschaft sind wir verstrickt, daß wir die Freiheit von der Quantenmechanik erwarten? Wie sehr müssen wir uns von der respektvollen Lebensart der Bauern und Seeleute, von der Weisheit eines Buddha und vom Yin/Yang entfernt haben, daß wir im Ernst auf dissipative Strukturen und S-Matrixen setzen?

»Die Physik kann als Physik über die Physik keine Aussagen machen. Alle Aussagen der Physik sprechen physikalisch. Die Physik selbst ist kein möglicher Gegenstand eines physikalischen Experimentes.« (Martin Heidegger, WISSENSCHAFT UND BESINNUNG)[135]

Doch wenn sie es trotzdem versucht, wie der Freiherr von Münchhausen im Sumpf, sollen wir sie nicht einfach bei ihrem Treiben lassen? Oder treibt uns dieses Treiben vielleicht noch weiter fort aus dem Zentrum ins x?

Zum Beispiel die *fundamentale Unifizierung:* Lehrt sie uns bescheidene Einfügung in den großen Zusammenhang, oder ist sie die äußerste Zuspitzung des von Descartes formulierten Auftrags zur Naturbeherrschung?

Die Bemühungen um eine solche Unifizierung entsprechen einer Grundtendenz in der Geschichte der Physik: Sie zeigt sich in Newtons Erkenntnis, daß die Planeten am Himmel und die Körper auf der Erde denselben Bewegungsgesetzen gehorchen, in der mechanischen Erklärung des Schalls, in der Vereinheitlichung von Elektrizität und Magnetismus, in der elektromagnetischen Erklärung des Lichtes, in der atomaren Erklärung der Chemie und Physik der Stoffe und ihrer Wärme, in der Reduktion von allem auf die Begriffe der Energie und der Information – und schließlich in den genannten modernen Bemühungen um die Weltformel.

Was diese Grundtendenz bedeutet, hat der genialste Unifizierer, Albert Einstein, in präziser Form selbst gesagt: »Die Entwicklung vollzieht sich in der Richtung wachsender Einfachheit des logischen Fundamentes. Um diesem Ziel näher zu kommen, müssen wir uns damit abfinden, daß die logische Grundlage immer erlebnisferner und der gedankliche Weg von den Grundlagen bis zu jenen Folgesätzen, welche ihr Korrelat in Sinnenerlebnissen finden, immer beschwerlicher und länger wird.«[136] Mit anderen Worten: Wir müssen uns damit abfinden, daß das Enzianblau kein Enzianblau mehr ist, sondern eine Wellenlänge oder ein Photonenschauer; damit, daß der Mond kein guter und stiller Freund mehr ist, sondern eine öde Staubwüste; damit, daß der Sturz auf den Boden nicht mehr ein Sturz ist, unten nicht mehr unten und oben nicht mehr oben, die Welt eine Welt nicht mehr.

Von der Welt zur Weltformel...

Die von Descartes begonnene Suche nach einem »festen *Fundament*« geht in der *fundamentalen* Unifizierung ins Äußerste: einen letzten Halt sucht sie im Größten und im Kleinsten. In der größten Geschwindigkeit, der Lichtgeschwindigkeit c (etwa eine Milliarde Kilometer pro Stunde), im Planckschen Wirkungsquantum h (etwa sechshundertsechzig Sextillionstel Quadratsekundenwatt), oder gar in der kleinsten Länge, der fundamentalen Länge (etwa ein Billionstel Millimeter) und in der kleinsten elementaren Zeiteinheit, dem Chronon (einige Quadrillionstel Sekunden).

> Giebt es auf Erden ein Maaß? Es giebt
> Keines...
>
> Friedrich Hölderlin[137]

Wohlan, nun gibt es auf Erden doch ein Maß: die Lichtgeschwindigkeit, das Plancksche Wirkungsquantum, die kleinste Länge und die kleinste Zeit. Um den Preis allerdings, daß wir uns damit abfinden müssen, daß die Weltausrechnung, wie das Erhart Kästner genannt hat[138], die Welt immer mehr durchwuchert und zu ersticken droht.

Das von Einstein über die fundamentale Unifizierung Gesagte gilt auch noch dort, wo die Physik, wie bei Prigogine, sich der Vielfalt des Lebens zuwendet. Wenn das Darwinsche Prinzip, das seinerseits schon eine fundamentale Unifizierung der Lebensvorgänge bedeutete, zum Spezialfall der Theorie der Selbstorganisation dissipativer Strukturen wird, ist die Unifizierung noch radikaler und universeller geworden. Und es gilt auch dort, wo die Physik, wie laut Capra in der S-Matrix-Theorie, auf alle fundamentalen Konstanten, Gesetze und Gleichungen verzichtet. Dafür stellt sie jetzt alles unter »einige sehr allgemeine Prinzipien, die durch die Beobachtungsmethode erforderlich und wesentliche Teile des wissenschaftlichen Gesamtrahmens sind«.[139] Die fundamentale Unifizierung landet bei der Beobachtungsmethode des Subjekts. »Es dämmert jetzt vielleicht in fünf, sechs Köpfen, daß Physik auch nur eine Welt-Auslegung und -Zurechtlegung (nach uns! mit Verlaub gesagt) und *nicht* eine Welt-Erklärung ist...« (Friedrich Nietzsche, JENSEITS VON GUT UND BÖSE)[140]

Auch wenn die moderne Physik am Begriff des Objekts rüttelt, ändert sich nichts daran, daß beobachtet und gemessen wird. Sie überwindet noch nicht die messende Beobachterhaltung des neuzeitlichen, die Objekte vor sich hinstellenden Subjekts. Hingegen paßt die Verlagerung vom Objekt auf den Meßprozeß nur zu gut zu einer Bemerkung Heideggers zur Subjekt-Objekt-Beziehung in der modernen Atomphysik: Indem hier auch noch der Gegenstand verschwinde, gelange die Subjekt-Objekt-Beziehung als bloße Beziehung in den Vorrang vor dem Objekt und dem Subjekt. »Das sagt nicht: die Subjekt-Objekt-Beziehung verschwindet, sondern das Gegenteil: sie gelangt jetzt in ihre äußerste... Herrschaft.«[141]

Leider zieht sich auch die Physik nicht selbst aus dem Sumpf.

Die Beschäftigung mit den drei großen wissenschaftlichen Umwälzungen, von denen eine Wende für die Menschheit erhofft
wird, stellt uns vor einen sehr seltsamen Sachverhalt:

Einerseits finden wir bei allen dreien, bei der evolutionären
Erkenntnistheorie, bei der kybernetischen Systemtheorie und
bei der modernen theoretischen Physik, mehr oder weniger
spürbar *die Umstimmung in eine neue Grundhaltung* der
Bescheidenheit, des *Respekts* und der *Einfügung* in eine größere,
uns tragende und unserer Herrschaft sich zugleich entziehende
Ordnung. Der »Herr und Besitzer der Natur« steigt herunter
von seinem Thron.

Andererseits enthalten diese Theorien *eine Zuspitzung* des
objektivierenden Subjektivismus und des *Fort-Schritts ins x* bis
ins Äußerste. Der »Herr und Besitzer der Natur« baut weiter an
seinem wissenschaftlich-technischen Thron.

*Kann angesichts dieses sehr seltsamen Sachverhaltes den Grü-
nen eine Welt-Anschauung genügen, die auf der evolutionären
Erkenntnistheorie, der kybernetischen Systemtheorie oder auf
der modernen theoretischen Physik basiert? Steigt der Herr
und Besitzer der Natur jetzt herunter von seinem Thron, oder
hat er sich dort erst recht installiert? Sollen sich die Grünen mit
der deutlich spürbaren Umstimmung zu Respekt und Bescheidenheit zufriedengeben und nicht weiter nach der respektlo-
sen, unbescheidenen Zuspitzung in der Theorie fragen? Oder
sollen sie doch zuerst diese Zuspitzung in Frage stellen? Oder
wird gerade diese Zuspitzung am Ende die Wende bringen?*

Wir wissen es ebensowenig, wie wir wissen können, ob mit
biologischen, kybernetischen und physikalischen Methoden
demnächst der Weltuntergang organisiert wird.

Aber die theoretische Befangenheit der Wissenschaften in der
bisherigen Denkweise, der mangelnde Tiefgang in grundsätzli-
cher Hinsicht, ist vielleicht doch nicht belanglos. Ich sehe im
Moment vor allem vier Gefahren:

– Die Gefahr des *Rückfalls* in die unbescheidene Grundhal-

tung des Herrn und Besitzers der Natur. Rupert Riedl bemerkt
zu den von der evolutionären Erkenntnistheorie aufgedeckten
Mängeln unserer Vernunft: »Und ich bin in der Lage, die
Ursache und die Art dieser Mängel aufzuklären. Als erster,
soweit ich sehe…«[142]

– Die Gefahr des *Katzenjammers* nach dem Abklingen des
Jubels. Man gedenke der Modeströmung der Akausalität in den
zwanziger Jahren.

– Die Gefahr der *Anfälligkeit* für andere Modeströmungen und
deren Überschätzung. Mancher ausgesprochen rationale Wissenschaftler scheint eine erstaunliche Neigung zu haben, ins
Irrationale oder auf einen Gurutrip auszuflippen.

– Und schließlich die Gefahr der *naiven und blinden Übernahme* von Gedanken aus fremden Kulturen.

Selbst in Fritjof Capras WENDEZEIT ist von diesen Gefahren
etwas zu spüren. Das 1982 erschienene Buch bemüht sich,
»Bausteine für ein neues Weltbild« zu geben, das unserer
ökologischen Krise gewachsen ist und das den verschiedenartig-
sten Bewegungen, die in den letzten Jahrzehnten in Gang
gekommen sind, insbesondere auch der grünen Bewegung, ein
»zusammenhängendes Gedankengebäude« liefern kann.[143]

Capra gehört jener »sanften Verschwörung« des »New Age«
an, deren weitverzweigte Fäden im kalifornischen Esalen zusam-
menlaufen. Zu *Marylin Fergusons* Buch, THE AQUARIAN CON-
SPIRACY, das unter anderem auch von Ilya Prigogine und vom
Psychologen Carl Rogers erfreut begrüßt wurde, schrieb Capra
ein Vorwort. Und auf Capras eigenes Buch hatten Gregory
Bateson und Stanislav Grof, der Wortführer der »Transpersona-
len Psychologie« (der es um eine »Bewußtseinserweiterung« mit
Drogen, Hyperventilation, Musik und Körperarbeit geht), großen Einfluß. Der eine der beiden Gründer von Esalen aber,
Michael Murphy, empfing seine entscheidenden Anstöße vom
indischen Yoga-Philosophen Sri Aurobindo. Achtzehn Monate
habe er in dessen Ashram verbracht.[144] Die Verschwörung des
New Age möchte denn auch *abendländische Wissenschaft und
fernöstliche Meditation* miteinander vereinen und außerdem die

Tradition der *Schamanen* und die Weisheit anderer Naturvölker zu Rate ziehen. Auch Capra fand ja über die Atomphysik einen Pfad zu Buddha.

Aber ist ein Gespräch zwischen dem abendländischen und dem indischen oder indianischen Denken so einfach? Auf unserer Reise in fremde Denkgebiete verhalten wir uns doch allzuoft wie auf einer Kreuzfahrt, während der wir immer wieder in unsere klimatisierten Kabinen zurückkehren und das Fremde nur kurz von außen betrachten. Wir sind auf der Kreuzfahrt durch das von *unserer* Weltherrschaft bestimmte Commonwealth des Geistes.

> There is no whisky in this town
> There is no bar to sit us down
> Oh!
> Where is the telephone?
> Is here no telephone?
> Oh, Sir, God help me:
> No!
>   Let's go, let's go to Benares...

Kurt Weill und Bertolt Brecht,
Aufstieg und Fall der Stadt Mahagonny[145]

Nun bringt Capras Wendezeit nicht nur eine von Atomphysik und Esalen inspirierte Therapie für unsere globale Krise, sondern das Buch enthält auch deren *Diagnose.* Unter dem Titel »Die Newtonsche Weltmaschine« stellt Capra mit großer Klarheit die Geschichte der neuzeitlichen Naturwissenschaft dar, welche zur mathematischen Reduktion von allem auf das Meß- und Quantifizierbare und zur Auffassung von der Natur als einer Maschine, die es zu beherrschen gilt, geführt hat. Ferner zeigt Capra, wie das Denken von René Descartes direkt oder indirekt alle nachfolgenden naturwissenschaftlichen Forscher und Theoretiker geprägt hat und wie diese kartesianische Denkweise heute noch viele Wissenschaften bestimmt, zum Beispiel die Wirtschaftswissenschaft und die Biologie und auch Medizin und Psychologie.

Kartesianismus als Diagnose unserer globalen Krise könnte kaum klarer und präziser – kartesianischer – formuliert werden. Jedoch überzeugt mich die Anwendung dieser Diagnose in einzelnen Wissenschaftsgebieten, insbesondere in Medizin und Psychologie, weniger. Ist nicht vielleicht auch die von Esalen inspirierte, das Recht des Körpers gegenüber der Ratio betonende Body-Welle in einem weiten Sinne immer noch kartesianisch-subjektivistisch? Ich darf hier an die dritte Phase der Geschichte des animal rationale erinnern.

Doch die Grunddiagnose sitzt. Der kartesianische objektivierende Subjektivismus läßt an den Traum des berühmten Mathematikers von Syrakus denken, der mehr als zweihundert Jahre vor Christus das Hebelgesetz entdeckt hat und der angeblich einen festen Platz außerhalb der Welt gesucht hat, welcher es ermöglichen würde, die Welt aus den Angeln zu heben. Heute wird immer deutlicher, daß die von Descartes dem »Herrn und Besitzer der Natur« bereitgestellte »praktische Philosophie« von ihrem »unerschütterten Fundament« aus diese Hebelleistung beinahe vollbracht hat. René Descartes aber hat sich in seinen MEDITATIONEN tatsächlich auf *Archimedes* bezogen: »Nichts als einen festen und unbeweglichen Punkt verlangte Archimedes, um die ganze Erde von ihrer Stelle zu bewegen, und so darf auch ich Großes hoffen, wenn ich nur das Geringste finde, das sicher und unerschütterlich ist.«[146]

Wie ist Capra wohl auf die Diagnose gekommen? Ein Vermittler könnte vielleicht der deutsche Physiker *Werner Heisenberg*, bei dem Capra studiert hat, gewesen sein. Heisenberg verwies 1958 in einem Vortrag auf Descartes' Gegensatz zwischen der res cogitans (der denkenden Sache) und der res extensa (der ausgedehnten Sache) und sagte: »Im Vergleich zur klassischen Physik rückt die Quantentheorie daher deutlich ab von jener etwas zu schroffen Zweiteilung der Welt in der Descartesschen Philosophie.«[147] Dieser Satz ist, vermute ich, eine Antwort auf philosophische Kritik an der Physik, und solche philosophische

Kritik war in Deutschland direkt oder indirekt beeinflußt von *Heideggers* Descartes-Kritik in SEIN UND ZEIT (1927). Denn auch die Philosophie hatte bis dahin nur in Ansätzen an Descartes gerüttelt. Sogar *Edmund Husserl*, der Begründer der Phänomenologie, verstand seine Bemühungen nicht im Sinne eines Bruchs mit der kartesianischen Tradition, sondern er sah sich in einer analogen Situation wie Descartes, in der »Notwendigkeit eines radikalen Neubeginns der Philosophie«. Auch wenn er die MEDITATIONEN von Descartes kritisch »umbildete« und »eingrenzte«, sah er in René Descartes doch sein großes Vorbild. Nicht zufällig nannte er eine zuerst in Frankreich erschienene Einleitung in die Phänomenologie CARTESIANISCHE MEDITATIONEN.[148] Erst Martin Heidegger stellte in SEIN UND ZEIT die kartesianische Denkweise grundsätzlich in Frage, und zwar im Kapitel mit dem schwerfälligen Titel »Die Abhebung der Analyse der Weltlichkeit gegen die Interpretation der Welt bei Descartes«.[149]

Wie die Ausführungen über den Platonismus zeigt auch die Diagnose Kartesianismus: Der Weg zu unserer gegenwärtigen Krise führt *durch die Geschichte unserer Philosophie.* Um diese Geschichte kommen wir nicht herum. Die von E. F. Schumacher genannte philosophische Krankheit des neuzeitlichen Abendlandes könnten wir jetzt schlagwortartig als *Kartesianismus-Platonismus-Syndrom* bezeichnen. Natürlich hat der Name wie jedes Schlagwort seine Gefahr, aber im Moment mag er uns vielleicht an manches Gesagte erinnern und unseren Blick auf die Geschichte lenken. Noch fehlt aber ein dritter Teil des Syndroms, auf den die bisherigen Ausführungen auch schon gestoßen sind: das *Christentum.*

Mit den Worten Kartesianismus und Platonismus nenne ich das Gefolge, die Nachfolger und die Verarbeitung, nicht René Descartes, nicht Platon selbst. Auch mit dem Christentum meine ich nicht Jesus Christus. Kein gläubiger Christ muß sich hier angegriffen fühlen. Ich meine sozusagen den »Christianismus«.

Auf die Zusammenarbeit zwischen *Platonismus und Christentum* in der gemeinsamen Abwertung der sinnlichen Welt und des diesseitigen Jammertales gegenüber den ideellen Werten und dem göttlichen Jenseits wurde bereits hingewiesen. Aber auch zwischen *Kartesianismus und Christentum* gibt es ein Zusammenspiel: René Descartes' Gewißheit im Zweifel stützte sich auf die Grundvoraussetzung, daß es einen Gott gibt, der das menschliche Denken nicht wie ein böser Geist mit der bloßen Vortäuschung einer Außenwelt narrt. Die kartesianische Gewißheit wurzelt in der christlichen Heilsgewißheit. Es ist das Ebenbild Gottes, das zum selbstsicheren Subjekt wurde, als René Descartes an einem holländischen Kaminfeuer über einem Stückchen Wachs meditierte.

Unsere heutige ökologische Problematik bezeichnete der Schriftsteller *Carl Amery* in Das Ende der Vorsehung schon im Jahre 1972 als eine der »gnadenlosen Folgen des Christentums«, als Resultat des Welterfolges einer vierfachen biblischen Botschaft:

– Die Botschaft vom Menschen als dem Ebenbild Gottes, als der Krone der Schöpfung. Die *Auserwähltheit*.

– Die Botschaft vom Auftrag an den Menschen, fruchtbar zu sein, sich zu mehren und sich die Erde untertan zu machen. Der *Herrschaftsauftrag*.

– Die Botschaft vom fehlerhaften Menschen, nach welcher der Schmerz der Gebärenden, der Schweiß des Angesichts und die Feindschaft zwischen dem Menschen und der Giftschlange nicht zum ursprünglichen Zustand im Garten Eden gehört haben, sondern eine Strafe Gottes sind für den Menschen, der aber darauf hoffen darf, durch Befolgung der Gesetze Gnade zu finden, und der schließlich durch den Tod Christi erlöst wird. Das *Prinzip Hoffnung*.

– Die Botschaft vom Bündnis des Menschen mit Gott, der nach der Sintflut Saat und Ernte zusichert und der die Menschen so sehr geliebt hat, daß er ihnen seinen eingeborenen Sohn gesandt hat, um ihnen fortan auch noch das Himmelreich zuzusichern. Die *Heilsgewißheit*.

Amery verfolgt diese vierfache Botschaft auf ihrem Weg über das auserwählte Volk und über Jesus von Nazareth durch die Reiche der Welt – über Sklaven, Fischer, Generäle, Kaiser, Mönche, Wissenschaftler, Manager und Funktionäre.

Zunächst setzte sich die Botschaft von den religiösen Erfahrungen der Umgebung ab. Die Entzauberung der zum Untertanen gewordenen Erde und die Loslösung des Menschen von den Fügungen eines geheimnisvollen Geschickes in der Hoffnung auf ein zukünftiges und zugesichertes Heil – das ist nach Amery der Auszug Israels aus Ägypten ins Gelobte Land. Vom Sonnengott zur Quelle des Tageslichtes, von der heiligen Kuh zur Milchkuh. Doch die Botschaft war lange Zeit in das Gesetz dieses kleinen Volkes gebunden. Erst dem Menschensohn von Nazareth war es beschieden, die vierfache Botschaft über die ganze Welt zu verbreiten. Zwar wiederholte Jesus den alten Herrschaftsauftrag nicht, im Gegenteil: »Sehet die Vögel des Himmels an! Sie säen nicht und ernten nicht und sammeln nicht in Scheunen, und euer himmlischer Vater ernährt sie doch«. *(Matthäus 6,26).* Und dennoch lebten die Christen aller Länder in der Folge dem alten Herrschaftsauftrag in einer Weise nach, als hätte ihn Christus als oberstes Gebot verkündet.

Warum wohl? Für Amery war Jesus ein Revolutionär, der in einer nur anderthalb Jahre dauernden Aktion das Prinzip Hoffnung zur ersten gewaltigen Explosion brachte. Er habe den Gepeinigten gewissermaßen das Blaue vom Himmel herunter versprochen und sie auf ein einziges großes Fest gerüstet. Aber der Herr wurde getötet, und er kam nicht wieder, wie die Urchristen lange Zeit noch gehofft hatten. Die Enttäuschung wegen der Nicht-Wiederkunft sei der Anfang der christlichen Kirche gewesen. Sie habe in dieser Welt gebaut werden müssen, in der gesät und geerntet und in Scheunen gesammelt wird für unser tägliches Brot. Da habe es sich dann gezeigt, daß mit der frohen Botschaft allein keine Kirche und kein Staat zu machen war. In die Leerräume hätte anderes einspringen müssen, das römische Recht, die nachplatonische griechische Philosophie und vor allem das Alte Testament mit seinem grandiosen Auftrag.

Damit begann nach Amery ein gewaltiges Hin und Her zwischen Hoffnung und Enttäuschung. Dieses Hin und Her habe die Geschichte der nächsten zweitausend Jahre bestimmt. In immer neuen Anläufen habe man die Gemeinschaft der Menschen organisiert, an ihrer Kirche gebaut, die rechte Lehre zementiert und das Heil der Menschen verwaltet, die Schlange in der Gestalt von Ketzern und Aufwieglern bekämpft. Und immer wieder sei die orthodoxe Kirche, seien die Schriftgelehrten und die etablierten Herren von Explosionen des Prinzips Hoffnung gestürzt worden. Und immer wieder seien die Revolutionäre orthodox geworden.

Dann übernehmen die grimmig verfolgten Christen die Macht; das Christentum wird mit Konstantin dem Großen zur Staatsreligion. Gegen die Macht der Kirche wendet sich darauf die Askese der Mönchsorden, bis die Mönche ihrerseits den Klerus unterwandern und die Macht in Europa übernehmen. Worauf auch sie von neuen Explosionen und neuen Propheten bedroht werden: Luther, Zwingli, Calvin. Reformation, Gegen-reformation und Gegen-Gegen-Reformation; am Ende der Glaubenskriege tritt ein neuer Menschentyp die Herrschaft an, der die Bibel selbständig liest, ob nun im Sinne Calvins oder des Ignatius von Loyola. Wie zuvor in Südamerika die Katholiken, erobern nun in Nordamerika die Protestanten ein neues gelobtes Land. Saat und Ernte dauern an, der bibellesende Mensch macht sich auch diese Erde untertan, mit allem, was da kreucht und fleucht, vom Büffel bis zur ungetauften Rothaut, bis im alten Europa sich erneut das Prinzip Hoffnung Geltung verschafft. Amery zitiert eine Stelle bei Karl Marx, die geradezu an die wunderbare Brotvermehrung erinnert: »...während in der kommunistischen Gesellschaft, wo Jeder nicht einen ausschließ-lichen Kreis der Tätigkeit hat, sondern sich in jedem beliebigen Zweige ausbilden kann, die Gesellschaft die allgemeine Produk-tion regelt und mir eben dadurch möglich macht, heute dies, morgen jenes zu tun, morgens zu jagen, nachmittags zu fischen, abends Viehzucht zu treiben, nach dem Essen zu kritisieren, wie ich gerade Lust habe, ohne je Jäger, Fischer, Hirt oder Kritiker zu werden.«[150] Und wieder wird ein naher Endzustand verkündet. Kommt sie oder kommt sie nicht, die Weltrevolution? Wieder müssen in dieser Welt ein vorläufiger Staat und eine vorläufige Kirche und ein heiliges Büro organisiert werden, das die reine Lehre gegen den alten bösen Feind zu verteidigen hat, gegen die Schlangenbrut der Revisionisten und Klassenfeinde. Wieder sieht die Gegenseite in diesem Büro den Hort des Bösen. Erneut heiligt der Zweck die Mittel, und abermals droht ein Glaubenskrieg, nun allerdings der schrecklichste aller Zeiten.

Doch das Wesentliche, das Amery in diesem endlosen Widerspiel von Verhärtungen und Explosionen findet, ist die durch die zwei Jahrtausende hindurch andauernde *unaufhaltsame Ausbreitung der anfänglichen vierfachen Botschaft,* bis sich der auserwählte Mensch in der Neuzeit selbst auf den höchsten Thron setzt, um die Weltherrschaft anzutreten und im Zeichen des Prinzips Hoffnung mit allen Mitteln – vom Schmerzmittel bis zur Geschirrspülmaschine – gegen Krankheit und Tod und gegen die Mühen des Alltags zu kämpfen.

Der ungeheure Erfolg der vierfachen Botschaft auf ihrem Gang durch die Geschichte habe allerdings seinen Preis gefordert. Er hinterlasse eine *verwüstete Erde und eine Schädelstätte von zerstörten Kulturen.* Wenn man die Stabilität bedenke, mit der sich sogenannte primitive Kulturen über Jahrtausende hin hätten halten können, dann erinnere uns die rasante Ausbreitung der Botschaft über die ganze Erde fast an den Blitzkrieg der Deutschen, der den Zweiten Weltkrieg eröffnete und Europa zu einem Trümmerhaufen schlug. Doch die Zweifel mehren sich – könnte es *wieder eine Sintflut* geben? Steht das »Ende der Vorsehung« bevor?

Das leidenschaftliche Buch von Carl Amery mit seiner Gesamtschau hat eine bestechende Wirkung auf den Leser. Es schlägt einen *großen Bogen über die verschiedenen Epochen* der Weltgeschichte, angefangen beim Auszug Isreals aus Ägypten.

Doch ist dieser epochale Bogen auch genau genug? Es gibt

Religionswissenschaftler, welche behaupten, der Satz »Machet euch die Erde untertan« beruhe auf einer völlig falschen Übersetzung. Gewiß haben die Siedler in »God's own country« diesen Satz als Herrschaftsauftrag verstanden, aber das alte Israel vermutlich nicht. Auch die Götter Griechenlands hatten vor dem Einfluß des jüdisch-christlichen Geistes schon an Bedeutung verloren. Und das Höhlengleichnis des Platon war vielleicht geeignet, das Prinzip Hoffnung mit in Fahrt zu bringen. Offenbar widerfuhr nicht nur dem Volke Israel ein Auszug aus Ägypten. War vielleicht die Entzauberung der Welt, die Loslösung des Menschen aus den Fügungen eines geheimnisvollen Geschickes und das Aufkommen der Hoffnung auf eine Überwindung von Schmerz, Mühsal und Tod *ein Welt-Schicksal,* dessen Wurzeln tiefer reichen als nur in die Geschichte eines einzelnen Volkes und eines einzelnen Erlösers?

Hinzu kommt, daß auch in der Geschichte des Juden- und des Christentums noch ganz andere Tendenzen gesehen werden können. Amery selbst erwähnt das Buch Hiob und Franz von Assisi.

Hiob ruft in seinem Unglück Gott wider Gott an. Wie geht das Unglück zusammen mit der Verheißung des Bundes? Gott antwortet: »Wo warst du, als ich die Erde gründete? Sag an, wenn du Bescheid weißt! Hast du in deinen Tagen je dem Morgen geboten, dem Frührot seinen Ort gewiesen...? Sind dir die Tore des Todes aufgetan worden, und hast du die Pförtner des Dunkels gesehen? Bestimmst du die Zeit, da die Steinziegen gebären, überwachst du das Kreißen der Hinden? *(Hiob 38, 4/ 12/17; 39, 1)* Gott antwortet dem aufbegehrenden Menschen ironisch. Hiob erkennt seine Grenzen und schickt sich in die Bescheidenheit vor dem Geheimnis.

Auch *Franz von Assisi* vertrat nicht den Auftrag »Machet euch die Erde untertan«. Er lobte den Herrn für den Bruder Sonne, für die Schwester Mond, für den Bruder Wind und die Schwester Wasser, den Bruder Feuer und unsere Schwester, die Mutter Erde mit ihren Blumen und Früchten und mit dem Bruder Wolf...[51]

So ließe sich noch manches in der jüdisch-christlichen Über-
lieferung anführen, das nicht in das Schema von der vierfachen
Botschaft paßt. Zum Beispiel die *andere Erzählung von der
Schöpfung* im 1. Buch Mose: »Und Gott der Herr nahm den
Menschen und setzte ihn in den Garten Eden, daß er ihn bebaue
und bewahre.« *(1. Mose 2, 15)* Oder die Bergpredigt, auf die sich
auch *E. F. Schumacher* direkt bezieht:
– ›Selig sind die geistlich Armen; denn ihrer ist das Reich der
Himmel‹ – »Wir sind arm, und wir sind keine Halbgötter.«
– ›Selig sind die Trauernden; denn sie werden getröstet werden‹ –
»Wir haben viel Leid zu tragen und sind nicht auf dem Weg in ein
goldenes Zeitalter.«
– ›Selig sind die Sanftmütigen; denn sie werden die Erde empfangen‹ – wir brauchen »Sanftmut, einen gewaltlosen Geist«, und
»small is beautiful«.[152]
Amerys Deutung der ökologischen Krise als Folge der vierfa-
chen Botschaft birgt auch eine Gefahr: Sie könnte als Vorwand
für eine neue Juden- und Christenverfolgung dienen, diesmal im
Namen des Umweltschutzes. Bei Amery findet sich – wohlver-
standen – nichts von dem! Und doch stellt sich die Frage:

*Müßten sich die Grünen nicht auch davor hüten, in eine
eingleisige Auffassung von der Geschichte zu verfallen, die
leicht zu einem Sündenbockdenken führt?*

Auch wenn die Geschichte unserer Philosophie an die Wurzel
unserer gegenwärtigen Krise führt, so ist vor voreiligen »epochalen Bögen« doch zu warnen. Diese Warnung im Ohr, gewillt, die
Kinder nicht mit ihrem Bade auszuschütten und aus der Weltgeschichte in keiner Weise eine Schuldfrage zu machen, halten wir
die dreifache Diagnose der philosophischen Krankheit noch
einmal fest: das *Kartesianismus-Platonismus-Christianismus-
Syndrom.*

*Und Carl Amerys Botschaft von der gnadenlosen Botschaft
könnte doch manchenorts vielleicht auch die Frage wecken:*

Kann den Grünen eine sogenannte christliche Welt-Anschau-ung genügen, welche an den epochalen geschichtlichen Zusam-menhängen, in die »das Christentum« verwickelt ist, vorbei-sieht?

Die dreifache Diagnose lenkt uns zurück auf die Geschichte unserer Philosophie, auf unsere Geschichte überhaupt. Doch was heißt hier eigentlich *Geschichte?* Wie läßt sich die Diagnose verifizieren? Ist die Geschichte ein *prozeßhafter Ablauf, ein Wirkungszusammenhang,* der sich von einem wissenschaftli-chen Standpunkt aus immer genauer und objektiver erforschen, in Jahreszahlen einordnen und gesamthaft überblicken läßt? So daß eine solche prozeßhaft ablaufende Weltgeschichte der Jah-reszahlen und Fakten in einer *Enzyklopädie* zusammengestellt werden kann? Eine solche Weltgeschichte läßt sich dann nahtlos an die *physikalische Weltgeschichte* vom Urknall bis zur Entste-hung des Lebens und an die *biologische Weltgeschichte* von der Entstehung des Lebens bis zur Altsteinzeit anschließen.

Und nahtlos kann einer solchen Weltgeschichte auch das *aktuelle Weltgeschehen* angefügt werden. Das, was jetzt passiert, was also jetzt eintritt und vorbeigeht, wird sogleich von den Medien in die universale Weltgeschichte eingebaut – die univer-sale Weltgeschichte vom Urknall bis zur Tagesschau.

Ohne Zweifel ist das die heute herrschende Vorstellung von der Geschichte. Sie bestimmt auch jene Theorien, welche in der vergegenständlichten Geschichte ein bestimmtes Gesetz entdek-ken wollen, zum Beispiel das Gesetz der »langen Wellen« wirtschaftlicher Ebbe- und Flutzeiten. *Joseph Huber* entwickelt in seinem kürzlich erschienenen Buch DIE VERLORENE UNSCHULD DER ÖKOLOGIE, das eine Synthese von technischem Fortschritt und Ökologie fordert und prophezeit, eine (vor allem auf Nikolaj Kondratieff und Joseph Schumpeter zurückge-hende) Theorie, wonach in Perioden von 40–60 Jahren die Ge-schichte des Industriezeitalters von solchen langfristigen Wellen wirtschaftlichen Auf- und Abschwungs durchzogen werde.[153]

Im Maschinenzeitalter wird die Geschichte selbst oft fast als Maschine betrachtet. Auch die Rede vom *Paradigmenwechsel* in der Geschichte der Wissenschaft oder in der Weltgeschichte erinnert bisweilen geradezu an den Programmwechsel bei einem Computer.[154]

Gegen eine solche *vergegenständlichte, prozeßhaft ablaufende Universalgeschichte* läßt sich sofort einwenden, daß die Theorien über die geschichtlichen Zusammenhänge doch stark von der jeweiligen Gegenwart bestimmt sind. Die Universalgeschichte steht, so Heidegger, »im Gesichtskreis derjenigen Gegenwart, die jeweils die Vergegenständlichung vollzieht...«[155] Zum Beispiel spricht man im Gesichtskreis unserer Rädertechnik von der Geschichte des Rades von den Babyloniern bis zu uns. Im Gesichtskreis der Machtpolitik unserer Supermächte spricht man von der Geschichte der Macht im alten China, bei den Azteken, in Rom. Von der Geschichte der Unterdrückung der Frau sprechen wir im Gesichtskreis unserer Auffassungen von Herrschaft und von dem, was den Unterschied zwischen den Geschlechtern ausmacht. Die Geschichte wird von Tag zu Tag neu und in jeder Propagandaküche wieder anders geschrieben. Früher haben die Schüler eine Geschichte der Schlachten und Könige gelernt, heute lernen sie vielleicht eine Geschichte der »Ausbeutungs- und Produktionsverhältnisse«. Es gibt also kaum etwas Subjektiveres als die »objektive« Universalgeschichte. Sie steht *im Gesichtskreis des jeweiligen Subjekts.*

Ein zweiter Einwand betrifft die Objektivierung, die *Vergegenständlichung* überhaupt. Die Diagnose Kartesianismus-Platonismus-Christianismus-Syndrom läßt sich schon deshalb nicht verifizieren, weil sich epochale Zusammenhänge kaum vergegenständlichen lassen. Der epochale Zusammenhang etwa zwischen Descartes' Meditation an einem holländischen Kaminfeuer und dem Vorrang des Meßprozesses in der modernen Physik: ist das ein objektivierbarer Wirkungszusammenhang? Gerade die wesentlichen Bezüge zur Geschichte können, meint Heidegger, *nicht* vergegenständlicht werden.[156] Ein dritter Einwand schließlich betrifft die universalhistorische Theorie selbst. Hat denn sie nicht *ihrerseits ihre Geschichte,* nämlich die Geschichte der physikalisch-biologischen Welt-Anschauung, die Geschichte des neuzeitlichen objektivierenden Subjektivismus? Es ist dies die Frage, wie der Freiherr von Münchhausen überhaupt in den Sumpf gekommen ist.

Die drei Einwände lassen sich zusammenfassen: Steht nicht auch die universalhistorische Auffassung von der Geschichte als ablaufendem, objektivierbarem Prozeß im Bann des neuzeitlichen objektivierenden Subjektivismus? Ist das nicht wieder die grandios-maßlose Astronautenperspektive? Kann den Grünen eine solche universalhistorische Welt-Anschauung genügen?

»*Geschichte, Geschichte* – das Unternehmen, Geschichte zu schreiben, kann nur in einem Zustand der Tollkühnheit gewagt werden – da man nicht einmal imstand ist zu ergründen, wer man selber war vor zwanzig oder dreißig Jahren«[157] – der Stoßseufzer von *Erhart Kästner* impliziert auch einen Zusammenhang zwischen der *Weltgeschichte* und der *persönlichen Lebensgeschichte.* Müssen wir die Weltgeschichte vielleicht eher von der Lebensgeschichte des einzelnen Menschen her verstehen?

In einer gewissen Weise versucht dies *die Psychoanalyse.* Sie befaßt sich mit der persönlichen Entwicklung des Menschen und wendet ihre Erkenntnisse mitunter auch auf die Weltgeschichte an. So zum Beispiel *Horst Eberhard Richter:* In seinem 1979 erschienenen Buch DER GOTTESKOMPLEX versteht Richter den Übergang von der Gottesfurcht des Mittelalters zur Eigenmächtigkeit und Selbstherrlichkeit des neuzeitlichen Menschen auf dem Hintergrund der Entwicklungspsychologie. Wenn kleine Kinder ihren Eltern mißtrauten und eine gewisse intellektuelle Wachheit erreicht hätten, würden sie oftmals versuchen, selbst die totale Kontrolle der Situation zu übernehmen, zum Beispiel, indem sie nachts nicht mehr einschliefen und über alles dauernd Bescheid wissen müßten. Aus dem Ohnmachtsgefühl gegenüber den als allmächtig erfahrenen Eltern würden diese Kinder in eine überkompensatorische eigene Allmacht und Allwissenheit fliehen.

Genau dies sei, meint der Psychoanalytiker Richter, mit den europäischen Menschen im Übergang vom Mittelalter zur Neuzeit geschehen. Aus der ohnmächtigen Abhängigkeit von einem allmächtigen Gottvater hätten sie sich in den narzißtischen Allmachtsanspruch und den Machbarkeitswahn gestürzt, der heute die ganze Welt gefährde.

Die Menschheit bedarf gewissermaßen einer Psychotherapie. Offen ausgesprochen hat dies zum Beispiel der Psychotherapeut *Gion Condrau*. In seinem 1972 erschienenen AUFBRUCH IN DIE FREIHEIT nimmt er »das, was in einer Einzeltherapie geschieht, als Paradigma für eine Therapie der menschlichen Gesellschaft«. Beim einzelnen und bei der Menschheit gehe es um die Überwindung neurotischer Unfreiheit, um die »Reifung« und das »Mündigwerden«.[158]

Ich glaube auch, daß man aus der Entwicklung und aus der Psychotherapie des einzelnen Menschen sehr viel lernen kann. Die Frage ist nur, von welchen Voraussetzungen aus dies geschieht. Mir scheint, daß Horst E. Richter die psychoanalytische Entwicklungspsychologie verabsolutiert. Von der Ohnmacht zur Allmachtsillusion – ein solcher Umschlag läßt sich bei Kindern und Erwachsenen gewiß oft beobachten. Aber ist das deswegen schon ein psychisches Grundgesetz, das man bedenkenlos auf die Weltgeschichte anwenden darf? Woher wissen wir, daß die mittelalterlichen Menschen so ohnmächtig waren? Wer entscheidet, daß das kindliche Gottvertrauen, das man ihnen nachsagt, unmündig war? Hatten die Kinder des Mittelalters wohl auch, wie manche heutigen Kinder, Mühe, am Abend einzuschlafen? Wenn man in dieser Weise fragt, wird man Schlaflosigkeit und Entwicklungskrise vielleicht auch auf dem Hintergrund der Weltgeschichte verstehen und nicht umgekehrt Weltgeschichte allein auf dem Hintergrund der psychischen

Entwicklung. Dann wäre es möglich, daß die Menschen nicht nur an einem psychischen, narzißtischen Komplex leiden, nicht nur daran, daß sie aus einer primären Entwicklungsgesetzmäßigkeit heraus ihre einstige Ohnmacht schlecht verarbeitet haben, sondern vielleicht auch daran, daß sich ihnen das Göttliche entzogen hat? Nicht an einem Gotteskomplex, sondern an »Gottes Fehl« (Hölderlin)? Und gerade die Theorie vom Gotteskomplex, die alles von der menschlichen Psyche und ihrer Entwicklung abhängig macht, wäre somit geprägt von einem Gotteskomplex?

Auch in einer von der Psychotherapie ausgehenden »Therapie für die Menschheit« liegt eine Verabsolutierung der Psychotherapie. Man betrachtet die ganze Menschheit gewissermaßen als ein in Entwicklung befindliches Wesen, das in einer neurotischen Krise steckt, gleichgültig auf welcher Entwicklungsstufe man diese Krise auch festlegt. Ob es sich nun in einer frühkindlichen Störung befindet oder ob es trotzt oder pubertiert, das Menschheitswesen hat sich dieser Auffassung nach bisher schon entwickelt, und es wird sich weiter entwickeln, wenn es nicht Selbstmord begeht.

Eine solche »psychotherapeutische« Sicht der Menschheitsgeschichte birgt nun allerdings zwei Gefahren: Erstens wird die Geschichte wiederum von einem bestimmten gegenwärtigen Gesichtskreis her gedeutet, nämlich dem der psychischen Entwicklung und Reifung. Die Menschen des Mittelalters und erst recht jene der sogenannt magischen Zeitalter stehen dann von vornherein auf einer früheren Entwicklungsstufe und sind unmündiger als wir. Zweitens ist bei einer solchen Geschichtsauffassung nicht nur die Psychotherapie ein Paradigma für die Menschheit, sondern auch der Psychotherapeut, der die neurotische Lage der Menschheit erkennt und der seine eigene Neurose erklärtermaßen verarbeitet haben sollte.

Die beiden Gefahren hängen miteinander zusammen, und im Grunde kennen wir sie schon: Steht vielleicht auch noch die psychotherapeutische Auffassung von der Geschichte als einem von Krisen geschüttelten Entwicklungsprozeß im Zeichen des neuzeitlichen autonomen, selbstherrlichen Subjekts mit seinem Fort-Schritt und seiner Evolution? Ist das nicht abermals die Astronautenperspektive? Kann den Grünen eine psychothera-peutische Welt-Anschauung genügen?

Allerdings habe auch ich hier, in bezug auf unsere Epoche, unbedacht von einer Diagnose und von einem Syndrom gespro-chen. Wenn die Geschichte mit ihren Epochen weder psycholo-gisch von der Lebensgeschichte des einzelnen abgeleitet noch universalhistorisch als prozeßhaft ablaufender, objektivierbarer Wirkungszusammenhang vorgestellt werden kann, was ist sie dann? Was ist die eigentliche Weltgeschichte der Epochen?

Wenn sie nicht objektivierbar ist, ist sie dann nur etwas Eingebildetes? Doch dann stünde sie ja erst recht unter der Herrschaft des Subjekts. Weder objektivierbarer Prozeß noch subjektive Einbildung – wie verhält es sich dann mit der *epochalen Geschichte?*

Für Heidegger ist das »Historische« nur der »Vordergrund«, der allein der Erkundung (griechisch: historein, erkunden) zu-gänglich bleibt. Die jeweiligen geschichtlichen Lagen und Zu-stände seien nur die Folgen einer »verborgenen Geschichte«, von der wir in allem historischen Vorstellen doch eine Ahnung, ein »unbestimmtes und verworrenes Wissen«, haben müßten. Denn die Geschichtswissenschaft setze ein ursprüngliches Verhältnis zur Geschichte immer schon voraus. Für die Geschichtswissen-schaft sei jene verborgene *»eigentliche Weltgeschichte«* das *»Unum-gängliche«* und zugleich wissenschaftlich *»Unzugängliche«*.[159]

Können wir aber als Grüne von einer »Zeitenwende« oder von einem »neuen Zeitalter« sprechen, ohne uns einzulassen auf diese Frage nach der eigentlichen epochalen Geschichte und damit auch nach dem Wesen des Zusammenhangs zwischen Lebens- und Weltgeschichte?

Am Ende bleibt wieder eine beunruhigende Frage, auf die wir
noch viel zuwenig vorbereitet sind – aber daß man die Frage nach
der Mündigkeit der verschiedenen Zeitalter auch noch ganz
anders beantworten kann, hat *Franz Vonessen* in DIE HERR-
SCHAFT DES LEVIATHAN eindrücklich gezeigt: Er erinnert an die
Sage vom »Silbernen Zeitalter«, die man sich im alten Griechenland erzählt hat. Hesiod schreibt (in der Prosafassung, die
Vonessen anführt): »Hundert Jahre lang wuchs das Kind bei der
treuen Mutter auf, herumspielend, ganz und gar unmündig, im
eigenen Haus. War es aber endlich herangewachsen und hatte das
Maß der Jugend erreicht, so lebten sie nur noch kurz und erlitten
durch ihren Unverstand Kummer; denn wilder Hybris gegeneinander konnten sie sich nicht enthalten, noch wollten sie die
Unsterblichen ehren und an den heiligen Altären der Götter
opfern, wie es für Menschen Satzung und Brauch ist. Diese tilgte
dann Zeus der Kronide im Zorn hinweg.«[160] Nach Franz
Vonessen haben nicht wir diesen Mythos zu deuten; der Mythos
deute vielmehr uns. Es sei der Traum eines mündigen Zeitalters
von einer fernen Unmündigkeit, die zu keinem Zeitalter besser
passe als gerade zu unserem. Der Mythos treffe uns und unser
siècle d'argent quer durch die Jahrtausende hindurch: Wir
spielten herum wie kleine Kinder, bis ins Greisenalter behütet
von der Technik, die uns helfe, alle unsere Probleme mit einem
Druck auf farbige Knöpfe zu lösen, und die uns mit klingenden,
farbensprühenden Apparaturen bei guter Laune halte. Das
Fernsehgerät als lebenslänglicher Babysitter! Unsere Unmündigkeit werde höchstens noch von unserer Frechheit überboten.
Und unsere Helden, die Astronauten, würden wie Wickelkinder
an tausend Gängelbändern geführt, von einer Bodenstation aus,
die auch die tägliche Verdauung so getreulich überwache wie
kaum eine menschliche Amme. Den Wickelkindern werde alles
befohlen, erlaubt oder verboten, und kein wohldressierter
Schulzögling gehorche so brav wie sie. Aber diese Wickelkinder
stechen in die Tiefen des Himmels und setzen ihren frechen Fuß
auf den Mond...

Der Kreis hat sich geschlossen. Wir sind wieder bei der

Mondlandung im Jahre 1969. Auf unserem Rundgang sind wir den Diskussionen zur ökologischen Problematik nachgegangen, wie sie in den fünfzehn Jahren von der Mondlandung bis heute (1969–1984) zu verfolgen waren. Dabei sind wir auf eine große Zahl unterschiedlicher Welt-Anschauungen gestoßen, von welchen »die Grünen« in mannigfaltiger Weise beeinflußt werden. Und immer wieder ist jeweils auch die Frage aufgetaucht: Kann den Grünen eine solche Welt-Anschauung genügen?

Fehlt den Grünen eine Weltanschauung?

Weltanschauung – das Wort ist in der heutigen Alltagssprache seltener geworden; vielleicht deshalb, weil es an die heißen und kalten Kriege erinnert, die in jüngster Zeit im Namen von Weltanschauungen geführt wurden. Nach dem Ersten Weltkrieg hingegen, der noch andere Ziele auf die Fahnen geschrieben hatte, war »Weltanschauung« in aller Munde. In der Politik sprach man von demokratischer, katholischer, sozialistischer und bald einmal von nationalsozialistischer Weltanschauung. Im Hinblick auf die persönliche Lebensführung kannte man die optimistische, die pessimistische und die individualistische Weltanschauung. Und in der Geschichte entdeckte man beispielsweise eine mittelalterliche oder eine byzantinische Weltanschauung.

Im Jahre 1919 veröffentliche *Karl Jaspers* ein Buch, das Aufsehen erregte: PSYCHOLOGIE DER WELTANSCHAUUNGEN. Darin beschrieb er verschiedene mögliche Weltanschauungen und teilte sie in Typen ein. Den Ursprung der typischen weltanschaulichen »Einstellungen« und der ihnen entsprechenden »Weltbilder« sah er in den »Kräften des seelischen Lebens«.

Zwei Jahre später überreichte der junge *Martin Heidegger* dem etwas älteren Karl Jaspers seine ANMERKUNGEN ZUR »PSYCHOLOGIE DER WELTANSCHAUUNGEN«. Ihre Kritik läuft unter anderem darauf hinaus, daß die Typisierung menschlicher Gegebenheiten auf einer »verkappten ästhetischen Haltung« beruhe.[161]

Heidegger wendet sich hier gegen die *Zuschauerhaltung*, die meiner Meinung nach sehr vielen Typisierungen zugrunde liegt. Der Hysteriker und der Zwanghafte, der Stier und der Steinbock, der Unternehmer und der Arbeiter, der Farbige und der Weiße, die Frau und der Mann – die Einteilung der Menschen in Charakter-, Klassen-, Rassen- und Geschlechtstypen und insbesondere das Wichtignehmen dieser Typen setzen eine Haltung voraus, die derjenigen eines Besuchers in einem zoologischen Garten gleicht. Er steht als Beobachter vor dem Käfig, der ihn vom Tier und dessen Lebensraum trennt. Er betrachtet die Wölfe im Käfig von einem Standpunkt außerhalb des Käfigs aus, er liest die Bezeichnungen auf der Tafel – europäischer Wolf, canis lupus lupus –, und er unterscheidet im Käfig die verschiedenen Wölfe nach ihren äußeren Merkmalen. Da gibt es zum Beispiel helle und dunkle. Außerhalb des Käfigs unterscheiden wir helle und dunkle Wölfe – wären wir im Käfig drinnen, so hätten wir andere Sorgen. Drinnen käme es vor allem darauf an, wie wir uns mit dem Wolf verstehen.

Aber nicht nur die Typisierung, sondern auch die Zurückführung der Weltanschauungstypen auf das »Leben« setzt diese Zuschauerhaltung voraus. »Das Leben« wird von außen betrachtet, wie ein Forschungsbereich im Laboratorium. – Das Leben des Menschen mit seinen Weltanschauungstypen: ein gewaltiger zoologischer Garten, den der Forscher, ob er sich nun Psychologe, Philosoph oder Soziologe nennt, außerhalb der Gehege durchwandert. Jedoch – ist eine solche »ästhetische Haltung« angemessen, wenn es um die Existenz des Menschen und um seine Weltanschauung geht?

Jaspers' Buch, das Aufsehen, das es erregte, und Heideggers Stellungnahme belegen, wie geläufig damals der Begriff einer Weltanschauung war. Daß ein Mensch eine Weltanschauung hat, verstand sich offenbar von selbst. Auch Heidegger vertrat zunächst die Ansicht, daß zum menschlichen Dasein »notwendig so etwas wie Weltanschauung gehört«.[162] Später freilich stellte er auch dies in Frage.

Das Wort Weltanschauung stammt aus der Philosophie. Es wurde von Immanuel Kant geprägt und in der Folge im deutschen Idealismus (vor allem von Schelling) oft gebraucht im Sinne eines bestimmten, von einem Standpunkt aus erfolgenden, beschränkten Anblicks des Alls. Eine solche Weltanschauung ist *perspektivisch.* Der philosphische Gedanke einer perspektivischen Welt-Anschauung ist freilich etwas älter als dieses Wort – er läßt sich bis auf Leibniz zurückverfolgen: Jede Monade, jedes für sich stehende Individuum – Pflanze, Tier oder Mensch – »erblickt« das Weltganze von einem bestimmten Gesichtspunkt aus, in einer bestimmten, jeweils sehr unterschiedlichen Beschränkung. Vom philosophischen Gebrauch ist das Wort im weiteren Verlauf des neunzehnten Jahrhunderts in die Alltagssprache und auch in die Sprache der Politik übergegangen. So meint es bald nur noch die Welt- und Lebensansicht und die Richtung des entsprechenden Handelns eines Menschen oder einer Menschengruppe. Dies ist auch der Wortgebrauch, von dem Jaspers im erwähnten Buche ausging.[163]

Diese Wortgeschichte zeigt: Weltanschauung gehört nicht ein für allemal zum Menschen. Die perspektivische Welt-Anschauung ist vielmehr etwas durchaus Neuzeitliches, das in der Philosophie des ausgehenden Mittelalters auftaucht, zum Beispiel bei Leibniz oder bei Descartes: die Welt als Bild, das vom Menschen, der als Monade verstanden wird (Leibniz), von seinem Gesichtspunkt aus betrachtet wird. Die Welt als Objekt, das der Mensch, der sich als ausgezeichnetes Subjekt versteht (Descartes), vor sich stellt. Die Welt als Umwelt, als vorhandenes System, vor-handen – vor den Händen, das heißt im Blickpunkt, in der Perspektive des eigenmächtig auf sich gestellten radikal-humanistischen Menschen, der gerade auch dann ein anthropozentrischer Sonnenkönig ist, wenn er sich hinter der neutralen Objektivität des wissenschaftlichen Beobachters versteckt, von dem in den Lehrbüchern meist nicht mehr steht als die Bezeichnung man oder wir.

Welt-Anschauung und neuzeitlicher objektivierender Subjektivismus sind dasselbe. Die Neuzeit ist die *Zeit des Weltbildes.*[164]

Demnach ist es widersinnig, von einer mittelalterlichen oder von einer antiken Weltanschauung zu sprechen. Weder der freie Bürger von Athen zur Zeit des Perikles noch sein unfreier Sklave hatten eine Weltanschauung.

Demnach entspricht nicht nur die Typisierung von Weltanschauungen und ihre psychologische Rückführung auf das Leben (Jaspers) einer ästhetischen Haltung, sondern die Welt-Anschauung selbst.

Steht die neuzeitliche Welt-Anschauung etwa in einem verborgenen epochalen Zusammenhang mit dem Heraufkommen der Perspektive in der Kunst, in der frühen Renaissance, als Brunelleschi die zentralperspektivische Konstruktion entdeckte und Masaccio perspektivisch zu malen begann, gut zweihundert Jahre, bevor die Philosophen Descartes und Leibniz lebten?

Insofern jedoch zur Welt-Anschauung die Perspektive gehört, der jeweilige Standpunkt des welt-anschauenden Subjekts, muß es nach Heidegger, wenn im neunzehnten Jahrhundert die Weltanschauung von der Philosophie auf den Alltag der Menschen und ihre Politik übergreift, zur weltanschaulichen Auseinandersetzung kommen. Denn die verschiedenen Menschen und Menschengruppen haben unterschiedliche, einander ausschließende Standpunkte und Weltbilder. Es entbrennt *der Kampf um die richtige Perspektive.* Und je mehr dabei das Fundament der Weltanschauung, die Philosophie, an Glanz verliert und ihn an die heraufkommenden Wissenschaften vergibt – die Weltanschauung selbst wurde zum Gegenstand der Psychologie –, um so bodenloser werden die einander entgegengesetzten Weltanschauungen und um so unerbittlicher und entschiedener wird der Kampf um ihre *Weltherrschaft.* Schließlich wird für diesen Kampf alle Gewalt der Berechnung, Planung und Kriegführung eingesetzt. So weit die Analyse der Zeit des Weltbildes, die Martin Heidegger kurz vor dem Ausbruch des Zweiten Weltkrieges bot.

Heute ist die Welt-Anschauung nicht mehr in aller Mund. Die Aussicht, dafür einen Atomkrieg zu riskieren, hat die Menschen vielleicht abgeschreckt. Doch wohin ist die Welt-Anschauung jetzt wohl gegangen? Vielleicht in die Welt-im-Bildschirm-Anschauung, ins Fernsehen? Vorboten waren natürlich die Fotografie und der Film. Im Fernsehen aber kommt das Perspektivische der Welt-Anschauung zu seiner letzten trostlosen Konsequenz. Jeder sieht nun die Welt als Bild auf dem Bildschirm, jeder von seinem Stand- oder Sitzpunkt aus.

Die perspektivische Welt-Anschauung ist die Haltung des neuzeitlichen Menschen, der die Welt anschaut wie einen zoologischen Garten. Im Zoo aber wird nicht nur angeschaut, sondern auch eingesperrt. Im Zoo herrscht der Mensch über die anderen Lebewesen, zum Beispiel über helle und dunkle Wölfe, vor deren Gefährlichkeit er sich zugleich sichert. Die Welt-Anschauung dient der Sicherstellung des kartesianischen Subjekts. Die Welt-Anschauung ist die Haltung des Herrn und Besitzers der Natur.

Wenn die Welt-Anschauung kartesianisch ist, ist sie etwa auch platonistisch und christianisch? Vielleicht – in einem weiten Sinne. Liegt in der Welt-Anschauung nicht derselbe Vorrang des ruhigen Sehens, der uns als epochaler Zusammenhang zwischen der platonischen Ideenlehre (Stichwort: Dreieck im Sand) und der neuzeitlichen Objektivierung schon begegnet ist? Welt-Anschauung ist nicht Welt-Anhörung, ist nicht ein Hören auf das Klingen der Welt. Und auch das Christentum sprach bekanntlich oft in einer sich distanzierenden Weise von der Welt. »Mein Reich ist nicht von dieser Welt« *(Johannes 18, 36).* Heißt das, diese Welt, hier und jetzt, sei nicht »sein Reich«? Nicht notwendig mußte der Satz im Sinne einer Abwertung dieser Welt verstanden werden. Aber er wurde es.

Welt-Anschauung und Kartesianismus-Platonismus-Christianismus-Syndrom sind dasselbe.

Fehlt den Grünen jetzt immer noch eine Welt-Anschauung? Fehlt ihnen ein neues Welt-Bild?

Endlich fällt uns eine deutliche Antwort zu: Eine Welt-Anschauung, ein Welt-Bild im genannten Sinne fehlt den Grünen nicht! Vor einer Welt-Anschauung werden sie sich sogar hüten müssen. Vielleicht ist es ein gutes Zeichen, daß das Wort Ökologismus noch nicht gebräuchlich ist. »Der Weg zu den Sternen: Die Vorhut trägt den Hirtenstab, die Nachhut eine Peitsche. Und zur Seite die schrecklichen Antreiber« *(Georges Braque)*[165] – könnte dies auf lange Sicht auch die Geschichte der Umweltschutzbewegung werden? Antreiber sind schnell zur Stelle.

Jedenfalls ist auf unserem langen Gang wohl immer deutlicher geworden, daß die »geistige Umwälzung kopernikanischen Ausmaßes«, von welcher der *Club of Rome* gesprochen hat, nicht ein Umdenken im Sinne einer bloßen Umprogrammierung des Welt-Bildes meinen kann. Die »Revolution der Gesinnungen und Vorstellungsarten«, an die Hölderlin glaubte und die seiner Meinung nach »alles Bisherige schamrot machen wird«, kann nicht eine bloße Umerziehung zu einer alternativen Welt-Anschauung sein. Eher geht es, wie schon angedeutet, um die *Umstimmung in eine andere Grundhaltung.*

Die Umstimmung führt weg von der Grundhaltung des neuzeitlichen, perspektivisch objektivierenden Subjektivismus. Heraus aus dem Zoo-Gefängnis des Herrn und Besitzers der Natur, in das der Zoodirektor ja auch selbst eingeschlossen ist. Hin zu einer Grundhaltung der Bescheidenheit, des Respekts und der Einfügung in einen größeren, uns tragenden, unserer Herrschaft sich entziehenden Zusammenhang.

Von dieser Umstimmung ist in nahezu allen Büchern, die hier erwähnt worden sind, etwas zu spüren. Es ging bei unserem Rundgang in keiner Weise um herabsetzende kritische Buchbesprechungen, sondern um die Erfahrung dieser Umstimmung unter Beachtung der möglichen Fallstricke der verschiedenen Welt-Anschauungen, in denen sich die Grünen leicht verfangen könnten. Wer hängenbleibt, wird vielleicht alsbald mit der »Nachhut« weiterziehen. Und nicht so selten greift er dann auch zur Peitsche.

Was ist die Grundhaltung des Herrn und Besitzers auf dem

Thron? Vielleicht könnte man sie in einer ersten Annäherung *Hybris* nennen – Vermessenheit, Anmaßung, Frevel.

Franz Vonessen hat uns an den Mythos vom Silbernen Zeitalter und dessen Hybris erinnert. Die Warnung vor der Hybris ist ein Grundthema der Alten Welt. Die griechische Sage läßt Ikaros, der auf seinem Flug im Übermut der Sonne zu nahe kommt, ins Meer stürzen. Der Titan Prometheus, der die Herrschaft des Zeus mit geistigen Waffen zu durchbrechen sucht und sich dabei auf die Seite der Menschen schlägt, wird zur Strafe an einen kaukasischen Felsen geschmiedet. Der schöne Jüngling Narkissos verschmäht die Liebe der Nymphe Echo und wird von der Liebesgöttin mit unstillbarer narzißtischer Selbstliebe bestraft. Und der Musiker Orpheus, der die Grenze des Todes überschreitet, um seine Gattin wiederzugewinnen, sich dabei aber nicht an die Anordnung des Totengottes hält, scheitert. Nach langer, einsamer Trauer, in welcher Orpheus alle anderen Frauen verschmäht, wird er am Ende von begeisterten Anhängerinnen des Dionysos, den er auch nicht ehren will, zerrissen. Ikaros, Prometheus, Narkissos, Orpheus – sie alle überschreiten das Maß, und ihre Schuld ist die Hybris. Ein Chorlied in AGAMEMNON von Aischylos schildert mit schweren, wie in Stein gemeißelten Worten, wie alte Hybris immerfort neue Hybris zeugt.[166] Allem voran aber geht ein Fragment des Heraklit: ».. .Hybris ist zu löschen mehr als Feuersbrunst.«[167]

Die Hybris des neuzeitlichen Subjektivismus aber ist perspektivisch, von einem Gesichtspunkt aus beobachtend. Ein solcher Standpunkt ist seinem Wesen nach nicht nur selbstherrlich, sondern auch in einer aufdringlichen Weise beschränkt. So könnte man die neuzeitliche Grundhaltung in einer zweiten Annäherung kurzsichtig nennen: *kurzsichtige Hybris*.

Vielleicht ist das ein Name für die gemeinsame Grundhaltung der hier erörterten Welt-Anschauungen. Kurzsichtige Hybris können wir doch nicht nur in den objektivierenden Wissenschaften (z. B. in Physik, Biologie, Kybernetik) und in den davon abgeleiteten Welt-Anschauungen erspüren, sondern auch in jeder Form von Anthropozentrismus (z. B. in der anthropomorphen Deutung der Lebewesen oder im radikalen Humanismus oder in einer Ethik, die alles auf den Menschen abstützt); kurzsichtige Hybris zeigt sich nicht nur im Fort-Schritts- und Entwicklungsdenken, sondern auch in unserer Blindheit gegenüber mancher grundsätzlichen, sogenannt philosophischen Frage (z. B. im Hinblick auf »Leben«, »Geist, Seele, Leib«, »Geschichte« und »Sein«). Und schließlich könnte man eine an Orpheus gemahnende kurzsichtige Hybris auch in jenen Welt-Anschauungen erahnen, welche in irgendeiner Weise den Schmerz der Vergänglichkeit meiden und die Alltäglichkeit unseres sterblichen Daseins – oder gar den Tod selbst – auf die Seite schieben, indem sie sich an unvergängliche Ideen, Werte, Wahrheiten oder wissenschaftliche Erkenntnisse klammern oder indem sie die unbeteiligte Gemütslage des wissenschaftlichen Beobachters fördern oder indem sie in sonst einer Weise dem Tod seinen Stachel nehmen.

Daß diese kurzsichtige Hybris auch etwas zutiefst Verzweifeltes ist und alles andere als ein kindlich-fröhlicher Übermut, ist bisher wohl zu wenig deutlich geworden. Immerhin wurde darauf hingewiesen, daß der kartesianischen Suche nach dem unerschütterten Fundament ein Zweifelssturm vorausgeht.

Verzweifelte kurzsichtige Hybris. Wenn die Umstimmung uns davon lösen soll, dann müßte die andere Grundhaltung weniger verzweifelt, weniger kurzsichtig und weniger vermessen sein. Weniger kurzsichtig und offener für das Ganze, für den Zusammenhang und die Hintergründe. Weniger vermessen, also bescheidener und ehrfürchtiger. Weniger Welt-Anschauung und mehr Welt-Anhörung.

In nahezu allen hier erörterten Beiträgen zur ökologischen Krise ist etwas von einer solchen Umstimmung zu spüren. Ganz besonders gilt dies auch für ein kleines Buch, das bisher nur kurz erwähnt worden ist: DIE PHILOSOPHIE DER GRÜNEN von *Manon Maren-Grisebach*. Der Klappentext bezeichnet die Schrift als einen »aufschlußreichen Führer durch die weltanschaulichen

Grundlagen der Grünen«, wer es aber aufmerksam liest, wird es gerade nicht als weltanschaulichen Baedeker bezeichnen. Eher mag es uns darauf hinweisen, auf wie viele Gebiete die Umstimmung sich auswirken könnte. Und dieses Buch zitiert in seiner Mitte einige der eindrücklichsten Verse von *Friedrich Hölderlin,* über die Rastlosigkeit der eigenmächtigen kurzsichtigen Hybris und über die Umstimmung in der »Revolution der Gesinnungen und Vorstellungsarten«:

Aber weh! es wandelt in Nacht, es wohnt, wie im Orkus,
Ohne Göttliches unser Geschlecht. Ans eigene Treiben
Sind sie geschmiedet allein, und sich in der tosenden Werkstatt
Höret jeglicher nur und viel arbeiten die Wilden
Mit gewaltigem Arm, rastlos, doch immer und immer
Unfruchtbar, wie die Furien, bleibt die Mühe der Armen.
Bis, erwacht vom ängstigen Traum, die Seele den Menschen
Aufgeht, jugendlich froh, und der Liebe segnender Othem
Wieder, wie vormals oft, bei Hellas blühenden Kindern,
Wehet in neuer Zeit und über freierer Stirne
Uns der Geist der Natur, der fernherwandelnde, wieder
Stilleweilend der Gott in goldnen Wolken erscheinet.
Friedrich Hölderlin, *Der Archipelagus*[168]

Hölderlin führt uns zurück auf die Weltgeschichte unseres Geschlechts. Freilich nicht auf die Geschichte der Jahreszahlen, Fakten und Schlachten, sondern auf jene geheimnisvolle, verborgene, unumgänglich-unzugängliche Geschichte der hintergründigen epochalen Zusammenhänge, auf die epochale Geschichte.

Mit epochalen Geschehnissen verhält es sich seltsam, besonders mit epochalen Wandlungen. Es ist zu Zeiten, als ob Neuland entstünde im Meer. Wie wenn ein Gebirgszug, der bis dahin unter dem Wasser verborgen gewesen wäre, sich allmählich über den Meeresspiegel heben würde. So daß wir zuerst nur hier und da eine kleine Insel sähen oder ein Riff vermuteten. Bis dann die Inseln, wenn sich das Land weiter gehoben hätte, am Rande zusammenflössen und zu Berghöhen würden, die über das Neuland aufragten. Deutlich würden wir jetzt einzelne markante Gipfel erkennen.

Gerade so ist der perspektivisch objektivierende Subjektivismus aufgetaucht in Europa. Zunächst waren es nur inselhafte Andeutungen und Zeichen, die wir heute, nachdem wir wissen, wie alles gekommen ist, eher erkennen als die damaligen Zeitgenossen. Hier ein Nebensatz in einer theologischen Abhandlung, dort ein prophetisches Wort eines Dichters. Doch plötzlich sehen wir die Gipfel, zum Beispiel Descartes und Leibniz, Newton und Darwin. Und am Ende ist das Neuland bewohnt und mit Siedlungen übersät. Jeder spricht nun tagtäglich das aus, was damals nur angedeutet wurde. Nun hat man eine Welt-Anschauung und einen Bildschirm im Hause.

Das überhandnehmende
Maschinenwesen

Das Zeitalter der vollendeten Sinnlosigkeit
wird am lautesten und gewalttätigsten
sein eigenes Wesen bestreiten.

Martin Heidegger

Vor mehr als hundertfünfzig Jahren schrieb *Goethe* in seinem Altersroman WILHELM MEISTERS WANDERJAHRE: »Das überhandnehmende Maschinenwesen quält und ängstigt mich, es wälzt sich heran wie ein Gewitter, langsam, langsam; aber es hat seine Richtung genommen, es wird kommen und treffen.«[169] Goethe dachte dabei in erster Linie an die heraufkommende Arbeitslosigkeit des von der Maschine verdrängten Menschen, der sein Brot anderswo, vielleicht in Übersee, suchen mußte. Doch Goethes Worte klingen, als hätte er mehr geahnt von der zunehmenden Herrschaft der Maschinentechnik.

Inzwischen ist der Gewittersturm heraufgekommen, und der Blitz hat getroffen. Mit dem *»überhandnehmenden Maschinenwesen«* ist nicht ein bestimmter einzelner Apparat gemeint, nicht ein Einzelwesen, auch nicht das Wesen der Maschinen im Sinne einer allgemeinen Definition, nicht das Sosein (Essenz) der Maschine im Unterschied zu ihrem tatsächlichen Vorkommen.

Nein, der Vergleich des Maschinenwesens mit einem Gewitter zeigt deutlich, daß es bei diesem Wesen um eine hintergründige, unheimliche Macht geht, und die Kennzeichnung als »sich heranwälzend« und als »überhandnehmend« weist darauf hin, daß das Wort Wesen vielleicht eher als Verb zu hören ist und weniger als Substantiv (den verbalen Klang von Wesen hören wir leichter noch in der abwertenden Form Unwesen). Das überhandnehmende Maschinenwalten, das überhandnehmende Walten der Technik.

Martin Heidegger nannte es das *Gestell*. Das klingt für die meisten Ohren zunächst seltsam – man denkt eher an ein Möbelstück. Doch so wie im Ge-rede das Reden zu hören ist, so ist im Ge-stell das Stellen zu hören. Ge-stell nennt rein sprachlich die Versammlung verschiedener Weisen des Stellens.[170] Aber Heidegger meinte damit nicht nur eine menschliche Stelltätigkeit. Vielmehr nannte er mit diesem Wort eine Macht, die in der Maschinentechnik herrscht und die der Mensch gerade nicht beherrscht. Diese Macht stellt, das heißt, sie fordert heraus, erzwingt. Sie beansprucht die Dinge, die ganze Natur und ebensosehr uns selbst.

Als Heidegger im Jahre 1949 erstmals davon sprach[171], wurde er weitherum verlacht. Doch im Jahre 1984 will uns das Lachen nicht mehr so leicht gelingen. Das Gewitter hat sich inzwischen überall herangewälzt, und der Blitz hat weltweit eingeschlagen. Das Gestell ist ein *Welt-Schicksal*.

Es ist das epochale Geschick des Stellungsbefehls, der das uns Begegnende und uns selbst zu einem wechselseitigen, sich steigernden Stellen und Gestelltwerden zwingt.

Das uns Begegnende wird bereitzustellender Bestand; wird Produktions-, Verbrauchs- und Wegwerfmaterial; die Welt wird Räderwerk, die Natur Energievorrat und Tankstelle. Wir selbst aber werden zum Stellen herausgeforderte Gestellte, An-Gestell-te des Gestells.

Das Gestell ist der geheime Stachel des »Fortschritts«, der alles Anwesende nötigt, berechen- und planbarer Bestand zu sein, und der uns zugleich zur Planung und Berechnung von allem treibt.

Diese Nötigung ist auch in dem zu spüren, was man heute oft *Sachzwänge* nennt. Solche Sachzwänge sind – wie das Wettrüsten zwischen Ost und West – Teufelskreise, oder besser Teufelsspiralen, die wiederum nur einer Sache dienen: der Sache des Gestells. Das Gestell ist auch die Versammlung der Sachzwänge.

Heideggers Auffassung vom Gestell als epochalem Geschick

versteht so das Wesen der Technik weder als eine »nur menschliche Machenschaft«, noch als etwas bloß Technisches, Maschinenartiges. »So ist denn auch das Wesen der Technik ganz und gar nichts Technisches.«[172]

Nur die Kunst darf das Wesen der Technik selbst als etwas Technisches zeigen. Ich denke an die Apparate von Jean Tinguely und vor allem an den »eigentümlichen Apparat« in jener vermutlich 1914 entstandenen Erzählung von *Franz Kafka*, die den Titel trägt: IN DER STRAFKOLONIE. Dort geht es um einen komplizierten, programmierbaren Apparat, der den Verurteilten das Urteil immer tiefer in die Haut ritzt, bis sie nach vielen qualvollen Stunden endlich sterben und von der Maschine wieder ausgeworfen werden. Zwar geht die Maschine am Ende der Geschichte mit ihrem Maschinisten zugrunde, aber auf dem Grabstein des alten Kommandanten, der den Apparat erfunden hat, steht die Prophezeiung geschrieben, daß er wieder auferstehen wird.

Der alte Kommandant ist auferstanden, und sein Gestell ritzt weiterhin. Wenn das Wesen der Technik keine nur menschliche Machenschaft ist, dann sind auch jene herrschenden Kreise, die von den Sachzwängen in einer gewissen Weise profitieren mögen, An-Gestell-te. Auch sie, und gerade sie, dienen der Sache des Gestells, nicht ihrer eigenen. In sogenannt schwachen Stunden, bei einem späten Drink in einer Bar, auf der Couch eines Psychotherapeuten oder am Ende ihres »erfolgreichen« Lebens geben sie es nicht selten mit entwaffnender Ehrlichkeit zu.

Daß die Drahtzieher selber gezogen werden, dürfte auch von manchem, der sich als Linker versteht, eingeräumt werden. Dennoch werden viele die Rede vom Gestell mit Mißtrauen aufnehmen. Wird mit dem Gestell als einem epochalen Geschick nicht nur die Verantwortung der Mächtigen bagatellisiert und beschönigt? Der Präsident eines multinationalen Konzerns, der in einem hungernden »Entwicklungsland« eine Industrie tatkräftig fördert, die nicht dem Lande, sondern dem Konzern nützt, und die damit indirekt am Hungertod von Tausenden mitwirkt, er ist also auch nur ein armer Angestellter und damit sozusagen unschuldig? Stehen denn hinter den Sachzwängen nicht stets am Ende sichtbare, lebende Menschen und nicht nur erdichtete alte Kommandanten?

Doch auch das Gestell ist sichtbar, zwar nicht so wie ein Büchergestell oder ein Konzernchef oder ein wirklicher Urteils-ritzapparat; aber doch so wie beispielsweise unsere Sterblichkeit. Diese ist auch nicht so zu sehen wie ein schwarzer Sarg, und dennoch ist sie nicht zu übersehen.

Das Gestell ist kein monströses Fabelwesen, kein Alternativ-subjekt neben dem als Subjekt verstandenen Menschen. Denn die Menschen als An-Gestell-te gehören untrennbar zum Ge-stell. Weder Machenschaft des Menschen noch nichtmenschli-ches Fabelwesen – es geht beim Gestell um etwas Drittes, oder besser um etwas Erstes, das den Menschen und das ihm Begeg-nende zusammen durchherrscht und das mächtiger ist als alle Mächtigen dieser Erde.

Das ist trotzdem keine Entschuldigung für den Konzern-leiter. Er ist verantwortlich wie wir alle, wie jeder Mittänzer im Tanz der Sachzwänge und Teufelskreise. Außerdem ist es wohl möglich, daß der Konzernchef ähnlich argumentiert wie sein linker Kritiker: Die Technik sei doch nur ein Mittel, ein Werkzeug des Menschen, welches richtig und vernünftig ein-gesetzt werden müsse. Die Technik selbst sei ja weder gut noch böse, und man dürfe sie nicht zu einem Dämon aufblä-hen. All dies hören wir nun allerdings seit Jahrzehnten, von Technikern und Laien, von Rechten und Linken; und es klingt inzwischen nicht mehr überzeugend. Wir erinnern uns wieder an die Geschichte vom Zauberlehrling: »Die ich rief, die Gei-ster, werd' ich nun nicht los.« Allerdings scheint der Meister sich auf einer längeren Reise zu befinden als jener des Zauber-lehrlings von Goethe.

In kurzsichtiger Hybris versteht sich der Lehrling heute selbst als Meister. Als Herr und Besitzer der Natur und als Herr über alle Maschinen. So gesehen ist die »instrumentale« Betrach-tungsweise der Technik, welche diese als Werkzeug in der Hand des Menschen versteht, das es nur richtig und vernünftig einzusetzen und zu meistern gelte, selbst eine Folge der kurzsichtigen, anthropozentrischen Hybris der Neuzeit, selbst ein Produkt des Gestells.

Aber die Technik ist nach Heidegger etwas anderes als »die bisherige Werkzeugerfindung und der Werkzeuggebrauch«[173]: »Der Mensch hat die Technik nicht in der Hand. Er ist ihr Spielwerk.«[174]

Das Gestell ist die Versammlung der verschiedenen Weisen des überhandnehmenden, herausfordernden Stellens. Ohne daß sie so genannt wurden, haben sie uns, mitsamt ihren epochalen Vorboten, auf unserem Rundgang durch die Welt-Anschauungen schon beschäftigt:

– Das überhandnehmende *Herstellen:*
Die Industriegesellschaft stellt in ihren Fabriken Abertausende von »Produkten« her, Abertausende von Bestandteilen für die große Weltmaschine. Dabei wird in Ost und West grundsätzlich alles als machbar betrachtet. Produktionsdenken herrscht im Kommunismus und im Kapitalismus; alles wird darin zum »Material«. Der Mensch, der nach Karl Marx seine eigene Wurzel ist, will sich sogar selber produzieren, als Roboter etwa oder – in etwas anderer Weise – in der Politik, in der Erziehung, in der Schule. Das radikalste Herstellen jedoch finden wir in der Abgeschiedenheit der Laboratorien. Hier drängt es die emsigen Forscher zur Synthese von Genen, Viren, Zellen und mehrzelligen Lebewesen.

Dieser neuzeitliche »Aufstand des Herstellens«[175] kann uns auf den Schöpfergott des Mittelalters verweisen. Doch nachdem der oberste Produzent entschwunden ist, hat sich der neuzeitliche Mensch an seine Stelle gesetzt und die Produktion übernommen. Die Werkstatt des Schöpfergottes aber mag uns auch noch weiter zurückverweisen, auf die Bibel und vor allem auch auf die nachsokratische griechische Philosophie. Platon spricht von einem Demiurgen, einem

»Baumeister« als dem Schöpfer der Welt.[176] Und ein Grundwort der aristotelischen Philosophie ist die energeia, das Im-
Werk-Sein, die Werkheit.

– Das überhandnehmende *Vorstellen:*
Vorstellen bedeutet hier Vor-sich-hin-Stellen. Der Mensch
stellt die Welt vor sich hin, zum Beispiel in der Welt-
Anschauung, in der Welt-im-Bildschirm-Anschauung des
Fernsehens und in der distanzierten, abgekapselten Beobach-
terperspektive der Astronauten und der Wissenschaftler im
Laboratorium. Das Vorstellen führt uns zum neuzeitlichen
Menschen, der sich hoch auf dem Thron, im Zentrum der
sogenannten »Umwelt« wähnt; zum neuzeitlichen autonomen, auf sich gestellten Subjekt, das alles andere als sein
Objekt vor sich hinstellt, mit seiner fotografischen, perspektivischen Welt-Anschauung; zum Zoo des perspektivisch
objektivierenden Subjektivismus mit seiner Käfighaltung, die
auch das Subjekt selbst abkapselt, ob es sich nun eigens als
Subjekt oder als Monade, Psyche, Person oder auch als
gesellschaftliches Kollektiv interpretiert.

Das alles aber verweist uns auf René Descartes und Gottfried Wilhelm Leibniz und vielleicht auch auf das Heraufkommen der Perspektive in der Kunst der frühen Renaissance und
nicht zuletzt auf die Vorbereitung der perspektivischen
Zuschauerhaltung durch das ruhige Sehen bei Platon.

– Das überhandnehmende *Sicherstellen:*
Wir treffen es etwa an in den Palästen der Versicherungsgesell-
schaften. Oder in den Spitälern, wo die Intensiv-Medizin die
lebenswichtigen Körperfunktionen überwacht und sichert.
Oder in den Polizeizentralen, wo man von der endgültigen
Ausmerzung des Verbrechens durch die Überwachungstech-
nik träumt. Vom Amoklauf der »Sicherheitspolitik« gar nicht
zu reden.

Die Lebensversicherung kam um 1700 in England auf.
Leibniz soll sich mit ihren mathematischen Grundlagen befaßt
haben. Das Sicherstellen führt uns wiederum zu René Descartes mit seiner Gewißheit im Zweifel und seiner Suche nach

einem unerschütterten Fundament. Das Fundament wurde
wohl vorbereitet durch die Heilsgewißheit des Christentums:
»Ein feste Burg ist unser Gott...«
– Das überhandnehmende *Feststellen:*
Es liegt nahe beim Sicherstellen. Beim Fest-Stellen geht es um
Sicherheit durch Eindeutigkeit. Zum eindeutig exakten Feststellen eignet sich die Zahl – *das überhandnehmende Rechnen
und Messen.* Wirklich ist nun, was sich messen läßt. Und so
bestimmen denn auch die Meßgeräte in zunehmendem Maße
die Wirklichkeit. Maßstab, Zirkel und der rechte Winkel
definieren, was heute *Raum* heißt: der geometrische Raum mit
den drei rechtwinklig aufeinander stehenden Dimensionen (die
Koordinaten x, y, z), die jede Stelle in diesem Raum eindeutig
definieren, in welchem jeder Gegenstand ein bestimmtes
Volumen, eine bestimmte Ausdehnung einnimmt. Ein entsprechendes Aussehen zeigt die Wirklichkeit unserer Architektur.
Heute herrsche *La Boîte,* die Schachtel, diagnostizierte vor
einigen Jahren ein Film von Claude Goretta (La Dentel-
lière). Ebenso bestimmt die Uhr, was heute *Zeit* heißt: ein
eindimensionaler, gleichförmiger Ablauf von Jetztpunkten,
der mit einer geraden Linie, der *Zeitachse* (→ t) graphisch
dargestellt werden kann. Auch wenn der Schachtel-Raum und
die Uhr-Zeit in der Relativitätstheorie zu einem unanschauli-
chen, unvorstellbaren vierdimensionalen Raum-Zeit-Kontinuum zusammengeschlossen werden, bleibt die Herrschaft des
Messens und Rechnens, des Feststellens, bestehen.

Dieses Feststellen aber kann uns erneut auf René Descartes
bringen, dem neben der Selbstgewißheit des Denkens die
Gewißheit der Mathematik zum Wegweiser für jene praktische Philosophie geworden ist, die man heute Naturwissenschaft nennt. Descartes' Reduktion der Welt auf die Ausdehnung entsprach dem Aufkommen des naturwissenschaftlichen Reduktionismus (Galilei, Newton) und der Auffassung
von der Welt als einer Maschine. Der Philosoph René Descartes hat übrigens nebenbei die analytische Geometrie entwickelt und der Philosoph Gottfried Wilhelm Leibniz die

Differential- und Integralrechnung und die erste Rechenmaschine. Der epochale Zusammenhang mit der griechischen
Mathematik (Archimedes) wurde auch schon angedeutet,
und vom Zusammenhang mit der aristotelischen Logik wird
noch die Rede sein.

– Das überhandnehmende *Nachstellen:*
Selbstherrlich und eigenmächtig stellt die Industriegesellschaft
den Schätzen der Erde nach. Die Ausbeutung und Vergewaltigung der Natur auf Kosten der übrigen Lebewesen und auf
Kosten unserer geborenen und noch ungeborenen Nachkommen ist beispiellos. Und ebenso einmalig ist der imperiale
Herrschaftsanspruch der verschiedenen Machtzentren in der
neueren Weltgeschichte. Den Höhepunkt des Nachstellens
aber erreichen noch nicht die spanischen und portugiesischen
Eroberer, noch nicht die Soldaten der europäischen Armeen,
sondern den Höhepunkt erreicht vermutlich ein ganz anderer
Menschenschlag. Seine Uniform ist ohne jedes Gepränge.
Dort, wo andere ihre Orden tragen, steckt ein Kugelschreiber
oder, wenn es hochkommt, ein Dosimeter. Dolch und Pistole
hängen nicht mehr an der Seite dieser Menschen, stattdessen
ragt ein Rechenschieber oder neuerdings ein Taschenrechner
aus ihrer Seitentasche. Diese Hohenpriester des Gestells müssen in hell erleuchteten, klimatisierten Tempeln der Entstehung und dem Aufbau der Welt und des Lebens nachstellen,
dem Urknall und den letzten Bausteinen der Materie, der
Zusammensetzung des Universums und der Entwicklung der
Sterne bis hin zu den Schwarzen Löchern, der Herkunft und
der Evolution des Lebens. Manche von ihnen tun es mit
bestem Wissen und Gewissen, in einer faszinierten und auch
faszinierenden Suche nach der Wahrheit: der Wahrheit des
Gestells.

Das Nachstellen läßt uns an den Willen zur Macht bei
Friedrich Nietzsche denken und an den Kampf ums Dasein im
Darwinismus. Aber schon lange zuvor ist appetitus der stre-
bende Drang der perspektivischen Monade bei Leibniz, wird
der Mensch zum »Herrn und Besitzer der Natur«.

– Das überhandnehmende *Zustellen:*
Demnächst wird in Europa das Teletext- oder Videotexsystem
eingeführt. Dann wird man via Bildschirm Warenangebote
von Einkaufszentren, Auskünfte von Bibliotheken und wer
weiß was für Informationen noch abfragen können. Allerdings wird man dann auch an einen Zentralcomputer ange-
schlossen werden. Jede *Zentralisierung* bedingt eine *Reduktion.* Die Zentralisierung im Zentralcomputer geht einher mit
der Reduktion von allem auf Information. Zentralisiertes
Zustellen mit der dazugehörigen Reduktion liegt auch in den
Bemühungen um die Weltformel und die »fundamentale
Unifizierung«.

Im Zustellen der fundamentalen letzten Gründe läßt sich
wiederum ein philosophisches Prinzip der Neuzeit erkennen:
der Satz vom Grund bei Leibniz. Nichts ist ohne Grund. Der
Anspruch auf widerspruchsfreie Begründung von allem und
jedem treibt die neuzeitliche Wissenschaft zu immer ge-
waltigeren und folgenschwereren Eruptionen an. Herbert
Pietschmann formulierte ihn prägnant: »Wirklich ist das, was
weniger Widersprüche enthält.«[177] Der Anspruch weist
zurück auf die Forderung der aristotelischen Logik nach der
Vermeidung des Widerspruchs, und die Unifizierungsten-
denz weist vielleicht auch auf die antike Lehre von den vier
Elementen.

So weit die verschiedenen Stellweisen, die uns unausgesprochen
auf unserem Rundgang durch die Welt-Anschauungen bereits
begegnet sind. Auch *den An-Gestell-ten* und sein Selbstverständnis kennen wir bereits. Er versteht sich seit langem als
vernünftiges Tier, als animal rationale, und neuerdings als
entsprechend ausgestattete Maschine: als Körpermaschine mit
»psychischem Apparat« (Sigmund Freud), als psychosomatischen Apparat, der mehr oder weniger gestört funktioniert.
Schon spricht man ja ganz unverblümt und ohne mit der Wimper
zu zucken davon, wie ein Mensch, beispielsweise in einer
Familienkonstellation, »funktioniere«. Der Mensch als funk-

tionierender Funktionär – in einem Vortrag sagte Heidegger schon 1946: »Der sich durchsetzende Mensch ist, ob er es als einzelner weiß und will oder nicht, der Funktionär der Technik.«[178] Denn das Gestell durchherrscht das dem Menschen Begegnende und den Menschen selbst. Die Welt wird Weltmaschine, die Dinge werden ihre Bestandteile und wir – mit den Worten Nietzsches[179] – »ein derbes arbeitsames Geschlecht von Maschinisten und Brückenbauern der Zukunft«.

Das Gestell *entstellt* und *verstellt.* Es entstellt den Himmel und verwüstet die Erde. Es entstellt die Dinge und zerstört die Natur. Es reduziert die Welt zur Weltformel, und es verstellt das Wesen von Raum und Zeit, von Mensch und Tod, von Kunst, Geschichte und Sprache.

So herrscht das herstellend-vorstellend-sicherstellend-feststellend-nachstellend-zustellend-entstellend-verstellend waltende Gestell.

Die einzelnen Weisen des Stellens spitzen sich immer noch zu. Das *Überhandnehmen* gehört, wie es schon Goethe geahnt hat, zuinnerst zur Eigenart der Maschinen. DIE PERFEKTION DER TECHNIK nannte Friedrich Georg Jünger diesen sich selbst verstärkenden »Fortschritt ins Maschinenwesen«.[180]

Ein solcher Fortschritt könnte, wie schon erwähnt, ein Fort-Schritt sein. Im Hinblick auf den überhandnehmenden Satz vom Grund schrieb Heidegger: »Es ist ein rätselhaftes Widerspiel zwischen dem Anspruch auf Zustellung des Grundes und dem Entzug des Bodens.«[181] Der Fortschritt in der Suche nach dem Grund führt zum Fort-Schritt vom Wiesengrund. In ähnlicher Weise könnte auch der Fortschritt im Sicherstellen mit einem Verlust an Sicherheit einhergehen. 41 Jahre vor Harrisburg sagte Heidegger in einem Vortrag: »Sobald aber das Riesenhafte der Planung und Berechnung und Einrichtung und Sicherung aus dem Quantitativen in eine eigene Qualität umspringt, wird das Riesige und das scheinbar durchaus und jederzeit zu Berechnende gerade dadurch zum Unberechenbaren. Dies bleibt der unsichtbare Schatten, der um alle Dinge überall geworfen wird, wenn der Mensch zum Subjectum geworden ist und die Welt zum Bild.«[182]

Der unsichtbare Schatten um alle Dinge kann zwar nie sichtbar werden, aber manchmal läßt er sich doch registrieren: mit dem Zählrohr von Geiger und Müller.

Mit dem Gestell kommt sowohl *das Riesige,* Gewaltige und Gewalttätige als auch das Extrem-Kleine zum Vorschein. Millisekunden im Sport, Mikro-, Piko-, Attosekunden, Teilchen mit einer Lebensdauer von einigen Millionstel Attosekunden. Und Megabits, Megawatt, Megatonnen. Mega-, Giga-, Tera-...

Bei den *An-Gestell-ten* läßt sich das Überhandnehmen als jene Änderung der Verhaltensweisen erfahren, die zunächst einzelne Menschen erfaßt, dann immer mehr und mit einem jähen Umschlag die meisten. In meiner Kindheit habe ich einige meiner Ferien noch in einer Familie verbracht, die ohne Elektrizität und ohne fließendes Wasser lebte, in einem Bergdorf ohne Autos, ohne Medien, mit einem einzigen Dorftelefon. Wenn ich mich recht entsinne, kam man fast ohne Abfälle aus. Inzwischen jedoch betrachtet man die Kehrichtabfuhr und die Versorgung mit fließendem Wasser und Strom beinahe schon als menschliches Grundrecht. Jener Werbespruch, der kürzlich in Südfrankreich zu sehen war, spricht das in der Tat nur leicht überspitzt aus: ›Farbfernsehen – ein Menschenrecht!‹.

Das Überhandnehmen des Gestells führt auch zur zunehmenden »*Vernutzung des Seienden*«[183], zur immer rascheren Auswechslung von allem und jedem. Was heute neu gekauft wird, ist morgen schon überholt und veraltet, steht bald im Weg und muß weggeworfen werden. Damit vollziehe sich, meinte Heidegger, »der Bruch mit jeder Möglichkeit von Überlieferung«.[184]

Dieser Bruch vollzieht sich auch dann nicht weniger, wenn einst sorgsam benutzte Gebrauchsdinge sich in teuer bezahlte Objekte eines Antiquitätenhandels verwandeln und fortan ihrer Preise wegen sorgfältig gehütet werden. Denn die Dinge können aus ihrer »Verwahrlosung«[185] nicht durch Geld freigekauft werden.

Die verwahrlosten Dinge aber werden zu überall und jederzeit ersetzbaren Bestandstücken. Alles wird zum *Bestandteil* einer ungeheuren *Weltmaschine.* Auch die An-Gestell-ten selbst werden auswechselbare Bestandteile, Räder im gewaltigen Räderwerk.

Zur Auswechselbarkeit gehören *Gleichförmigkeit* und *Gleichgültigkeit.* Bloße Bestandteile sind, weil auswechselbar, an sich bedeutungslos, gleichgültig, sinnlos. In der Herrschaft des Gestells lauert die *Sinnlosigkeit,* die Langeweile. »Die Maschine, selber ein Erzeugnis der höchsten Denkkraft, setzt bei den Personen, welche sie bedienen, fast nur die niederen gedankenlosen Kräfte in Bewegung... Sie macht *thätig* und *einförmig,* – das erzeugt aber auf die Dauer eine Gegenwirkung, eine verzweifelte Langeweile der Seele, welche durch sie nach wechselvollem Müßiggange dürsten lernt.« *(Friedrich Nietzsche,* Menschliches, Allzumenschliches)[186]

Nietzsches Zeitgenosse, Oscar Wilde, vertrat dagegen eine weniger unzeitgemäße Ansicht: »Der Mensch ist zu etwas Besserem da, als Schmutz zu entfernen. Alle Arbeit dieser Art müßte von einer Maschine besorgt werden.«[187] Darauf hatte Nietzsche schon 13 Jahre zuvor eine knappe Antwort vorweggenommen, am Ende einer Bemerkung mit dem Titel Inwiefern die Maschine demüthigt: »Man muß die Erleichterung der Arbeit nicht zu theuer kaufen.«[188]

Nietzsche sah weiter voraus. Im selben Buch schrieb er den unheimlichen Satz: »Die Presse, die Maschine, die Eisenbahn, der Telegraph sind Prämissen, deren tausendjährige Conclusion noch Niemand zu ziehen gewagt hat.«[189]

Mit der Einrichtung des »tausendjährigen Reichs« des Gestells geschieht auch die während Jahrhunderten vorbereitete *Auflösung der Philosophie in die Wissenschaften,* die sich als Naturwissenschaft und Geschichtswissenschaft, als Psychologie und Soziologie, als Politologie und formalisierte Logik usw. äußerlich von der altehrwürdigen Philosophie ablösen und verselbständigen, auch wenn sie in ihren Grundlagen, Voraussetzungen und Grundbegriffen die Herkunft aus der Philosophie mit sich tragen, ohne es zu bedenken. Denn für alle diese Wissenschaften gilt mehr oder weniger Heideggers provozierender Satz (provozierend im Sinne des Aufrüttelns, nicht der Polemik): »Die Wissenschaft denkt nicht.«[190]

Die Wissenschaften denken nicht, sondern sie dienen der Sache des Gestells. Darum wird auch ihre Einheit in einer Wissenschaftswissenschaft gefunden, die »operational« und »modellhaft« vorgeht, computergerecht also. »Es bedarf keiner Prophetie«, schrieb Heidegger 1964, »um zu erkennen, daß die sich einrichtenden Wissenschaften alsbald von der neuen Grundwissenschaft bestimmt und gesteuert werden, die Kybernetik heißt.«[191]

Die Kybernetik (sinnigerweise eigentlich kybernetike techne, die Steuermannskunst) dient der Steuerung, Sicherung, Berechnung und Planung der Welt, der Bestellung des Bestandes: »Der Mensch dieser Erde ist nämlich durch die unbedingte Herrschaft des Wesens der modernen Technik samt dieser selbst herausgefordert, das Ganze der Welt als einen einförmigen, durch eine letzte Weltformel gesicherten und von daher berechenbaren Bestand zu bestellen. Die Herausforderung zu solchem Bestellen verfügt alles in einen einzigen Fortriß.« (*Martin Heidegger,* HÖLDERLINS ERDE UND HIMMEL)[192]

Ein Name für diesen Fortriß lautet: *Rationalisierung.* Ratio heißt im Lateinischen zunächst Rechenschaft, Rechnung. Die kybernetische Rationalisierung erhöht durch einen besseren technischen Wirkungsgrad die Leistungen und senkt die Kosten in den Betrieben der Industriegesellschaft. Rechnen, auf daß es besser funktioniere! Doch die irrationale Raserei der Rationalisierung entzaubert die Welt.[193] »Entzauberung der Welt« ist übrigens schon ein Stichwort beim Soziologen Max Weber.[194] Das griechische Wort für Welt, kosmos, heißt ursprünglich schöne Anordnung, Schmuck und Glanz. Die Rationalisierung nimmt dem glänzenden Weltgefüge den Glanz und läßt einen schemenhaft sinnlosen Haufen Struktur, ein leeres, vernetztes

Ordnungssystem zurück. »Ob man die radikale Unmenschlich-
keit der jetzt bestaunten Wissenschaft einmal einsieht und noch
rechtzeitig zugibt? Die Übermacht des rechnenden Denkens
schlägt täglich entschiedener auf den Menschen selbst zurück
und entwürdigt ihn zum bestellbaren Bestandstück eines maßlo-
sen ›operationalen‹ Modelldenkens. Durch die Wissenschaft
wird die Flucht vor dem nichtrechnenden Denken organisiert
und zur Institution verfestigt.« *(Martin Heidegger,* ZEICHEN*)*[195]

Das rechnende Denken ist gestellt in die Rechnung des
Gestells. »Das rechnende Denken«, meinte Heidegger, »kalkuliert. Es kalkuliert mit fortgesetzt neuen, mit immer aussichts-
reicheren und zugleich billigeren Möglichkeiten. Das rechnende
Denken hetzt von einer Chance zur nächsten.«[196] Das besinnliche Denken dagegen wäre Nachdenken, das heißt Nahe-
denken, Annäherung an das Denkwürdige, »Gelassenheit zum
Fragwürdigen«[197], Hinzu-Gelassenheit.

Rechnendes Denken ist verzweifelte kurzsichtige Hybris.

Fragwürdig und denkwürdig aber ist das überhandnehmende
Maschinenwesen. Vielleicht kommen wir ihm noch näher auf
einem *Rundgang* durch sein Reich, *mit Annäherungsversuchen
an einzelne Maschinen.*

1977 habe ich in einem Aufsatz in der Neuen Zürcher Zeitung
unter dem Titel »Macht uns das Auto unabhängig?« eine Annäherung an das *Automobil* versucht. Ich war dazu vom 47. Genfer
Automobilsalon und dessen Motto: »Das Auto macht uns
unabhängig« angeregt worden. Das Echo, das dieser Artikel
fand, reichte von erfreuten Briefen zu befremdetem Kopfschütteln und anonymen Drohungen. Inzwischen sind wir beim 54.
Genfer Automobilsalon angelangt, und die Zahl der Motorfahr-
zeuge hat weiter zugenommen. Allerdings ist das Auto heute
nicht mehr unumstritten; das europäische Waldsterben hat viele
Menschen nachdenklich gemacht. Dennoch scheint mir, daß
jener Aufsatz in manchem nach wie vor gültig ist. Weil ich heute
im wesentlichen auch nichts anderes zu diesem Thema schreiben

würde, soll er hier nochmals auszugsweise zitiert (und wenn nötig kommentiert) werden:

»Jedes Fahrzeug, von dem wir in der Geschichte der Menschheit hören und das wir vielleicht in einem Museum anschauen können, ist nicht nur isoliert als so und so beschaffenes Fortbewegungsmittel zu betrachten, das auf der jeweiligen Stufe des ›technischen Fortschritts‹ möglich wurde. Die Galeere, die Pferdekutsche, die Eisenbahn – Welten tun sich auf, wenn wir die Worte hören. Und wir können ebensogut sagen, daß das *Fahrzeug eine Welt geprägt* hat – daß die Eisenbahn zum Beispiel die großen Städte hat anwachsen lassen –, wie wir auch sagen können, daß die ›geistige Situation‹ eines Zeitalters gerade dieses bestimmte Fahrzeug gebraucht hat. Das Fahrzeug erscheint dann fast als *gegenständliche ›Verdichtung‹ einer geistigen Einstellung.* Warum ließen die Römer ihre Schiffe von Sklaven bewegen, während sie den Dampfdruck für Spielzeuge verwendeten? Eine Epoche und die in ihr vom Menschen hergestellten Dinge gehören zusammen, Zeitgeist und Fahrzeug, sie sind nicht zu trennen. Wie steht es in dieser Hinsicht mit unserem *Automobil?* Ich möchte versuchen, *sechs Besonderheiten* dieses Fahrzeugs nachzugehen.

1. Das Auto bringt uns rasch an einen andern Ort. Wie der Wanderschuh und das Fahrrad gehört auch das Automobil zur menschlichen Verhaltensmöglichkeit *der Näherung des Fernen, Neuen.* Der Mensch ist in einem grundsätzlichen Sinne immer schon unterwegs. Er geht einen abenteuerlichen Weg, von der Geburt bis zum Tode. Allein, in der Steigerung der Geschwindigkeit, die die moderne Technik gebracht hat, liegt eine Tendenz zur Näherung von möglichst viel und immer wieder anderem Neuem, eine Zerstreuung, die mit einem Nichtverweilen am jeweiligen Ort einhergeht. Dieser *flüchtigen und süchtigen Neugierde* bleibt trotz der dauernden Bemühung echte Nähe versagt. Dazu gehört auch, daß der

Weg zugunsten des *Ziels* vernachlässigt wird. »Der Autofahrer eilt von Ziel zu Ziel; die Blume am Wegrand ist für ihn verschwunden.«

Diese »flüchtige Näherung des Fernen«, die Nähe vorgaukelt und durch die *Zustellung* des Ziels den Weg entstellt, entspricht dem bodenlosen Fort-Schritt ins x.

»2. Wie eine kleine Burg bietet uns das Automobil Schutz vor der Witterung und vor den Fahrzeugen der Mitmenschen. Die kleine Burg ist weich ausgekleidet und vermittelt ein Geborgenheitsgefühl. Wenn sie in Fahrt kommt, hat sie sogar etwas von einer schaukelnden Wiege. Besonders Kinder werden darin rasch in den Schlaf gelullt. In diesen Merkmalen des Autos erkennen wir die Tendenz der *Sicherung des jeweiligen Aufenthaltes* gegenüber einer als feindlich erfahrenen Natur und gegenüber den als potentielle Feinde gesehenen Mitmenschen. Aber Klimaanlage und schwere Konstruktion, die dieser Sicherung dienen, erhöhen (zum Beispiel im Vergleich zum Fahrrad mit Hilfsmotor) den Energiebedarf und damit die Abgasmenge, und bei Zusammenstößen bringt die massive Konstruktion nicht nur Schutz, sondern auch größere Zerstörungskraft. Es ist hier ähnlich wie beim Wettrüsten. Die angestrebte Sicherheit wird also nicht nur nicht erreicht, sondern es wird zudem die *Unsicherheit* der ökologischen Krise und der Verkehrsunfälle eingehandelt. Die zur Perfektion gesteigerte Geborgenheitsausstattung steht in seltsamem Kontrast zu den tödlichen Gefahren der Straße.«

Das in der Neuzeit überhandnehmende *Sicherstellen*...

»3. In diesem Sicherheitskäfig fährt jeder (oder jede Gruppe von ›Insassen‹) für sich. Eine ungeheure *Isolation und Abkapselung* gehört zu diesem Fahrzeug. Sie entspricht wohl der Abkapselung des Menschen als ›Subjekt‹, ›Psyche‹ oder ›Person‹ im neuzeitlichen Denken seit Descartes.«

Das herrschende *Vorstellen*, das Subjekt, das die Objekte perspektivisch vor sich stellt – mit der Welt-Anschauung durch die Windschutzscheibe. Was die Abkapselung betrifft, so ist immer wieder zu hören, daß doch das Auto es oft gerade erst ermöglicht, die Isolation zu überwinden. Darauf hat schon *Jürgen Dahl*, der bereits im Jahre 1971 den ANFANG VOM ENDE DER AUTOS prophezeit hat, in seiner EINREDE GEGEN DIE MOBILITÄT, wie ich erst kürzlich gemerkt habe, eine gute Antwort gegeben: »Doch wenn man jemanden schnell besuchen kann, dann führt das dazu, daß man ihn eben *schnell* besucht – vorausgesetzt, er ist überhaupt zu Hause, – denn je mehr Leute unterwegs sind, um so weniger können zugleich zu Hause sein… Das Verfahren hebt sich, mit wachsender Mobilität, selber auf, indem schließlich alle zugleich auf dem Weg zu den anderen sind und niemand niemanden antrifft.«[198]

»4. Das Subjekt fährt mit dem Auto, wann und wohin es ihm paßt. Diese *Mobilität* wird auch durch den Slogan ›Das Auto macht uns unabhängig‹ betont. *Unabhängigkeit* im Sinne eines freien Verfügenkönnens über Weg und Ziel wird trotz aller Bemühung auch nicht erreicht. Indem jeder für sich kämpft, kommt es zur gegenseitigen Behinderung und Freiheitseinschränkung. Außerdem ist man an Autobahnen und Parkplätze gebunden, und jede Wanderung wird notwendig zur Rundwanderung, die an den Ausgangspunkt zurückführt.

Selbst wenn solche Mobilität erreicht werden könnte, bliebe doch noch zu fragen, ob sie uns auch *unabhängig machen würde im eigentlichen Sinne,* im Sinne *menschlicher* Freiheit und Selbständigkeit.«

Die Freiheit des Menschen erschöpft sich nicht in der bloßen Ungebundenheit. Um *diese* Spezialform der Freiheit geht es indessen wohl beim *Geschwindigkeitsrausch,* beim entfesselten Drauflosfahren, los von der Verhaftung an bestimmte Orte. Gewiß eröffnet das Automobil auch eine technische Möglichkeit in bezug auf diese Freiheit – oder zumindest tat es dies einmal, als das Autofahren noch ein »Sport« war und noch keine Geschwindigkeitslimiten die im Verkaufsprospekt angegebenen Spitzengeschwindigkeiten zur Farce machten.

Ganz abgesehen davon erahnen wir aber in der Mobilität nicht nur eine bestimmte Freiheitsform, die Ungebundenheit, sondern auch *Macht*. Das Subjekt fährt, wann und wohin es ihm paßt. Seine rollende, gepanzerte Kapsel ist gegen jeden Fußgänger gewappnet. Erweist sich seine *totale Mobilität* als *totale Mobilmachung*? Die Toten sprechen dafür, auch wenn sie nicht mehr reden.

»Die Technik ist eine Mobilmachung alles Immobilen«, bemerkte schon Friedrich Georg Jünger.[199] Unverkennbar ist in der Mobilität jedenfalls die Autonomie und Selbstherrlichkeit des neuzeitlichen Subjekts. Automobilismus ist autonomer Mobilismus! »Automobilmachung« war in einer geschmacklosen Autoreklame kürzlich zu lesen – entfesseltes *Nachstellen*, der Panzerkrieg aller gegen alle.

»5. Das Auto ist eine *Maschine*. Während sich der Schuh dem menschlichen Fuß in seiner Form anpaßt, während der Kutscher die Fortbewegung einem Lebewesen überläßt, das ihm gehorcht, ist das Automobil ein Apparat, der zwar meist als Werkzeug des Menschen verstanden wird, der jedoch umgekehrt auch den Menschen formt, ihn zum *steuernden Funktionär* bestimmt. Das Auto zwingt den Fahrer, sich dauernd mit Hebeln, Knöpfen und Zeigern zu befassen, was wieder ein seltsames Licht auf die gepriesene Mobilität wirft. Ist der Eisenbahnfahrer (abgesehen vom Lokomotivführer) nicht mobiler? Neuerdings wird freilich versucht, auch die Steuerfunktion des Menschen elektronisch zu ersetzen. Gerade diese kybernetische Möglichkeit setzt aber doch voraus, daß sein Steuern zuvor schon maschinenhaft verstanden wurde.«

Ebenso wie den Menschen versteht die Wissenschaft heute auch alle tierischen und pflanzlichen Lebewesen als funktionierende Maschinen. Eigentlich müßte dabei auffallen, wie primitiv der

Aufbau und die Funktionsweise des Automobils, dieses Wunderwerks der Technik, im Vergleich zum Bauplan und zum Stoffwechsel des geringsten Insektes wirkt. Neben der Vielfalt der lebenden Käfer nimmt sich ein Automobilsalon wie eine riesige Modeschau mit ein und derselben Uniform aus.

Daß die uniformierte Einfalt immer nachhaltiger auf die Vielfalt der Natur zurückschlägt, wird heute allmählich erkannt. Käfer, Unkräuter und Wildtiere verschwinden für immer, während die automatische *Herstellung* ihre uniformen, Gift verbreitenden Modelle ausstößt. Dies ist die »Reduktion innerhalb des Seienden« zugunsten der »Produktion des Seins« als Wille zur Macht[200] – kaum zugunsten der Produktion von Seiendem, denn die immer neu produzierten Modelle werden alsbald vernutzt und ersetzt. »En Chlapf, e Büüle, en Check!« (ein Knall, eine Beule, ein Scheck) – so lautete der in seiner unfreiwilligen Bösartigkeit wohl kaum zu überbietende Reklametext einer schweizerischen Versicherungsgesellschaft. En Chlapf, en Tote, en Check…

»Zu einem Fahrzeug gehören untrennbar die Wege, die Raststätten, die ›Infrastruktur‹. Sie haben sich in den vergangenen hundert Jahren verändert: vom gewundenen Weg zur geraden Piste, von Gras und staubiger Erde zum sauberen, unbewachsenen Beton, vom Wirtshaus, nach welchem sich die Wegkurve richtet, zur Autobahnraststätte, die sich schon im Namen nach der Autobahn richtet. Diese *Veränderung der Umwelt* geht unverkennbar in die Richtung zunehmender Verödung und abstrakter, mathematischer Funktionsgerechtigkeit. Damit einher geht eine zunehmende Gleichförmigkeit. Das dem Autofahrer sich Zeigende wird von Stockholm bis Palermo immer ähnlicher. Riesige Tafeln mit Distanzangaben werden zu hervorstechenden Merkmalen einer bestimmten Gegend.

Die Veränderung der Umwelt entspricht dem *modernen naturwissenschaftlich-technischen Raumverständnis.* Dieses abstrahiert von allem Spezifischen der Orte und Gegenden, von allem, was dem Menschen jeweils nah oder fern ist (nah im menschlichen Sinne, nicht in Metern gemessen: am Herzen liegend), zugunsten einer geometrischen, zum Messen und Rechnen geeigneten Raumvorstellung.

Die Veränderung entspricht aber auch der Art und Weise, wie sich der Mensch mit seinem Fahrzeug heute versteht. Maschinenhaft interpretierter *Mensch* und mathematisch-technisch verödete *Umwelt gehören zusammen*...

Der *Preis* der Gleichförmigkeit: die Gleichgültigkeit, die Sinnlosigkeit. Wohin sollen wir denn, wenn es so weitergeht, zwischen Stockholm und Palermo?«

Von Stockholm bis Palermo eine einzige geometrische Wüste, regiert von der *Boîte* des *Feststellens*. Dabei gehören der maschinenhaft interpretierte Mensch und das ihm Begegnende untrennbar zusammen. Der »auto-ähnliche Mensch« und die »auto-gerechte Wüste« – das »auto-« in beidem vereinigt und durchherrscht beides.

»6. All dies ist beim Automobil besonders ausgeprägt. Das Auto ist *sehr* schnell, *sehr* komfortabel und gepanzert, *sehr* mobil und der *Inbegriff* einer Maschine. Die bisher untersuchten Tendenzen spreizen sich auf und fügen sich nicht in ein sinnvolles Ganzes. Das Automobil ist *rücksichtslos*. Es tötet wie einst die Pest und hinterläßt Invalide wie ein Krieg. Es verdrängt in den Straßen Fußgänger und Radfahrer; die Dörfer sind nicht mehr durch Landstraßen, sondern durch lebensgefährliche Pisten miteinander verbunden, und die Städte drohen zu ersticken. Im ›Jahrhundert des Kindes‹ müssen unsere Kinder in einer Welt aufwachsen, in der außerhalb des Hauses ein einziger unbeschwerter Schritt über einen Grenzstein hinaus höchste Gefahr bringt. Wegen des Autos, das erst seit 47 Jahren in Genf ausgestellt wird und das kaum 10 Jahre dem Rost widersteht, zerstören wir viel langlebigere Häuser, Straßen, Städte und selbst die Akropolis von Athen. Die Stadtmenschen, die sich nach einer Natur ohne Lärm und Gift sehnen, werden aufs Land getrieben. Doch das Auto nehmen sie mit, das Land bleibt nicht lange

Land, Beton breitet sich aus, und sie müssen weiter fliehen, in die Zweit- und Drittwohnung. Die Natur aber entzieht sich ihnen auch hier, schneller noch, als sie vordringen können. Weniger handfest, aber nicht weniger einschneidend: Das Auto formt auch den Charakter seines Funktionärs: Es fordert einen ruhigen, exakten, ausgeglichenen Menschen, einen fast etwas zwanghaften Astronautentyp. Überbordende Freude und abgründige Trauer sind im Interesse des Straßenverkehrs zu vermeiden.«

Das Automobil hat auch die *Justiz* unterminiert, muß sie doch im Straßenverkehrsrecht immer noch zwischen schuldig und unschuldig unterscheiden und entsprechende Strafen zumessen, wo doch jeden Autofahrer, auch wenn er ein Richter ist, plötzlich eine kleine verzeihliche Unachtsamkeit oder eine leicht verständliche Fehleinschätzung zum »Mörder« machen kann. Oder erfüllen wir vielleicht bereits durch das *Lenken* eines Automobils den Tatbestand der »Gefährdung des Lebens« (Art. 129 StGB der Schweiz)?

»Ist es Zufall, daß der *Name* dieses Fahrzeugs, dieser griechisch-lateinische Bastard, einen *Betrug* ausspricht? Auto – selbst, mobil – beweglich? Nein, bewegt von jahrmillionen-alten wertvollen *Bodenschätzen,* die *verschleudert* werden, um in einem Fahrzeug die Kräfte von hundert Pferden zu entfesseln. Hundert Pferde für eine Fahrt zum Einkaufsladen! Dieses maßlose Fahrzeug fügt sich nicht ein, es ist ein *Un-Fug!«*

Das Überhandnehmen des Unfugs ist augenfällig. Die Funktionäre aber werden »dem Verkehr angepaßt«. Das beginnt spätestens im Kindergarten. Der »sich selbst produzierende Mensch« paßt seine Kinder dem Verkehr an, nicht etwa umgekehrt. Bestärkt in dieser Haltung wird er natürlich auch von manchen höheren An-Gestell-ten, von Händlern und Fabrikanten, von Parlamentariern und anderen Werbefachleuten.

»Wie ist es nur gekommen, daß wir uns den Un-Fug wie eine Naturkatastrophe gefallen lassen, daß wir die Blechlawine wie eine Schneelawine, die Abgas- und Lärmflut wie eine Sintflut ergeben hinnehmen? Warum nur wehren wir uns nicht gegen die ungeheuerlichen Konsequenzen dieses Fahrzeugs? Allenfalls bauen wir Dämme dagegen, Lärmschutzwände, Schallschutzfenster, Luftreinigungsanlagen – wie der Raucher, der immer raffiniertere Filter und schließlich Lungenoperationen braucht, um den selbst angefachten Rauch ertragen zu können. *Wie wäre es, wenn wir, wie mit dem Rauchen, mit dem Auto aufhören würden?*

Ist das Auto etwa ein *Suchtmittel* geworden? Ist es unsere Süchtigkeit, die uns dazu bringt, das Übel brav zu erdulden? Der fast krankhafte Optimismus des Automobilsalons wies in diese Richtung. Während draußen in der Stadt Genf ein gewaltiges Verkehrschaos herrschte, lockten im Salon die Plakate mit Bildern von fröhlichen Automobilisten, die auf einer leeren Straße einen hoffnungslos überfüllten Bus überholen oder neben ihrem Fahrzeug allein auf einer weiten grünen Wiese ihr Picknick genießen. Die *zerstörerischen Wirkungen des Suchtmittels werden verleugnet.* Die hysterische Reaktion der Öffentlichkeit auf die Erdölpolitik der Araber und ihr sofortiges Wiedervergessen der Erdölkrise passen wohl ebenfalls zu dieser Süchtigkeit. Zwar finden sich wie bei der Nikotin- oder Alkoholsucht alle möglichen *Übergänge,* vom Gelegenheitsfahrer bis zum schwer gestörten Suchtkranken, der ohne Sportwagen nicht leben kann. Aber alle Süchtigen sind sich einig: ›Das Auto ist aus der modernen Gesellschaft nicht mehr wegzudenken.‹ Dabei genügt ein starker Schneefall – und schon geht es auch ohne.«

Immer wieder heißt es, das Auto sei eben so bequem, daß niemand freiwillig darauf verzichten wolle. Doch nach meiner eigenen Erfahrung scheint mir auch diese Bequemlichkeit oft eine Illusion zu sein. Zwar ist es im Moment vielleicht bequemer, vor der Haustüre direkt ins Auto einzusteigen, statt zur nächsten

Straßenbahnhaltestelle zu gehen. Aber die Probleme, die nach dem Einsteigen folgen? Das Warten in der Kolonne, die Parkplatzsuche, die Panne? Ein Grund, weshalb ich schon seit zehn Jahren kein Auto mehr habe, ist vielleicht gerade auch ein gewisser Hang zur Bequemlichkeit.

Hans Albrecht Moser hat in Vineta, seinem »Gegenwartsroman aus künftiger Sicht«, schon 1955 den Automobilismus »eine Geisteskrankheit des 20. Jahrhunderts« genannt.[201] Doch nach *Friedrich Nietzsche* ist der Irrsinn »bei einzelnen etwas Seltenes, – aber bei Gruppen, Parteien, Völkern, Zeiten die Regel«.[202] Wer nicht selbst zu einer Gruppe, einem Volk oder einer Zeit gehört, werfe den ersten Stein.

Wer ist schuld am europäischen Waldsterben? Eine Antwort steht in Sein und Zeit: »Das Man ›war‹ es immer, und doch kann gesagt werden, ›keiner‹ ist es gewesen. In der Alltäglichkeit des Daseins wird das meiste durch das, von dem wir sagen müssen, keiner war es.«[203]

»Wonach strebt diese Sucht? Wenn das Gesagte zutrifft – nach Nähe, Geborgenheit, Unabhängigkeit. Doch wie bei jeder Sucht wird das *Ziel nie erreicht.* Statt zu menschlicher Nähe kommt es zu neugieriger, geschäftiger Aufenthaltslosigkeit, statt zu Geborgenheit zu Unsicherheit und Isolierung, statt zu menschlicher Freiheit und Unabhängigkeit zu äußerlicher, technischer Mobilität, das heißt zur größtmöglichen Anzahl physikalischer Raumstellen pro physikalischer Zeiteinheit.

Begegnen wir hier einmal mehr der großen abendländischen *Illusion, mit technischen Mitteln,* mit Medikamenten, Drogen und Geräten den *Menschen zufrieden* und unabhängig machen zu können? ›Das Auto macht uns unabhängig.‹ Das ist ein Geistesblitz des Geistes der Technik, nicht besser als ›Die Droge erweitert das Bewußtsein‹.«

So weit die Zitate aus meinem Zeitungsartikel. Die Kommentare zeigen, wie auch am Auto die verschiedenen Weisen des Stellens abzulesen sind. Das Auto ermöglicht einen ausgezeichneten

Zugang zum Gestell. Es gehört zum Alltag wie kaum eine andere Maschine, und es verändert die Welt. Es ist ein Zeichen, ein »Mal«, das uns zu denken gibt. Das Auto ist ein *Denk-Mal des Gestells.*

Mit seinen verschiedenen Weisen des Stellens zeigt es auch überraschend deutlich auf jene geheimnisvolle »unumgänglich-unzugängliche« *epochale Geschichte* der hintergründigen Zusammenhänge, die man mit dem Namen Philosophiege-schichte als Schulnebenfach verharmlost.

Sehen wir das Ungeheure? Da gab es vor gut dreihundert Jahren einige wenige, die etwas dachten, was für die meisten unverständlich oder gar lächerlich war. Und dreihundert Jahre später haben wir es in fast jeder Straße der Welt, und wir ersticken beinahe daran.

Hatten die Maschinenstürmer und Eisenbahnverteufler des neunzehnten Jahrhunderts, an die man heute wieder gerne erin-nert, um die Atomkraftwerkgegner lächerlich zu machen, auf ihre Weise vielleicht doch recht? *Goethe* jedenfalls erkannte die überhandnehmende Mobilität bereits in der Eilpostkutsche, im *Velozifer:* »Für das größte Unheil unserer Zeit, die nichts reif werden läßt, muß ich halten, daß man im nächsten Augenblick den vorhergehenden verspeist, den Tag im Tage vertut und so immer aus der Hand in den Mund lebt, ohne irgend etwas vor sich zu bringen. Haben wir doch schon Blätter für sämtliche Tageszei-ten! ein guter Kopf könnte wohl noch eins und das andere interkalieren. Dadurch wird alles, was ein jeder tut, treibt, dichtet, ja was er vorhat, ins Öffentliche geschleppt. Niemand darf sich freuen oder leiden als zum Zeitvertreib der übrigen; und so springt's von Haus zu Haus, von Stadt zu Stadt, von Reich zu Reich und zuletzt von Weltteil zu Weltteil, alles veloziferisch.«[204]

»Zuletzt von Weltteil zu Weltteil« – manches von dem, was uns beim Auto auffallen kann, läßt sich in abgewandelter Weise auch beim *Flugzeug* sehen: Mobilmachung, Käfighaltung, Sicherung, die flüchtige und bequeme Näherung des Fernen, die Ersetzbarkeit im Bestand, die Veränderung der Welt hin zur geometrischen Wüste und die zahlreichen An-Gestell-ten, von der Groundhosteß bis zum Piloten, vom Konzernleiter in der Flugzeugindustrie bis zu den als Passagiere Angeschnallten.

Hinzu kommt das Befreitsein von der Erdenschwere, die göttergleiche Autonomie über den Wolken. Sie ist nahe verwandt mit dem Geschwindigkeitsrausch beim Lenken erdgebundener Fahrzeuge. Man spricht von der Erfüllung eines uralten Menschheitstraumes. Die Geschichte von Ikaros ist allerdings zugleich eine uralte Geschichte von der menschlichen Hybris, und unser maßloser Flugverkehr könnte sehr wohl eines Tages ähnlich enden: als Erfüllung eines uralten Alptraumes.

Das autonome, ungebundene neuzeitliche Subjekt durchrast und durchrechnet den Himmel, der einst den Vögeln und den Göttern vorbehalten war. Dennoch nimmt es die Erdenschwere immer mit sich. Auch im Flugzeug gibt es ein »Unten«. Erst die Raumfahrt hat da weiter geführt, aber um den Preis anderer Einschränkungen.

Das Düsenflugzeug und der Helikopter zeigen im übrigen, daß die Mobilität in der Luft in verschiedener Weise verwirklicht werden kann. Entsprechende Steigerungen sind denkbar. Die Mobilität des Düsenflugzeugs gipfelt in einer Rakete, die mit äußerster Schubkraft hier startet und nach kurzer Zeit und mit äußerster Bremskraft in Tokio landet, ohne daß der Passagier dazwischen etwas anderes sieht als die Kabine; der Weg würde völlig verschwinden zugunsten des Ziels. Die Mobilität des Helikopters wird in einem Gerät auf die Spitze getrieben, von dem kürzlich berichtet wurde: Es ist dies eine Plattform mit schwenkbarem Düsenantrieb, die von einem schwer bewaffneten Soldaten leicht zu bedienen sein soll. Er kann angeblich wie eine Wespe damit in allen Richtungen hin- und herrasen – der vollkommen mobile Soldat, die wirklich totale Mobilmachung!

Die *Raumfahrt* ist natürlich eines der augenfälligsten Zeichen für die Herrschaft des Gestells. Ihre Geschichte führt seit Koperni-

kus über Montgolfieren und Aeroplane immer weiter fort »ins x«
zur Astronautenperspektive. Der Mondflug der Amerikaner
war ein faszinierend maßloses Unternehmen: Die ungeheure
Kraft der Rakete, die extreme Rechenleistung der Computer, die
Kompliziertheit aller Abläufe und das präzise Teamwork der
Heerscharen von An-Gestell-ten, vom Astronauten bis zum
Fernsehtechniker auf der Erde. Doch unglaublicher als das
Gelingen der Unternehmung war wohl, daß sie überhaupt
stattfand. Eine ganze Industrie, eine ganze Team-Armee wurde
aufgebaut für das eine Ziel: daß zwei Menschen ihren Fuß auf
den Mond aufsetzen konnten. Und wozu? Es hieß zwar, die
Raumfahrttechnologie werde andere, auf der Erde benötigte
Industrien befruchten, aber vielleicht ging es beim Bau der
Saturnrakete und der Apollokapsel doch in erster Linie um die
militärische Nutzbarkeit – die Wozu-Frage flog mit auf den
Mond.

Daß man die Kapsel der Mondfahrer ausgerechnet auf den
Namen jenes Gottes, dem der Tempel zu Delphi geweiht war,
taufte! In der Epoche des Gestells wird nicht nur die Zukunft der
Ungeborenen respektlos verschachert, sondern auch die Vergangenheit. Wie hätten die Frommen der mondfliegenden Nationen
sich wohl empört, wenn man ihre dreistufige Rakete Trinity und
das Mondauto Jesus Christ getauft hätte.

Nun hat die Bemühung, wie der Auferstandene die Erde
himmelwärts zu verlassen, etwas zutiefst Zweischneidiges: Ist
der vermessene Versuch, Unsterblichen gleich in den Himmel
vorzudringen, nicht zugleich fast schon eine Vorwegnahme des
Todes? Den »Suizid« des Astronauten in der Raketenkapsel
verhindert schließlich nur ein ungeheurer Maschinen- und Per-
sonaleinsatz. Interessanterweise treiben die Zukunftsprojekte
der Weltraumfahrt das Paradox der »todesnahen Unsterblichkeit« in noch weitere Extreme: Astronauten auf einer sogenannten Photonenrakete, die nahezu mit Lichtgeschwindigkeit fliegt,
würden nach den Gesetzen der Relativitätstheorie im Vergleich
zur Erdbevölkerung wesentlich langsamer leben und altern. Bei
ihrer Rückkehr nach einer im Raumschiff dreißig Jahre dauern-

den Forschungsreise könnten zum Beispiel auf der Erde zweitausend Jahre vergangen sein.

Zweitausendjährige »Unsterblichkeit« und zugleich drei Jahrzehnte in der absolut künstlichen Umgebung eines Raumfahr-
zeugs, in einer hochkomplizierten, völlig auf sich gestellten
Intensiv- und Isolierstation, die während der ganzen Zeit keine
schwerwiegende Panne erleiden darf – man möchte über solch
kindisch anmutende Utopie nachsichtig hinweggehen, aber
kürzlich ist mir ein Buch aus dem Jahre 1958 wieder in die Hände
geraten, verfaßt von *Eugen Sänger*, einem führenden deutschen
Professor der Luft- und Raumfahrttechnik. Dieser Mann (leider
hat er die Mondlandung nicht mehr miterleben dürfen) schrieb
damals schwarz auf weiß: »Der Beginn der Raumfahrt ist der
gewaltigste historische Vorgang in der halbmillionenjährigen
Menschheitsgeschichte, den wir als vielleicht zwanzigtausendste
Generation mitzuerleben das unwahrscheinliche Glück haben:
Der Aufbruch der Menschen aus der kleinlichen irdischen Enge
in die Größe und Weite des Weltraums.«[205]

Dieser Aufbruch kommt nach Eugen Sänger gerade noch zur
rechten Zeit: »Da die Volkswirtschaftler höchstens noch eine
Verdreifachung der gegenwärtigen Zahl von Menschen auf der
Erde für möglich halten, die also etwa innerhalb der nächsten 150
Jahre eintreten dürfte, werden innerhalb dieses Zeitraumes die
technische Entwicklung der interstellaren Raumfahrt und die
Erforschung der sonnennahen Fixsternsysteme nach besiedelba-
ren Planeten soweit abgeschlossen sein müssen, daß größere
Menschenkontingente auf diese Weise in neuen Lebensraum
auswandern können, anstatt durch Geburtenbeschränkung oder
Atombomben ausgerottet werden zu müssen.«[206]

Verwandt mit Auto und Flugzeug ist das *Fernsehgerät.* Auch
beim Fernsehen finden wir die neugierige Näherung des Fernen,
das flüchtige Nicht-Verweilen, die Abkapselung des Menschen
und die Pseudosicherheit im Polsterstuhl (angesichts der Kata-
strophen auf dem Bildschirm). Auch hier die sinnlose, wenn-

gleich kolorierte Uniformität des sich dem Zuschauer Zeigen-
den, der von einem Programm (dem ersten, zweiten oder x-ten)
an-gestellt wird.

Das Fernsehgerät ist eine »Welt-Anschauungs-Maschine«. Es
multipliziert die Welt-Anschauung mit der Zahl der Empfangs-
apparate. Denn das heute weltweit herrschende Subjekt ist ein
Kollektivsubjekt: Man nennt es *»die Gesellschaft«*. Das Kollektivsubjekt der »Industriegesellschaft« gelte heute, schrieb Heidegger 1969, »als die erste und letzte Wirklichkeit« – früher habe
diese Gott geheißen.[207] Hat sich etwa das allmächtige Auge des
christlichen Gottes, das alles über alle Entfernungen hinweg
sehen konnte, in die universale Television der Industriegesellschaft verwandelt?

Das perspektivische Vorstellen und das gottähnliche Herstellen gehen Hand in Hand. Wenn das Fernsehen fernab Gesche-
hendes in unsere Stube holt, wird die Anwesenheit des in der
Ferne Abwesenden künstlich hergestellt. Durch einen Schalter
wird eine Scheinwelt ein- und ausgeschaltet. Die Vortäuschung
wird dabei immer perfekter. Kürzlich wurde in einem IBM-
Forschungszentrum eine Methode entwickelt, mit welcher
durch einen Laserstrahl dreidimensionale, bewegliche Farbbil-
der hergestellt werden, um die der Betrachter herumgehen kann.
Wird Miss World, von Satelliten übertragen, bald dreidimensio-
nal in jedem Wohnzimmer erscheinen und so, daß man um sie
herumgehen kann?[208]

Der Sog der künstlich hergestellten Welten mag uns Abgebrühten belanglos erscheinen. Doch die noch nicht abgebrühten
Kinder zeigen uns deutlich: Die aushöhlende Macht des Fernsehens ist nicht zu unterschätzen. Kaum ein Kind kann sich dem
Bann der Scheinwelt entziehen. Schaden gewisse Fernsehszenen
den Kindern? Welches ist der »richtige Umgang« mit dem
Fernsehen in der Familie? Während man solche Fragen erörtert,
womöglich im Fernsehen, setzt das Fernsehen unbeirrt seine
Schäden. Denn Fernsehen überhaupt ist schädlich! Und zwar
(wie Marie Winn in DIE DROGE IM WOHNZIMMER gezeigt hat)
weniger wegen dem, was das Fernsehen zeigt, als vielmehr

wegen dem, was während des Fern-Sehens *nicht* geschieht. Das Fernsehen ist eine »weiche Droge«.

Es läßt Abwesendes anwesend sein, allerdings nur scheinbar und um den Preis, daß das Nahe, im Wohnzimmer Befindliche entfremdet wird. Die Ehefrau im Sessel nebenan wird dann bisweilen in so weite Fernen gerückt, daß es nicht einmal mehr zum Streit kommt, während die Traumfrau auf dem Bildschirm doch ein Trugbild bleibt, eine elektronische Fata morgana in der Wohnzimmerwüste.

Das Fernsehen *vermittelt zwischen nah und fern*. Das Ferne bringt es in eine vermeintliche Nähe, und das Nahe rückt es in die Ferne, wobei es *beides denaturiert*. Jedenfalls zeigen Fernsehen, Auto und Flugzeug überdeutlich, daß die bloße Beseitigung von Entfernung noch keine Nähe bringt.[209]

Eine zwischen Gegensätzen vermittelnde Maschine ist auch die *Klimaanlage.* Sie schafft einen Ausgleich zwischen Sommer und Winter und stellt jederzeit ein durchschnittlich-gemäßigtes Klima her. Jahreszeiten und Wetter waren einst Mächte des Himmels. Das Gespräch über das Wetter war nicht bloß Smalltalk. Ernte und Überwintern hingen vom Wetter ab. Darüber setzt sich die Klimaanlage souverän hinweg, schmerzlos und gottähnlich. Doch mögen etliche sich über solche Anlagen nicht freuen. Spürt man, daß der Mensch eigentlich von den Wettern des Himmels und den Zeiten des Jahres nicht zu trennen ist? Oder ahnt man gar den Betrug? Denn Klima- und Ernteprobleme könnten auch heute noch, heute erst recht, die Souveränität des vermeintlichen Herrn und Besitzers der Natur brechen.

Eine Variante der Klimatisierung ist die *Berieselung mit Musik,* etwa in Einkaufszentren und Zahnarztpraxen oder neuerdings durch den *Walkman,* der überall und in allen Lebenslagen getragen werden kann, im Büro und auf dem Motorrad, im Straßen- und im Geschlechtsverkehr, auf allen Wegen unserer Wanderschaft. Darum heißt das Produkt wohl Wandersmann.

Diese akustische Klimaanlage entspricht dem Kapselhaften, Monadischen des neuzeitlichen autonomen Subjektivismus. Sie stellt jedem Subjekt sein autonomes, von störenden Einflüssen abgeschirmtes Klima her. Daß auch eine solche Autonomie nicht unbedingt identisch mit menschlicher Freiheit ist, zeigt schon die Tatsache, daß die Walkman-Autonomie zumeist in einem gleichgeschalteten Anschluß besteht: im Anschluß an die Medien, welche die öffentliche Meinung des Kollektivsubjekts Industriegesellschaft verwalten, ob durch Funk oder vermittelt durch Kassetten. »Aber wir hören noch nicht, wir, denen unter der Herrschaft der Technik Hören und Sehen durch Funk und Film vergeht.« *(Martin Heidegger,* DIE KEHRE)[210] Oder so lapidar, wie auf einer Spray-Inschrift im von der Jugendbewegung beunruhigten Zürich zu lesen war:

Eure Wände haben Ohren
Eure Ohren haben Wände

Einem ähnlich gleichgeschalteten Anschluß haben wir uns allerdings schon seit langem unterworfen: dem Diktat der Uhrzeit, die mit der exaktesten *Uhr,* die es je gegeben hat, öffentlich überwacht wird. Die Atomuhr ist zugleich ferner vom alltäglichen Aufenthalt des Menschen als je eine Uhr im Laufe der Geschichte. Zwar gehört es zum Wesen aller Uhren, daß sie die Zeit als Zeitachse nehmen und den Blick von einer eigentlichen, ursprünglicheren Zeit eher ablenken. Doch sie tun dies in epochal sehr unterschiedlicher Weise. Die Sonnenuhr stand noch in einem unmittelbaren Bezug zum Wechsel von Tag und Nacht, und wenn die Sonne schien, war alles, was aufrecht stand und Schatten warf, jeder Baum und jeder »Zeitgenosse«, selbst eine solche Uhr. Die Wasser-, die Kerzen- und die Sanduhr zeigten noch unmittelbar und drastisch, daß die Zeit verrinnt, schwindet und verrieselt, daß sie vergeht und wir mit ihr. Wo liegt der entscheidende Unterschied zwischen den alten Uhren und unserer Quarzarmbanduhr, die wir nach der Atomuhr stellen?

Ernst Jünger bezeichnet in seinem SANDUHRBUCH die Erfindung der Räderuhr im frühen Mittelalter als entscheidend für den Durchbruch zur Neuzeit. Das Grundprinzip der Räderuhr sei die Hemmung der Schwerkraft (der freie Fall des Gewichtes wird durch das Uhrwerk gehemmt; Uhrwerke sind von Anfang an Hemmwerke). Darin zeige sich derselbe Angriff des Geistes auf die Schwerkraft wie in den gleichzeitig entstehenden gotischen Domen. Das monotone Pochen der Waagbalkenuhr (die der Pendeluhr vorausging) gab nach Ernst Jünger den Auftakt zur Neuzeit.[211] Für *Max Thürkauf* besteht das entscheidend Neue in Galileo Galileis Entdeckung, daß die Schwingungszeit des Pendels unabhängig von der Größe des Pendelausschlages ist. Galilei maß die Schwingungsdauer des Pendels noch mit seinem Herzschlag. Fortan wurde der Puls mit der exakteren Pendeluhr gezählt.[212]

Nun wird auch in der Sanduhr der freie Fall des Sandes durch einen Engpaß gehemmt, und auch eine Sanduhr kann viel exakter sein als der Puls des unruhigen Herzens. Ist das Entscheidende an den neuen Uhren nicht eher die Art und Weise, wie der Takt zustande kommt, nämlich dadurch, daß zwei weitausschwingende gegensätzliche Zustände Eindeutigkeit hervorrufen? Das Pendel schwingt hin und her zwischen rechts und links und zwischendurch finden sich alle Übergangszustände, aber den Takt gibt es dadurch an, daß es *entweder* links ist *oder* rechts. Die Eindeutigkeit entsteht durch die Reduktion auf ein klares Entweder-Oder. Entweder Tick oder Tack. Auf diesem Prinzip beruhen auch alle modernen Uhren. Nur die Beschaffenheit der »weitausschwingenden gegensätzlichen Zustände« hat sich geändert – vom Waagbalken und vom Pendel über die Unruh zur elektrisch angeregten Schwingung des Quarzkristalls oder zur Eigenschwingung von Gasatomen in der Atomuhr – und die Beschaffenheit der Zählwerke, welche die Entweder-Oder-Schritte zählen und das Gezählte zur Anzeige bringen –, vom Zahnrad- und Zeigerwerk zum elektronischen Zählwerk mit Flüssigkristallanzeige. Der Fortschritt besteht in der zunehmenden Konstanz, hervorgerufen durch die zunehmende Geschwindigkeit der zugrunde gelegten Schwingung. So hat das Tick-Tack der Atomuhr eine Frequenz von etwa 30 Milliarden Schwingungen pro Sekunde (die Präzision wird durch die ungeheure Zahl von Schwingungen erreicht, die alle pedantisch gezählt werden – Exaktheit durch Statistik). Der Fortschritt besteht auch in der zunehmenden Perfektionierung und Verkleinerung des Zählwerks. Aber das Prinzip hält sich durch allen Fortschritt hindurch.

Es ist das *binär-digitale Prinzip*, die Reduktion auf ein eindeutiges Entweder-Oder, das auf zwei verschiedenen (binär: von lateinisch bini, je zwei) Stufen (digital: von lateinisch digitus, Finger) angezeigt wird. Die neuen Uhren pochen zwar nicht mehr laut nach diesem Tick-Tack-Prinzip. Aber leise tun sie es nicht weniger, wohl aber unheimlicher, unheimlich konsequent und effizient.

Neben der Tatsache, daß mit der neuzeitlichen Uhr das binär-digitale Prinzip zur Herrschaft gekommen ist, hat die Frage, ob die Uhrzeit mit Kreis und Zeiger oder digital, mit sprunghaft wechselnden Ziffern, angezeigt wird, geringeres Gewicht, auch wenn sich mit dem Aufkommen der Digitalanzeige eine weitere Loslösung vom Rund der Sonnenuhr, eine weitere Abstraktion vom Wechsel von Tag und Nacht manifestieren mag.

Das binär-digitale Prinzip strebt *Sicherheit* durch *Eindeutigkeit* an. Es ist das sicherstellende Feststellen, das uns, wie schon erwähnt, auf die kartesianische Gewißheit im Zweifel und damit auf die Heilsgewißheit des christlichen Mittelalters verweisen mag – und vielleicht auch noch auf etwas anderes: auf die von Aristoteles inspirierte Logik mit dem »Satz vom ausgeschlossenen Dritten«: Tick oder Tack – A ist entweder B oder nicht – B, ein Drittes gibt es nicht!

Die elektronische Quarzarmbanduhr hat viele Verwandte und birgt vielerlei Möglichkeiten. Neuerdings gibt es Armbanduhren mit eingebautem, durch kleine Tasten zu bedienendem Rechner. Der weitere Fortschritt zum Armbandcomputer ist absehbar. Eine eingebaute Sende- und Empfangsanlage würde weiteres Terrain erschließen, eventuell in Kombination mit dem Walkman: die jederzeitige Erreichbarkeit des Menschen und – in

Kombination mit einem eingebauten Kompaß und Höhenmesser – die ständige Überwachung des Standortes. Ein zusätzlicher Einbau von Meßgeräten wäre erwägenswert: Der Armbandcomputer könnte die »Umwelt« seines Trägers – Temperatur, Partialdruck natürlicher und giftiger Gase, radioaktive Strahlung usw. – dauernd überprüfen. Und die »Innenwelt« könnte nicht minder exakt kontrolliert werden. Denn die Lage der Uhr neben der Vorderarmschlagader ist geradezu ideal. Zumindest die permanente Überwachung von Puls, Blutdruck und Körpertemperatur dürfte keine großen technischen Probleme mehr bieten.

Möglichkeiten über Möglichkeiten. Aus Japan kommen heute schon Armbanduhren, die Melodien speichern und abspielen können. Sie klingen zwar noch recht kläglich. Aber der Tag scheint nicht mehr fern, da eine Armbanduhr einen bedrohlichen Abfall der Pulsfrequenz mit dem Abspielen der Melodie von »Näher, mein Gott zu dir...« quittieren wird.

Die Räderuhren waren die wichtigsten Vorläufer der *Rechenmaschine*. Mit dem Überhandnehmen des Gestells tritt auch sie ihren Siegeszug an, von der mechanischen Registrierkasse zum wissenschaftlichen Taschenrechner, der auf Knopfdruck hin in einem Augenblick erledigt, was in meiner Schulzeit noch stundenlange Rechenarbeit mit dicken Tabellenbüchern erforderte. Doch wird deswegen heute weniger gerechnet? Zwar entlastet die Rechenmaschine vom mühsamen Kopf- und Handrechnen, doch dafür drillt sie Köpfe und Herzen zum Nur-noch-Rechnen. »Nichts ist unberechenbar mit einem HP«, lautet der Reklametext für einen Taschenrechner. Der Siegeszug der Rechenmaschine ist der Siegeszug des bereits genannten »rechnenden Denkens«.

Es rechnet nach Heidegger »mit gegebenen Umständen«, »aus der berechneten Absicht auf bestimmte Zwecke«, »auf bestimmte Erfolge«. Dieses Rechnen kennzeichne alles planende und forschende Denken. Solches Denken bleibe auch dann ein Rechnen, wenn es nicht mit Zahlen operiere und keine Rechenmaschine in Gang setze.[213]

Die eigentliche »Inkarnation« des rechnenden Denkens ist

freilich noch nicht die simple Rechenmaschine, die noch immer einen Hauch vom alten Schulstubenrechnen bewahrt hat. Die eigentliche Inkarnation ist der *Computer.*

Auch im digitalen Computer findet sich das binär-digitale Tick-Tack-Prinzip, die Reduktion auf ein sicheres, eindeutiges Entweder-Oder an jeder der unzähligen Schalt- oder Speicherstellen. Letztlich basieren auch die neuesten Großcomputer darauf, daß mittels einer (im wesentlichen aus zwei Halbleitertransistoren zusammengesetzten) bistabilen Kippschaltung (Flip-Flop-Schaltung) in einem Transistor *entweder* ein Strom fließt *oder* nicht und daß eine magnetisierbare Speicherstruktur *entweder* magnetisiert ist *oder* nicht. Sicherstellung durch eingleisige Zwiefalt! Die Komplexität des Computers ergibt sich erst durch die »logische Verknüpfung« einer ungeheuren Anzahl solcher eingleisig-zwiefältiger Schalt- und Speicherstellen.

Die logische Verknüpfung untersteht letztlich einem einfachen *pfeilförmigen Grundschema:*

Input   →   EDV   →   Output
(Eingabe)   (elektronische Datenverarbeitung) (Ausgabe)

Dieses Schema bestimmt generell das rechnende Denken, von der Aufgabenstellung über die Rechnung zum Resultat, und es läßt sich auch in anderen vom Gestell beherrschten Bereichen nachweisen. Zum Beispiel im Reflexgedanken in der Biologie:

Reiz   →   Organismus   →   Antwort

Oder in der pfeilförmig produzierenden Industrie:

Rohstoff   →   Produktionsprozeß   →   Produkt

Dieses pfeilförmige Grundschema aber erinnert erneut an die von Aristoteles inspirierte Logik:

Voraussetzung   →   Beweisführung   →   Schlußfolgerung

Der Computer ist die äußerste Konsequenz des *pfeilförmig-schlußfolgernden Denkens.*

Das pfeilförmig-schlußfolgernde Rechnen setzt die Auffassung von einer pfeilförmig-linear ablaufenden Zeit, der *Zeitachsenzeit,* voraus. Das Schema Input/EDV/Output ist nur auf der Basis der Zeitachsenzeit möglich. Viele Computer haben denn auch längst Uhren eingebaut. Das besinnliche Denken dagegen, das sich eher an eine ursprünglichere, eigentliche Zeitlichkeit hält, kann kaum zu einem Output führen.

Im Computer herrscht aber nicht nur die Uhr-Zeit, sondern auch der dreidimensionale geometrische Raum, die *Boîte.* Diese ist auch dann gegeben, wenn der Bildschirm eine runde Linie vortäuscht, denn hinter dieser Linie steckt ja ein von der rechtwinkligen Boîte bestimmter Raster.

Über die vordergründigen Auswirkungen der *Rationalisierung durch die Computertechnologie* wird heute viel diskutiert. Die einen sehen darin das Heil der Zukunft, die andern befürchten das Schlimmste. Die Optimisten erhoffen sich eine reibungslos funktionierende, Energie und Rohstoffe sparende, Freiheit und Glück gewährende neue Welt, die Pessimisten befürchten eine total verwaltete und bis in die letzten Winkel überwachte Gesellschaft, eine katastrophale Wirtschaftskrise durch Wegrationalisierung der Arbeitsplätze oder gar einen von strategischen Computern geführten Weltuntergangskrieg.

Doch über die hintergründige *epochale* Bedeutung des Computers wird weniger verhandelt. Hier wurde bis jetzt auf folgende Zusammenhänge hingewiesen:

– Die rasende kybernetische *Rationalisierung* entspricht dem überhandnehmenden Zustellen und damit dem Anspruch des Satzes vom zuzustellenden Grund, der seinerseits auf die aristotelische Logik hinweisen mag.

– Das *binär-digitale Prinzip* verweist auf die kartesianische Gewißheit im Zweifel und auf den Satz vom ausgeschlossenen Dritten und damit ebenfalls auf die aristotelische Logik.

– Auch das *pfeilförmig-schlußfolgernde Schema* kann uns an die von Aristoteles inspirierte Aussagelogik denken lassen.

Mit diesen Andeutungen will ich nicht beanspruchen, das Wesen der unheimlichsten Maschine des überhandnehmenden Gestells erfaßt zu haben. Es sind nur Versuche. Eine besinnliche Annäherung an den Computer müßte noch viel mehr in die Tiefe gehen.

Beim überhandnehmenden Computerwesen geschieht die Hauptsache ja gar nicht im Computer selbst, weder in der Hardware, den metallisch-harten Geräten, noch in der Software, den weichen, biegsamen Programmspeicherscheiben. Die Hauptsache geschieht doch außerhalb, auch bei abgeschaltetem Strom. Denn vor der Eingabe muß der Input formalisiert, das heißt auf eindeutige Alternativen gebracht werden. Voraussetzung ist die kybernetische Denkweise. Ihre Zauberschlüssel heißen *System* und *Information*. Damit wird alles in gleicher Weise formalisierbar: die Welt der Maschinen, die biologisch erforschbare Natur und am Ende auch die Sprache.

Es wird heute viel darüber debattiert, wohin die Weiterentwicklung des Computers noch führen werde. Bereits außerhalb der Science fiction liegen eine weitere Runde der Miniaturisierung der Schalt- und Speicherstrukturen und eine weitere massive Steigerung der Geschwindigkeit der darin ablaufenden Vorgänge. Überdies wird in absehbarer Zeit ein Durchbruch bei der automatischen Ton- und Bildanalyse und bei der Sprachsynthese erwartet. Sogenannt hörende und sehende, lesende und sprechende Computer rücken damit in greifbarere Nähe. Zwar macht die Verknüpfung der Computersoftware mit dem menschlichen Sprechen noch immer gewaltige Mühe. Aber die Sprechschreibmaschine, wie sie schon George Orwell in 1984 prophezeit hat, ist nicht mehr reine Utopie, ebensowenig wie die vollautomatische (menschenfreie) Telefonauskunft mit vollautomatischer Verbindung zu sämtlichen Büchern in sämtlichen zentralen Bibliotheken der Welt. Auch ein direkt übersetzender Walkman wird vielleicht bald den in fremdsprachigem Gebiet sich aufhaltenden Wandersmann begleiten, als ein

unentbehrlicher, nimmermüder Dolmetscher und Reisege-
fährte.

Die Menschmaschine, der *Roboter*, wird allmählich Wirklichkeit. Zwar sind die heute produzierten Roboter noch extreme
Spezialisten. So spielt etwa ein Schachroboter nur Schach, gegen
einen Menschen, oder auch, wenn keine Panne auftritt, jahrzehntelang pausenlos gegen sich selbst. Industrieroboter sind
bestenfalls am Boden festgeschraubte, programmierbare, mit
optischen oder taktilen Sensoren ausgestattete und über Riesen-
kräfte verfügende »Arm- oder Handmaschinen«.

Die Roboter sind noch sehr primitiv, aber das Gewitter »hat
seine Richtung genommen, es wird kommen und treffen«.
Bereits spricht man von lernenden Automaten, die ihr »Verhalten« aufgrund der Reaktionen aus der Umgebung »verbessern«
können. Und man warnt uns zugleich schon davor, daß solche
Automaten sich selbständig machen und der Kontrolle des
Menschen entgleiten könnten. Aus Amerika kam kürzlich die
Meldung, dort wolle man jetzt programmierbare Killerroboter
herstellen, die auf Verdächtige schießen können...

Vor allem aber stellt sich die Frage, wer sich wem wohl eher
anpassen wird: die Menschmaschine dem Menschen, oder umgekehrt. Ein Angestellter der Firma IBM schrieb vor einigen
Jahren allen Ernstes in einer Tageszeitung: »In Zukunft wird der
Computer den Menschen in mancher Hinsicht helfen, ihre
Schwächen in der Kommunikation zu überwinden. Dies
geschieht, indem er zu einer unglaublich umfangreichen Welt der
Information Zugang verschafft und zugleich Anweisungen liefert, wie diese Information unter den gegebenen Umständen am
besten anzuwenden sei. Dies gelingt nur, wenn hochentwickelte
Computer-Sprachen verwirklicht werden, die den natürlichen
Sprachen sehr nahe kommen. Wenn wir einmal darüber verfü-
gen, so brauchen wir den Computer nur noch zu fragen, wenn
wir irgendein Problem haben, und er wird uns durch alle
möglichen Alternativen führen und eine individuelle Lösung
vorschlagen. Um dieses Niveau von Dienstleistung zu erreichen,
muß beim Entwurf der Software der Mensch im Mittelpunkt

stehen und mit dem Computer ähnlich wie mit anderen Menschen umgehen. Denken wir nur an die Geselligkeit, den Aufwärmeprozeß, der jeder guten Kommunikation vorausgeht. Es ist weit verbreitet, daß selbst geschäftlichen Telefongesprächen irgendwelche Fragen über die Familie oder Bemerkungen über das Wetter vorangehen. Wenn also beim uns bestens vertrauten Kommunikationsgerät ein paar informelle Bemerkungen mithelfen, um in die richtige Stimmung zu kommen, so könnte eine ähnliche Praxis auch beim heute meist noch respekterheischenden und unvertrauten Computer die Kommunikation erleichtern.«[214]

Der Bildschirmterminal lächelt uns an und erkundigt sich nach unserer Familie. Dann fragen wir ihn, wie es *seiner* Familie gehe, und er erklärt uns mit warmem Timbre in der Stimme die jüngsten erfreulichen Verkaufsstatistiken seiner Geschwister mit dem Nachnamen IBM...

Doch entscheidender als die jetzt angedeutete Zukunft von Hardware und Software ist auf lange Sicht wohl die Zukunft der *kybernetischen Denkweise* selbst. Sie nimmt noch weiter überhand.

Die *Schule* zum Beispiel ist schon seit einiger Zeit darauf aus, den neuen EDV-Menschen heranzubilden. Dazu ist es gar nicht einmal nötig, daß – wie schon vorgeschlagen wird – in jedem Schulzimmer Computerterminals aufgestellt werden. An einer Wandtafel in einem Unterstufenschulzimmer kann man heute ohne weiteres solche Aufgaben sehen:

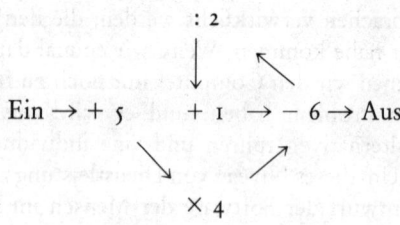

Auf der linken Seite wird eine beliebige Zahl eingegeben (zum Beispiel 3), auf der rechten Seite kommt das Ergebnis heraus (zum Beispiel 8). Input/EDV-Programm/Output.

Jürgen Dahl schreibt in seiner EINREDE GEGEN DIE MENGEN-LEHRE zu Recht, zwar sei die Neue Mathematik für die Kinder zu unanschaulich und für die hilflosen Eltern zu schwierig, als daß der Unterricht wirklich bessere Mathematiker heranzüchten könnte. Aber die »Bereitschaft, Flußdiagramme und Programmierungen aller Art als gültige Muster unseres individuellen und gesellschaftlichen Daseins zu akzeptieren und sogenannte Sachzwänge als Ergebnisse unwiderlegbaren mathematischen Kalküls unwidersprochen hinzunehmen« sei sicher am leichtesten dadurch zu verbreiten, daß man sie schon in der Grundschule einübe. Und er beschließt seine EINREDE mit den Sätzen: »Das ›alte Rechnen‹, was immer man ihm vorwerfen mag, ist nie mit dem Anspruch verbreitet worden, mit seiner Hilfe sei die Wirklichkeit restlos erfaßbar. Die mathematisch-logischen Strukturen hingegen, deren Studium uns die Technokraten als schieres Spaßvergnügen offerieren, sind genau die Strukturen, mit denen sie uns dereinst zuzudecken gedenken, indem sie vorgeben, dies sei die ganze Wirklichkeit und alles andere sei Aberglaube oder Anarchie.«[215]

Auch in der *Biologie* breitet sich die kybernetische Denkweise weiter aus. Die Molekulargenetik stellt den molekularen Grundlagen der Vererbung nach, welche sie bis in alle Einzelheiten mit einem Textsystem vergleicht und informationstheoretisch interpretiert: In den Nukleinsäuren der Gene (DNS) sei die »Information« der Erbanlagen in einer »Legislativsprache« gespeichert, die von vier »Buchstaben« Gebrauch mache, den Nukleotiden mit den Basen Adenin, Guanin, Thymin und Cytosin. Diese Information werde in den Eiweiß fabrizierenden Strukturen der Zellen in die »Exekutivsprache« der Eiweiße umcodiert, »übersetzt«, welche zwanzig »Buchstaben« umfasse, die verschiedenen Aminosäuren. Jeweils drei Buchstaben der Legislativsprache ergäben sozusagen das Codewort für einen Buchstaben der Exekutivsprache. Zum Beispiel bedeute die Nukleotidreihe mit der Basenfolge Guanin/Cytosin/Adenin die Aminosäure Arginin.

$$G-C-A \rightarrow \text{arg.}$$

Diese genetische Sprache sei die Grundlage der Evolution des Lebens; die heute vorfindlichen Gene seien gewissermaßen das Ergebnis eines »evolutiven Lernprozesses«, bestimmt durch zufällige Veränderung und notwendige Selektion.

Die Übertragung der Information von den Genen zu den Orten der Eiweißsynthese erfolge mit den sogenannten Boten- und Transfernukleinsäuren (RNS mit ebenfalls vier Symbolen, den Nukleotiden mit den Basen Adenin, Guanin, Uracil und Cytosin).[216] Die Transfernukleinsäuren, die in allen heute lebenden Zellen nachzuweisen seien, hätten vermutlich eine uralte Tradition: Urformen dieser Nukleinsäuren könnten möglicherweise als die »ersten Wörter des Lebens« betrachtet werden.[217]

Die ganze Nukleinsäurenbiologie ist durch und durch kybernetisch bestimmt, und auch die chemische Analyse der Nukleotidsequenzen wäre ohne Computer kaum durchführbar.

Eine Transfernukleinsäure aber ist kürzlich von chinesischen Biochemikern vollständig synthetisiert worden. Sie erwies sich als biologisch voll aktiv. Ein erstes Wort des Lebens ist herstellbar! Weitere Wörter und ganze Sätze werden folgen. Schon hört man ja, daß es auch gelungen ist, ein Stück eines Rattengens mit einem Stück eines Mäusegens so zusammenzubauen, daß das neu zusammengesetzte Gen in Mäuseeizellen eingefügt werden konnte, wodurch doppelt so große Mäuse entstanden. Der Riese wird herstellbar! Und demnächst ebenfalls Haldanes affenbeckiger Greiffußastronaut.

Der Entzifferung des »genetischen Codes« folgen die Synthese, die »Rekombination« und die Neuproduktion von Genmaterial auf dem Fuß. *Franz Vonessens* Vision einer zukünftigen »humangenetischen Lobby«, die den Forschern einflüstern werde, wohin sie den Menschen weiter züchten sollten[218], ist schon kaum mehr eine Utopie, das Bokanowskyverfahren (die Züchtung von Gruppen genetisch identischer Menschen, zum Beispiel für die Belegschaft einer Fabrik) in *Aldous Huxleys* SCHÖNE NEUE WELT auch nicht.

Je größer die Kurzsichtigkeit, um so maßloser die Hybris. Die Wissenschaft ruft sich zwar auch im Bereich der Molekulargenetik zu selbstbeschränkender Ethik auf. Doch überall, wo sie das bisher tat, hat die wissenschaftliche Selbstzensur den Frevel nicht verhindert, sondern nur die Freiheit in anderer Hinsicht eingeschränkt. Ein Beispiel bietet die Atomindustrie. Die Wissenschaftler, die sich selbst Experimente verbieten, werden darüber wachen müssen, daß nicht andere sie ausführen. Die Wissenschaft läßt sich kaum aufhalten, es sei denn mit Hilfe der totalen Überwachung. Robert Jungks Atomstaat und der Genstaat sind dasselbe.

Nur kurz erwähnen will ich hier den Einbruch der kybernetisch-technischen Denkweise auch in die *Medizin*. Darüber wird heute viel gesprochen. Zu drastisch ist die Integration des »Krankenmaterials« in die Maschinerie einer Intensivstation, zu deutlich die Tendenz, die »Organe« des Menschen durch künstlich hergestellte zu ersetzen, wenn sie ihre »Funktion« verweigern. Bereits pumpte in einem Menschen ein künstliches Herz.

Die Kritiker dieser Entwicklung machen es sich allerdings oft ein bißchen einfach. Wer von ihnen hat den Impfstoff gegen die Kinderlähmung nicht geschluckt? Wer ist gegen die Suche nach dem Erreger von AIDS? Wer verzichtet bei unerklärlichen Schmerzen auf die Möglichkeit, sich von einem hochkomplizierten Computer-Kernspin-Tomographen ohne jede Strahlenbelastung in einer Weise »durchleuchten« zu lassen, wie es bis vor kurzem höchstens im Traum möglich war? Wer entscheidet sich, wenn es darauf ankommt, für den alten Röntgenapparat und wer für gar nichts?

Die Entwicklung unserer Medizin verlangt offensichtlich eine eigene Besinnung, die den Rahmen dieses Buches sprengt. Hier sei nur am Rande darauf hingewiesen, wie sehr die kybernetisch-reduzierende Denkweise die medizinischen Grundlagenwissenschaften beherrscht. Die Netzhaut des Auges ist dieser Denkweise zufolge ein Hochleistungscomputer; das ganze Gehirn ist ein noch sehr viel komplizierteres Datenverarbeitungssystem; das Bewußtsein läßt sich mit einem bestimmten Potential im Elektroencephalogramm nachweisen, mit der P-300-Welle; das Langzeitgedächtnis beruht auf Gangliosid-Kalzium-Komplexen, welche die Verbindung zwischen zwei Nervenzellen für die (die Erregung übertragenden) Überträgersubstanzen mehr oder weniger durchlässig machen. Und die Angst? Sie ist nun das Defizit an solch einer Überträgersubstanz, an der hemmenden Gammaaminobuttersäure, der GABA.

Die Gleichstellung des Menschen mit einem computergesteuerten Apparat ist aber auch in der Alltagssprache anzutreffen. Eine Garage wirbt für ihre VW-Diagnose. Und genauso wie eine solche VW-Diagnose versteht man den Check-up eines Menschen in einer Klinik. Das Subjekt stellt auch seinen eigenen Körper als sein Objekt vor sich. Die Leiblichkeit des menschlichen Daseins ist zum Bestandteil eines psycho-somatischen Apparats geworden, die Angst zum GABA-Defizit und der Tod zum Funktionsstop dieses Apparats.

Auch in der *Psychologie* hat die kybernetische Denkweise Einzug gehalten. Ein Universitätsprofessor versuchte schon vor Jahren, die menschlichen Neurosen in einem Computermodell zu simulieren.[219] In einem solchen Modell werden »Triebabläufe«, »Abwehrmechanismen«, »Lustgewinne«, »Angstneutralisierungen« und »Objektumbesetzungsimpulse« nun wirklich wörtlich so genommen, wie sie vom Jargon her immer schon genommen werden mußten: als pseudonaturwissenschaftliche, der Welt der Maschinen und Laboratorien entlehnte Begriffe. Grundvoraussetzung ist dabei die Annahme, menschliches Verhalten lasse sich (binär-digital) formalisieren und quantifizieren. Daß es in einer gewissen Hinsicht quantifizierbar ist, steht außer Frage. So können wir zum Beispiel messen, wie weit ein

Kugelstößer seine Kugel wirft. Auch seine dabei ablaufenden Herz- und Hirnströme lassen sich messen, und das Resultat läßt sich binär-digital verarbeiten. Aber wird damit auch seine Angst gemessen? Sein Bangen um den sportlichen Sieg?

Der Professor schien mit seinem Computermodell noch etwelche Mühe zu haben, aber andere, mehr kommerziell Orientierte, sind da weniger zimperlich. Ein Institut für Psychodiagnostik bietet den Ärzten einen Computerservice an, mit dem standardisierte Fragebogen ausgewertet werden können. Den Patienten wird ein »Persönlichkeitsfragebogen« mit einer Unzahl von »Items« vorgelegt, die sie mit richtig oder falsch ankreuzen müssen. Zum Beispiel das Item: »Ich hatte niemals Unannehmlichkeiten wegen meines sexuellen Verhaltens.« Der Computer liefert dann – nach der Werbung des Instituts – ein »schriftliches Kurzgutachten« (in bezug auf »differentialdiagnostische Probleme im Bereich der Psychiatrie/Psychotherapie«) und »praktische Hinweise zu einem Gespräch mit dem Patienten«.[220]

Vorläufig ist er noch dienstfertig und bescheiden. Vorläufig gibt er nur praktische Hinweise.

Das Überhandnehmen der kybernetischen Denkweise in der Schule, in Biologie, Medizin und Psychologie entspricht der tobenden Herstellungsorgie. Hierher gehören auch *die Kunststoffe. Jürgen Dahl* betont in seiner Einrede gegen Plastic, der Kunststoff habe im Unterschied zu anderen Materialien keinerlei inneres Gefüge. Während Holz Zellen und Fasern aufweist, die Gesteine Spaltrichtungen und Klüfte, während es selbst im gegossenen Metall und Glas noch verborgene Strukturen gibt, die im Klang hörbar werden, ist der Kunststoff »etwas vollkommen Beliebiges«, eine amorphe, gleichförmige »Art von Teig«.[221]

Die *Homogenität* als Voraussetzung für eine *beliebige Formgebung* ist wohl tatsächlich die bedeutsamste Eigenschaft der Kunststoffe. Vorläufer waren der Ton des Töpfers, das Glas des

Glasbläsers, das Marzipan des Zuckerbäckers. Nahe Verwandte sind der aus Eisen und Kohlenstoff geschmolzene Stahl, die aus einem Holzspanleimbrei gepreßte Spanplatte und der aus einem Gemisch von Zement und Steinpartikeln zubereitete Beton. Gewiß sind Stahl, Spanplatte und Beton insofern noch natur-näher, als bei ihrer Herstellung keine neuen Stoffe chemisch aufgebaut werden. Aber auch die Kunststoffe werden nicht direkt aus Wasser und Kohlenstoff synthetisiert, sondern aus Grundbausteinen, welche aus organischem Material, vor allem aus Kohle und Erdöl, gewonnen werden; insofern sind auch sie »natürlich«. Da es aber in der Natur weder Stahl noch Beton und schon gar nicht Spanplatten gibt, handelt es sich bei diesen Erzeugnissen ebenfalls um »Kunststoffe«. Das Wesentliche an ihnen ist die Gleichförmigkeit und die Möglichkeit zur mehr oder weniger beliebigen Formgebung.

Die Unterscheidung von *Form* und *Stoff* entstammt ursprüng-lich wohl der Welt des Handwerks. Der Schuster bringt das Leder in eine passende Form. Der Schreiner bringt das Holz (griechisch: hyle) in die Gestalt (griechisch: morphe), in das Aussehen (griechisch: eidos) eines Tisches. Mit diesem banalen Sätzchen sind drei Grundworte der abendländischen Philoso-phie genannt:

– Hyle: Wald, Holz, Bauholz, Stoff, in der lateinischen Über-setzung materia (Materie);
– Morphe: Gestalt, Form, in der lateinischen Übersetzung forma (Form);
– Eidos (idea): Aussehen, Gestalt (Idee).

Die drei Worte gewinnen ihre philosophische Bedeutung bei Platon und Aristoteles; im Mittelalter und in der Neuzeit werden Form und Stoff über die lateinische Übersetzung zu einem Begriffspaar, das – nun völlig losgelöst vom Handwerk – auf alles mögliche und unmögliche angewandt werden kann.

Die Unterscheidung und insbesondere die allgegenwärtige Herrschaft dieser Unterscheidung versteht sich nicht von selbst. Das zeigt uns ein Blick auf die von *Benjamin Lee Whorf* untersuchte Sprache der Hopi-Indianer. Wo wir von Wasser in einem Tümpel oder in einem Glas sprechen und damit an denselben Stoff in verschiedenem Behältnis und verschiedener Quantität denken, hat die Hopisprache zwei verschiedene Wörter für Wasser.[222]

Unsere Kunststofftechnologie jedoch entspricht einer radikal zugespitzten Unterscheidung von Form und Stoff. Es ist wohl kein Zufall, daß diese Zuspitzung im Zeitalter der *Information* erfolgt. Einmal paßt schon die Wortgeschichte von In-formation zu unserer Kunststofftechnologie: Formieren heißt ursprünglich in Erz gießen. Zum anderen wird im Zeichen der Kybernetik die menschliche Arbeit als Produktion von Information definiert. Ein Schreiner, der aus Holz einen Schrank anfertigt, erzeugt nach einem Beispiel von C. F. von Weizsäcker[223] Information. Dieser neuen Definition der Arbeit entspricht am besten der Kunststoff. Wenn der Schrank aus einem un-formierten, homogenen Brei gepreßt wird, dann ist der »informierte« Schrank in der Tat eine bestimmte Menge formlosen Stoffes plus eine exakt definierbare Menge Information.

Mit Holz geht das nicht so sauber. Holz hat schon vorher eine Struktur. Ein besonders augenfälliges Beispiel hierfür ist der Einbaum der Steinzeitmenschen. Hier hat der Baum die Gestalt des Schiffes bestimmt. Hier ist der Stoff auch die Form.

Dem gegenüber steht ein »intelligenter« Industrieroboter, der beliebige Formen binär-digital speichert, welche er jederzeit auf Abruf in eine amorphe Kunststoffmasse prägt. Zwar kann die dreidimensionale binär-digitale Raumformalisierung im Zeichen der Boîte keine runden Formen hervorbringen, doch können die binär-digitalen Schächtelchen so klein gewählt werden, daß man dies in keiner Weise merkt, so wie wir im Kino nicht die einzelnen Bildchen des Filmes wahrnehmen.

Ehrlicher ist in dieser Hinsicht ein dänisches Kinderspielzeug, das ein äußerst erfolgreiches Geschäft geworden ist. Es besteht aus schachtelförmigen farbigen Kunststoffbausteinen, die sich zu beliebigen Formen zusammenstecken lassen. Daraus kann man schlechthin alles machen: Häuser, Fahrzeuge, Menschen und Tiere, ja sogar ganze Landschaften. Auf Jütland kann man ein ganzes binär-digital aufgebautes *Legoland* bestaunen. Die Orgie des Herstellens beginnt schon im Kinderzimmer.

Vergessene Vorläufer von Legoland sind vielleicht die Schloß-gärten der untergehenden Könige, zum Beispiel Versailles, mit den kunstvoll zugeschnittenen Bäumen und Hecken und den abgegrenzten Rasen-, Kies- und Wasserflächen. ›The gardener plants an evergreen whilst trampling on a flower‹ (Der Gärtner setzt ein Immergrün, während er eine Blume zertritt), singen die King Crimson *(The court of the crimson king).*

Im Legoland herrscht die Boîte in jedem einzelnen Baustein, auch wenn alte Häuser, Schlösser und Kirchen nachgebildet werden, die wir im Original noch als gewachsene, nicht der Boîte unterstehende Bauten empfinden. Umgekehrt entwirft die heu-tige *Architektur* ihre Bauten oft in der Gestalt eines ins Riesige gesteigerten Legoelements.

Es scheint merkwürdig, daß gerade dann, wenn Beton, Stahl und Kunststoff eigentlich in bis dahin ungekannter Weise jede beliebige Form ermöglichen, die Phantasielosigkeit des Reiß-brettes mit seinem jederzeit an jedem Punkt einsetzbaren rechten Winkel überhandnimmt. Doch dies entspricht durch und durch dem Wesen der Boîte und der Rationalisierung, der binär-digitalen Information, dem modernen Raum- und Zeitverständ-nis – kurz: der Herrschaft des Gestells.

Schon vor mehr als dreißig Jahren goß *Ernst Bloch* in seinem Prinzip Hoffnung die Säure seines Spottes über die moderne Architektur und über das von Walter Gropius gegründete Bauhaus: »Gewiß, dergleichen gab sich als Reinigung vom Muff des vorigen Jahrhunderts und seinem unsäglichen Zierat. Doch je länger je mehr wurde deutlich, daß es bei dieser bloßen Weglassung auch geblieben ist und – innerhalb der spätbürgerli-chen Leere – bleiben mußte. Je länger, je deutlicher tritt als Inschrift über dem Bauhaus und dem, was damit zusammen-hängt, die Devise hervor: Hurra, es fällt uns nicht mehr ein.« Und zu Le Corbusier mit seiner »Wohnmaschine« meinte Bloch:

»Corbusiers Programm ›La ville radieuse‹ sucht überall eine Art griechisches Paris..., er illustriert an der Akropolis eine Art allgemein-menschlichen Geist... Aber Griechenland ist hier eine Abstraktion geworden wie nirgends zuvor, ebenso das weiter nicht differenzierte ›être humain‹, auf das sich die Bauelemente rein funktionell beziehen sollen. Auch die Stadtplanung dieser unentwegten Funktionalisten ist privat, abstrakt; vor lauter ›être humain‹ werden die wirklichen Menschen in diesen Häusern und Städten zu genormten Termiten oder, innerhalb einer ›Wohnmaschine‹, zu Fremdkörpern, noch allzu organischen; so abgehoben ist das alles von wirklichen Menschen, von Heim, Behagen, Heimat.«[224]

Ungefähr zur selben Zeit, im Jahre 1951, führte *Martin Heidegger* in einem Vortrag über BAUEN, WOHNEN, DENKEN aus, das Bauen gehöre eigentlich zum Wohnen. »Nur wenn wir das Wohnen vermögen, können wir bauen.«[225]

Das Wohnen ist hier sehr weit gefaßt, nicht so, wie es heute oft in architektonischen Grundrissen eingezeichnet wird, das »Wohnen« neben »Schlafen«, »Kochen« und »Basteln«, neben »Kind 1« und »Kind 2« – das Wohnen, das die Funktion eines bestimmten Zimmers kennzeichnet, die man auch daraus ersehen kann, daß hier die Steckdose für den Fernseher eingebaut ist.

Doch unser Weltaufenthalt setzt sich nicht zusammen aus Arbeiten, Schlafen, Basteln, Kinderkriegen und Wohnen. Sondern all dies können wir nach Heidegger nur tun, weil wir wohnen. Wir bewohnen »das Haus der Welt«.[226] In-der-Welt-Sein heißt Wohnen. Bauen aber hieße Wohnenlassen, hieße In-der-Welt-sein-Lassen...[227]

Dazu paßt die ursprüngliche Bedeutung von bauen und wohnen: Bauen hat heute noch den Doppelsinn von hegen, pflegen (Ackerbau, bebauen) und von herstellen, errichten (von Bauten). Doch seine Grundbedeutung ist: wohnen (vgl. Fuchsbau, Vogelbauer, Nachbar, neighbour). Dieselbe indogermanische Wurzel bhu findet sich in der griechischen physis (Wuchs, Natur), im lateinischen fui (ich bin gewesen) und im deutschen ich bin, du bist.

Wohnen aber heißt ursprünglich: sich aufhalten, bleiben, und zwar in Frieden. Das gotische un-wunands bedeutet bekümmert, wunian heißt zufrieden sein.

Ich baue,

ich wohne,

ich bin,

ich bin zufrieden. Bauen hieße also Wohnenlassen, Zufrieden-in-der-Welt-sein-Lassen...

»Denken wir das Zeitwort ›wohnen‹ weit und wesentlich genug, dann nennt es uns die Weise, nach der die Menschen auf der Erde unter dem Himmel die Wanderung von der Geburt bis in den Tod vollbringen.« *(Martin Heidegger,* HEBEL DER HAUS-FREUND)[228]

Können wir nicht mehr bauen, weil wir das Wohnen nicht mehr vermögen? Ist das unsere eigentliche »Wohnungsnot«[229] und diese der Grund für die Wohnmaschine? Dann würden Gropius und Le Corbusier den Spott nicht verdienen: Ihre Krankheit wäre unsere Krankheit. Denn auch die Wohnmaschine ist nur ein Bestandteil der universalen Weltmaschine.

Griechisch aber heißt wohnen oikein. Vielleicht ist es doch nicht belanglos, wie die Öko-logie denkt, ob in vernetzten Systemen, Regelkreisen und Computermodellen oder aber, ihrem Namen getreu, im Hinblick auf das Wohnen »auf der Erde unter dem Himmel«.

Zur eigentlichen Wohnungsnot gehört wohl auch der *Touris-mus.* »Warum reist man eigentlich?« Diese Frage notierte *Erhart Kästner* im Zusammenhang mit einer Reise auf den Athos. Und er schrieb unter die Frage: »Man reist, um die Welt bewohnbar zu finden. Denn daß sie nicht mehr bewohnbar sei, ist ein Verdacht, der aufkommt... Langsam dämmerts: Es war die Kunst aller Künste, diese Welt zu bewohnen. Eine Kunst, die zeitweilig glückte, und nun auf einmal nicht mehr.«[230]

Wenn die Wohnung zur Wohnmaschine und die Welt zur Weltmaschine geworden ist, dann werden wir in fast allen Lebensbereichen der Maschine begegnen. In der Wohnmaschine zum Beispiel sind es die *Haushaltmaschinen,* von der elektronisch gesteuerten Geschirrwaschmaschine bis zur elektrischen Zahnbürste; oder all die Maschinen, die zum »*Do it yourself*« auffordern, um es dann doch ihrerseits selbst zu tun, oder die Maschinen, die der sogenannten *Fitness* dienen: der Hometrainer mit elektronischer Überwachung des Herzschlages, die Armbanduhr, welche die Schritte beim Jogging zählt, der Vibrator mit elektronischer Überwachung der Orgasmuswogen.

So ließen sich die Veränderungen, die das überhandnehmende Maschinenwesen mit sich bringt, noch in zahlreichen Bereichen beschreiben, zum Beispiel beim Jahrmarktsbetrieb: von den einstigen Schaustellern und fahrenden Händlern über die Karussells, Drehorgeln und Schießbuden zum großtechnologischen Gestänge, Geschleuder und Getöse der neuesten Jahrmarktsanlagen. Oder in der Landwirtschaft: vom Bauernhof zur Nahrungsmittel- und Holzverwertungsindustrie, mit Traktor und Mähdrescher, mit den Motorsägen, die durch die Wälder kreischen... LÄRM, MASCHINE, GESCHÄFT, so lautete der Untertitel eines längst vergessenen Buches des Reiseschriftstellers *Richard Katz* aus dem Jahre 1934, das die drei als die Hauptsymptome des einseitigen Materialismus unseres Zeitalters schilderte (DREI GESICHTER LUZIFERS) und das mich in meiner Jugendzeit stark beeindruckt hat.

Der *Lärm* der Maschinen hat seit dem Jahr 1934 kaum nachgelassen, der Straßenlärm jedenfalls bestimmt nicht. Bekämpft wird er ja kaum, nur gelegentlich gemessen. Doch die Dezibel und Phon erfassen die Belästigung nicht. Motorenlärm von der gleichen physikalischen Lautstärke wie die Brandung des Meeres oder wie das Tosen eines Wasserfalls wirkt wesentlich unangenehmer. Woran das wohl liegen mag? Vielleicht an der Eigenart der vorbeirasenden Explosionsmotoren, die ein an- und abschwellendes Geräusch von seelenloser Gleichförmigkeit hervorbringen? Ein Geräusch, das sich zum Rauschen eines Baches verhält wie der Kunststoff zum Stein.

Oder liegt es einfach daran, daß es von vornherein verfehlt ist, den Lärm von der lärmenden Sache abzutrennen und für sich isoliert zu messen?

Doch die technischen Apparate werden allmählich leiser. Der Lärm mochte ein Gesicht Luzifers sein, ein Gesicht der Kybernetik ist er nicht mehr. Ob aber damit auch die Stille wiederkehrt? Lärmt der Computer etwa derart lautlos, daß uns erst recht Hören und Sehen vergehen?

Das Leiserwerden der *Maschinen* hängt mit deren zunehmender Effizienz im Zeichen der Rationalisierung zusammen: Die Dampfmaschine mit ihrem Stampfen, Zischen, der Automotor mit seinen von Explosionen gestoßenen Kolben sind noch reichlich unbeholfene, verschwenderische Geräte. Der Elektromotor ist schon viel perfekter – und leiser. Insbesondere wenn er elektronisch optimal gesteuert wird.

Doch ob das ein Grund zum Jubel ist? Vielleicht lärmt auch der Elektromotor lautlos. Vielleicht zeichnet sich ein fortgeschrittenes Maschinenzeitalter von hoher Effizienz ab, ein lärmarmes, schmerzloses, aseptisches Raumschiff Erde, ein optimal geöltes universales Räderwerk ohne Unwucht und Leerlauf, ein lückenlos, reibungsarm funktionierendes vernetztes Welt-System von satanischer Langeweile.

Heidegger sprach in dunkeln Andeutungen seine Ahnung aus von einem hintergründigen Zusammenhang zwischen dem rätselhaften Gedanken der *»ewigen Wiederkehr des Gleichen«* bei *Friedrich Nietzsche* und der »ständig rotierenden Wiederkehr des Gleichen« in der modernen Technik[231], jenem ewig gleich rotierenden Zug im Walten des Gestells, der in den Zahn- und Gummirädern, in den laufenden Bändern, in Motoren, Generatoren und Rotoren, in Turbinen, Propellern und Rotationspressen, in den Kühlmittelkreisläufen und den Feedbackregelkreisen zu erfahren ist.

Ausgerechnet im Zürcher Flughafen, wo die geflügelten Bestandteile der Weltmaschine in ewiggleicher Wiederkehr landen und starten, steht eine sich bewegende Plastik von Bernhard Luginbühl. Eine mächtige Kugel rollt auf einer Schiene, die von einem Elektromotor an jenem Ende, an dem die Kugel jeweils angelangt ist, leicht angehoben wird, in ewiger Wiederkehr hin und her. Das Ganze trägt den Namen Sisyphos.

Doch die Maschinen werden leiser, und sie rotieren immer weniger. In der modernen Armbanduhr kann man kein Uhrwerk mehr bestaunen. Die Raddampfer mit ihren gewaltigen Pleuelstangen und Schwungrädern, deren Stampfen und Rotieren man in der Tiefe des Schiffsbauches verfolgen kann, haben bereits ein nostalgisches Image. Zwar sind sie ein hervorragender Anschauungsunterricht für die ewige Wiederkehr des Gleichen, aber sie werden rar. Die neuen Maschinen lärmen unhörbar und rotieren unmerklich. Müssen sie darum so oft mit gleichmäßig stampfender Musik übertönt werden?

Allgegenwärtig wie der Lärm, aber gleichfalls im Verschwinden begriffen ist die *Drucktaste. Emil Kowalski* spricht geradezu von unserer »Drucktastenzivilisation«. Sie zeichne sich durch zweierlei vor allem aus: dadurch, daß die durch Drucktasten (Schalter, Wählscheiben, Hebel, usw.) ausgelösten technischen Vorgänge für die meisten Menschen absolut unverständlich seien (»Drucktaste als Grenze der Erkenntnis«) und zweitens durch den »Wunsch nach Sofortreaktion«, dadurch, daß die Drucktasten zur unmittelbaren, sofortigen Wirkung führten. Damit hätten wir das Warten verlernt.

Der Deospray und der Instantkaffee; die elektronische Schreibmaschine und die Instantdroge. Die Infrarotdrucktastenfernsteuerung und die Instantatomrakete...

Doch auch die Tage der Drucktaste sind gezählt. Sensoren nehmen überhand: optische, akustische, taktile. Die Richtung des weiteren Fortschritts ist absehbar: zur drucktastenfreien »direkten Kommunikation« zwischen Mensch und Maschine, zwischen Maschinenmensch und Menschmaschine. Die automatisch sich öffnenden Türen sind der Anfang, die Sprechschreibmaschine wird bald kommen. Am Ende der Entwicklung könnte ein strategischer Weltsicherheitscomputer stehen, der alle Bewegungen auf der Erde und den gesamten Telefon- und Funkverkehr überwacht und im kritischen Fall direkt die Instantraketen zündet.

Die Allgegenwart des dritten Stücks der Trias Lärm,

Maschine, Geschäft bedarf keiner langatmigen Erklärungen. Die Reduktion aller Dinge auf den *Geldwert* herrscht in West und Ost, und überall zieht das rechnende Denken seine Bilanz.

Geldwert – wir erinnern uns an das »Wertprinzip« und damit auch an den Platonismus, an die mißtrauisch-geschäftliche Grundhaltung unseres Zeitalters, an die kartesianische Suche nach der sicheren Gewißheit im Zweifel. Wurde auch der Geldwert zum fundamentum inconcussum, zum unerschütterten Fundament? Erschütterlich in Inflationen zwar, aber nun doch der sicherste Halt in der Wechselstube des Lebens? Sicherheiten nennt der Kaufmann seine Wertpapiere.

Kartesianismus und Platonismus fanden wir im Bund mit der Geschichte des Christentums, dem Christianismus – besteht etwa auch ein epochaler Zusammenhang hin zum Geschäft?

Die sprachliche Nähe von Credo und Kredit, von Gläubigen und Gläubigern, von Glaubwürdigkeit und Kreditwürdigkeit sticht ins Auge. Auch waren Kreuzritter oft Raubritter, und in der Geschichte des Christentums wurden im allgemeinen die Heiden jeweils im gleichen Atemzug zum rechten Glauben geleitet, wie sie um ihre Schätze geprellt wurden.

›Alles ist eitel, Du aber bleibst, und wen Du ins Buch des Lebens schreibst.‹ Dieser christliche Kanon klingt ergreifend, und der Text kann gewiß im Sinne einer tiefen Frömmigkeit verstanden werden. Aber er legt auch eine Auslegung nahe, welche die Welt als eitel abwertet und entzaubert – und deshalb verwandt ist mit der wissenschaftlich-technisch-geschäftlichen Entzauberung (Rationalisierung) – und welche die Heilsgewißheit bei einem jenseitigen Buchhalter sucht.

Händler und Wechsler wurden ja schon von Jesus aus dem Tempel gejagt. Und schon Heraklit verglich das Wechselspiel von »Weltfeuer« und »allem« mit dem Wechseltausch von »Gold« gegen »Gebrauchswaren«.[232]

Doch Gold ist im Gleichnis von Heraklit nicht nur Zahlungsmittel und auch nicht nur wertvollste Ware, sondern zugleich etwas in feurigem, sonnenhaftem Glanze Strahlendes.[233] Insofern haben jene Indianer, die ihr Land gutgläubig für einige farbigglänzende Glasperlen den Weißen überließen, mehr vom heraklitischen Tauschhandel erfaßt als die hämisch ihren Gewinn einstreichenden christlichen Geschäftsleute. Denn die entzaubernde Rationalisierung nimmt nicht nur der Welt ihren Glanz, sondern sogar noch dem von dieser Welt so hoch gewerteten Gold.

Nicht der Handel ist das Entscheidende beim modernen Geschäftswesen, sondern die rationalisierende *Reduktion* von allem und jedem auf einen glanzlosen, verrechenbaren Zahlenwert und außerdem die *Zentralisierung*.

Den Zusammenhang der Zentralisierung mit dem ineinandergreifenden Räderwerk der Technik hat deutlich schon *Friedrich Nietzsche* gesehen: »Die Maschine lehrt durch sich selber das Ineinandergreifen von Menschenhaufen, bei Actionen, wo Jeder nur Eins zu thun hat: sie giebt das Muster der Partei-Organisation und der Kriegsführung. Sie lehrt dagegen nicht die individuelle Selbstherrlichkeit: sie macht aus Vielen *eine* Maschine, und aus jedem Einzelnen ein Werkzeug zu *einem* Zwecke. Ihre allgemeinste Wirkung ist, den Nutzen der Centralisation zu lehren.«[234]

Das Einkaufszentrum und die Parteizentrale. Die Parteizentrale und das Konzentrationslager. Vielleicht schüttelt man bei dieser Gedankenverbindung den Kopf. Ich möchte sie aber nicht als Gleichsetzung verstanden wissen, sondern als drastische Betonung einer gemeinsamen Tendenz. Vielleicht empfindet man sie als taktlos und dies vielleicht zu Recht. Doch als ich mich kürzlich in einem voralpinen Meerwasserbadezentrum aufhielt, in dem es von entkleideten Menschen wimmelte, und als ich dann einen fensterlosen »Inhalationsraum« betrat, in welchem von der Mitte der Decke ein Inhalationsnebel auf die in diesem Raume versammelten Leiber herunterströmte, da konnte ich mich eines erschreckenden Gedankens nicht erwehren.

Zentralisierung und Reduktionismus ergänzen und fördern einander im überhandnehmenden Zustellen jedenfalls in auffälliger Weise:

– Die Reduktion auf die *Information* geht einher mit der Zentralisierung in *Daten- und Rechenzentren*, wenn nicht gar im Zentralcomputer der Staatspolizei;

– die Reduktion auf den *Geldwert* ermöglicht die Zentralisierung in *Banken* und *Einkaufszentren;*

– und schließlich gehört die Reduktion auf die *Energie* zur Zentralisierung im *Atomkraftwerk.*

Und der Zustellexzeß entspricht der von den Physikern angestrebten *»fundamentalen Unifizierung«.*

Der physikalische Energiebegriff, definiert als Arbeitsvermögen, ist kaum hundertfünfzig Jahre alt. Seine Einführung wurde aber schon durch Galilei, Newton und Huygens vorbereitet. Überdies wurden im 17. Jahrhundert von Leibniz Vorstellungen entwickelt, die ungefähr unserer Unterscheidung von potentieller und kinetischer Energie entsprechen. Ein Stein, der auf einem schiefen Turm oben losgelassen wird, verwandelt im Laufe des Falles seine potentielle Energie (Lageenergie) in kinetische; die Energie aber bleibt erhalten. 1673 formulierte Huygens in seinem Werk über die Pendeluhr eine erste Fassung des Satzes von der Erhaltung solcher mechanischer Energie. Das Pendel wird freilich durch die Reibung gebremst, und wo sich etwas reibt, entsteht Wärme. Und umgekehrt kann ein erhitzter Wasserkessel Arbeit leisten. Der eigentliche physikalische Energiebegriff wurde denn auch erst im Zeitalter der überhandnehmenden Dampfmaschine von Physikern eingeführt, die sich mit Arbeit und Wärme befaßten. Der Satz von der Erhaltung der Energie bei ihrer Umwandlung in verschiedene Erscheinungsformen wurde neu formuliert (J. R. von Mayer). Wärme ist seither ungeordnete Bewegungsenergie der Moleküle und Atome. Sie kann teilweise in geordnete mechanische Bewegungsenergie umgewandelt werden (Dampflokomotive) und diese in die Energie einer gespannten Feder (Eisenbahnpuffer) und so weiter – die Summe der Energie aber bleibt konstant. Helmholtz erweiterte den Geltungsbereich dieses Erhaltungssatzes auf alle damals bekannten Energieformen, auf akustische, chemische, elektrische und magnetische Energie. Offensichtlich stand der physikalische Energiebegriff von Anfang an im Dienste der *fundamentalen Unifizierung.* Die Mächte des Windes und des Wassers, die Brennstoffe der Erde, die Kraft des Magnetsteins und die Blitze des Himmels: alles heißt nunmehr Energie.

Neun Jahre vor dem Ersten Weltkrieg gelang dann die bis dahin folgenschwerste fundamentale Unifizierung: Albert Einstein formulierte mit seiner berühmten Formel (E = mc²) die Äquivalenz von Energie und Materie. Und die Atomphysik schritt weiter auf dem Unifizierungsweg: von der Welt zur Weltformel. Die Weltformel wäre nach Carl Friedrich von Weizsäcker »so etwas wie eine universelle Bewegungsgleichung«, die »alle Energiesorten umfaßt«.

Doch damit nicht genug: Weil die modernen Weltformelbestrebungen den Meßprozeß (den »Beobachter«) einbeziehen müssen, zeichnet sich eine weitere Unifizierung ab. Sie könnte nach Weizsäcker unter der Flagge der Kybernetik geschehen, denn wenn der Physiker etwas messe, erhalte er »Information«. Für Weizsäcker lassen sich die »Elementarteilchen« der Materie (die Teilchen und Antiteilchen, z. B. Elektron und Positron) aus »Uralternativen« gewissermaßen binär-digital ableiten. Materie, Masse ist also Information, welche der messende Physiker abfragt. Masse aber ist nach Einstein Energie, und somit ist auch Energie, folgt man Weizsäcker, Information.

Jetzt fehlt nur noch das Geld. Doch auch dieses wurde von Weizsäcker einbezogen: Arbeit sei Erzeugung von Information, und die Arbeitszeit sei demnach ein Maß für die Menge der erzeugten Information. Da das Geld, der Lohn, aber der Arbeitszeit entspreche, sei auch das Geld ein Maß für die Menge dieser Information.[235] Zeit ist im Tick-Tack-Zeitalter nämlich immer noch Geld, aber Zeit ist jetzt auch Information.

Energie: Materie: Information: Geld – wir stehen glücklich vor der *allerfundamentalsten Unifizierung aller Zeiten.*

Haben die eben angeführten Zentralinstitutionen – Bank, Einkaufszentrum, Polizeizentrale, Atomkraftwerk – also auch einen ganz grundsätzlichen Zusammenhang? Der Gedanke an einen Einkauf zu Hause, vom Bildschirm aus, mit abrufbaren

Teletext- oder Videotexkatalogen und einem entsprechenden Rohrpostliefersystem, wobei sowohl der individuelle Anteil am Atomstromverbrauch der ganzen Maschinerie als auch die Kosten für die bestellten Waren automatisch auf einem bargeldlosen Bankkonto verrechnet werden – dieser Gedanke gibt uns vielleicht eine schwache Ahnung von den Möglichkeiten des fundamental unifizierten Glücks. Da dieses System sabotage- und pannenanfällig wäre, müßte es gut überwacht werden, wozu es aber selbst die besten Voraussetzungen böte: Jede Bestellung könnte in der Polizeizentrale registriert und zu einem entsprechenden »Konsumprofil«, einem Robotbild der Persönlichkeit des Bestellers, aufgearbeitet werden. Besonders verdächtig wären natürlich alle Konsumverweigerer. Doch eine permanente elektronische Meinungsumfrage bei allen Angeschlossenen könnte die Gesamtpolitik des Systems berechen- und steuerbarer machen und oppositionelle Strömungen frühzeitig auffangen und neutralisieren. Günstig für das System wäre es wohl auch, wenn das Bankkonto bis zu einem gewissen Ausmaße automatisch überzogen werden könnte, damit durch eine generelle Verschuldung die Systemmoral angehoben würde. Notfalls könnte ja ein abrufbarer Bildschirmtherapeut überschießende Schuldgefühle wieder reduzieren.

Solche Horrorvisionen tauchen inzwischen schon in Schüleraufsätzen auf, und außerdem sind die Komponenten des geschilderten Systems ja alle schon erfunden und teilweise sogar in Betrieb; nur die Zusammenfügung steht noch aus. Die Wirklichkeit ist immer sowohl weniger schlimm als auch noch viel schlimmer. Darum haben die »Positiven« recht, wenn sie den »Negativen« entgegenhalten, daß es auch heute noch, Orwell und Huxley zum Trotz, echte, »unverstellte« Mitmenschlichkeit gebe. Aber auch die »Negativen« haben recht, denn im Prinzip ist das beschriebene System schon seit vielen Jahren etabliert, die »Weltformel« Energie / Materie / Information / Geld längst veranschaulicht.

Der physikalische *Energiebegriff* (und auch der psychologische, im Sinne von Tatkraft und Leistungsvermögen) geht übrigens auf einen gelehrten Sprachgebrauch des achtzehnten Jahrhunderts zurück. Das Wort hatte damals die Bedeutung wirkende Kraft. Es ist vom griechischen energeia über die lateinische Form energia zu uns gekommen. Energeia war ein philosophisches Grundwort bei Aristoteles. Doch die energia des achtzehnten Jahrhunderts – und damit erst recht unser physikalischer und psychologischer Energiebegriff – haben sich weit von der aristotelischen energeia entfernt. Ergon heißt Werk. Jene en-ergeia war das »Im-Werk-Sein«, die »Werkheit«. Etwas kam von sich her (wie etwa eine Pflanze aus dem Boden) oder durch das Handwerk des Menschen (wie etwa ein Tisch) für eine Weile in die ruhige Anwesenheit hervor, ins »Werk«. Dann stand es im ruhigen Glanze der energeia. Diese energeia war noch keinswegs jene unruhige Dynamik, welche zum Kraft- und Energiebegriff der Neuzeit gehört.

Es ist nur ein Wortspiel, kein wortgeschichtlicher Hintersinn, wenn man die aristotelische energeia mit der enargeia, dem »Im-klaren-Glanze-Stehen« (vgl. argentum: Silber) zusammen-bringt. Aber zur energeia gehörte der stille Silberglanz der Anwesenheit. Wir aber, mit unserer fundamental-unifizieren-den Energie, haben den Silberglanz der energeia für ein paar Silberlinge verschachert, und selbst die Silberlinge haben wir noch für binär-digitale Magnetspuren im bargeldlosen Bank-computer versetzt.

Zugleich freilich könnte gerade die aristotelische Werkheit doch auch eine stille epochale Voraussetzung für das Herauf-kommen des überhandnehmenden Herstellens sein. Dann stünde die Reduktion von allem auf die physikalische Energie doch in einem geheimnisvollen epochalen Zusammenhang mit der alten energeia. Dann wäre *das Atomkraftwerk* ein ganz besonderes Denk-Mal des Gestells.

Im sich überstürzenden Zustellungstaumel wird die Natur von immer energiesüchtigeren An-Gestell-ten gezwungen, ihre Energien zur Verfügung zu stellen, vom Holz über Kohle, Erdöl

und Erdgas zur Spaltung des Urans im Atomreaktor und weiter
in dieser Steigerung zum Hochtemperaturreaktor, zum Schnellen Brüter und zur Atomkernverschmelzung in einem zukünftigen Fusionsreaktor.

Einst war es für uns im Winter kalt und im Sommer heiß, und
die Wärme kam vom Feuer des Himmels. Beschränkten Schutz
vor der Kälte boten die Wolle und die sparsame Verbrennung
von Holz, das im Sonnenschein gewachsen war. Dann begann
der Mensch, die Erde anzubohren. Immer tiefer schürfte er nach
energieliefernden Bodenschätzen. Schließlich stieß er auf ein
Erz, das es erlaubte, die Materie selbst in ihrer Grundstruktur zu
spalten und Masse in Energie umzuwandeln. Die Fusion von
Wasserstoff zu Helium aber wird als Hauptenergiequelle der
Sonne betrachtet. Und so schickt sich denn der Mensch mit dem
Fusionsreaktor an, die Sonne selbst auf die Erde zu holen.

Der lange Marsch der Energienutzung führt von der Sonne auf
immer vermesseneren Umwegen wieder zur Sonne. Nur daß am
Ende des Marsches die kurzsichtige Hybris so sehr angewachsen
ist, daß sie sich jetzt zutraut, das Feuer des Himmels auf der Erde
selbst entflammen und in den Griff bekommen zu können, ohne
sich dabei auch nur die Finger zu verbrennen. Der andere Weg,
die sanfte Solartechnologie, führt auch zur Sonne, läßt sie aber
oben am Himmel stehn.

Der Zustellexzeß der Atomindustrie wäre nicht denkbar ohne
die Entdeckung und Beherrschung der *Elektrizität*. Mit ihr
wurde es in einem noch nie dagewesenen Maß möglich, sinnlich
wahrnehmbare Effekte über weite Distanzen hin auf sinnlich
nicht wahrnehmbare Weise hervorzuzaubern. Denkt heute der
Mensch »es werde Licht!«, genügt ein Schalterdruck; und das
Elektrizitätsnetz garantiert die Stromzustellung in die abgelegensten Täler.

Das *Atomkraftwerk* soll diese Stromzustellung sicherstellen.
Doch das Atomkraftwerk verlangt seinerseits gigantische Sicherheitsmaßnahmen. Nach dem Bericht der offiziellen Untersuchungskommission war beim Unfall im Atomkraftwerk von
Harrisburg ein kleiner Zettel, der eine aufleuchtende Warnlampe

verdeckte, mit ein Grund für die Verwirrung des Bedienungspersonals.[236] Man muß das nebeneinander sehen: die Sicherstellung der Energieversorgung der Bevölkerung von Pennsylvania, den Zettel auf einem Lämpchen – und die Unsicherheit, in der die Bevölkerung von Harrisburg und Umgebung tagelang schwebte, wie es DIE FRAUEN VON HARRISBURG[237] bezeugen können.

Die Befürworter von Atomkraftwerken beschwören die Gefahr eines Energiemangels, die Gegner die Katastrophengefahr beim Betrieb der Kraftwerke oder beim Umgang mit den Abfällen. Die Befürworter fechten pauschal mit dem Argument, die Atomenergie sei »umweltfreundlich« und »sicher«, die Gegner bestreiten diese Behauptung mit vielen Einzelargumenten und mit allem Nachdruck, und sie befürchten von den Sicherheits- und Überwachungsmaßnahmen das Heraufkommen des »Atomstaates«. Die Befürworter betonen die geringe Wahrscheinlichkeit einer katastrophalen atomaren Verseuchung; die Gegner kann das nicht beruhigen, weil für sie wegen des unermeßlichen Ausmaßes einer solchen Katastrophe auch eine geringe Wahrscheinlichkeit untragbar ist. Außerdem weisen sie darauf hin, daß über längere Zeit und beim Betrieb vieler Atomkraftwerke gewisse radioaktive Stoffe, die auch im Normalbetrieb einem Atomkraftwerk entweichen, sich in der Natur in einer gefährlichen Weise akkumulieren könnten. Die Befürworter hoffen auf die Vorteile des »faustischen Paktes«[238] der Menschheit mit den Kräften der atomaren Unterwelt; die Gegner sehen im Atomkraftwerk »die letzte Maschine«[239], in welcher das Gewalttätige und Riesenhafte der modernen Technik gipfelt und welche über das Stromnetz (und wenn es der Teufel will, auch über die Luft, die den radioaktiven Staub verbreitet) der »nuklearen Priesterschaft« eine Macht einräumt, wie sie einem absoluten Monarchen nicht im Traume möglich war, über die hinterste Hütte in der abgelegensten Region und auch über alle kommenden Generationen im »hunderttausendjährigen Reich« der Atommüllwirtschaft. Was würden wir heute sagen, fragen die Gegner, wenn uns die Römer vor zweitausend Jahren

in Gallien, Germanien und Helvetien radioaktives Plutonium
mit einer Halbwertszeit des Zerfalls von vierundzwanzigtausend
Jahren hinterlassen hätten? Schließlich bangen die Befürworter
um die nächste Zukunft unserer energiefressenden Industriegesellschaft, und die Gegner sehen in der Verplanung der Zukunft
nach dem Muster der Gegenwart, in dieser »Verlängerung und
Verhärtung der Gegenwart«, eben gerade keine Zukunft.[240]

Bei dieser heftigen Diskussion finde ich besonders bedenklich,
daß die Befürworter den Gegnern »Emotionalität« und
»Unsachlichkeit« vorwerfen und mit bedauernder Miene von
einem »Glaubenskrieg« sprechen, während die Gegner, die sich
öffentlich äußern, sich im allgemeinen bemühen, auf die Argumente der Befürworter im einzelnen genau einzugehen. Zum
Beispiel wurde Carl Friedrich von Weizsäckers Plädoyer für die
Atomenergie[241] umgehend und Punkt für Punkt kritisch beantwortet.[242] Umgekehrt wirken manche Befürworter (Weizsäcker
ist hier nicht gemeint) in ihrer Argumentation oft erstaunlich
verschwommen, und nicht selten verhalten sie sich in der
Öffentlichkeit so, als hätten sie von den Einwänden der Gegner
noch nie etwas gehört, zum Beispiel von der Dokumentation
von Holger Strohm oder von den technologischen Überlegun-
gen eines Klaus Traube oder von den grundsätzlichen Erwägun-
gen eines Jürgen Dahl[243] und eines Robert Spaemann[244].
Geschieht dies aus Unfähigkeit oder aus Absicht? Fühlen sie sich
eigentlich mitten in einem Propagandakrieg?

Die Verstellung der Sprache spricht allerdings dafür. Über
eine Priesterschaft, die ein so monströses Wort wie »Entsor-
gungspark« in die Welt setzen kann, sollen wir uns keine Sorgen
machen? Wie sollen wir uns zu einer Propaganda verhalten, die
glaubt, mit der partiellen Ersetzung des Wortes Atom durch das
Wort Kern durchzukommen? Partiell, weil sie die Atombombe
weiterhin Atombombe und nicht etwa Kernbombe nennen.

Sehr eindrücklich war es, die öffentlichen Äußerungen von
schweizerischen Atomkraftwerkbetreibern während und nach
den kritischen Tagen von Harrisburg zu verfolgen. Als sich im
Unfallreaktor eine »Wasserstoffblase« entwickelte und noch eine

Explosion und eine große Katastrophe befürchten ließ, und als bei den Verantwortlichen des Atomkraftwerks von Three Mile Island weitherum Panik herrschte (wie der Bericht der offiziellen Untersuchungskommission belegt), grenzten sich unsere Verantwortlichen gramvoll spröde ab: Sie hätten, hieß es, zu wenig Informationen aus Amerika, und sie hätten auch nie behauptet, so etwas könne nicht passieren; auch zur Atomtechnik gehöre eben ein gewisses Risiko. Doch nachdem dann die drohende Blase wieder kleiner geworden und die Katastrophe nicht eingetreten war, verkündeten dieselben Leute triumphierender denn je: der Verlauf des »Störfalls« habe nun doch gerade bewiesen, daß Atomkraftwerke sicher seien! Die Notlandung war geglückt und hatte bewiesen, daß Flugzeuge nicht abstürzen können...

Die Kernkraft streitet mit der Atomkraft, während die »Sorgung« unbeirrt weiter an ihren Sachzwängen zimmert.

»Schuster, bleib bei deinem Leisten!« werden mir gewisse Atomlobbyisten zurufen – oder soll ich sie jetzt lieber Kernfreunde nennen? Gut denn, ich bleibe bei meinen Leisten: Als Fachmann protestiere ich hier dagegen, daß gewisse Befürworter der Atomenergie die Psychologie mißbrauchen, indem sie die Sorgen der Gegner als – zwar verständliche, aber im Grunde unberechtigte – »unbewußte archetypische Projektionen« deuten. Wer dafür ist, ist vernünftig, reif und gesund, wer dagegen ist, ist »unbewußt dagegen«, neurotisch, dumm und vielleicht sogar krank.[245] Ich protestiere. Denn vielleicht liegt der Weg von solcher psychologischer Diffamierung des Gegners bis zu seiner »Psychiatrisierung« nach dem Muster der Sowjetunion nicht allzu weit...

Trotz der Umtaufe auf Kerniges ist das Atomkraftwerk mit der *Atombombe* grundsätzlich verflochten, und das in mindestens fünffacher Weise:

1. Historisch im Hinblick auf die technologischen Voraussetzungen der »friedlichen Nutzung der Atomenergie«. Zuerst kam die Bombe, und dann wurde sie »gezähmt«.

2. Das Atomkraftwerk produziert nicht nur Energie, sondern auch eine ganze Reihe von in der Natur nur gebunden oder sehr

verdünnt vorkommenden unheimlichen Stoffen, allen voran ein
radioaktives Plutoniumisotop. Die Atomphysik hat nämlich den
Traum der Alchimisten, die künstliche Herstellung von Gold, in
einer von diesen Alchimisten nicht geahnten und wohl kaum
gewünschten Weise erfüllt. Das Element Gold *ist* jetzt herstellbar, allerdings nur zu einem unsinnig hohen Preis. Sehr viel
lohnender ist in der nuklearen Hexenküche die Herstellung von
Elementen, die sich für eine Bombe eignen, eben zum Beispiel
die Herstellung jenes fatalen Transurans, das den Namen des
römischen Gottes der Unterwelt trägt: des Pluton. Daß die
Atomkrafttechnik die Atomwaffen weiter verbreiten kann, wird
wohl niemand bestreiten. Am bedenklichsten sind in dieser
Hinsicht die Schnellen Brüter und allfällige kombinierte
Fusions- und Spaltungsreaktoren. Plutonium wird hergestellt
und Gold ist herstellbar, aber –

> Wenn sie den Stein der Weisen hätten,
> Der Weise mangelte dem Stein.
>
> Goethe, FAUST II [246]

3. Ein Atomkraftwerk als Angriffsziel könnte sich wie eine
Bombe auswirken. Dies hat der (immer noch »konventionelle«)
israelische Angriff auf einen noch ungeladenen irakischen Atomreaktor wie eine Manöverübung vorexerziert.

4. Ein schwerwiegender »Störfall« in einem Schnellen Brüter
könnte Auswirkungen haben wie eine kriegerische Atomexplo-
sion. Aber auch bei einem »konventionellen« Atomkraftwerk
hätte eine Katastrophe verheerende, kaum absehbare Folgen:
Chaotische Evakuationen, Flucht in unvorbereitete Schutz-
räume, die Sisyphosarbeit der Dekontamination, die Strahlen-
krankheit – »Holocaust – wie war das nur möglich, nie darf es
wieder geschehen!« Es ist schon beinahe wieder geschehen, in
Harrisburg, Pennsylvania.

5. Da die »Hohenpriester des Gestells« den Bau der Bombe
ermöglicht haben, könnte es sich als nützlich erweisen, nachzu-
schauen, womit sich die Mitglieder dieser Priesterkaste denn

heute eigentlich befassen. Einige machen sich die Hände nicht mehr mit Waffentechnik schmutzig. Sie stellen, aus reiner wissenschaftlicher Neugierde, nur der fundamental unifizierenden Weltformel nach. Dazu bauen sie *Teilchenbeschleunigungsmaschinen*. Geladene Elementarteilchen werden durch eine elektrische Spannung beschleunigt und durch Elektromagnete auf einer konstanten Kreisbahn gehalten. Die Teilchenenergien, die man so erreicht, werden immer größer, und entsprechend steigen der Umfang der Kreisbahn und der Aufwand an Elektrizität. 1959 wurde in Genf ein Protonensynchrotron in Betrieb genommen, das eine Teilchenenergie von 28 Gigaelektronenvolt erreichte und einen Kreisumfang von etwa 600 Meter aufwies, und 1976 ein 400–500/Gigaelektronenvolt-Superprotonensynchroton mit einem Kreisumfang von etwa 7000 Meter. Zur Zeit aber projektiert man in derselben Stadt eine große Elektron-Positron-Beschleunigungsanlage, die in einem kreisförmigen unterirdischen Tunnel von fast 30 Kilometer Länge eingerichtet werden soll, der durch den Kanton Genf und das angrenzende Frankreich zieht. Die Anlage soll gut ein halbes Prozent der jährlichen schweizerischen Stromproduktion verzehren. Soll wohl bald ein Synchrotronring rund um den Erdball gebaut werden, der neunundneunzig Prozent der globalen Stromproduktion verbraucht? Bereits spricht man davon, daß man mit dem neuen Beschleuniger rasende Elektronen und Positronen zur Frontalkollision bringen werde, wodurch ein »Feuerball« hoher Energiedichte entstehe, der sich erneut in Materie verwandeln werde. Der Mini-Urknall im Laboratorium ist perfekt. Bald auch in immer größeren Mini-Urknällen die Zerstörung der Welt auf der Suche nach der Weltformel? Ominöser als meine Unkenrufe klingt das Zitat eines Physikers, der 1979 folgende Sätze schwarz auf weiß publiziert hat: »Falls der Neutrinofluß in Grenoble nicht genügen sollte, besteht die Möglichkeit, auf einen kommerziellen Kernreaktor mit seinem viel höheren Neutrinofluß auszuweichen. Eine weitere Möglichkeit ist der sogenannte pulsierte Reaktor; er besteht im Prinzip aus zwei unterkritischen Plutoniummassen, die so schnell aneinander vorbeigeführt werden, daß keine Explosion, wohl aber ein extrem starker Strahlungsimpuls entsteht. Ein solcher Reaktor ist nicht ungefährlich; vorderhand gibt es nur in Dubna (UdSSR) eine solche Anlage.«[247]

Man läßt, um den Neutrinos auf den Sprung zu kommen, eine Atombombe beinahe explodieren. Man zündet die Zündschnur an und löscht noch im allerletzten Moment, wenn der Sprengstoff bereits heiß ist, aber noch nicht explodiert!

Atomkraftwerk und Atombombe sind miteinander und auch mit der Grundlagenforschung der Physik verflochten. In allem waltet überhandnehmendes Nachstellen, überhandnehmender Wille zur Macht im Sinne des »vorsätzlichen Sichdurchsetzens«, wie Martin Heidegger 1946 schon festhielt: »Was den Menschen in seinem Wesen bedroht, ist die Willensmeinung, durch eine friedliche Entbindung, Umformung, Speicherung und Lenkung der Naturenergien könne der Mensch das Menschsein für alle erträglich und im ganzen glücklich machen. Aber der Friede dieses Friedlichen ist lediglich die ungestört während Unrast der Raserei des vorsätzlich nur auf sich gestellten Sichdurchsetzens.«[248]

Zu dieser Raserei gehört natürlich auch die unfriedliche *Atomrakete*. Sie zeigt wie ein drohender Pfeil nochmals auf die Grundweisen des überhandnehmenden Stellens:
– auf das Nachstellen im Amoklauf des Wettrüstens;
– auf das Herstellen: Auch der Weltuntergang ist nun herstellbar;
– auf das Vorstellen: Wer Atomraketen aufstellt, muß pausenlos die ganze Welt astronautenperspektivisch vor sich stellen, mit Satelliten, Zentralcomputer und Welt-Bildschirm;
– auf das Sicherstellen: Wer Atomraketen aufstellt, muß das Gerät jederzeit mit der rigorosen Disziplin sämtlicher An-Gestell-ter gegen Sabotage, Pannen, Verrottung und gegen ein unbeabsichtigtes oder auf Falschmeldungen beruhendes Losgehen sichern;
– auf das Zustellen: Die Sicherstellung erfolgt im Zeichen der

Kybernetik, der Zustellung aller Informationen zur unbedingten Überwachung der Welt;
– auf das feststellende Verstellen von Raum und Zeit: Nun herrscht die geometrische Raumvorstellung absolut. Das Ziel einer interkontinentalen Atomrakete mag zwar pro forma noch Nowosibirsk oder Oklahoma-City heißen – eigentlich charakterisiert ist es nur durch exakt definierte Koordinatenzahlen. Nun herrscht auch die Zeitachsenzeit, die Uhr-Zeit, absolut. Es geht mit letzter Humorlosigkeit nur noch um Minuten und Sekunden.

Doch es sind nicht einzelne Raketen. Zu jeder Rakete gehört mindestens ein Gegenstück, und die beiden gegeneinander gerichteten Glieder dürfen nicht isoliert betrachtet werden. Das ist, als würde man die eine Backe einer Zange beschreiben, ohne die andere Backe auch nur zu erwähnen.

Die beiden Supermächte haben ihre Atomraketen gegeneinander gerichtet. Die Raketenzange entspricht der *Dialektik* der sich gegenseitig ausschließenden Welt-Anschauungen. Im titanischen Kampf um die Erdherrschaft beharrt jede Seite auf ihrem Recht. Vierundzwanzig Stunden am Tage und dreihundertfünfundsechzig Tage im Jahr müssen sie sich pausenlos bewachen, und sie dürfen nie erlahmen in der Auseinandersetzung mit dem Widerspruch der Gegenseite, mit dem jeweiligen »Brennpunkt des Bösen«. Allerdings sind die Hauptakteure auf beiden Seiten nicht Titanen, sondern alte, nicht selten auch kranke Männer: müde An-Gestell-te.

Der sich steigernde Rüstungswettlauf könnte sehr wohl den Ausgleich schaffen zwischen kapitalistischer Wirtschaftsfreiheit und kommunistischer Zwangsgerechtigkeit, in einer universalen Zwangswirtschaft ohne Freiheit und Gerechtigkeit.

Gehört diese destruktive Art der *dialektischen Vermittlung zwischen Gegensätzen* etwa zur *Technik* überhaupt? Während das Fernsehen zwischen nah und fern vermittelt und dabei beides, das Nahe und das Ferne, entstellt, gleicht die Klimaanlage entstellend zwischen Sommer und Winter aus, macht die elektrische Beleuchtung die Nacht zum Tag. Eine noch radika-

lere Vermittlung könnte die Biochemie eröffnen, welche dem
Farbstoff in den Sehzellen des Auges nachstellt und drauf und
dran ist, uns durch gezielte medikamentöse Eingriffe das nächtli-
che Infrarotsehen zu erschließen – uns und den jungen Soldaten.

Die Raketenzange ist vielleicht die äußerste Konsequenz des
Überhandnehmens jener Dialektik, die sich schon bei Kant
andeutete und die am deutlichsten bei Marx und Hegel hervor-
tritt. These, Antithese, Synthese – Thesis heißt auf griechisch
das Stellen. Stellen, Entgegenstellen, Darüberhinauszusammen-
stellen: Ist die Dialektik ein Vorspiel des Gestells?

Während die klassische, von Aristoteles inspirierte Logik den
Widerspruch nach Möglichkeit vermeidet, wird er in der Dialektik gesucht, und die Gegensätze werden gegeneinander ausge-
spielt, um sie in dieser Zuspitzung zu überwinden. Der Widerspruch, vormals eine geächtete Hexe, wird nun, wie Marx sagt,
zur »Springquelle«.[249] Damit kommt etwas unruhig Drängendes
auf. These, Antithese, Synthese – und schon ist die Synthese
wieder nur These für den nächsten dialektischen Fortschritt. Die
These wird in der Synthese, wie Hegel sagte, »aufgehoben«.[250]
Aufheben aber heißt: emporheben, aufbewahren *und* ungültig
machen.

Entgegen Hegels Intention, die Gegensätze zu versöhnen,
verhärtet der dialektische Fort-Schritt wohl noch die Herrschaft
des machtbesessenen objektivierenden Subjekts. Bei Hegel ist
das Subjekt der absolute Geist, bei Marx ist es das Kollektivsubjekt Gesellschaft, aber Subjekt bleibt Subjekt. Nur wird nun das
Subjekt, Descartes' denkende Sache, die res cogitans, immer
mehr zur res agitans, zur hetzenden Sache, hetzend in den Fort-
Schritt und gehetzt am Ende vom »Willen zur Macht« und von
der Raketenzange des Gestells.

Der dialektische Kampf der Welt-Anschauungen hat seine
Wurzeln in der neuzeitlichen europäischen Philosophie. Die
Raketenzange der Supermächte ist, wie die Herrschaft des
Gestells überhaupt, von *Europa* ausgegangen.

Verhinderte die Raketenzange bis heute die Alleinherrschaft
einer Supermacht, so förderte doch ihre Dialektik um so mehr

die Weltherrschaft des Maschinenwesens. Das Gestell ist ein *Welt-Schicksal* geworden, für West und Ost und für die sogenannte Dritte Welt. Wo sich ihm auch etwas entgegenzustemmen versuchte, stets hat das Gestell am Ende gesiegt. Seine wirksamsten Missionare sind der westliche Kapitalismus mit der freien Marktwirtschaft und seiner »Entwicklungshilfe« und der östliche Kommunismus mit dem zentralistischen Plan und dessen »Entwicklungshilfe«.

Der dialektische Streit verschleiert so das Gemeinsame: Produktion und Konsum, Astronautenperspektive und überhandnehmendes Messen und Rechnen herrschen in Ost und West. Hüben wie drüben diktiert die Industriegesellschaft den Wert und die Bedeutung von allem. Hier wie dort wächst die »geometrische Wüste«, wird die Zeit der angestellten Funktionäre aufgeteilt in Arbeitszeit und Freizeit. Beide, Kommunismus und Kapitalismus, denken anthropozentrisch (radikaler Humanismus), verstehen alles als verfügbares Material (Materialismus), und sie organisieren die Bedürfnisbefriedigung des Subjekts (Bedürfnisprinzip). Beide wollen ihre Wirtschaft des Herstellens rationalisieren und sie im Einverständnis zwischen Industrie, Militär und perspektivisch vorstellender, objektivierender Wissenschaft für die Auseinandersetzung sichern und rüsten – einander nachstellend, mit beiderseits rechnenden An-Gestellten, die Welt im Kampf um die Weltherrschaft entstellend.

Die Vereinigten Staaten und die Sowjetunion sind natürlich nicht gleichzusetzen und das Gesagte paßt auch nur sehr bedingt zu dem, was man in Europa als links und rechts bezeichnet.

Jedoch – so wie uns heute an der katholischen und der reformierten Kirche das Gemeinsame bedeutsamer erscheint als das Trennende, das doch einst in blutigen Kriegen ausgetragen wurde, so könnte späteren Zeiten das Gemeinsame von Kapitalismus und Kommunismus eher auffallen als uns – ihr Gemeinsames im Zeichen des Gestells.

Spätere Zeiten? Sofern überhaupt.

1935, lange vor der Installation der Raketenzange, sagte Martin Heidegger in einer Vorlesung: »Dieses Europa, in heilloser Verblendung immer auf dem Sprunge, sich selbst zu erdolchen, liegt heute in der großen Zange zwischen Rußland auf der einen und Amerika auf der anderen Seite. Rußland und Amerika sind beide, metaphysisch gesehen, dasselbe; dieselbe trostlose Raserei der entfesselten Technik und der bodenlosen Organisation des Normalmenschen. Wenn die hinterste Ecke des Erdballs technisch erobert und wirtschaftlich ausbeutbar geworden ist, wenn jedes beliebige Vorkommnis an jedem beliebigen Ort zu jeder beliebigen Zeit beliebig schnell zugänglich geworden ist, wenn man ein Attentat auf einen König in Frankreich und ein Symphoniekonzert in Tokio gleichzeitig ›erleben‹ kann, wenn Zeit nur noch Schnelligkeit, Augenblicklichkeit und Gleichzeitigkeit ist und die Zeit als Geschichte aus allem Dasein aller Völker geschwunden ist, wenn der Boxer als der große Mann eines Volkes gilt, wenn die Millionenzahlen von Massenversammlungen ein Triumph sind – dann, ja dann greift immer noch wie ein Gespenst über all diesen Spuk hinweg die Frage: wozu? – wohin? – und was dann?«[251]

Doch mag Heideggers Zitat auch Bedenken wecken: Es stammt aus dem Jahre 1935, zwei Jahre nach Hitlers Machtergreifung. Hatte Heidegger, am Anfang, den Nationalsozialismus nicht öffentlich unterstützt? Beruhte seine »metaphysische« Kennzeichnung von Rußland und Amerika etwa nur auf einem deutschnationalen Vorurteil?

Weil unser Rundgang durch die Welt des überhandnehmenden Maschinenwesens Heideggers Deutung der Technik viel verdankt und erfahrungsgemäß mancher Versuch, sich mit Heidegger auseinanderzusetzen, von vornherein durch den Gedanken an seine politische Vergangenheit gelähmt wird, scheint es angebracht, an dieser Stelle auf die Frage nach dem Verhältnis von Heidegger zum *Nationalsozialismus* kurz einzugehen.

Im Frühling des Jahres 1933 wurde Heidegger zum Rektor der Albert-Ludwigs-Universität in Freiburg im Breisgau gewählt. Bald darauf trat er in die nationalsozialistische Partei ein. Während gut einem halben Jahr setzte er sich in der Folge in

Universitätsreden und schriftlichen Äußerungen in der Studentenzeitung für den Nationalsozialismus und für Hitler ein, wie mehrere Quellen belegen.[252]

Rassistische und antisemitische Töne sind in diesen Texten keine zu finden. Der frischgebackene Rektor widersetzte sich der Aushängung eines diskriminierenden Judenplakates, und es gibt auch Hinweise dafür, daß er gegen den Boykott jüdischer Dozenten eingetreten ist.[253] Eine Bücherverbrennung auf dem Universitätsgelände untersagte er. Im Interview mit dem *Spiegel* aus dem Jahre 1966, das erst nach seinem Tode veröffentlicht wurde, und in einem erst kürzlich von seinem Sohn veröffentlichten Rückblick von 1945[254] legte Heidegger dar, daß er mit der Annahme des Rektorates auch hoffte, die Universiät im nationalsozialistischen »Aufbruch« als Versammlungsstätte des Geistes zu retten, um mit der Zeit vielleicht »in geheimem Zusammenhalt« mit Gleichgesinnten »die an die Macht gekommene ›Bewegung‹ zu läutern und zu mäßigen«. Man kann dies als nachträgliche Rechtfertigung abtun, aber der Titel seiner Rektoratsrede lautete immerhin DIE SELBSTBEHAUPTUNG DER DEUTSCHEN UNIVERSITÄT.

Als man dann zu Beginn des Jahres 1934 von ihm die Absetzung zweier in Opposition zum Nationalsozialismus stehender Dekane verlangte, weigerte er sich und trat von seinem Amt zurück. Seitdem wurde er von der Partei bespitzelt und von nationalsozialistischen Philosophen bekämpft. Zahlreiche Quellen belegen nunmehr seine kritische Haltung dem Regime gegenüber. In den Vorlesungen jener Jahre konnten »die Hörenden unter den Hörern« sehr wohl eine Auseinandersetzung mit dem Nationalsozialismus heraushören. Gewisse Bemerkungen in diesen Vorlesungen erinnern heute fast an die pfiffigen Aussagen des braven Soldaten Schwejk.[255] Andere Bemerkungen stellten Teile der nationalsozialistischen Ideologie offen in Frage.[256] Sie sollten auch gegen den Druck gewogen werden, der damals, spätestens nach der Ermordung von parteiinternen und -externen Gegnern Hitlers im Juni 1934, in Deutschland herrschte.

Da Heidegger von den nationalsozialistischen Ideologen abgelehnt wurde, war er in den folgenden Jahren in seiner öffentlichen Tätigkeit stark behindert. Er durfte nicht zu Kongressen ins Ausland fahren, konnte nur noch mit Mühe publizieren, und gegen Ende des Krieges wurde er mit anderen mißliebigen Professoren zu Schanzarbeiten an den Rhein kommandiert.

Nach dem Krieg verhängten die französischen Besatzungsbehörden zunächst ein Lehrverbot über Heidegger, welches erst im Jahre 1951 aufgehoben wurde.

Heideggers kurzes Engagement für den Nationalsozialismus warf lange Schatten. Während andere, die sich erst viel später als er vom Nationalsozialismus abgewandt hatten, nach dem Krieg als mutige Gegner gefeiert wurden, rechnete man ihm jedes unglückliche Wort, das er in den Tagen des nationalsozialistischen Aufbruchs hatte verlauten lassen, vor, die nach 1934 geäußerten Worte hingegen ignorierte man weitgehend. Auch wurde er nach dem Krieg zeitweise geradezu verleumdet, und erst nach seinem Tod beruhigte sich die Diskussion.[257] Ein Grund für die heftigen Auseinandersetzungen mag in der Haltung Heideggers selbst liegen, der sich kaum gegen die Verdächtigungen zur Wehr setzte und auch nie ein Schuldbekenntnis abgab. Bekanntlich wimmelte es vor dem Krieg in Deutschland von Nationalsozialisten und auch im übrigen Europa von Sympathisanten, während nach der Niederlage außerhalb Deutschlands nur noch Gegner und in Deutschland selbst nur noch reumütige Demokraten zu finden waren. Heidegger schwieg, einunddreißig Jahre lang. Aus verletztem Stolz, »narzißtisch gekränkt« – oder weil er wußte, daß eine öffentliche Diskussion seines Falles nicht an der Zeit war?

Die Frage, ob Heideggers *Denken* mit dem Nationalsozialismus in einem inneren Zusammenhang steht, ist in den Kontroversen um Heideggers »politisches Versagen« auf gegensätzliche Weise beantwortet worden: Manche Freunde und Anhänger sehen in Heidegger einen unpolitischen Menschen, der hoffte, mit der Übernahme des Rektorats die Universität als geistiges Zentrum erhalten zu können. Sein politisches Engagement sei ein Irrtum gewesen, den er mit seinem Rücktritt vom Rektorat bald korrigiert habe und der zu seiner Philosophie in keinem engeren Verhältnis stehe.

Viele Gegner sehen in Heideggers Philosophie die vornehmste Blüte aus dem »Sumpf«, der auch Hitlers MEIN KAMPF hervorgebracht hat. Der Sumpf wurde zum Beispiel als irrationale Romantik und als provinzielles, antiurbanes, antisozialistisches Ressentiment gegen Vernunft und Wissen dargestellt.[258]

In einem prägnanten Essay griff 1949 Ludwig Marcuse Heidegger als Beispiel für die »moralische Misere der deutschen Intellektuellen« an, verteidigte ihn aber zugleich als Philosophen. Heidegger werde »vielleicht einmal dieser Aera den Namen geben, wenn das höchstbezahlte Geschwätz unserer Tage kaum noch erinnerbar« sei.[259]

Belangloser Irrtum und bedeutsame Philosophie – oder bedeutsamer Fehltritt und belanglose Philosophie – oder, mit Ludwig Marcuse, unverzeihlicher Fehler *und* großes Denken: das Spektrum der Einschätzungen ist bemerkenswert.

Heidegger selbst brachte im *Spiegel*-Interview die umstrittenen Geschehnisse in einen Zusammenhang mit dem, was er nunmehr das Gestell nannte. In SEIN UND ZEIT war es um die in Vergessenheit geratene »Frage nach dem Sinn von Sein« gegangen. Dies war schon 1927 *auch* Zeitkritik. Zwar wurde in SEIN UND ZEIT die »Seinsvergessenheit« als grundsätzliches »Verfallen« des menschlichen Existierens beschrieben: Angewiesen auf jeweilig Seiendes, klammern wir uns auch immer schon daran und verschließen die Augen vor dem »Schrecken des Abgrundes«, daß überhaupt Seiendes ist, vor dem Abgrund des Seins.[260] Doch die Schilderung dieses Verfallens hatte von Anfang an auch einen epochalen Unterton: Wer heute zum Beispiel das Kapitel über die »Neugier« und ihr zerstreutes Nichtverweilen liest[261], hat Mühe, nicht an das damals noch gar nicht installierte Fernsehen zu denken.

Die epochale Seinsvergessenheit, die »Seinsverlassenheit des Seienden« – im Anklang an Nietzsche: der »europäische Nihilismus« – trat in den auf SEIN UND ZEIT folgenden Jahren für

Heidegger noch deutlicher hervor. Wohl nicht zuletzt in der Auseinandersetzung mit den Schriften von Ernst Jünger (z. B. DER ARBEITER) erkannte Heidegger sehr früh diesen zunehmenden Seinsentzug im planetarischen Heraufkommen der Technik. 1935 sprach er zwar noch nicht vom Gestell, aber von einer »Verdüsterung der Welt«, von der »Flucht der Götter«, von der »Zerstörung der Erde«, der »Vermassung des Menschen« und – von der »trostlosen Raserei der entfesselten Technik«. Die Zuspitzung dieser Entfesselung aber sah er, wie der schon zitierte Text zeigt, in den Vereinigten Staaten von Amerika und im bolschewistischen Rußland.[262]

Mit der Kritik an der Technik stand Heidegger nicht allein. Auch Aldous Huxleys SCHÖNE NEUE WELT wurde 1932 veröffentlicht (»im Jahre 69 nach Ford«). Und Charles Chaplins Film *Modern Times* erschien 1936. Doch das Besondere, Neue an Heideggers Kritik war, daß sie von Anfang an, schon in den Ansätzen von SEIN UND ZEIT, auf dem Hintergrund der abendländischen Philosophiegeschichte erschien. Die in Amerika und der Sowjetunion kulminierende Entwicklung war für Heidegger angelegt in der von Platon und Aristoteles geprägten europäischen Philosophie.

Daher erhoffte er sich von einer »Wieder-holung« – einer Wieder-herbei-holung – des europäisch-griechischen Anfangs eine geistige Erneuerung, einen »anderen Anfang«.[263] In SEIN UND ZEIT wurde diese Wieder-holung, diese Freilegung des Ursprungs durch die Verdeckungen hindurch, noch mißverständlich und ein bißchen bürokratisch »Aufgabe einer Destruktion der Geschichte der Ontologie« genannt.[264]

Doch nach einer intensiven Auseinandersetzung mit der Dichtung von Friedrich Hölderlin veränderte sich, deutlich ab 1934, Heideggers Sprache. Nun ging es bei der Wieder-holung im Anklang an Hölderlin um eine »heilignüchterne« Besinnung, um eine nicht-schwärmerische Annäherung an das »Feuer vom Himmel«.[265]

Wir erinnern uns an Hölderlins Verse im *Archipelagus*:

Aber weh! es wandelt in Nacht, es wohnt, wie im Orkus,
Ohne Göttliches unser Geschlecht. Ans eigene Treiben
Sind sie geschmiedet allein, und sich in der tosenden Werkstatt
Höret jeglicher nur …

In der tosenden Werkstatt des überhandnehmenden Maschinenwesens erinnerte Heidegger, getroffen von der Seinsvergessenheit, an das ursprüngliche Feuer des Seins.

Im *Spiegel*-Interview von 1966 sagte er: »Meine Überzeugung
ist, daß nur von demselben Weltort aus, an dem die moderne
technische Welt entstanden ist, auch eine Umkehr sich vorberei-
ten kann, daß sie nicht durch Übernahme von Zen-Buddhismus
oder anderen östlichen Welterfahrungen geschehen kann. Es
bedarf zum Umdenken der Hilfe der europäischen Überlieferung und ihrer Neuaneignung. Denken wird nur durch Denken
verwandelt, das dieselbe Herkunft und Bestimmung hat.«
Das heißt nicht, daß wir uns vor außereuropäischen Gedanken
verschließen sollten. Im Gegenteil, es könnte ja auch sein, daß
uns gerade das Zurückgehen zu unserem Ursprung für ein
Gespräch mit fremdem Denken, zum Beispiel mit dem Zen-
Buddhismus, öffnet.[266]

»Weltort« bedeutet in dieser Bemerkung gewiß auch nicht
einfach das geographische Deutschland oder Griechenland oder
die EWG. »Von demselben Weltort aus« sollte wohl nichts
anderes heißen als: neuzeitliches Abendland, dem der grie-
chisch-europäische Ursprung zum Verhängnis geworden ist.

Der Archipelagus spricht zu allen, in allen tosenden Werkstät-
ten, ob diese nun westdeutsche oder ostdeutsche, helvetische,
französische, britische, amerikanische oder russische Schilder
tragen.

Aber ist das nicht verkappter, reaktionärer Eurozentrismus,
Nationalismus und Rassismus in subtilster Form? Ich glaube
nicht. Es geht um ein Verhängnis, nicht um ein Privileg. Wenn
man sich vergegenwärtigt, was alles von *diesem* Weltort ausgegangen ist – man denke nur an die Atomphysik oder an
Kommunisus und Kapitalismus –, und wenn man bedenkt,

wie wenig Widerstand andere Weltorte dem bisher entgegensetzen konnten, dann wird man aus dem Zitat nicht Anmaßung heraushören, sondern Verantwortung.

Die eigenartige »Selbstbehauptung der deutschen Universität« ist jetzt vielleicht doch etwas durchsichtiger geworden: Offenbar sah Heidegger damals schon das Weltschicksal des überhandnehmenden Maschinenwesens, des seinsvergessenen Gestells (auch wenn er es noch nicht so nannte), dessen Herrschaft von Europa ausgegangen war und dessen erfolgreichste Vertreter schon damals die Vereinigten Staaten von Amerika und die Sowjetunion waren. Als dann Deutschland von einer »Bewegung« erfaßt wurde, die einige Züge dieser Herrschaft in Frage stellte, ergriff Heidegger die Hoffnung, ins Weltschicksal eingreifen zu können, durch seine Mitarbeit eine Umkehr »von demselben Weltort aus« fördern zu können.

Nun kann man dies als maßlose Selbstüberschätzung interpretieren. Wollte er am Ende gar den Führer führen? So hat es der Freiburger Historiker Hugo Ott kürzlich dargestellt. Man kann es natürlich auch anders sehen, wie zum Beispiel Georg Picht, wenn er die Vorlesungen Heideggers in Marburg beschreibt: »...Man lernte unermeßlich viel. Aber die Inkongruenz zwischen dem Bereich, in dem er sich bewegte, und der Fassungskraft dieses kleinen Haufens von Studenten grenzte ans Absurde. Heidegger selbst nahm das Seminar heilig ernst. Er war immer vom Pathos des Bewußtseins umgeben: von hier und heute geht eine neue Epoche der Weltgeschichte aus, und Ihr könnt sagen, Ihr seid dabei gewesen. Je größer der zeitliche Abstand wird, desto mehr neige ich dem Gedanken zu, daß er recht gehabt haben könnte...«[267]

Aber hätte Heidegger die absurde Inkongruenz zwischen Rektor und gestiefelten Parteimitgliedern nicht sehen müssen? Wie konnte er 1933, wenn auch offensichtlich nur für kurze Zeit, auf die Idee kommen, daß ausgerechnet der Nationalsozialismus einen Weg aus der tosenden Werkstatt, in der jeglicher nur sich selber hört, eröffnen könnte?

Zwar sprach die offizielle Propaganda von Gemeinnutz,

Volksgemeinschaft und Heimat. Aber wenn Sebastian Haffners Darstellung zutrifft, befolgte Adolf Hitler von Anfang an ein anderes Programm: die Herrschaft Deutschlands über Europa und den antisemitischen Kampf.

Dieses »sozialdarwinistische und rassistische« Programm ist nicht denkbar ohne biologische Welt-Anschauung. Dabei sind natürlich auch die potentiell antisemitischen Tendenzen des Christentums in die Theorie eingeflossen und vor allem auch die machtgierige Anthropozentrik des neuzeitlichen »Herrenmenschen«. Jedenfalls liegt die Rassentheorie Hitlers sehr nahe bei der Ideologie des weißen Herrenmenschen, dem die Ausrottung der Indianer in Amerika und die kolonialistische Unterdrückung und Versklavung der »Farbigen« anzulasten sind.

Adolf Hitlers eigentliches Programm war eine extreme Ausgeburt des neuzeitlichen perspektivisch objektivierenden Subjektivismus. Darüber nun hat sich Heidegger schon bald nicht mehr getäuscht. 1938 notierte er: »Der Mensch als Vernunftwesen der Aufklärungszeit ist nicht weniger Subjekt als der Mensch, der sich als Nation begreift, als Volk will, als Rasse sich züchtet und schließlich zum Herrn des Erdkreises sich ermächtigt.«[268]

Die höchste Spitze dieses Subjektivismus sah Heidegger damals schon im »planetarischen Imperialismus des technisch organisierten Menschen« und der »organisierten Gleichförmigkeit«. Zu einer Zeit, da Hitler auch von seinen Gegnern wenigstens deswegen bewundert wurde, weil er die Arbeitslosigkeit mit dem Bau von Autobahnen erfolgreich bekämpfte, schrieb Martin Heidegger über »die Vernutzung aller Stoffe« zur »technischen Herstellung der unbedingten Möglichkeit eines Herstellens von allem«, über die totale Mobilmachung als »Organisation der unbedingten Sinnlosigkeit aus dem Willen zur Macht und für diesen«, über das Streben der chemischen Forschung zur künstlichen Herstellung des Menschen als des »wichtigsten Rohstoffes«, über den »Geschäftsgang der bedingungslosen Vernutzung des Seienden«.[269]

Adolf Hitler, der Lakai des ins Extreme gesteigerten neuzeitlichen Subjektivismus, im Kleide der organisierten Gleichförmig-

keit, der »Uni-form«: ein Angestellter des Gestells? »›Führernaturen‹ sind diejenigen, die sich auf Grund ihrer Instinktsicher-
heit von diesem Vorgang anstellen lassen als seine Steuerungsor-
gane. Sie sind die ersten Angestellten innerhalb des Geschäfts-
ganges der bedingungslosen Vernutzung des Seienden im Dienste der Sicherung der Leere der Seinsverlassenheit.«[270]

Was Heidegger über die Vernutzung des Seienden sagte, hat
mit dem Selbstmord im Führerbunker allerdings in keiner Weise
ein Ende gefunden. Es paßt ebenso gut zu den Konsum- und
Wegwerforgien unserer Tage. Seine Bemerkungen über die
Führernaturen treffen auch die uni-formen »grauen Herren« mit
ihren Aktenkoffern[271], welche die militärisch-industriellen
Komplexe von heute lenken. Und was Heidegger noch während
des Krieges über die künstliche Herstellung des Menschen und
über die totale Mobilmachung bemerkte, geht auch die moderne
Gentechnologie und die Entfesselung der Mobilität auf der
Straße an.

Immer noch gilt sein Wort von 1939: »Das Zeitalter der
vollendeten Sinnlosigkeit wird am lautesten und gewalttätigsten
sein eigenes Wesen bestreiten.«[272]

Der Geschäftsgang der bedingungslosen Vernutzung des Seienden und der totalen Mobilmachung ist weitergegangen, und er
geht immer noch weiter. Das Weltschicksal des Gestells nimmt
seinen Lauf. Die »große Zange« von Amerika und der Sowjetunion liegt offen zutage. Ihre Glieder heißen jetzt Pershing 2 und
SS-22. Und sie werden in Deutschland aufgestellt, beidseits einer
tödlichen Grenze.

Von 1934 an hat Heidegger von der Hoffnung abgelassen, das
Weltschicksal unmittelbar bannen zu können. Er hatte offenbar
verkannt, daß die gestellhaften Tendenzen, welche die Bewegung und insbesondere ihre Führer von Anfang an aufwiesen,
geeignet waren, das Gegenteil einer Umkehr zu erwirken.

Der »Fall Heidegger« ist eine tragische Geschichte. Da zog
einer aus wider das Weltschicksal des Gestells und wurde dabei
zum unfreiwilligen Unterstützer einer Verbrecherbande, die den
Massenmord fabrikmäßig betrieb und dem Weltschicksal erst

recht in die Hände spielte. Wie der junge *Ödipus*, der, gewarnt von einem delphischen Orakel, sein Schicksal vermeiden will. Wie Ödipus, der durch seinen Versuch, den Weltlauf aufzuhalten, sich erst recht in den Netzen des Schicksals verfing.

Als in Theben eine Seuche wütete, sandte König Ödipus, so heißt es in der gleichnamigen Tragödie von Sophokles, seinen Schwager Kreon (der sich als sein Onkel erweisen sollte) nach Delphi, um dort vom Orakel zu erfahren, wie die Stadt zu retten sei. Kreon nun berichtete, das Orakel des Gottes Apollon habe geboten, die »Befleckung« des Landes, welche in diesem Erdboden genährt worden sei, zu vertreiben und Heilloses nicht weiter zu nähren.[273]

An dieser Stelle setzt eine eigenwillige Deutung der Ödipus-Tragödie durch *Hölderlin* ein, die er in seinen kurzen Anmerkungen zum Oedipus dargelegt hat: Der Orakelspruch habe sich nicht von vornherein und notwendigerweise auf die Ermordung des Laios bezogen. Der Spruch habe auch lediglich heißen können: »Richtet, allgemein, ein streng und rein Gericht, haltet gute bürgerliche Ordnung.« Doch Ödipus deute den Orakelspruch *zu unendlich*, im Sinne einer priesterlichen Reinigung von einem unerhörten, einmaligen, unsühnbaren Frevel, worauf er gleich ins *Besondere* gehe und den Kreon frage, welchen Mannes Schicksal der Spruch angehen könne. Damit lasse er den Kreon allererst an die Ermordung des Laios denken, wodurch die ganze Wahrheitssuche erst ausgelöst werde, die sich in dieser »reißenden« Tragödie überstürzt, bis sich Ödipus am Ende seine Augen aussticht, nachdem er erkannt hat, daß er seinen Vater erschlagen und seine Mutter geheiratet hat, wie die Orakel es einst geweissagt hatten.[274]

Ob Hölderlins eigenwilliges Verständnis des Textes von Sophokles sprachwissenschaftlich und von der Auslegung des Ganzen her gehalten werden kann oder nicht, steht hier nicht zur Debatte. Seine Ansicht, daß der König Ödipus den Orakelspruch aus Delphi *zu unendlich* deute, um dann gleich *ins Besondere* zu gehen, wodurch er das ganze Unglück erst recht heraufbeschwöre, ist eine eigene, von Hölderlin gedichtete

Geschichte, die – ob authentisch oder nicht – zum Geist der alten Tragödie paßt, welche von einem Menschen berichtet, der ein Geschick aufhalten wollte und gerade dadurch dem Geschick zur Erfüllung verhalf.

König Ödipus in der Deutung von Hölderlin: Paßt diese Geschichte nicht zu Hölderlin selbst, der »an eine künftige Revolution der Gesinnungen und Vorstellungsarten« glaubte, »die alles Bisherige schamrot machen wird«, und der seine Hoffnung auf eine Französische Revolution gesetzt hatte, die im Terror endete? Und paßt sie nicht auch zu Martin Heidegger, der in der Pestzeit des überhandnehmenden Maschinenwesens den nationalsozialistischen Aufbruch »zu unendlich« deutete und gleich ins »Besondere« ging, ins Rektorat des Jahres 1933?

Ist Heideggers kurzes Engagement für den Nationalsozialismus also eine »*ödipale*« Geschichte? Ödipal nicht im Sinne einer psychoanalytischen Theorie, welche die Tragödie von Sophokles psychologistisch mit einem innerpsychischen Ödipuskomplex erklärt, sondern ödipal im Anklang an die Tragödie selbst und an ihre Deutung durch Hölderlin?

> Der König Oedipus hat ein
> Auge zuviel vieleicht.
> Friedrich Hölderlin, *In lieblicher Bläue blühet…*[275]

Muß einem bisweilen »ein Auge zuviel« ausgestochen werden, wenn ihm beschieden ist, ein Seher zu sein? Hat auch Heidegger dieses »Auge zuviel vieleicht« ausstechen müssen – das Auge, das ihn in der nationalsozialistischen Bewegung Deutschlands schon einen Ansatz zur Verwindung des Gestells erspähen und ihn deshalb am Anfang die gestellhaften Züge dieser Bewegung und insbesondere ihrer obersten An-Gestell-ten übersehen ließ? Das Auge, das im Willen, der überhandnehmenden Zerstörung der Erde Einhalt zu gebieten, die Macht der perspektivischen Welt-Anschauung im deutschen Nationalismus zunächst verkannte?

Und wer sich über den Ödipus aus Freiburg erhaben fühlt,

weil er durch eine eigene perspektivische Welt-Anschauung gegen dessen Verblendung gefeit war – wie ist es mit *seinem* »Auge zuviel«? Wie ist es mit *unserem* welt-anschauenden Auge?

Es gehört heute zum guten Ton, über Heideggers »politisches Versagen« den Stab zu brechen. Manche tun es nur, um sich auf Heidegger berufen zu können, ohne Gefahr zu laufen, selbst politisch verdächtigt zu werden. Doch was sehen diese Stabbrecher *heute* nicht? Was verkennen wir *heute* mit einem »Auge zuviel vieleicht«?

Woher nehmen sie, woher nehmen *wir* die Sicherheit, daß wir nicht eines Tages vor einem »Nürnberger Tribunal« zur Rechenschaft gezogen werden, weil wir die Installation von Atomkraftwerken nicht mit dem Einsatz unseres Lebens verhindert haben? Oder weil wir weiterhin die Vergasung der Wälder zugelassen haben, als wir davon schon Kunde hatten? Oder weil wir nichts dagegen unternommen haben, daß täglich Zehntausende an Hunger starben?

Die ödipale Geschichte aus Freiburg kann uns außerdem warnen, auch in der heutigen Zeit, da das Gestell offenkundig herrscht und da seine Gefahr unübersehbar geworden ist, die grüne Bewegung nicht »zu unendlich« zu deuten und nicht zu voreilig ins »Besondere« zu gehen, zumal sich im Besonderen der Fallstrick einer ausgedienten Weltanschauung verbergen könnte.

Im Jahre 1943 hat Heidegger am Schluß eines Nachwortes zum Vortrag WAS IST METAPHYSIK? die letzten drei Verse des ÖDIPUS AUF KOLONOS von Sophokles angeführt.[276] Die drei Verse lauten, wörtlich und im Sinne Heideggers übersetzt:

Doch laßt nun ab und nicht weiter mehr,
Die Klage weckt auf;
Auf alle Weise nämlich hält dies (das Geschehene) ein Kyros.[277]

Das letzte Wort, kyros, ist kaum zu übersetzen. Das Wörterbuch zählt auf: Gewalt, Macht, Entscheidung, Vollführung,

Abschluß, Geltung. Heidegger übersetzte: »ein Entscheid der Vollendung«. Am liebsten würde ich noch eine andere Übersetzung wagen, wenn es möglich wäre, sie nicht christlich zu hören: »Auf alle Weise nämlich hält dies ein unerforschlicher Ratschluß.« Doch dieser unerforschliche Ratschluß ist weder der Spruch eines Menschen noch eines Gottes! Am Geschehenen waren in der Tragödie von Sophokles Menschen und Götter beteiligt; das Kyros hält sie beide auf alle Weise. Aber vielleicht gehört dieses seltsame Kyros zu dem, was hier Weltschicksal genannt worden ist. Das Geschick hat gesprochen. Auf alle Weise hält ein Kyros auch die ödipale Geschichte aus Freiburg. Doch wir lassen nun ab.

Die tosende Werkstatt des überhandnehmenden Maschinenwesens verliert das wärmende Feuer des Seins. Heidegger sagte 1946 in einem Vortrag zum Andenken an Rainer Maria Rilke: »Das Wesen der Technik kommt nur langsam an den Tag. Dieser Tag ist die zum bloß technischen Tag umgefertigte Weltnacht. Dieser Tag ist der kürzeste Tag. Mit ihm droht ein einziger endloser Winter.«[278]

Das Lied vom epochalen Winter

Du wolltest keine Menschen, glaube mir,
du wolltest eine Welt.

Friedrich Hölderlin

Die Geschichte der Welt-Anschauung von Masaccio bis zum Fernsehen wies auf das überhandnehmende Maschinenwesen. Sie zeigt aber auch auf die hintergründige epochale Bedeutung der *Kunst*.

Im Frühling 1979, als in Harrisburg eine große Maschine während Tagen kaum mehr, wie der Jargon sagt, »unter Kontrolle« bleiben wollte, geschah in Zürich im Bereich der Kunst etwas Seltsames.

Auf der einen Seite eines kleinen Platzes an der Limmat wurde ein Film, MESSIDOR von *Alain Tanner*, gezeigt, und auf der anderen Seite fand eine Kabarettvorführung von *Franz Hohler* statt. Beide Darbietungen waren getroffen vom Gewitter des überhandnehmenden Maschinenwesens; beide befaßten sich mit der Zerstörung der Umwelt – das heißt der Welt.

Doch das Seltsame war, daß auf beiden Seiten des kleinen Platzes noch etwas anderes zugegen war: ein Kunstwerk aus dem neunzehnten Jahrhundert. Am Anfang des Films, während die Kamera die Landschaft und ihre Wunden aus der Vogelschau abtastete, erklang ein Lied; und am Ende seiner Vorführung setzte sich Franz Hohler an sein Cello, um das gleiche Lied zu singen. SCHUBERT-ABEND war der Titel des Einmannkabaretts. Vielleicht erschloß die Art des Vortrags, die das Lied bis zum Schluß aufsparte, mehr von Franz Schubert, als es ein professioneller Liederabend mit einer professoralen Einleitung vermocht hätte.

Gute Nacht

Lied Nr. 1 der WINTERREISE, 1827,
Liederzyklus mit 24 Liedern
Musik: Franz Schubert
Text: Wilhelm Müller (in der von Schubert leicht abgeänderten,
bisher schwer zugänglichen Originalversion)

Fremd bin ich eingezogen,
Fremd zieh ich wieder aus.
Der Mai war mir gewogen
Mit manchem Blumenstrauß.
Das Mädchen sprach von Liebe,
Die Mutter gar von Eh –
Nun ist die Welt so trübe,
Der Weg gehüllt in Schnee.

Ich kann zu meiner Reisen
Nicht wählen mit der Zeit:
Muß selbst den Weg mir weisen
In dieser Dunkelheit.
Es zieht ein Mondenschatten
Als mein Gefährte mit,
Und auf den weißen Matten
Such ich des Wildes Tritt.

Was soll ich länger weilen,
Bis man mich trieb' hinaus?
Laß irre Hunde heulen
Vor ihres Herren Haus!
Die Liebe liebt das Wandern,
Gott hat sie so gemacht –
Von einem zu dem andern,
Fein Liebchen, gute Nacht!

Will dich im Traum nicht stören,
Wär schad um deine Ruh,

Sollst meinen Tritt nicht hören –
Sacht, sacht die Türe zu!
Ich schreibe nur im Gehen
Ans Tor noch gute Nacht,
Damit du mögest sehen,
Ich hab an dich gedacht.

Der Klang dieses Liedes durchstimmte beide Darbietungen.

Warum hatten die beiden Künstler gerade dieses Lied gewählt und nicht ein anderes?

Eine einfache Erklärung ist schnell zur Hand: Tanners MES-SIDOR und Hohlers SCHUBERT-ABEND durchzieht dieselbe depressive, pessimistische Stimmung, und die WINTERREISE gibt eben dieser Stimmung ergreifenden Ausdruck, auch wenn sie nicht von der Zerstörung der Welt handelt, sondern von grenzenlosem Liebeskummer. So ist es gar nicht erstaunlich, wenn die Wahl der modernen Autoren ausgerechnet auf dieses Lied gefallen ist.

Wo der eine schwarz sieht, sieht ein anderer »nicht so schwarz«. Liebeskummer kann schließlich ausheilen, und auch in Zürich fanden in jenem Frühling manche, Alain Tanner und Franz Hohler sähen zu schwarz. Da kommt die Frage auf, *warum* einer so schwarz sieht. Über die Lebenden soll hier nicht verhandelt werden, über *Franz Schubert* aber gibt es Biographien.

Franz Schubert hat die WINTERREISE 1827, ein Jahr vor seinem frühen Tod, komponiert. Er starb mit 31 Jahren an einem »Nervenfieber«. Manche vermuteten später hinter dieser Diagnose eine Typhuserkrankung, andere die Folge seiner Geschlechtskrankheit. Jedenfalls gibt es deutliche Hinweise dafür, daß Schubert mindestens seit 1822 an Syphilis erkrankt war. Im Gefolge dieser Erkrankung litt er unter Kopfschmerzen und schweren Depressionen.[279]

1824 schrieb er in einem verzweifelten Brief: »...Ich fühle mich als den unglücklichsten, elendsten Menschen auf der Welt. Denk Dir einen Menschen, dessen Gesundheit nie mehr richtig

werden will, und der aus Verzweiflung darüber die Sache immer
schlechter statt besser macht, denke Dir einen Menschen, sage
ich, dessen glänzendste Hoffnungen zu nichte geworden sind,
dem das Glück der Liebe und Freundschaft nichts biethen als
höchstens Schmerz...«[280]

Franz Schubert litt, so könnte die psychiatrische Diagnose
lauten, an einer »reaktiven (oder eventuell hirnorganisch beding-
ten) Depression im Zusammenhang mit einer luetischen Erkrankung«. Wohl würde der Diagnostiker die Verstimmung auch in
einem Zusammenhang mit der unglücklichen Lebensgeschichte
sehen: »auf neurotischem Hintergrund«.

Schubert wuchs in einem Vorort von Wien als Sohn eines
Schulmeisters auf, der aus dem böhmisch-schlesischen Raum
ausgewandert war. Der Vater war sehr bemüht um die Erziehung
und Ausbildung seiner Kinder, wobei an ihm aber eine gewisse
Enge und Lieblosigkeit auffallen mag. Um so mehr erhoffte sich
Franz Schubert Anerkennung von zwei geistigen Vätern, die er
glühend verehrte: Goethe und Beethoven. Beide gewährten sie
ihm nicht. Goethe wehrte sich gegen die heraufkommende
Romantik, und Beethoven übersah Schubert, vermutlich vor
allem wegen dessen scheuer Art.

Die Mutter, die Schubert offenbar außerordentlich liebte,
starb relativ früh. Immer wieder wurde ihm die Liebe zum
Schmerz. Seine Braut heiratete einen Bäckermeister. »...ich
konnte jedoch keine Anstellung finden, wodurch wir beide
versorgt gewesen wären. Sie heiratete dann nach dem Wunsche
ihrer Eltern einen anderen, was mich sehr schmerzte. Ich liebe
sie noch immer, und mir konnte seither keine andere so gut und
besser gefallen wie sie. Sie war mir halt nicht bestimmt.«[281] Bald
nach dieser Trennung scheint er sich bei einer entgegenkommen-
deren Dame angesteckt zu haben. Eine zweite große Liebe,
vermutlich zu einer Grafentochter, kam wegen seiner niedrigen
Herkunft von vornherein nicht für eine Verbindung in Frage.
Überhaupt scheint der kleingewachsene, eher häßliche und meist
etwas ungepflegte Mann dem anderen Geschlecht wenig Ein-
druck gemacht zu haben. Das Wissen um die unheilbare,

ansteckende Krankheit dürfte ihm da seinen letzten Mut genommen haben.

Auch in gesellschaftlicher und finanzieller Hinsicht hatte Franz Schubert keinen Erfolg. Auf der Opernbühne fand er keinen Anklang, die vornehmen Salons öffneten sich ihm nicht. Dank seinem geselligen, freundlichen Wesen hatte er zwar einen kleinen Freundeskreis um sich, der jedoch auch immer mehr zusammenschrumpfte, wenn die Freunde ihrer Karriere zuliebe wegzogen oder sich verheirateten. Vermutlich fand er nicht nur keine Anstellung, sondern er scheute sich auch davor. So wurde er einer der ersten freischaffenden Musiker. Doch seine Verleger hielten ihn knapp.

Es fällt auf, daß sich Schubert nirgends, weder bei den Frauen noch bei seinen Vorbildern und schon gar nicht beim Publikum und den Verlegern, durchsetzen konnte. Die Psychologie würde vielleicht von einer Aggressionshemmung sprechen und von einer neurotischen Bindungsscheu. Heutzutage würde man dahinter wohl auch noch eine narzißtische Problematik vermuten, weil man das ohnehin bei fast jedem Patienten tut, um so mehr, wenn einer so übertrieben bescheiden, dick und zudem noch ein Künstler ist.

1827, als die Winterreise entstand, waren all die aufgezählten lebensgeschichtlichen und aktuellen Gründe zum Schwarzsehen, zur Depression beisammen; Franz Schubert war in seinen Lebenswinter eingetreten.

Und der Textdichter, dieser ohne Schubert wohl längst vergessene *Wilhelm Müller?* Über ihn wird wenig berichtet. Er lebte als Lehrer für alte Sprachen und als Bibliothekar in Dessau. Ähnlich wie sein berühmterer Zeitgenosse Heinrich Heine fällt er durch eine gewisse Ironie auf. Der Gedichtzyklus Die Winterreise erschien zusammen mit dem Zyklus Die schöne Müllerin (der auch von Schubert vertont wurde) unter dem spöttischen Titel: Gedichte aus den hinterlassenen Papieren eines reisenden Waldhornisten. Einige Lieder aus Die schöne Müllerin wurden sogar zusammen mit einem Prolog und einem Epilog, die sich über den Inhalt offen lustig machten, einem

Zirkel von jungen Künstlern in Berlin präsentiert: als Parodie auf die Lyrik im Volksliedton.[282]

Franz Schubert ging in keiner Weise auf diese ironischen Töne ein. Aus Naivität wohl kaum, denn sein Umgang mit Dichtern und seine Kenntnisse der Literatur lassen einen solchen Verdacht unglaubwürdig erscheinen. Hatte er erkannt, daß die ironische Verkleidung nur ein Schutzmantel war? Wilhelm Müller starb nach einem, wie es heißt, sorgenfreien Leben an einer tödlichen Krankheit, im selben Jahr, als die WINTERREISE vertont wurde. Er war nur wenige Jahre älter als Schubert.[283] Hatte sich vielleicht auch er insgeheim stimmungsmäßig auf einer Winterreise befunden?

Ist jetzt die Entstehung der WINTERREISE geklärt? Die Entstehung der WINTERREISE aus der Depression ihres Schöpfers Franz Schubert, aus seiner Krankheit, seiner psychischen Verfassung im Jahre 1827 und aus seiner Lebensgeschichte? DIE WINTERREISE – ein interessantes Thema für Medizin und Psychologie, für die Psychoanalyse? Vielleicht sträubt sich jemand dagegen – doch warum sollen diese Wissenschaften das Thema WINTERREISE ausklammern? Sie handelt doch von einem Reisenden in deutlich krankhafter Stimmungslage und krankhafter Vereinsamung. Der Wanderer befindet sich in einer schweren Depression, und auf der ganzen Reise taucht kein anderer Mensch neben ihm auf außer einem nicht weiter erwähnenswerten Köhler, der dem Wanderer einmal Unterkunft gewährt hat, und einem gleichfalls einsamen »Leiermann«. Der Komponist dieses düsteren Werkes befand sich damals selbst offenbar in einer ähnlichen Lage.

Ohne Zweifel, wenn das Genie ein Kunstwerk kreativ produziert und wenn das Kunstwerk mindestens teilweise Ausdruck des Lebens und der Gefühle des Genies ist, dann ist eine psychologische Interpretation aus der Lebenssituation des Genies nichts als konsequent.

Die spärlichen Berichte über die Entstehungszeit der WINTER-

REISE geben allerdings noch Anlaß zu Vorsicht: Schubert hat unmittelbar nach der Vollendung der WINTERREISE das Klaviertrio in Es-Dur komponiert, welches sprühende Lebensfreude ausstrahlt. Und die Vertonung der WINTERREISE geschah offenbar mit einer unerhörten, gar nicht depressiv anmutenden Schaffenskraft. Aber auch das läßt sich erklären: Mit der Komposition der WINTERREISE kann das Genie seine Depression »abreagiert« und sich selbst, wenigstens vorübergehend, geheilt haben. Etwas Verwandtes können ja auch die Musiktherapeuten beobachten: Depressive Menschen fühlen sich nach dem Anhören von trauriger Musik nicht selten eher erleichtert.

Ist jetzt alles klar? Hoffentlich nicht. Wenn das Genie ein Kunstwerk *kreativ* produziere und wenn das Kunstwerk mindestens teilweise *Ausdruck* des Lebens und der Gefühle des Genies sei, so sei die psychologische Interpretation konsequent, hieß es vorhin. Aber etwas scheint hier nicht zu stimmen. Drückt der Künstler überhaupt etwas aus? Und was? Sein Inneres – seine Gefühle, seine Erinnerungen, sein »Unbewußtes«? Oder gar das Innere einer allgemeinen »Kulturseele«, eines kollektiven, innerhalb aller Menschen vorhandenen Unbewußten? Die Rede vom Ausdruck setzt offenbar voraus, daß sich beim Menschen ein Innen und ein Außen unterscheiden lassen. Es wäre zu fragen, ob und wie diese Unterscheidung dem Menschenwesen überhaupt angemessen ist. So ohne weiteres ausdrücken lassen sich allenfalls Senftuben.

Vor allem aber – *produziert* der Künstler wirklich sein Werk? In Zürich gibt es zwar eine sogenannte ›Produzentengalerie‹, wo im Unterschied zur ›Galeristengalerie‹ vielleicht der Gewinn des Zwischenhändlers eingespart wird. Offensichtlich verstehen sich die dort ihre Bilder ausstellenden Maler als Produzenten. Ihr Selbstverständnis entspricht dem heute herrschenden Denken, das sich an der Produktion, der Herstellung orientiert. Hat aber Franz Schubert die WINTERREISE produziert?

Höchstens dann, wenn wir pro-duzieren in einer ganz ungewohnten Weise hören: pro – hervor, ducere – führen, im Sinne von geleiten. Franz Schubert geleitete die WINTERREISE hervor, er ließ sie hervorkommen. Er ist ihr Schöpfer, wie ein Schöpfen-der, der das Wasser aus einer Quelle schöpft.

Von Schubert ist aber doch ein Brief erhalten, in dem er schreibt, er komponiere zur Zeit »wie ein Gott«.[284] Also doch wie ein Schöpfer, in der Bedeutung von Erschaffer der Welt. Doch nicht jeder Gottesglaube ist notwendigerweise der Glaube an einen Schöpfergott. Von *Heraklit* ist ein Satz überliefert, der so anfängt: »Diesen Kosmos hat weder einer der Götter noch einer der Menschen hervorgebracht...«[285]

Franz Schubert soll also die WINTERREISE geschöpft haben, wie ein Schöpfender Wasser aus einer Quelle schöpft? Das hieße, daß der Künstler sein Werk nicht kreiert, sondern empfängt und entnimmt, daß der Komponist die Musik nicht schafft, sondern hört. Schubert wurde von seinen Freunden »einer Somnambule ähnlich« angetroffen, wenn sie ihn am Vormittag an seinem Schreibtisch überraschten.[286] Wird die Melodie vom Komponi-sten nicht erfunden, sondern gefunden, oder besser noch: Wird er *von ihr* gefunden?

Dies alles klingt besonders befremdlich, solange wir uns nur die Künstler des neunzehnten und zwanzigsten Jahrhun-derts vor Augen halten, Maler, die auf den Erfolg ihrer Aus-stellung, Komponisten, die auf den Durchbruch im Konzertbe-trieb oder auf der Opernbühne warten, all die unerkannten, verkannten oder gar die entdeckten und berühmt gewordenen Genies.

Doch gab es das Genie auch im Mittelalter? Waren die namenlosen Künstler, welche die zum Himmel ragenden, Gott rühmenden Dome erbauten, Genies? Johann Sebastian Bach blieb nicht mehr namenlos, doch auch er zeichnete noch jedes Stück seines Werkes mit ›Soli Deo Gloria‹ (Allein Gott die Ehre). Und die Tempelbauer in Griechenland? Und der Sänger Homer? Zwar eröffneten sie den damals lebenden Menschen eine ganze Welt, in der die Anwesenheit der Götter möglich war und in der sich wohnen ließ. Doch diese Eröffnung war nicht die eigen-mächtige Aktion eines genialen Kunstproduzenten. Wenn Homer seinen Gesang mit den Worten »Den Zorn singe,

Göttin...« (ILIAS) oder »Den Mann, nenne mir, Muse...«
(ODYSSEE) anfing, dann verwendete er kaum nur einen stilisti-
schen Kunstgriff, um seinem Produkt eine höhere Geltung zu
verschaffen; vielleicht rief er wirklich jene unsterblichen Wesen
an, von denen her er seinen Gesang empfing, deren Winke er
auffing, um sie den Menschen weiterzugeben. Jedenfalls wird
diese Ansicht noch in Platons kurzem Dialog ION von Sokrates
vertreten, der sich dort mit dem Homer-Rhapsoden Ion über die
Kunst der Dichter und der Rhapsoden unterhält. Die Auffassung vom Künstler als einem Genie, das ein Kunstwerk als seine
eigene geniale Leistung produziert, indem es sich selbst oder
auch das kollektive Unbewußte seiner Zeitgenossen ausdrückt,
gehört offensichtlich zur Neuzeit. Auch dieses Kunstverständ-
nis entspringt dem *perspektivisch objektivierenden Subjektivismus,* der Herrschaft des autonomen Subjekts. Das kreative
Subjekt mit seiner besonderen, genialen Optik drückt sich aus
und verhilft damit einem anderen Subjekt, dem Kunstkonsu-
menten, zu einem *ästhetischen Erlebnis.* Die Zeit, welche die
produzierenden Genies feiert, läßt auch die Museen, Galerien
und Musikaufführungsstätten aus dem Boden schießen. Und sie
läßt die Stunde der Interpreten schlagen, die einen möglichst
vollkommenen Kunstgenuß vermitteln sollen.

So freilich wird das Werk – als Ausdruck des Innern einer
»Psychekapsel« – zur Angelegenheit der »Senftube«. Das
Kunstwerk wird zum Kunstwert und bald einmal zum bloßen
Wertgegenstand, mit dem man handelt wie mit Zinn, Liegen-
schaften oder Briefmarken.

Nun hat zwar *Franz Schubert* den Durchbruch auf der Opernbühne ersehnt. Doch die spärlichen Zeugnisse vermitteln uns das
Gefühl, daß er sich weniger als Genie, sondern eher als »Beauf-
tragten« empfand. Und selbst wenn er sich als Genie im neuzeitlichen Sinne interpretiert hätte, so hinderte uns das nicht, ihn
dennoch als Vermittler, Botengänger – als angelos (Bote): als
Engel – zu erfahren. Franz Schubert wußte um seine Bestim-

mung: »Mich soll der Staat erhalten, ich bin für nichts als das Komponieren auf die Welt gekommen!«[287]

Während der Arbeit an der Winterreise erschien Schubert seinen Freunden »angegriffen«.[288] Sie waren denn auch hinterher der Meinung, er habe die traurige Musik wegen seines schlechten Gesundheitszustandes komponiert. Doch könnte man es genauso gut umgekehrt sehen: Er mußte diese Musik komponieren, und das griff ihn an. Ob es so war oder so: Die Frage ist irrelevant, wenn Schubert ein Angelos war.

Wie ist es aber mit dem Text der Winterreise? Die Gedichte von *Wilhelm Müller* werden, für sich genommen, heute manchmal etwas belächelt. Emil Staiger ordnet sie der Mode des pathetischen Weltschmerzes zu, der nach dem Tod Napoleons in ganz Europa um sich gegriffen habe. Die Motive der Lieder seien zwar originell und genau, aber bisweilen – wie etwa das »Bilderrätsel« der am Himmel stehenden Nebensonnen – auch reichlich erkünstelt.[289]

Ich kann dieses Verdikt nicht nachvollziehen. *Heinrich Heine* schrieb in einem Brief an Wilhelm Müller über die ersten Sieben und siebzig Gedichte aus den hinterlassenen Papieren eines reisenden Waldhornisten (mit dem Zyklus Die schöne Müllerin): »Wie rein, wie klar sind Ihre Lieder, und sämtlich sind es Volkslieder... Ja, ich bin groß genug, es sogar bestimmt zu wiederholen, und Sie werden es mal öffentlich ausgesprochen finden, daß mir durch die Lektüre Ihrer 77 Gedichte zuerst klar geworden, wie man aus den alten vorhandenen Volksliedformen neue Formen bilden kann, die ebenfalls volkstümlich sind, ohne daß man nötig hat, die alten Sprachholperigkeiten und Unbeholfenheiten nachzuahmen.«[290]

Auch wenn man einräumen mag, daß sich Heine von Wilhelm Müller (der sich auch als Literaturkritiker betätigte) vielleicht eine wohlwollende Beurteilung seiner eigenen Dichtung erhoffte, wird man doch nicht so weit gehen, Heines uneingeschränktes Lob als bloße Schmeichelei abzutun. Mir scheint, Heine habe die *musikalische Klarheit* dieser Gedichte früh erfaßt. Daß sie nicht nur als Volkslieder, sondern auch noch in einer ganz anderen Weise gehört werden können, werde ich hier zu zeigen versuchen.

Wilhelm Müller schrieb am 8. Oktober 1815 in sein Tagebuch: »Ich kann weder spielen noch singen, und wenn ich dichte, so sing' ich doch und spiele auch. Wenn ich die Weisen von mir geben könnte, so würden meine Lieder besser gefallen, als jetzt. Aber getrost, es kann sich ja eine gleichgestimmte Seele finden, die die Weise aus den Worten heraushorcht und sie mir zurückgibt.«[291]

Müller hat den zweiten Band der Gedichte, welcher die Winterreise enthielt, dem Komponisten Carl Maria von Weber gewidmet. Franz Schubert kannte er vermutlich nicht.

Der erste Band erschien im Winter 1820/21. Im Jahre 1823 geschah dann nach einer frühen Schubert-Biographie folgendes: »Eines Tages besuchte Schubert den Privatsekretär des Grafen Széchenyi, Herrn Benedikt Randhartinger, mit welchem er in freundschaftlichem Verkehr stand. Kaum hatte er das Zimmer betreten, als der Sekretär zum Grafen beschieden wurde. Er entfernte sich sofort, dem Tondichter bedeutend, daß er binnen kurzem zurück sein werde. Franz trat an den Schreibtisch, fand da einen Band Gedichte liegen, steckte das Buch zu sich und ging fort, ohne Randhartingers Rückkehr abzuwarten. Dieser vermißte alsbald nach seiner Zurückkunft die Gedichtsammlung und begab sich des anderen Tages zu Schubert, um das Buch abzuholen. Franz entschuldigte seine eigenmächtige Handlung mit dem Interesse, welches ihm die Gedichte eingeflößt hätten, und zum Beweis, daß er das Buch nicht fruchtlos mit sich genommen habe, präsentierte er dem erstaunten Sekretär die Komposition der ersten *Müllerlieder*, die er zum Teil in der Nachtzeit vollendet hatte.«

Auch wenn dies vielleicht eine erfundene Anekdote zur Entstehung von Schuberts Schöner Müllerin ist[292] – die »gleichgestimmte Seele« hatte sich gefunden, und sie war kaum zu halten.

Der zweite Band der Gedichte mit der Winterreise wurde 1824 veröffentlicht. 1827 horchte die gleichgestimmte Seele auch die Weise aus den Worten dieser Gedichte heraus und gab sie wieder zurück. Doch der Dichter hat sie vermutlich nicht mehr entgegengenommen: Er starb im selben Jahr.

Ist vielleicht auch Wilhelm Müller für die WINTERREISE auf die Welt gekommen?

So bleibt denn am Ende nur das Werk. Auch der Schubert-Interpret Dietrich Fischer-Dieskau kommt in seinen Bemerkungen zu den Schubert-Liedern zum Schluß: »Es gibt eben keine handgreifliche Erklärung des Phänomens Winterreise...«[293] Eine Erklärung der WINTERREISE aus der Lebens- und Leidensgeschichte von Franz Schubert und Wilhelm Müller *führt nur am Werk vorbei.*

Aber gerade das Werk zeigt doch eine pessimistische, depressive Stimmungslage, weshalb es denn wohl auch von Alain Tanner und von Franz Hohler zur Untermalung ihrer eigenen pessimistischen Werke ausgewählt wurde! Erklärt also doch *der gemeinsame Pessimismus* das seltsame Zusammentreffen in Zürich im Jahre 1979, beidseits des kleinen Platzes?

Tanner und Hohler mögen »schwarz sehen« – Pessimisten jedoch sind sie nur dann, wenn sie »zu schwarz« sehen, wenn die Zukunft zeigt, daß ihre Voraussage nicht stimmt, oder wenn wir in der Gegenwart sehen, daß alles gar nicht so schlimm ist. Wer aber entscheidet, wie schlimm die Gegenwart wirklich ist, und wer sagt, wie die Zukunft tatsächlich sein wird? Ob einer ein Pessimist oder ein Optimist ist, entscheidet sich offenbar an dem, »wie es ist«. Und der Entscheid ist offensichtlich nur dann eindeutig, wenn das »wie es ist« objektiv überprüfbar ist. Eine Wetterprognose kann sich nachträglich als optimistisch oder pessimistisch herausstellen, eindeutig allerdings lediglich im Hinblick auf Sonnenscheindauer und Regenmenge, schon weniger eindeutig im Hinblick auf schönes oder trübes Wetter. Am eindeutigsten kann eine Prognose auf ihren Optimismus oder auf ihren Pessimismus hin untersucht werden, wenn es um exakte Meßwerte und Zahlen geht, zum Beispiel bei einer Geschäftsbilanz. Der erklärte Pessimist des neunzehnten Jahrhunderts, Arthur Schopenhauer, verglich unser Leben tatsächlich mit einer solchen Bilanz:

»Hinsichtlich der *Lebenskraft* sind wir, bis zum 36sten Jahre, Denen zu vergleichen, welche von ihren Zinsen leben: was heute ausgegeben wird ist morgen wieder da. Aber von jenem Zeitpunkt an ist unser Analogon der Rentenier (von Zinsen Lebende), welcher anfängt, sein Kapital anzugreifen. Im Anfang ist die Sache gar nicht merklich: der größte Theil der Ausgabe stellt sich immer noch von selbst wieder her: ein geringes Deficit dabei wird nicht beachtet. Dieses aber wächst allmählig, wird merklich, seine Zunahme selbst nimmt mit jedem Tage zu: sie reißt immer mehr ein, jedes Heute ist ärmer, als das Gestern, ohne Hoffnung auf Stillstand. So beschleunigt sich, wie der Fall der Körper, die Abnahme immer mehr, – bis zuletzt nichts mehr übrig ist.«[294]

Bei gewissen Gegensätzen, welche stereotyp auftauchen und auf -ismus enden, empfiehlt es sich oft, nach dem Gemeinsamen zu fragen. *Die gemeinsame Grundhaltung* von Optimismus und Pessimismus ist wohl, daß sie beide die Gegenwart einschätzen – als negativ oder positiv – und daß sie ebenso die Zukunft vorausschätzen. Dieses Schätzen muß sich ans Äußere oder gar Zahlenmäßige halten, wenn es ein einigermaßen sicheres Budget für das Lebensgeschäft aufstellen will. Optimismus und Pessimismus müssen beide rechnen, wenn sie eine sichere Prognose machen wollen, rechnen können sie aber nur mit dem Berechenbaren, und das ist im Menschenleben oft gerade nicht das Wesentliche. Insofern sind der Optimismus und der Pessimismus beide kurzsichtig. Sie sehen am Wesentlichen vorbei. Das Leben ist vielleicht ernster und heiterer als ein Geschäft.

Mit anderen Worten: Optimismus und Pessimismus sind berechnende Welt-Anschauungen und als solche von der kurzsichtigen Hybris geprägt. Auch das *Optimismus-Pessimismus-Prinzip* ist ein Kind des neuzeitlichen *objektivierenden Subjektivismus*.

Die Behauptung, Alain Tanner und Franz Hohler seien Pessimisten, schleicht sich also am Problem vorbei. Die Frage müßte doch eigentlich lauten, ob die beiden etwas von dem, »wie es ist«, gespürt haben oder nicht. Der Kapitän, der die Möglichkeit bedacht hätte, die ›Titanic‹ könnte, obschon sie das größte und schönste Schiff war, auf einen Eisberg stoßen – wäre er ein Pessimist gewesen?

So erweist sich denn auch die Meinung, daß die drei Werke, die Winterreise, Messidor und der Schubert-Abend eine gemeinsame pessimistische Stimmungslage haben, als wenig hilfreich. Aber läßt sich leugnen, daß eine depressive Grundstimmung die drei Werke miteinander verbindet? Daß im besondern die Winterreise die traurige Geschichte von einem todunglücklichen Menschen ist und eine lähmende, depressive Stimmung ausstrahlt?

Depression ist ein Begriff der medizinischen Fachsprache. Diese Sprache mag gelegentlich – wie auch der weiße Kittel – bloß der Tarnung oder gar nur dem Prestige der Ärzte dienen. Ihr eigentlicher Sinn aber ist es – dem Esperanto vergleichbar –, die Verständigung unter Medizinern verschiedenster Nationen zu erleichtern und zudem den jeweiligen Sachverhalt »wissenschaftlich eindeutig« zu fassen. Dank dieser Sprache ist es möglich, daß ein bakteriologisches Labor in Südostasien einem unter dem Mikroskop entdeckten Krankheitserreger denselben Namen gibt wie das Labor in Zürich. Wer in Südostasien an Typhus erkrankt, dürfte dafür dankbar sein. Denn der eindeutige Befund wird den Arzt wohl zur richtigen Therapie veranlassen. Wenn aber einer in Südostasien traurig wird?

Halt – traurig oder depressiv? Die Übersetzung ins medizinische Esperanto scheint ihre Tücken zu haben. Zwar führt sie zu einem »eindeutigen Begriff«; die Stimmung ist nun entweder normal, euphorisch oder depressiv. Fast läßt sich der Zustand in Graden angeben: normal = 0, leichte Depression = -1, schwere Depression = -2. Doch verzichtet der eindeutige Begriff auf eine ganze Palette von Stimmungsfarben, welche die natürlichen Sprachen – die deutsche ist nur ein Beispiel – bereithalten: Trauer, Niedergeschlagenheit, Verzweiflung, Trübsinn, Bedrükkung, Kummer, Hoffnungslosigkeit, Unglück, Gram, Melancholie, Schwermut, Verdrießlichkeit, Mißmut, Verbitterung und so weiter. Dies alles heißt in der Übersetzung Depression.

Die Übersetzung erst benennt ein Symptom, das eindeutige Anzeichen einer Krankheit. Damit wird eine Brücke geschlagen zu einer eindeutigen Behandlung, zum Beispiel zur medikamentösen Bekämpfung des Symptoms. Gegen die Depression gibt es das Antidepressivum.

Von der Erfindung und Produktion dieser Mittel lebt heute eine ganze Industrie. Ihre Glanzprospekte würden weniger leuchten, wenn sie mit ihren Mitteln gegen Trauer, Gram und Schwermut vorgehen wollte. Doch gegen Depressionen kann man kämpfen wie einst die Mikrobenjäger gegen Diphterie.

Man verstehe mich jetzt nicht falsch: Es gibt Umstände, in denen es das einzig Menschenmögliche und auch das einzig Menschliche ist, ein solches Medikament zu verschreiben. Es geht hier nur darum, daß sich die Industrie mit ihrer Propaganda völlig auf die Seite der technischen Bekämpfung der Depression geschlagen hat und daß sie so tut, als wäre dies kein Problem. Und es geht darum, daß die Übersetzung ins medizinische Esperanto die technisch-industrielle, handfeste Therapie in ihrer Alleinherrschaft unterstützt.

Die handfeste Bekämpfung der Depression steht im äußersten Gegensatz zu jenem Gedicht von *Friedrich Hölderlin,* das einen Gott nennt, der »zögernd und schonend« Regen, Wolken und Lüfte sendet –

Und mit langsamer Hand Traurige wieder erfreut...
Hölderlin, *Heimkunft* [295]

Zu langsam ist diese Hand, wird man entgegnen, auch Hölderlins Wahnsinn hätte ein Psychopharmakon gutgetan, wir jedenfalls brauchen heute wirksamere Mittel. Doch nehmen die

Depressionen weltweit zu – trotz der Psychopharmaka. Ob dies auch daran liegt, daß der Schmerz nur mit rascher Hand bekämpft wird und jene langsame Hand nicht mehr zum Zuge kommt?

»Schmerzlos sind wir...«[296] sagte Hölderlin in einem seiner Gedichte. Er erkannte schon in einer Zeit, da es noch keine Psychopharmaka gab, die Schmerzlosigkeit als Mangel. Der Schmerz wird nicht zugelassen, sondern mit allen Mitteln und um jeden Preis bekämpft. Und so wird er am Ende auch nicht verwunden.

Hier kann an die Bemerkungen Freuds über die Notwendigkeit der Trauerarbeit erinnert werden, auch wenn sein Wortgebrauch – »die Arbeit, welche die Trauer leistet«[297] – noch an die Welt der Fabriken erinnert.

Schmerzlos sind wir...

– und damit letztlich auch freudlos.

»›Wir haben das Glück erfunden‹ – sagen die letzten Menschen und blinzeln...« (Friedrich Nietzsche, ALSO SPRACH ZARATHUSTRA)[298]

»...aber das Glück ist nicht mit ihnen« (Rainer Maria Rilke, DAS STUNDEN-BUCH)[299].

Nun unterscheidet die Psychiatrie allerdings verschiedene Arten der Depression: Sie diagnostiziert zum Beispiel die reaktive Depression (als Reaktion auf ein Geschehnis in der Gegenwart), die neurotische Depression (die lebensgeschichtlich, in langer Vergangenheit begründete) und die endogene Depression (die »innen entstandene«, ohne äußeren lebensgeschichtlichen Grund, bei angeborener Anlage). Diese drei Krankheitsformen grenzt sie von der normalen Trauerreaktion des Gesunden ab. Nach dem Erscheinungsbild unterscheidet sie ferner erregte und antriebslose Depressionen, solche mit und solche ohne Appetitmangel, Schlaflosigkeit, Impotenz oder Frigidität und so weiter.

Allein, auch diese Einteilung der Depressionen setzt zweifellos jene neuzeitliche Zuschauerhaltung voraus, die am Äußerlichen und oft gar am Unwesentlichen haftenbleibt und die im

Zusammenhang mit den Weltanschauungstypen erörtert worden ist. Hier das beobachtende Psychiatersubjekt und dort das begutachtete Objekt »Patient mit Depression«. Überspitzt könnte man es so darstellen: Sagt der Patient, er sei deprimiert, weil ihn die Freundin verlassen hat, dann ist seine Depression reaktiv. Sagt der Patient, er sei einfach traurig, und der Psychiater versteht angesichts der Lebensgeschichte des Patienten, warum, dann ist die Depression neurotisch. Sagt der Patient, er wisse nicht, warum er so traurig sei, und weiß es auch der Psychiater nicht, dann ist die Depression endogen. Natürlich geht die psychiatrische Diagnostik differenzierter und behutsamer vor. Und doch läßt sich nicht leugnen, daß die Einteilung in endogene, neurotische oder reaktive Depression auf ähnlich wackligen Füßen steht wie diejenige in Steinbock, Wassermann und Widder. Die Berechnung des Horoskops ist gewiß eine eindeutige Sache. Und ausrechnen, in welchem Tierkreiszeichen einer steht, kann mit Hilfe des entsprechenden Geburtsdatums jedes Kind. In ähnlicher Weise, wenn auch schwieriger und weniger eindeutig, läßt sich aufgrund der Symptome und nach bestimmten Kriterien die psychiatrische Diagnose stellen. Doch die Frage, ob es das überhaupt gibt, den typischen Widder und die endogene Depression, führt auf schwankenderen Boden.

Welcher Art ist die Depression des Wandersmanns auf seiner Winterreise? Sein langdauernder, übertriebener, alles andere völlig überschattender Liebeskummer ist wohl keine normale Trauer. Für eine gewöhnliche reaktive Depression scheint er uns zu massiv. Für die Entscheidung endogen oder neurotisch fehlen nähere Angaben: Waren die Eltern des Gesellen auch schon depressiv? Wann ist sein Zustand schlimmer, am Morgen oder am Abend? Leidet er an Schlafstörungen, und wenn ja, kann er nicht einschlafen oder wacht er zu früh auf? Mag er noch essen, und leidet er etwa an Verstopfung?

Jedenfalls entscheidet das Psychiatersubjekt darüber, wie lange und wie stark ein normaler Liebeskummer sein darf.

Meine Bemerkungen wollen nicht eine bestimmte Richtung innerhalb der Psychiatrie verunglimpfen. Sie wollen zeigen, daß

auch die genannte Einteilung der Depressionsarten zum neuzeitlichen *objektivierenden Subjektivismus* gehört, wie das kreativ
produzierende Genie und wie das Optimismus-Pessimismus-
Prinzip, und daß die Übersetzung in die *medizinische Fachsprache*, welche die genannte Einteilung erst ermöglicht, dieser
neuzeitlichen Denkweise entgegenkommt. Niemand spricht von
endogenem oder neurotischem Gram. Und eine reaktive Trübsal
wird nicht geblasen.

Warum wohl nicht? Warum bereitet es Mühe, von einem endo-
genen Gram zu sprechen? Vermutlich deshalb, weil das Wort
Gram gleichsam einen größeren Bogen schlägt. Hören wir depressiv, dann sehen wir einen behandlungsbedürftigen Kranken
in einer Klinik oder in einer Praxis, ganz ähnlich, wie wenn von zu
tiefem Blutdruck die Rede ist. Hören wir Gram, dann sehen wir
einen müden, von Kummer gebeugten Menschen, nicht in der
Praxis und nicht in der Klinik, sondern in seinen eigenen vier
Wänden. Das Wort Gram ruft den Menschen herbei und das, was
zu seiner Welt gehört, das Wort depressiv dagegen den Symptom-
träger und allenfalls dessen Heil- und Pflegeanstalt.

Diesem Unterschied entspricht eine unterschiedliche Auffassung von dem, was *Stimmung* bedeutet. Das Wort depressiv
setzt im Grunde genommen voraus, daß die Stimmung etwas ist,
das im Inneren eines Menschen stattfindet, zum Beispiel in
bestimmten Regionen des Gehirns.

Für das nicht in den Fachjargon übersetzte Wort dagegen ist
die Stimmung etwas, das sich nicht ausschließlich auf den
Menschen beschränkt. Trübsal steht sprachlich nahe beim trü-
ben Tageslicht. Und vorwiegend heiter kann auch das Wetter
sein. Vorwiegend depressiv hingegen ist mir noch in keiner
Wettervorhersage begegnet. Das nicht übersetzte Wort bringt
die Stimmung in eine erstaunliche Nähe zu den Erscheinungen
des Himmels.

Die Stimmung ist nicht isoliert ins Innere des Menschen zu
verlegen. Ist sie vielleicht nicht so sehr eine eigene Leistung des
Menschen und seines Gehirns als vielmehr ein Eingestimmt-Sein
auf einen Klang oder Mißklang, der von anderswoher kommt,

wie Gewitter und Sonnenschein? Ist der Mensch etwa immer schon so gestimmt, wie eine Gitarre gestimmt ist?

Die Depression aber ist am Ende nur noch die Minus-Schaltung des Menschen, der sich als psychischen Apparat versteht. »Die weltweite Zunahme der Depressionen« – darin verbirgt sich auch: die weltweite Zunahme dieser Interpretation (minusgeschalteter psychischer Apparat) und der entsprechenden Übersetzung (Depression).

Und die Winterreise? Allmählich werden wir vorsichtiger. Leichthin wurde am Anfang gesagt, die Winterreise, den Film Messidor und den Schubert-Abend von Hohler verbinde die gemeinsame depressive Grundstimmung. Doch wenn das Wort depressiv die entscheidenden Bezüge verloren hat, dann wird diese Gemeinsamkeit völlig nichtssagend. Ebensogut könnte man sagen, die drei Werke seien negativ.

Versuchen wir es also lieber mit dem unübersetzten Wort. Die Winterreise ist eine traurige Geschichte. »...ich werde Euch einen Zyklus schauerlicher Lieder vorsingen«, eröffnete Schubert einem Freund.[300]

Was liegt in der Trauer der traurigen Geschichte? Die *Trauer* trauert *um* etwas. Wenn uns ein geliebter Mensch wegstirbt, dann sind wir trauernd auf ihn bezogen. In dieser Trauer ist er uns in einer Weise nahe, obschon er uns in einer anderen Weise entzogen ist. Der Schmerz der Trauer betrifft diesen Entzug. Der Verstorbene ist nicht mehr leibhaftig mit uns anwesend. Seine Anwesenheit ist plötzlich von einer anderen Art, sei es, daß wir uns noch an ihn erinnern, wie er gelebt hat, sei es, daß er uns jetzt als der Tote in irgendeiner Weise noch etwas angeht. Wir sagen »noch« und denken ›nur noch‹. Aber es gab Zeiten, da die Anwesenheit der unsichtbaren Toten fast ebenso intensiv erfahren wurde wie die Anwesenheit der ebenfalls nicht sichtbaren Götter, intensiver fast als die gewöhnliche leibhaftige Anwesenheit der Lebenden. Hüten wir uns also, die andere Art der Anwesenheit mit einem »nur noch« von vornherein abzuwerten.

Es könnte nämlich sein, daß sich in der Trauer etwas verbirgt, das wir leicht übersehen. Die Trauer trauert um den Entzug des Verstorbenen. Sie betrauert seine Ferne. Aber die Trauer läßt den Fernen zugleich in einer besonderen Weise nahe sein; und mit dieser Nähe hängen die Wärme und das geheime Licht der Trauer vielleicht zusammen. Denn die Nähe des Fernen in der Trauer hat in hintergründiger Weise etwas Freudiges. Mit der Zeit läßt der Schmerz nach. Wir erinnern uns an den Toten und lassen ihn als Toten in unser Leben, das »weitergeht«, wie wir sagen, hineinsprechen. Vielleicht machen wir »in seinem Sinne« weiter. Nicht weil wir einem Phantom gehorchen, sondern weil sein Sinn dank der Nähe des Fernen unser Sinn geworden ist. Irgendwie versteckt sich in der Trauer die Freude. Natürlich ist das leichter zu fassen für einen, der den festen Glauben hat, daß »wir uns drüben wiedersehen werden« und daß das »Drüben« so etwas ist wie ein Ferienparadies. Aber auch wer diesen festen Glauben nicht hat und über das Wort Geheimnis kaum hinauskommt, kann vielleicht die seltsame Verwandtschaft der Trauer mit der Freude erahnen. Deutlich und für manches Kind erfahrbar ist sie beim Heimweh. Die Trauer über den Entzug des Heimatlichen ist kaum zu trennen von der Freude auf das Wiedersehen. Aber auch bei anderen Formen der Trauer ist dieses *Zusammenspiel von Trauer und Freude* – obzwar vielleicht weniger deutlich – zu spüren.

Viele versuchten umsonst das Freudigste freudig zu sagen,
Hier spricht endlich es mir, hier in der Trauer sich aus.
                    Friedrich Hölderlin, *Sophokles*[301]

Die Trauer sei eigentlich »weder bloße Niedergeschlagenheit noch Trübsinn«, schrieb Martin Heidegger in DAS WESEN DER SPRACHE. Die eigentliche Trauer sei »in den Bezug zum Freudigsten gestimmt, aber zu diesem, insofern es sich entzieht, im Entzug zögert und sich spart«. Die Trauer sei »die Stimmung der Gelassenheit zur Nähe des Entzogenen, aber zugleich für eine anfängliche Ankunft Gesparten«.[302]

Was ist das Entzogene bei der WINTERREISE? Worauf ist die Trauer der WINTERREISE bezogen?

Ohne den besonderen Bezug dieser Trauer und vielleicht auch der darin verborgenen Freude zu beachten, werden wir die Traurigkeit der WINTERREISE nicht mit der Traurigkeit von MESSIDOR oder von Hohlers SCHUBERT-ABEND zusammenbringen dürfen. Die Rede von einer gemeinsamen Stimmung, welche die drei Werke durchzieht, wird immer fragwürdiger.

Stimmungen, losgelöst vom Bezug, vom »Worum«, miteinander zu vergleichen, ist zwar in der Psychologie gang und gäbe. Und die Psychologie dringt heute immer mehr in den Alltag ein. Gefühle werden isoliert, begutachtet und standardisiert. Man spricht oft nur noch von einem »guten« oder »schlechten« Gefühl. Im Zürcher Slang heißt das »ufgschtellt si« (aufgestellt sein) oder »abgschtellt si« (abgestellt sein). Plus oder minus – am Kippschalter des psychischen Apparates.

Diese Tendenz der Psychologie entspricht wiederum dem neuzeitlichen objektivierenden Subjektivismus. Der eigene Zustand wird dem Subjekt zum Objekt, das es in distanzierter Beobachterhaltung betrachtet.

Der Klang des ersten Liedes aus der WINTERREISE durchstimmte die beiden Darbietungen am selben Ort zur selben Zeit im Jahre 1979. Eine einfache Erklärung für dieses Zusammentreffen war schnell zur Hand: Sie lautete, die beiden modernen Autoren sähen schwarz, und die von ihnen zitierte WINTERREISE gebe eben dieser pessimistisch-depressiven Stimmung Ausdruck. Diese Erklärung machte es sich jedoch, wie wir sahen, zu leicht, und die Frage bleibt: Gibt es ein *angemesseneres Verständnis* für das seltsame Zusammentreffen? Verbindet die drei Werke vielleicht ein gemeinsamer Bezug? Sie handeln schließlich von verschiedenen Dingen. Und: Worauf ist die Trauer der WINTERREISE überhaupt bezogen?

Franz Hohler erklärte mir nach der Vorstellung in seiner lapidaren Art: »Es liegt im Schubert.«

Nachdem *Schubert* seine »schauerlichen Lieder« den Freunden vorgetragen hatte und diesen nur gerade das Lied vom Lindenbaum (*Am Brunnen vor dem Tore...*) gefallen wollte, soll er gesagt haben: »Mir gefallen diese Lieder mehr als alle, und sie werden Euch auch noch gefallen.«[303] Ahnte Franz Schubert, daß es mit den schauerlichen Liedern eine besondere Bewandtnis haben könnte?

Liegt es im Schubert?

Die Frage meint: Hat Franz Schubert mit seiner Winterreise etwas gehört, das uns, die Zeitgenossen von Tanner und Hohler, jetzt angeht? Hat er eine Winterreise gesehen, die unser aller Reise ist? *Marcel Schneider* spricht in seiner Schubert-Monographie von der »rätselvollen Hintergründigkeit« der Schubertschen Musik und davon, daß Schubert mit einer Art »musikalischer Hellsichtigkeit« in Bereiche vorgestoßen sei, die den Zeitgeist seiner Epoche weit hinter sich gelassen hätten. Schuberts Musik zeige ein »unbestimmbares Heimweh, Schmerz über das verlorene Paradies, Sehnsucht nach einer anderen Welt«.[304] Marcel Schneider meint dies gewissermaßen geschichtslos: Das Paradies war im Diesseits von jeher verloren und wird immer verloren sein, aber Schuberts Musik ist es gelungen, einen Hauch vom Jenseits zu erhaschen.

Könnte es aber sein, daß die musikalische Hellsichtigkeit Schuberts doch in die Geschichte blickte? Zwar nicht in die vordergründige Geschichte der Jahreszahlen und Fakten, die als ablaufender Wirkungszusammenhang vergegenständlicht wird, und schon gar nicht in die Geschichte der Aktualitäten, die von den Medien des Gestells verwaltet wird; vielleicht aber in jene hintergründige, verborgene »unumgänglich-unzugängliche« eigentliche Weltgeschichte der epochalen Zusammenhänge, in die »epochale Geschichte«? Hat Franz Schubert den Herzschlag seiner – und unserer – Epoche gespürt? *Singt die Winterreise einen epochalen Winter?* Denselben Winter, der uns im Film Messidor und im Schubert-Abend von Hohler frieren macht?

Liegt es in dieser epochalen Weise »im Schubert« und auch »im Müller«?

»Die Kunst ist das Ins-Werk-Setzen der Wahrheit.«[305] So lautete die Quintessenz einer Abhandlung von *Martin Heidegger* über den Ursprung des Kunstwerkes. Der Satz ist so zweideutig gemeint wie er klingt: Der Mensch – der Künstler und auch derjenige, der das Kunstwerk nicht nur erlebt, sondern, von ihm getroffen, es im Herzen bewahrt – »setzt« die Wahrheit ins Werk. Ohne Schöpfenden wird kein Wasser geschöpft aus der Quelle. Doch der Mensch bringt die Wahrheit nur ins Werk, weil er von ihr gebraucht wird: Indem sie den Menschen braucht, »setzt« sie sich selbst ins Werk; die Quelle selbst nimmt den Schöpfenden in Anspruch.

Dann ist das Werk geschöpft aus dem Quellgrund der Epoche. Dann haben Franz Schubert und Wilhelm Müller das epochale Winter-Lied empfangen vom epochalen Winter selbst?

Eine solche Botschaft aber wird der kritische Musikkenner, der die Interpretation der Winterreise begutachtet und, wenn sie ihm zusagt, feinsinnig genießt, leicht überhören. Franz Hohler ist es vielleicht gelungen, in seinem Schubert-Abend mit dem überraschenden Schlußgesang das gewohnte ästhetische Erlebnis zu umspielen. Vielleicht machte dieses »subversive« Vorgehen es möglich, daß an diesem Abend das *Lied vom epochalen Winter* erklang.

Versuchen wir, es noch einmal zu hören.

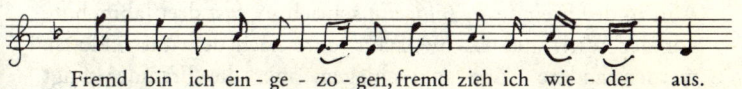

Fremd bin ich ein-ge-zo-gen, fremd zieh ich wie-der aus.

Wer fremd ist, ist nicht daheim. Die Heimat ist ihm entzogen, jedoch so, daß sie ihm als entzogene trotzdem nahe sein kann, zum Beispiel im Heimweh. Wer fremd ist, ist im Grunde genommen auf eine Heimat bezogen. Der Wanderer in der Fremde sucht den Ort, wo er wohnen kann, ob er nun in der Fremde heimisch wird oder ob er in seine alte Heimat heimkehrt.

Wer fremd ist, ist jedenfalls unterwegs – hin zu seinem Eigenen, vielleicht aber auch weg davon. Das Wort fremd ist sowohl mit der englischen Präposition from (weg von) verwandt als auch mit dem althochdeutschen Adverb fram (vorwärts, fort).

Hören wir den Anfang der WINTERREISE im gewohnten Sinne, dann ist da die Rede von einem wandernden Gesellen, der als Fremder in eine Stadt eingezogen ist, dort seine hohe Zeit gehabt hat und jetzt die Stadt wieder als Fremder verlassen muß. »... bis man mich trieb' hinaus«, dürfte dabei nicht allzu wörtlich zu nehmen sein. Die Mutter hatte von Ehe gesprochen, aber das Mädchen hielt ihm nicht die Treue, ihre wetterwendische Liebe wanderte zu einem anderen, und der Geselle hält es wohl nun nicht mehr aus in dieser Stadt. So schleicht er sich eben nächtlicherweile davon, in den Winter hinaus.

Hören wir nun aber mit dem *Lied von der enttäuschten Liebe* auch das *Lied vom epochalen Winter,* dann läßt uns der Anfang der WINTERREISE eine andere Fremde spüren. Eine Fremde, in der nicht nur der Wanderbursche ist, sondern in der auch wir sind, seit langem schon, mindestens seit der Zeit, in der jenes Gedicht entstand, das bereits wegen unserer Schmerzlosigkeit zu uns gesprochen hat und das uns auch jetzt mit seiner unmittelbaren Fortsetzung trifft:

> Schmerzlos sind wir und haben fast
> Die Sprache in der Fremde verloren.[306]

Wir, in der Fremde – *Hölderlin* schrieb so, fast drei Jahrzehnte vor der WINTERREISE. Siebzehn Jahre nach der WINTERREISE werden andere Töne angeschlagen, aber die Fremde klingt erneut an: »Eine unmittelbare Konsequenz davon, daß der Mensch dem Produkt seiner Arbeit, seiner Lebenstätigkeit, seinem Gattungswesen entfremdet ist, ist die *Entfremdung des Menschen* von dem *Menschen.*«[307]

Was meint *Karl Marx?*

Wenn der Schuster in der mittelalterlichen Stadt Schuhe für seine Käufer anfertigte, war jeder Schuh sein Hand-Werk, jedes

Stück auch verschieden vom anderen, ein einmaliges, vom
Meister auf den Schritt des Käufers zugeschnittenes Schuhwerk.
Doch im heraufkommenden Maschinenzeitalter wird das »Produkt der Arbeit« dem Arbeiter fremd, so zum Beispiel, wenn er
in der Schuhfabrik tagein tagaus seine Löcher in das immer
gleiche Lederstück stanzt, ohne je zu erfahren, wer die serienmäßig hergestellten Schuhe tragen wird. Die »Ware« wird von
einem fernen Verkäufer im Namen des fernen Arbeitgebers
gehandelt, zu einem Preis, der mit dem Arbeitseinsatz und dem
Hungerlohn des »Proletariers« nur in einem schemenhaften
Bezug steht. Die Arbeit wird in fremdem Dienst geleistet und
nur, weil der Arbeiter den Lohn zur Stillung des Hungers, zur
Befriedigung seiner »Bedürfnisse« braucht. So wird der Arbeiter
nicht nur dem Produkt seiner Arbeit, sondern auch seiner
»Lebenstätigkeit« (Bedürfnisbefriedigung) entfremdet. Nach
Marx ist der Mensch ein Tier, das sich durch sein bewußtes
Wollen und Handeln von den übrigen Tieren unterscheidet.
Daher wird der Arbeiter mit der Entfremdung seines Handelns
auch von dem entfremdet, was ihn gegenüber den übrigen Tieren
auszeichnet: von seinem »Gattungswesen«. Schließlich wird der
Mensch dem Menschen entfremdet, so zum Beispiel, wenn auf
dem Arbeitsmarkt der Arbeiter selbst als Ware gehandelt wird.

Mit dem »Arbeitsprodukt«, der »Lebenstätigkeit« und dem
»Gattungswesen« ist Karl Marx ohne Zweifel tief im neuzeitlichen Denken befangen. Unschwer erkennen wir darin den radikalen Humanismus mit dem »Bedürfnisprinzip« des animal rationale, den objektivierenden Subjektivismus des Kollektivsubjekts »Industriegesellschaft« und das überhandnehmende
Herstellen im Zeichen des Gestells. Das vernünftige Tier, das
animal rationale, ist bei Marx zum animal rationale producens
geworden.

Aber – »Weil Marx, indem er die Entfremdung erfährt, in eine
wesentliche Dimension der Geschichte hineinreicht, deshalb ist
die marxistische Anschauung von der Geschichte der übrigen
Historie überlegen.« (Martin Heidegger, BRIEF ÜBER DEN »HU-
MANISMUS«)[308]

Der übrigen Historie, insofern diese bloß in die vordergründige Geschichte der Fakten hineinreicht und nicht in die hintergründige, verborgene eigentliche Geschichte der epochalen Zusammenhänge. Und reicht Karl Marx da hinein? »Was Marx... als die Entfremdung des Menschen erkannt hat, reicht mit seinen Wurzeln in die Heimatlosigkeit des neuzeitlichen Menschen zurück.«[309]

Fremd bin ich eingezogen, fremd zieh ich wieder aus.

Die *Heimatlosigkeit* des neuzeitlichen Menschen ist nicht ein fehlender Patriotismus. Die Heimatlosigkeit betrifft beide, den Nationalisten und den Internationalisten, den der erstere vielleicht als »vaterlandslosen Gesellen« beschimpft. Vielleicht ist gerade der *Nationalismus* heimatloser, als er glaubt. Die Verherrlichung der Nation erfuhr jedenfalls ihre Blüte erst im neunzehnten Jahrhundert. Begann man sich etwa dann an seine Nation zu klammern, als die Heimat sich allmählich entzog?

Legionen bewegen sich Jahr für Jahr vom Norden in den Süden und wieder zurück. Eingeklemmt in rollende Blechbehälter, fliehen sie aus der einen Fremde, wo Kälte und Rauch ist, in die andere Fremde, um sich dort von der Sonne bräunen zu lassen. Bis sie auch aus dieser Fremde, wo nur Sonne und kein Verdienst ist, wieder zurück in die andere Fremde müssen, zurück in Kälte und Rauch. Ihre Heimatlosigkeit verwüstet das Land, mit den Bauten der Industriegesellschaft hier, mit den Bauten des Tourismus dort und mit den Pisten dazwischen.

Die Legionen stehen in fremdem Sold. Sie dienen einer merkwürdigen Herrschaft, die klingende Namen trägt und doch anonym bleibt. Die Namen lauten hier vielleicht Brown-Boveri, Ciba-Geigy und Alusuisse, dort vielleicht Hotelplan, Polyglott und Nivea und dazwischen Volkswagen, Ford und Shell – die Auswahl ist willkürlich und belanglos.

Der Mensch der Industriegesellschaft: ein fremder, braungebrannter Legionär.

Im afrikanischen Felsental
Marschiert ein Bataillon,

Sich selber fremd, eine braune Schar
Der Fremdenlegion...
Gottfried Keller, *Schlafwandel*[310]

Wenn die Wüste weiter wächst, ist bald überall das afrikanische Felsental.

Auf einer Zürcher Mauer konnte man vor einigen Jahren folgende Spray-Inschrift lesen:

Alle Arbeiter sind Fremdarbeiter!

Der Marxist, der das geschrieben hatte, wandte sich damit gegen zwei Fronten zugleich: gegen die xenophoben Tendenzen einer Nationalen Aktion und gegen die kapitalistischen Unternehmer. Vielleicht sah der Marxist aber nicht ganz in jene »wesentliche Dimension der Geschichte«, in welche die Entfremdung bei Marx hineinreicht. Denn auch der Unternehmer ist ein Fremdarbeiter, insofern Arbeiter der heißt, dessen Wesen durch die Arbeit, durch die Produktion bestimmt ist. In der Weltherrschaft des Gestells stehen auch die vermeintlichen Herren in fremdem Sold. Der moderne Mensch überhaupt ist ein *Fremdarbeiter* geworden, ein Funktionär, ein Söldner des Gestells. Darum unterscheiden die Legionäre Dienst und Urlaub, Arbeits- und Freizeit, und dies in Ländern, die Karl Marx vergöttern wie in solchen, die ihn verteufeln.

Es ist die Seele ein Fremdes auf Erden...
Georg Trakl, *Frühling der Seele*[311]

Selbst dort, wo die Seele des Menschen gepflegt wird, geschehen seltsame Dinge. Gewisse psychotherapeutische Richtungen, nicht selten auch solche, die sich bewußt gegen die Mentalität der »Leistungsgesellschaft« stellen, reden einen Jargon, der direkt aus der Fabrik stammen könnte. Da gibt es »Workshops«, in denen man »mit seinen Gefühlen arbeitet«. »Wer gibt mir ein bißchen Feedback, damit wir miteinander kommunizieren kön-

nen?« »Dank seinen Abwehrmechanismen funktioniert er nicht
schlecht.« »Heute wollen wir Intimität trainieren!« –, und
keiner sagt, wie traurig das alles ist, und keiner bangt um die
Sprache.

> Schmerzlos sind wir und haben fast
> Die Sprache in der Fremde verloren.

Wenn der Lindenbaum am Brunnen vor dem Tore immer
ausschließlicher zum Rohstoff der Holzindustrie wird oder zum
Lieferanten der Teebeutelfabrik oder zum Reizpunkt des Touris-
mus (das Motel ›Zum Lindenbaum‹), dann wird der Lindenbaum selbst dem Menschen fremd. Und wenn das mit jedem
Baum, jedem Tier, jedem Stein geschieht, wenn jedes Ding zum
gleichgültigen Rad im großen Räderwerk geworden ist, dann ist
die Natur, die Erde überhaupt, dem Menschen fremd geworden.

Wenn ferner der Mensch sich nur noch als arbeitendes Tier
versteht, ob er jetzt Holzarbeiter oder Lindenblütenteeverkäu-
fer oder Moteldirektor ist, dann wird er »sich selber fremd«.
Und wenn sich die Menschen als abgekapselte Subjekte erfahren,
die immer von neuem miteinander »kommunizieren« und »eine
Interaktion machen« müssen, um aus der Abkapselung in eine
sogenannte »Ich-Du-Beziehung« zu gelangen, dann ist die Welt
eine gigantische Fremdenstadt geworden, in der keiner den
anderen kennt und jeder eine andere Sprache spricht. L'étranger
nannte Albert Camus diesen Menschen.

Wenn schließlich die »Gotteshäuser« zu bloßen Kommunika-
tionsstätten werden und zu sozialen Einrichtungen für die
»Randschichten« der Funktionärsgesellschaft, für die ganz Alten
und für die ganz Jungen, für die Kranken und die Behinderten,
dann ist die Seele vollends »ein Fremdes auf Erden«.

Die *Entfremdung* zieht weitere Kreise, als Karl Marx gesehen
hat: Entfremdung des Menschen nicht nur vom Arbeitsprodukt,
sondern vom Ding, von der Erde überhaupt; Entfremdung nicht
nur des Proletariers, sondern des neuzeitlichen Menschen überhaupt, des Subjekts, das sich die Objekte, die Erde, ja das Weltall

untertan machen will und doch nur um sich selber kreist, genötigt zu einer Kommunikation, die wegen der primären Abkapselung kaum gelingt; Entfremdung des Menschen von einem Gott, der sich nicht blicken läßt.

Der Funktionär beißt auf die Zähne. Mit seinem »gesunden Menschenverstand« führt er »eine sachliche, nicht eine emotionale Diskussion«. Den »Gastarbeiter« jedoch zieht es immer wieder zum Bahnhof. Und der moderne Mensch, der ein Fremdarbeiter geworden ist, kann sein Heimweh nicht ganz verbergen. Das Heimweh zeigt, daß der Söldner des Gestells heimatlos ist, »in der Fremde«, »ein Fremdes auf Erden«.

Doch was macht unsere Zeit mit dem Heimweh? Wie die Trauer übersetzt sie es gleichfalls in eine Fremdsprache. Heimkehr heißt auf griechisch nostos und Schmerz heißt algos. Das ergibt ein Modewort der Gegenwart: die Nost-algie. Mit dieser Übersetzung verliert auch das Heimweh seinen Bezug. Es wird zu einer Laune oder einer bloßen Unpäßlichkeit des modernen Menschen, der sich bei seinem Fortschritt vielleicht etwas übernommen hat und nun eben gewisse »nostalgische Bedürfnisse« entwickelt. Vielleicht möchte er wieder einmal Dampfeisenbahn fahren oder eine Ziege melken. Darüber kann man dann schmunzeln.

Fremd bin ich ein - ge - zo - gen, fremd zieh ich wie - der aus.

Die Fremde des Einzugs und die Fremde des Auszugs sind nicht gleich. Zwischen beiden liegt – unvergessen und unwiederbringlich – die Erfahrung des Wohnens in dieser Stadt, die Stätte, die *Wohnstätte* war und eine »Wohngemeinschaft« ermöglicht hatte. Ich spreche von der Stadt, die man durch ein Tor betrat, vor welchem ein Brunnen und ein Lindenbaum standen. Bisweilen war die Wohngemeinschaft der Stadt auch auf Liebe gestimmt oder gar auf einen Lebensbund. »Das Mädchen sprach von Liebe, / Die Mutter gar von Eh...«

Das »fremd« des Einzugs hat einen jugendlichen, noch unberührten, ängstlich-hoffnungsvollen Klang. Das »fremd« des Auszugs tönt enttäuscht und gealtert, obschon der Wanderbursche noch jung an Jahren ist.

Hören wir aber mit dem *Lied vom armen Wandergesellen* wieder das *Lied vom epochalen Winter*, dann sehen wir nicht mehr nur einen jungen Liebeskranken, sondern wir sehen Legionen in die Fremde ziehen.

Sie haben in Dörfern und Städten gewohnt und waren einander in Zuneigung und Streit vertraut, ruhend im Aufenthalt bei den Dingen des Alltags, verwurzelt im Boden, den sie oder ihre Nachbarn bebauten. Sie haben in Dörfern und Städten gewohnt, und ihr *Wohnen* war »die Kunst aller Künste«, eine zeitweilig geglückte Weise, »auf der Erde unter dem Himmel die Wanderung von der Geburt bis in den Tod« zu vollbringen.

Doch nun sehen wir die Legionen ihre Wohnstätten verlassen. Fremd ziehen sie wieder aus. Der *Auszug* läßt sich aber nicht genau datieren.

Ein Vorzeichen war es, als Masaccios »Augenpunkt« aus den Bildern herausstieg, und die Zentralperspektive ihren Siegeszug antrat.

Ein deutliches Zeichen war es, als die Sonne ihre Himmelsbahn, vom Morgen zum Abend, verließ, und die Erde sich um die Sonne und um sich selbst zu drehen begann. Seither rollt der Mensch nach dem Worte Nietzsches »aus dem Centrum ins x«. Fremd zieht er wieder aus, aus der Stätte des Wohnens ins x.

Augenfällig wurde dieser Auszug jedoch im neunzehnten Jahrhundert. Schon das »Weltkind« Goethe muß etwas davon, wenigstens anflugsweise, geahnt haben, sonst wäre der Satz vom »überhandnehmenden Maschinenwesen«, das sich heranwälze wie ein Gewitter, kaum denkbar.

Im zwanzigsten Jahrhundert ist der Auszug vollbracht. Das Gewitter hat die Menschen aus der Stätte des Wohnens vertrieben. Sie leben zwar weiter in einer Stadt. Aber die Stadt mit dem Lindenbaum am Brunnen vor dem Tore ist es nicht mehr. Es ist die Stadt eines anderen Liedes:

Unter unsern Städten sind Gossen
In ihnen ist nichts und über ihnen ist Rauch.
Wir sind noch drin. Wir haben nichts genossen.
Wir vergehen rasch, und langsam vergehen sie auch.

Bertolt Brecht und Kurt Weill, Aufstieg und Fall
der Stadt Mahagonny[312]

Der *epochale Auszug* geschah still und heimtückisch. Die Städte
heißen immer noch Tübingen und Wien, Dessau und Zürich.
Vielleicht lauten sogar die Namen der dort lebenden Menschen
teilweise noch wie damals: Hölderlin und Schubert, Müller und
Keller. Aber die Menschen sind fremd geworden.

Der Mai war mir ge - wo - gen mit man - chem Blu - men - strauß. Das
Mäd - chen sprach von Lie - be, die Mut - ter gar von Eh, das
Mäd - chen sprach von Lie - be die Mut - ter gar von Eh –
nun ist die Welt so trü - be, der Weg ge - hüllt in Schnee. Nun
ist die Welt so trü - be, der Weg ge - hüllt in Schnee.

Der Fremde verläßt die Stadt heimlich in einer kalten Winternacht und zieht in den Schnee hinaus. Immer wieder werden auf
dieser Reise der weiche *Schnee*, der die Erde verhüllt, und das
starre *Eis*, das die Bewegung des Wassers anhält, ins Wort

gerufen. Wieder stoßen wir auf die wundersame Nachbarschaft
von *Wetter und Stimmung*. Die »Atmosphäre« kann von dunklen Wolken oder von einer düsteren Mitteilung getrübt sein. »Es
ist schön heute« ist eine wesensmäßig zweideutige Aussage. Der
Satz ist jedoch nicht etwa deshalb zweideutig, weil die Sprache
unpräzis ist und mit demselben Wort ganz verschiedene Dinge
nennt, die nichts miteinander zu tun haben (Meteorologie und
Psychologie); vielmehr ist die Sprache erstaunlich genau, indem
sie die geheimnisvolle, schwer zu fassende Zusammengehörigkeit von Wetter und Stimmung ausspricht.

> Gefrorene Tropfen fallen
> Von meinen Wangen ab:
> Und ist's mir denn entgangen,
> Daß ich geweinet hab?

> Ei Tränen, meine Tränen,
> Und seid ihr gar so lau,
> Daß ihr erstarrt zu Eise
> Wie kühler Morgentau?

> Und dringt doch aus der Quelle
> Der Brust so glühend heiß,
> Als wolltet ihr zerschmelzen
> Des ganzen Winters Eis.
>
> *Gefrorene Tränen*

> Der du so lustig rauschest,
> Du heller, wilder Fluß,
> Wie still bist du geworden,
> Gibst keinen Scheidegruß.

> Mit harter, starrer Rinde
> Hast du dich überdeckt,
> Liegst kalt und unbeweglich
> Im Sande hingestreckt.
>
> . . .

Mein Herz, in diesem Bache
Erkennst du nun dein Bild?
Ob's unter seiner Rinde
Wohl auch so reißend schwillt?

Auf dem Flusse

Der Schnee bedeckt die Erde und die verwelkten Blumen. Der Winter verweist auf den vergangenen Sommer:

Ich such im Schnee vergebens
Nach ihrer Tritte Spur,
Hier, wo wir oft gewandelt
Selbander durch die Flur.

Ich will den Boden küssen,
Durchdringen Eis und Schnee
Mit meinen heißen Tränen,
Bis ich die Erde seh.

Wo find ich eine Blüte,
Wo find ich grünes Gras?
Die Blumen sind erstorben,
Der Rasen sieht so blaß.

Erstarrung

Der Winter verweist aber auch auf einen kommenden Frühling:

Wenn die Gräser sprossen wollen
Weht daher ein lauer Wind,
Und das Eis zerspringt in Schollen,
Und der weiche Schnee zerrinnt.

Wasserflut

Für den frierenden Wanderer auf seiner Winterreise ist das allerdings ein schwacher Trost. Denn der Frühling ist jetzt nur

ein Traum, und Eisblumen am Fenster sind die einzigen Blumen
zur Zeit:

> Ich träumte von bunten Blumen,
> So wie sie wohl blühen im Mai,
> Ich träumte von grünen Wiesen,
> Von lustigem Vogelgeschrei.
>
> Und als die Hähne krähten,
> Da ward mein Auge wach,
> Da war es kalt und finster,
> Es schrien die Raben vom Dach.
>
> Doch an den Fensterscheiben
> Wer malte die Blätter da?
> Ihr lacht wohl über den Träumer,
> Der Blumen im Winter sah?
>
> Ich träumte von Lieb um Liebe,
> Von einer schönen Maid,
> Von Herzen und von Küssen,
> Von Wonn und Seligkeit.
>
> Und als die Hähne krähten,
> Da ward mein Herze wach;
> Nun sitz ich hier alleine
> Und denke dem Traume nach.
>
> Die Augen schließ ich wieder,
> Noch schlägt das Herz so warm.
> Wann grünt ihr Blätter am Fenster?
> Wann halt ich dich, Liebchen, im Arm?
>
> *Frühlingstraum*

Der Bezug der Trauer dieses traurigen Winters ist bereits etwas
deutlicher geworden. Die Tränen möchten die Erde mit ihrem

Grün, mit ihren Blumen und mit »ihrer Tritte Spur« freischmel-
zen. *Die Trauer* ist bezogen auf *den Entzug des Blühens* auf der
Wiese und bei den Menschen, und darin verbirgt sich noch die
Freude, die – vielleicht – auch für diesen Wandergesellen mit
dem kommenden Frühling aufgespart bleibt.

Hören wir das Lied vom armen liebeskranken Wandersmann,
erfaßt uns Mitleid, und wir erinnern uns vielleicht auch an die
Kälte einer eigenen Winterreise. Sind wir gar jetzt auf einer solch
einsamen Reise, dann begrüßen wir im Wanderburschen den
Gefährten. Doch im Mitleid kann sich eine leise Verachtung
verstecken und ein weises Kopfschütteln.

Muß man sich denn gleich so gehenlassen? Und selbst wenn wir
im einsamen Wanderburschen einen Leidensgefährten sehen, ist
uns vielleicht nicht ganz wohl dabei, weil wir insgeheim spüren,
daß wir uns auf unserer Winterreise gehörig versteift haben und
daß es an der Zeit wäre, die Versteifung zu lösen.

Nur eben – wir hören ja gar nicht das Lied vom liebeskranken
Jüngling, wir hören das Lied vom *epochalen* Winter. Und *diesem*
Winter kommen wir mit einem weisen Kopfschütteln nicht bei.
Das Eis, das die unwirtlichen Städte bedeckt, wird von der
Vernunft des »gesunden Menschenverstandes« nicht aufgetaut
werden. Denn diese Vernunft ist die Vernunft des neuzeitlichen
objektivierenden Subjektivismus und also gleichfalls eine
Erscheinung des epochalen Winters. Man erkennt es vielleicht
daran, wie unvernünftig sich diese Vernunft in sogenannten
Energiefragen verhält. Das animal rationale schlägt sich den
Kopf ein, wenn es um Brennstoff geht. Eher erschießt es den
Tankwart, als daß es einmal zu Fuß geht. Eher nimmt es das, was
in Harrisburg beinahe geschehen wäre, getrost in Kauf, als daß es
einen Pullover anzieht. Eher riskiert es einen Krieg um den
Persischen Golf... Glaubt es, »des ganzen Winters Eis« mit
Energie schmelzen zu können?

Der gesunde Menschenverstand gibt sich optimistisch: Der
Erfindungsgeist des Menschen hat noch immer eine Lösung
gefunden. Auch mit der Umweltkrise wird der Erfindungsgeist
des Menschen fertig werden.

Aber der Erfindungsgeist des Menschen – gehört nicht auch er zu diesem Winter? Aber das Eis, das unsere Städte bedeckt. Aber der Schnee auf unseren Wegen. Die Kälte in den geheizten Mauern! Und daß man so tut, als wäre dies alles nicht zu sehen.

Beim epochalen Winter geht es nicht um eine Jahreszeitenabfolge. Ein epochaler Kalender würde ja nur wieder jene Zeitachsenzeit voraussetzen, die selber ein Kind des epochalen Winters ist. Dennoch ist auch der epochale Winter auf ein entzogenes Blühen bezogen. Auch dann, wenn man über die Träumer lacht, die »Blumen im Winter« sahen.

Zum Beispiel über jenen unbekannten Poeten, welcher der aufrührerischen Zürcher Jugend im Jahre 1980 ihre Parole gab:

Freiheit für Grönland!

Zum Beispiel über *Gottfried Benn:*

> Erschütterer –: Anemone,
> die Erde ist kalt, ist Nichts,
> da murmelt deine Krone
> ein Wort des Glaubens, des Lichts.
>
> Der Erde ohne Güte,
> der nur die Macht gerät,
> ward deine leise Blüte
> so schweigend hingesät.
>
> Erschütterer –: Anemone,
> du trägst den Glauben, das Licht,
> den einst der Sommer als Krone
> aus großen Blüten flicht.
>
> Gottfried Benn, *Anemone*[313]

Das Gedicht beschreibt die Kälte des epochalen Winters, dem »nur die Macht gerät«. Doch das »einst« im zweitletzten Vers weist über diesen Winter hinaus. »Einst« ist ein seltsames Wort. Es spricht von einer anderen Zeit als der Gegenwart, ohne jedoch klarzustellen, ob es damit die Vergangenheit oder die Zukunft meint. Und mit der Gegenwartsform »flicht« bleibt es in diesem Gedicht in einer merkwürdigen Schwebe. Aber ist die Sprache deshalb ungenau? Oder reicht sie in eine ursprünglichere Zeit, von der die Techniker mit ihrer Zeitachse kaum eine Ahnung mehr haben?

Vielleicht hat Gottfried Benn die Kälte dieses Winters gespürt, sicher auch Franz Kafka und Samuel Beckett, um nur noch die beiden Großen zu nennen. Aber schon Jahrzehnte früher war da jener, der die Wüste hat wachsen sehen: »Die Wüste wächst: weh Dem, der Wüsten birgt!«[314] Ob Sand- oder Eiswüste – in der epochalen Geschichte läßt sich das nicht so genau auseinanderhalten; entscheidend ist in jedem Fall der Auszug aus der »gemäßigten Zone«, aus der Stätte des Wohnens. Im Jahre 1882 ließ *Friedrich Nietzsche* einen »tollen Menschen« fragen: »...Ist es nicht kälter geworden? Kommt nicht immerfort die Nacht und mehr Nacht? Müssen nicht Laternen am Vormittage angezündet werden?...«[315]

Nun ist die Welt so trübe, der Weg gehüllt in Schnee.

Am Ende der Erzählung UNMÖGLICHE BEWEISAUFNAHME von *Hans Erich Nossack* sagt der »Angeklagte« vor dem Gericht: »...Es schneit doch schon ewig und es schneit immer noch. Dicke weiße Flocken. Auch zwischen uns hier schneit es. Wir reden und reden, die Worte kommen nirgendwo an; deshalb erfrieren sie und fallen endlich als friedlicher Schnee zu Boden. Man muß das nur sehen können. Sehen Sie es denn nicht, meine Herren?...«[316]

Wenn wir es nicht sehen, laufen wir freilich Gefahr, mit unserem Optimismus und unserem »Wachstum« plötzlich zu erfrieren, wie der Säufer, der trunken und aufgewärmt vom Schnaps lallend ins Schneegrab sinkt.

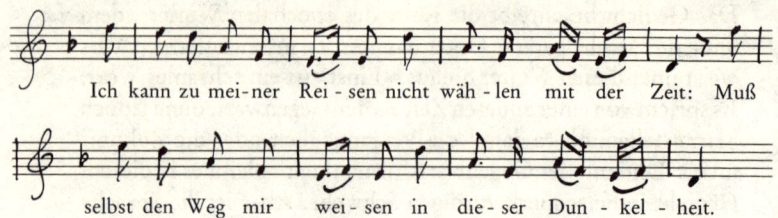

Ich kann zu mei-ner Rei-sen nicht wäh-len mit der Zeit: Muß

selbst den Weg mir wei-sen in die-ser Dun-kel-heit.

Der Fremde kann nicht auf die günstige Stunde für seine Reise warten. Mitten im Winter, mitten in der Nacht macht er sich auf den Weg, den er sich selbst weisen muß. Wer sonst sollte ihm den Weg denn weisen?

Ausgestoßen aus der Stätte des Wohnens, kreist das neuzeitliche Subjekt heimatlos um sich selbst. Es ist auf *seinen* Mut und *seinen* Willen angewiesen, wenn es in der Dunkelheit der Weltnacht einen Weg finden soll.

Im letzten Teil der WINTERREISE findet sich ein aufschlußreiches Lied mit dem Titel *Mut*:

> Fliegt der Schnee mir ins Gesicht,
> Schüttl ich ihn herunter.
> Wenn mein Herz im Busen spricht,
> Sing ich hell und munter.
>
> Höre nicht, was es mir sagt,
> Habe keine Ohren;
> Fühle nicht, was es mir klagt,
> Klagen ist für Toren.
>
> Lustig in die Welt hinein
> Gegen Wind und Wetter!
> Will kein Gott auf Erden sein,
> Sind wir selber Götter.

Wilhelm Müller ist ein erstaunlicher Mensch. Da schreibt einer Gedichte im Volksliedton, die er unter einem ironischen Titel veröffentlicht, bevor sie ihren musikalischen Angelos finden, und trifft so nebenbei mit einem dieser Verse der Epoche mitten ins Herz: »*Will kein Gott auf Erden sein, sind wir selber Götter.*«

Erst wollte er nur noch im Himmel sein, dann mußte er bewiesen werden, und schließlich entzog er sich ganz.

Am Beginn des neunzehnten Jahrhunderts erfuhr *Friedrich Hölderlin* »in dürftiger Zeit« »Gottes Fehl«.[317] Die bereits zitierten Verse aus dem *Archipelagus* sprechen auch hier für sich: »Aber weh! es wandelt in Nacht, es wohnt, wie im Orkus, / Ohne Göttliches unser Geschlecht. Ans eigene Treiben / Sind sie geschmiedet allein...«

Und am Ende des neunzehnten Jahrhunderts lesen wir im »Buch für Alle und Keinen«:

Der Heilige antwortete: Ich mache Lieder und singe sie, und wenn ich Lieder mache, lache, weine und brumme ich: also lobe ich Gott.

Mit Singen, Weinen, Lachen und Brummen lobe ich den Gott, der mein Gott ist. Doch was bringst du uns zum Geschenke?

Als Zarathustra diese Worte gehört hatte, grüßte er den Heiligen und sprach: »Was hätte ich euch zu geben! Aber laßt mich schnell davon, daß ich euch Nichts nehme!« – Und so trennten sie sich von einander, der Greis und der Mann, lachend, gleichwie zwei Knaben lachen.

Als Zarathustra aber allein war, sprach er also zu seinem Herzen: »Sollte es denn möglich sein! Dieser alte Heilige hat in seinem Walde noch Nichts davon gehört, daß *Gott todt* ist!« – (Friedrich Nietzsche, ALSO SPRACH ZARATHUSTRA)[318]

Wenn sich der Mensch »in dieser Dunkelheit« selbst den Weg weisen muß, wird er dies entsprechend seiner Welt-Anschauung tun. So wird er sich denn für die Wohlfahrt der Lohnabhängigen oder für seinen persönlichen wirtschaftlichen Erfolg einsetzen, für die Sache einer Nation oder gar einer Rasse, für den wissenschaftlichen und technischen Fortschritt, die Durchsetzung der christlichen Werte oder für die Expansion seiner Firma und seines multinationalen Konzerns.

Wohin das führt, zeigt uns die Geschichte der neuesten Zeit.

Mit dem trotzigen Lied *Mut* klingt am Ende der Winterreise etwas von jenen eigenmächtigen Kraftakten an, in die sich das heimatlose neuzeitliche Subjekt bisweilen hineinsteigert. Lustig in die Welt hinein, »gegen Wind und Wetter«, zum Beispiel mit dem Motorrad. Will kein Gott auf Erden sein, sind wir selber Engel, Hell's Angels.

Schon ein Jahr vor der Veröffentlichung des ersten Teils von Also sprach Zarathustra hatte Nietzsche 1882 in Die fröhliche Wissenschaft den »tollen Menschen« in die Welt hinaus schreien lassen: »Wohin ist Gott? ... ich will es euch sagen! *Wir haben ihn getödtet*, – ihr und ich! Wir Alle sind seine Mörder...« Am Ende seiner Rede aber ringt sich der tolle Mensch zum »übermenschlichen« Kraftakt durch: »Ist nicht die Größe dieser That zu groß für uns? Müssen wir nicht selber zu Göttern werden, um nur ihrer würdig zu erscheinen? Es gab nie eine größere That, – und wer nur immer nach uns geboren wird, gehört um dieser That willen in eine höhere Geschichte, als alle Geschichte bisher war!«[319]

Im neu herausgegebenen Nachlaß von Nietzsche findet sich nun aber ein Text, der im Herbst 1881 geschrieben wurde und in manchem wie eine Vorbereitung für die Geschichte vom »tollen Menschen« anmutet. Dieser Text hat jedoch noch nichts von jenem trotzigen Mut des Übermenschen: »Wohin ist Gott? Was haben wir gemacht? haben wir denn das Meer ausgetrunken? Was war das für ein Schwamm, mit dem wir den ganzen Horizont um uns auslöschten? Wie brachten wir dies zu Stande, diese ewige feste Linie wegzuwischen, auf die bisher alle Linien und Maße sich zurückbezogen, nach der bisher alle Baumeister des Lebens bauten, ohne die es überhaupt keine Perspektive, keine Ordnung, keine Baukunst zu geben schien? Stehen wir denn selber noch auf unseren Füßen? *Stürzen* wir nicht fortwährend? Und gleichsam abwärts, rückwärts, seitwärts, nach allen Seiten? Haben wir nicht den unendlichen Raum wie einen Mantel eisiger Luft um uns gelegt? Und alle Schwerkraft verloren, weil es für uns kein Oben, kein Unten mehr giebt? Und wenn wir noch leben und Licht trinken, scheinbar wie wir immer gelebt haben, ist es nicht gleichsam durch das Leuchten und Funkeln von Gestirnen, die erloschen sind? Noch sehen wir unsren Tod, unsere Asche nicht, und dies täuscht uns und macht uns glauben, daß wir selber das Licht und das Leben sind – aber es ist nur das alte frühere Leben im Lichte, die vergangne Menschheit und der vergangne Gott, deren Strahlen und Gluthen uns immer noch erreichen – auch das Licht braucht Zeit, auch der Tod und die Asche brauchen Zeit! Und zuletzt, wir Lebenden und Leuchtenden: wie steht es mit dieser unserer Leuchtkraft? verglichen mit der vergangner Geschlechter? Ist es mehr als jenes aschgraue Licht, welches der Mond von der erleuchteten Erde erhält?«[320]

Muß selbst den Weg mir weisen, mit meinem aschgrauen Licht.

Martin Heidegger, dem dieses verzweifelte Textfragment Nietzsches vielleicht noch nicht bekannt war, hat trotzdem aus der Rede des »tollen Menschen« ein »de profundis« (Psalm 130, »Aus der Tiefe rufe ich, Herr, zu dir…«) herausgehört: »Vielleicht hat da ein Denkender wirklich de profundis geschrien? Und das Ohr unseres Denkens? Hört es den Schrei immer noch nicht? Es wird ihn so lange überhören, als es nicht zu denken beginnt. Das Denken beginnt erst dann, wenn wir erfahren haben, daß die seit Jahrhunderten verherrlichte Vernunft die hartnäckigste Widersacherin des Denkens ist.« *(Martin Heidegger,* NIETZSCHES WORT »GOTT IST TOT«)[321]

Die hartnäckigste Widersacherin des Denkens, nicht des Glaubens! Ich spreche hier vom Entzug des Göttlichen und von der Einsamkeit des gottfernen, vernünftigen Tiers, aber über die »Gottlosen« wird hier nicht verhandelt. Ebensowenig maße ich mir ein Urteil darüber an, wer gottloser ist, die Gläubigen oder die Ungläubigen – jene Gläubigen, die den epochalen Tod Gottes leugnen und sich an Reliquien klammern, oder jene Ungläubigen, die das Thema Gott so scheu meiden wie frühere Generationen das Thema Sexualität – jene Gläubigen, die wie der Heilige im Walde sind, welchem Zarathustra erstaunt begegnet, oder jene Ungläubigen, die darüber schweigen, daß sie nicht wissen, ob sie auf eine neue Ankunft des Entzogenen warten.

Worum es hier geht, ist weder der Glaube noch der Atheismus, weder die Kirche noch das Gottvertrauen, weder Jesus von Nazareth noch der Apollon zu Delphi. Worum es hier einzig geht, ist ein epochales Geschehen – die Verlagerung des für den Menschen maßgebenden Maßes über viele geschichtliche Stationen hinweg, von *Heraklit:* »Nicht augenfällige Harmonie ist stärker als augenfällige«[322], bis zur *modernen Physik:* »Wirklich ist, was sich messen läßt.«[323]

Das Maß hat sich verlagert: vom Halt an der nicht augenfälligen Harmonie, vom Offenbarwerden des Unsichtbaren, von der Enthüllung des in der Enthüllung Verborgen-Bleibenden[324] zur Perspektive des herrischen objektivierenden Subjekts, das sich immer ausschließlicher an das Sichtbare hält und sich am Ende nur noch am Zeiger des Meßgerätes orientiert.

Dazwischen liegen viele Stationen. Zum Beispiel meinte Friedrich Hölderlin in seinen ANMERKUNGEN ZUM OEDIPUS, in der Tragödie KÖNIG ÖDIPUS von Sophokles teile sich das Verhältnis von Gott und Mensch in der »Form der Untreue« mit (denn göttliche Untreue sei am besten zu behalten), damit »das Gedächtnis der Himmlischen nicht ausgehet« (d. h. das Andenken der Menschen an die Himmlischen).[325] Dann wäre der zentrale Satz im 409 v. Chr. uraufgeführten KÖNIG ÖDIPUS jener vom Chor vorgetragene Vers, den Ernst Buschor mit »Das Göttliche schwindet« übersetzt[326] und Friedrich Hölderlin mit: »Unglücklich aber gehet das Göttliche.«[327]

Eine Zwischenstation stellt auch die Abwertung des Sinnlich-Sichtbaren zugunsten der Idee im Platonismus dar. Diese ist aus Heraklits Satz von der Harmonie nämlich nur auf einen ersten, flüchtigen Blick herauszulesen. Zwar ist die nicht augenfällige Harmonie stärker als die augenfällige, aber auch die augenfällige ist noch eine Harmonie, kein Schatten und kein Jammertal.

Eine dazwischen liegende Station stellt schließlich *Franz Schuberts* Musik dar. Hierher passen die Verse, die ein gewisser *Aloys Wilhelm Schreiber* über das Abendrot geschrieben hat. Sie

wurden von Schubert vertont und lagen ihm offenbar besonders
am Herzen:

> O Sonne, Gottesstrahl, du bist
> nie herrlicher, als im Entfliehn!
> Du willst uns gern hinüberziehn,
> wo deines Glanzes Urquell ist.[328]

Schuberts Musik ist eine späte Station im hintergründigen
Weltgeschehen von Heraklit bis zur modernen Physik. Das
epochale Abendrot? Tiefer als der Text von Schreiber reicht in
den epochalen Sonnenuntergang der Anfang eines Gedichts von
jenem Dichter, den Schubert nicht gekannt oder zumindest nicht
vertont hat:

> Geh unter, schöne Sonne, sie achteten
> Nur wenig dein, sie kannten dich, Heilge, nicht,
> Denn mühelos und stille bist du
> Über den Mühsamen aufgegangen.
> Friedrich Hölderlin, *Geh unter, schöne Sonne...*[329]

Die Musik von Schubert, die *Romantik* des neunzehnten Jahrhunderts überhaupt, ist vielleicht – auf den Tageslauf bezogen –
das Abendrot und – auf den Jahreslauf bezogen – ein schmerz-
lich-schöner Spätherbst. Sind die Innigkeit, die Natursehnsucht
und die Gefühlstiefe der Romantik im Sinne dieses epochalen
Spätherbstes zu verstehen? Mit der Datierung von epochalen
Liedern darf man es allerdings nicht zu genau nehmen. Die
Winterreise ihrerseits hat Vorboten, so zum Beispiel vielleicht
die g-Moll-Sinfonie von Mozart.

Jedenfalls führt uns Schuberts Winterreise zu etwas hin, das
wir mehr oder weniger angedeutet auch bei anderen Komponi-
sten, Dichtern und Malern des *neunzehnten Jahrhunderts* finden. Ich denke zum Beispiel an Robert Schumann und Johannes
Brahms, an E. T. A. Hoffmann, Nikolaus Lenau und Franz
Grillparzer, an Georg Büchner und Baudelaire oder an Dosto-

jewskij und Edgar Allan Poe; an den späten Goya und an Caspar David Friedrich. Eine allgemeine Verdüsterung und Abkühlung scheint dieses Jahrhundert auszuzeichnen, trotz der Tiefe, Wärme und Intensität der Romantik.

Wer freilich in der Goethezeit den einmaligen Höhepunkt der neueren Geschichte erfährt, wird die heraufkommende Romantik an der Klassik messen und sie eher als tragischen Nachklang interpretieren. Emil Staiger spricht zum Beispiel von der »epigonischen Situation« Mörikes und seiner »wehmütigen Erinnerung an die vergangene Goethezeit«.[330] Wer andererseits gewohnt ist, die neuere Geschichte im Hinblick auf den »politischen Fortschritt« zu sehen, der wird darauf hinweisen, daß die düstere Stimmung zu einer Zeit aufkam, da in Deutschland die Revolution gestoppt wurde und die Restauration herrschte. Auch Franz Schubert wurde einmal von der Polizei wegen staatsfeindlicher Umtriebe verhaftet, wenn auch nur kurzfristig und aus Versehen. Die Romantik wird man dann als Flucht in das Traumhafte deuten und zugleich vielleicht noch als poetischen Entwurf für eine bessere Zukunft.

Doch vielleicht ist die Romantik weder Verfall noch Flucht. Ist sie der epochale Spätherbst, kurz vor dem Novembersturm des »überhandnehmenden Maschinenwesens«, kurz vor dem Einbruch des epochalen Winters, den die WINTERREISE des Angelos vorausgehört hat?

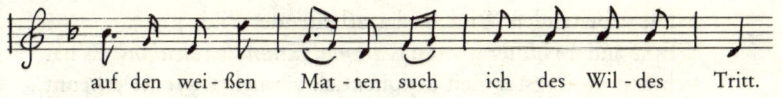

auf den wei - ßen   Mat - ten such   ich des Wil - des   Tritt.

Der eigene Schatten ist der einzige Gefährte des wandernden Gesellen in der Winternacht. In dieser Einsamkeit wird ihm das Wild zum nächsten Lebewesen. Er sucht dessen Spur, nicht um den Weg zu finden – des Wildes Tritt wäre kein zuverlässiger Wegweiser –, sondern um nicht ganz allein zu sein. Doch das Wild ist selbst auf der Flucht. Es versteckt sich im Gebüsch und ist, selbst im Schlaf, stets auf der Hut. Zum Wild gehört die Angst. Seine Wildheit ist eher Ungezähmtheit als Ungestüm, eher Mißtrauen als Freiheit. »Wild« hat in anderen germanischen Sprachen die Bedeutung von verirrt.

Ausgestoßen aus der Wohngemeinschaft der Menschen in der Stadt, gerät der Wanderer in die Nachbarschaft des flüchtigen Wildes, das ihn auch dann meiden wird, wenn er – selbst gehetzt wie ein Tier – des Wildes Tritt sucht.

Ausgestoßen aus der Stätte des Wohnens, heimatlos, gottfern und frierend irrt das neuzeitliche Subjekt auf seiner epochalen Winterreise umher, isoliert und nur begleitet von seinem eigenen Schatten, der auf alle Dinge fällt, mit denen es zu tun hat.

Im Zoopavillon des animal rationale, den, wie wir sahen, der neuzeitliche, die Welt anschauende Mensch errichtet hat, findet sich das vernünftige Tier in verschiedenen Unterarten. Auch sie stehen – wie Christians Morgensterns »Nasobēm« – eben »noch nicht im Brehm«.[331] Eine Unterart haben wir bei Karl Marx entdeckt: das *animal rationale producens*. Man kann es heute in allen sozialen Klassen antreffen, nachdem es sich seit etwa einem Jahrhundert exponentiell vermehrt hat. Aber schon der wachsame Hölderlin hat es beschrieben und gerade auch noch mit dem Beiwort »wild« versehen. Immer wieder sind es die Verse aus dem *Archipelagus:* »...und sich in der tosenden Werkstatt / Höret jeglicher nur und viel arbeiten die Wilden / Mit gewaltigem Arm, rastlos, doch immer und immer / Unfruchtbar, wie die Furien, bleibt die Mühe der Armen.«

Die arbeitenden Wilden, das arbeitende Wild.

Eine andere Unterart ist das *animal rationale calculans*. Es hat sich erst in jüngster Zeit exponentiell vermehrt. Heute erkennt man es oft daran, daß es ein kleines rechteckiges Gerät mit sich trägt, auf dem sich mit Zahlen und Zeichen beschriftete Tasten befinden, auf denen es bei fast jeder Gelegenheit herumtippt.

Im nächsten Käfig finden wir ein besonders merkwürdiges Tier, das dadurch auffällt, daß es sich selbst kaum von einer Maschine unterscheidet. Seine Anatomie wird heute an allen Universitäten gelehrt. Es handelt sich um das *animal rationale psycho-somaticum*. Das ist ein psycho-somatischer Roboter, der von verschiedenen Trieben angetrieben wird, wobei die Trieb-energie sowohl im psychischen Apparat wie auch im somati-schen Stoffwechsel umgesetzt werden kann.

Dann ist da noch das *animal rationale biologicum*, gelegentlich auch Jäger und Sammler oder nackter Affe genannt. Diese Namen beziehen sich auf das biologische Hauptmerkmal, das – je nach Auffassung – dieses Tier von den übrigen Tieren unterscheidet.

Schließlich gibt es in diesem Pavillon auch noch ein besonders gefährliches Tier, das hinter starken Gittern gehalten werden muß. Die schon genannten Tiere sind zwar mitunter auch höchst gefährlich, besonder das rechnende Tier, dessen Fähigkeiten so-gar zur Herstellung einer Atombombe eingesetzt werden kön-nen; aber augenfälliger ist die Gefahr, die von jenem Tier droht, welches das *animal rationale brutale* heißen könnte. In der Um-gangssprache wird es auch Terrorist genannt, doch scheint mir die Umgangssprache da wenig scharf, denn sie belegt das Atombom-ben herstellende rechnende Tier nicht mit diesem Namen.

Hier scheint der Vergleich mit dem Zoo zu hinken. Es sind nicht verschiedene, voneinander abgegrenzte Typen. Das animal rationale der Neuzeit ist produzierender Arbeiter, vernünftiger Rechner, psycho-somatisch funktionierender Apparat, nackter Affe und Terrorist in einem. Darum konnte der nackte Affe denn auch die brutalste Terrorwaffe aller Zeiten errechnen und produ-zieren.

Und ist doch ein verzweifelter Fremdarbeiter. Und friert doch in der Winternacht. Und sucht des Wildes Tritt.

> Eine Krähe war mit mir
> Aus der Stadt gezogen,
> Ist bis heute für und für
> Um mein Haupt geflogen.
>
> Krähe, wunderliches Tier,
> Willst mich nicht verlassen?
> Meinst wohl bald als Beute hier
> Meinen Leib zu fassen?
>
> Nun, es wird nicht weit mehr gehn
> An dem Wanderstabe.
> Krähe, laß mich endlich sehn
> Treue bis zum Grabe!
>
> *Die Krähe*

Das ist die Treue des Wildes. Auch dieses »schauerliche Lied« stammt vom Volkslied-Müller.

Es ist so schauerlich wie der von Franz Kafka geschriebene genaue Bericht von der VERWANDLUNG des Menschen in einen Käfer, die Gregor Samsa in einer unruhigen Nacht widerfuhr. Bekräftigt diese Geschichte nicht eine Verwandlung, die schon vor Jahrhunderten geschehen ist, die Verwandlung des Menschen in das zerrissene, ungraziöse, gepanzerte animal rationale?

Meine Bemerkungen über den Zoopavillon des animal rationale könnten in dem Sinne mißverstanden werden, daß ich mich gegen die Nachbarschaft anderer Pavillons, zum Beispiel desjenigen der Menschenaffen, wehre. Doch wende ich mich nicht gegen die Nachbarschaft, sondern gegen die Käfighaltung.

Und ich wende mich gegen die Art und Weise, wie sich der Mensch nach dem Auszug aus der Stätte des Wohnens versteht: als maschinenhaft funktionierendes animal rationale. Diese Bestimmung verfehlt das Wesen des Menschen wie des Tieres, weil sie *beide* degradiert. Denn auch das Tier ist mehr als ein maschinenhaft funktionierendes animal *ohne* Vernunft.

Vielleicht ist die verfehlte Definition von Mensch und von Tier mit schuld daran, daß heute der entwürdigte Mensch dem entwürdigten Tier zum Feind geworden ist wie nie zuvor in der Geschichte der »Jäger und Sammler«. Die Zahl der Tier- und Pflanzenarten, die das vernünftige Tier bereits ausgerottet hat, ist erschreckend. Noch erschreckender ist, daß dieser Vorgang immer noch zunimmt. Dabei trägt die gewaltsame Ausrottung durch Jäger und Wilderer noch die kleinere Schuld als die »sanfte Ausrottung« durch Veränderung und Vergiftung der Umwelt. Diese ist *darum* besonders heimtückisch, weil es hier keiner gewesen sein will, obschon es alle gewesen sind.

Obschon der neuzeitliche Mensch als animal rationale selbst zum Wild geworden ist, kommt ihm das Wild des Waldes nicht nahe. Er muß des Wildes Tritt suchen. Die Spuren jedoch werden immer spärlicher.

Das vernünftige Tier hat »Bedürfnisse«, die zu »befriedigen« sind. Das »*Bedürfnisprinzip*« kommt im 19. Jahrhundert auf, und es liegt nahe, auch seine Wurzeln im epochalen Winter zu sehen. Wer hungert, denkt an Brot; wer friert an Kleidung. In der vom Mond beschienenen Schneenacht, auf den weißen Matten, ist es begreiflich, wenn sich einer auf seine Bedürfnisse besinnt.

Wenn es kalt wird, muß man sich um die Vorräte kümmern, dann kommt es darauf an, was man besitzt und ob der Besitz gerecht verteilt ist. Und so würden also auch der *Kapitalismus* und der *Kommunismus* im epochalen Winter wurzeln? »Der Mensch ist das einzige Raubtier, das in Gesellschaft lebt. Jeder von uns beraubt seinen Nachbarn, und doch scharen wir uns zusammen.« (John Gay, THE BEGGAR'S OPERA)[332]

> Verfolgt das kleine Unrecht nicht; in Bälde
> Erfriert es schon von selbst, denn es ist kalt:
> Bedenkt das Dunkel und die große Kälte
> In diesem Tale, das von Jammer schallt.
>
> Bertolt Brecht, DIE DREIGROSCHENOPER[333]

Bertolt Brecht führte, zumindest in seiner Theorie, die Kälte auf die kapitalistische Wirtschaftsordnung zurück. Für mich ist es umgekehrt. Für mich gründet der Kapitalismus in der großen Kälte, in der Kälte des epochalen Winters. Der neuzeitliche Mensch, der Fremdarbeiter, der ausgezogen ist aus der Stätte der Wohngemeinschaft und der in der »tosenden Werkstatt« nur sich selber hört, er ist ein Wild im Schnee der epochalen Winternacht –

. . .

> Der grüne Sommer ist so leise
> Geworden und es läutet der Schritt
> Des Fremdlings durch die silberne Nacht.
> Gedächte ein blaues Wild seines Pfads,
>
> Des Wohllauts seiner geistlichen Jahre!
>> Georg Trakl, *Sommersneige* [334]

Das Wild, das heimatlose vernünftige Tier, ist doch *blau*, von der Farbe des Himmels. Gedächte es des Wohllauts seiner geistlichen Jahre, würde es wohl kaum nur in den Schoß der Kirchen mit ihren »Geistlichen« zurückkehren. Diese Geistlichen sind ja oft selbst Wild im Schnee. Doch gedächte es vielleicht jener nichtaugenfälligen Harmonie, die einst stärker war als die augenfällige.

Einst – auch Trakls leiser Stoßseufzer weist nicht nur in die Vergangenheit. Gedächte das blaue Wild seines Pfads, träte es vielleicht den Heimweg an.

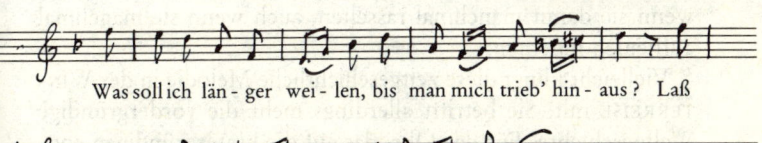

Was soll ich län - ger wei - len, bis man mich trieb' hin - aus? Laß

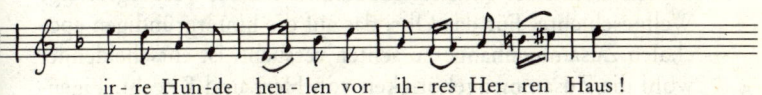

ir - re Hun - de heu - len vor ih - res Her - ren Haus!

Wilhelm Müller, der mit neunzehn Jahren an den Freiheitskriegen gegen Napoleon teilgenommen hatte, begeisterte sich später für den Freiheitskampf der Griechen gegen die Türken. Dabei ging es ihm wohl auch um die Unterdrückung der Freiheit im eigenen Land. Wegen seiner »Griechenlieder« wurde er übrigens allgemein der Griechen-Müller genannt.[335]

Dietrich Fischer-Dieskau hört in der WINTERREISE des Griechen-Müller gelegentlich versteckte *revolutionäre* Untertöne. So werde im mit *Einsamkeit* überschriebenen Lied heimlich auch die »europäische Friedhofsstille« beklagt[336]:

> Ach, daß die Luft so ruhig!
> Ach, daß die Welt so licht!
> Als noch die Stürme tobten,
> War ich so elend nicht.

Auch das Geheul der irren Hunde vor ihres Herren Haus kann man natürlich in diesem Sinne verstehen. Das Lied *Im Dorfe* beginnt:

> Es bellen die Hunde, es rasseln die Ketten,...

Wilhelm Müller lebte im Herzogtum Anhalt, welches mit Preußen im Zollverband stand. Dort wie im kaiserlichen Österreich von Franz Schubert wurde nach dem Wiener Kongreß unter der Führung von Metternich wieder an die Traditionen vor dem Ausbruch der Französischen Revolution angeknüpft. Begonnene Reformen wurden eingestellt und eine scharfe Zensur eingeführt. Die Untertanen lagen wieder an der Kette, auch wenn sie damit manchmal rasselten, auch wenn sie manchmal aufheulen mochten.

Vielleicht klingt diese zeitgeschichtliche Melodie in der WINTERREISE mit. Sie betrifft allerdings mehr die vordergründige Weltgeschichte. Für das Ohr, das auf die hintergründigen epochalen Zusammenhänge zu achten versucht, ist entscheidender wohl die Zusammengehörigkeit von Herr und Knecht. Eigen-

sucht, Gewalttätigkeit und Blindheit der Herren, vom Ancien
Régime bis zu Zar Nikolaus II., Feigheit und Blindheit der
Untertanen und die Gewalttätigkeit und Blindheit der Aufstän-
dischen fordern und ergänzen sich gegenseitig in einem endlosen
Hin und Her von Revolution und Restauration, in dessen
Verlauf sich nur die *égalité* durchsetzt, während die liberté und
die fraternité meist auf der Strecke bleiben. Aber die égalité
macht auf ihrem Siegeszug einen Wandel durch, der von einem
strahlenden Anfang zur Gleich-förmigkeit und Gleich-gültig-
keit der modernen Industriegesellschaft führt. Was nicht verhindert, daß am Ende immer noch Herren sind: Funktionäre
allerdings, keine Könige mehr. Oberste An-Gestell-te, die ebenfalls der égalité unterworfen sind, indem einer dem andern
gleicht wie ein Elektronenrechner jedem andern Elektronenrechner von Tokio bis San Francisco.

Parallel zum Siegeszug der égalité erfolgt der Siegeszug des
Geldes, das zum Hauptmaßstab für Gleichheit und Ungleichheit
wird. Der Wandergeselle muß wohl nicht zuletzt auch deswegen
in die Fremde, weil er keine gute Partie ist für seine reiche
Geliebte.

> Der Wind spielt drinnen mit den Herzen
> Wie auf dem Dach, nur nicht so laut.
> Was fragen sie nach meinen Schmerzen?
> Ihr Kind ist eine reiche Braut.
>
> *Die Wetterfahne*

Und so wandert denn der arme Geselle in die Nacht hinaus,
unter dem Heulen der irren Hunde, und er wandert immer
weiter, an bellenden Hunden vorbei.

Doch mitten auf dieser Wanderschaft kommt in die WINTER-
REISE ein *neuer Ton*, leise nur und leicht zu überhören.

> Es bellen die Hunde, es rasseln die Ketten,
> Die Menschen schnarchen in ihren Betten,

Träumen sich manches, was sie nicht haben,
Tun sich im Guten und Argen erlaben:
Und morgen früh ist alles zerflossen. –
Je nun, sie haben ihr Teil genossen
Und hoffen, was sie noch übrig ließen,
Doch wieder zu finden auf ihren Kissen.

Bellt mich nur fort, ihr wachen Hunde,
Laßt mich nicht ruhn in der Schlummerstunde!
Ich bin zu Ende mit allen Träumen –
Was will ich unter den Schläfern säumen?

Im Dorfe

Plötzlich sehen wir den Wanderer in einem anderen Licht. Während die anderen Menschen in ihren Betten schlafen und träumen, bleibt er wach. Zuvor ist er dem Ruf des Lindenbaums nicht gefolgt.

Und seine Zweige rauschten,
Als riefen sie mir zu:
Komm her zu mir, Geselle,
Hier findst du deine Ruh!

Der Lindenbaum

Wie meint das der Baum? In der Blütezeit des Jahres hat der Geselle im Schatten dieser Linde immer wieder Ruhe gefunden. Doch jetzt ist Winter, und die Zweige sind kahl. Die kalten Winde blasen dem Gesellen »grad ins Angesicht«. Hier fände er seine Ruh? – Wenn er dem Ruf folgt und sich wieder wie einst unter den Baum legt, wird er im Schnee erfrieren. Oder soll er sich gar an einem Ast aufknüpfen? Weiß der Baum nicht, von welcher Art diese Ruh ist? Spricht da ein schöner Traumbaum, der von der Realität keine Ahnung hat? Die Musik zu seinem Ruf klingt jedoch so, als ob der Baum sehr wohl darum wüßte und als ob sein Ruf jetzt eine andere Ruhe verspräche als jene, die der Geselle im Sommer in seinem Schatten erfahren hat.

Der Baum verspricht die Ruhe des Todes. Sein Ruf klingt weder zynisch noch makaber. Eher erinnert der Baum an den sanften Bach im Liederzyklus DIE SCHÖNE MÜLLERIN, der den unglücklichen Müllerburschen am Ende zur Ruhe bettet (*Des Baches Wiegenlied*). »Suizid« heißt das in der Sprache des animal rationale psychiatricum. Daß dieser Lindenbaum, in allerdings abgewandelter Gestalt, in die Singbücher und Schulstuben geraten konnte!

Unser Wanderer ist dem Ruf nicht gefolgt. Er geht seinen Weg, ohne den Weg eigenmächtig abzukürzen. Doch den Tod behält er vor Augen, auch wenn er sich auf Abwege locken läßt:

> In die tiefsten Felsengründe
> Lockte mich ein Irrlicht hin:
> Wie ich einen Ausgang finde,
> Liegt nicht schwer mir in dem Sinn.
>
> Bin gewohnt das Irregehen,
> 's führt ja jeder Weg zum Ziel:
> Unsre Freuden, unsre Wehen,
> Alles eines Irrlichts Spiel!
>
> Durch des Bergstroms trockne Rinnen
> Wind' ich ruhig mich hinab –
> Jeder Strom wird's Meer gewinnen,
> Jedes Leiden auch ein Grab.
>
> *Das Irrlicht*

> Einen Weiser seh ich stehen
> Unverrückt vor meinem Blick;
> Eine Straße muß ich gehen,
> Die noch keiner ging zurück.
>
> *Der Wegweiser*

Die Straße führt ihn auf einen »*Totenacker*«. Müde möchte er sich im »kühlen Wirtshaus« zur Ruhe legen. Aber die »unbarmherzge Schenke« weist ihn ab.

> Nun weiter denn, nur weiter,
> Mein treuer Wanderstab!
>
> *Das Wirtshaus*

Der Geselle legt nicht »Hand an sich«, und die Gnade eines sanften, nicht gewaltsam herbeigeführten Todes, der ihn von seinem Leiden erlösen würde, bleibt ihm versagt. Er wird weiterwandern, durch den Winter und durch die Nacht.

Was sollte er anderes tun, wenn er nicht schlafen kann und wenn es ihm nicht gelingen will, sich wie »die Menschen in ihren Betten« hinwegzuträumen über das, was ihm fehlt? Zwar hat auch er einmal geträumt – von Blumen im Winter sogar. Aber er verhält sich anders zum damals Geträumten als die Menschen in den Häusern des Dorfes. Er hat die Traumblume am Morgen unvermittelt mit der Eisblume am Fenster verglichen und sie nicht vergessen! Der Traum erzählt dem Wanderer auf der Winterreise, daß »einst« nicht Winter war und »einst« – vielleicht – nicht Winter sein wird. In der kalten Einsamkeit der Winternacht leuchtet der Traum so unerreichbar fern und so unerschütterlich und richtungweisend wie ein Stern am dunklen Himmel. Den Schläfern in ihren Betten könnte die Blume vielleicht auch erscheinen, aber dann »erlaben« sie sich nur daran, auf »ihren Kissen«, und »morgen früh«, wenn die Arbeit befiehlt, ist alles wieder »zerflossen«. Und den Stern in der Nacht sehen die Schläfer nicht. Doch am Tage lachen sie gern »über den Träumer, der Blumen im Winter sah«, während sie ihre Stuben heizen und sich gegenseitig ihres Wohlergehens versichern.

Was soll da der Wanderer, der die Kälte spürt und den Stern gesehen hat, unter diesen Schläfern säumen? Er harrt aus im Schnee und geht den Weg, der ihm beschieden ist.

Was gibt es im epochalen Winter anderes zu tun als auszuharren und in der Nacht auf den Stern zuzugehen, wenn er zu sehen ist? Wenn die Schläfer sich auf ihren Kissen erlaben und weiter so tun, als wäre nichts geschehen? Sie versichern sich täglich ihres Wohlbehagens, sie fragen sich: »Wie geht es?«, um sich abzuwenden, wenn sie eine ehrliche Antwort erhalten. Sie heizen ihre Stube mit gekaufter »Energie« und bemühen sich um eine schöne Wohnung: »Schöner wohnen« und immer noch schöner wohnen. Und sie merken nicht, daß sie längst ausgezogen sind aus der Stätte des Wohnens und daß es kalt geworden ist trotz der Heizung und daß die Beteuerungen des Wohlergehens hohler und immer hohler klingen.

Was will ich unter den Schläfern säumen?

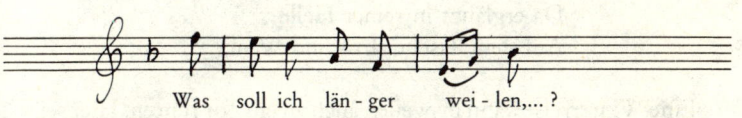

Was soll ich län - ger wei - len,... ?

Wir hören – wenn auch nur sehr leise – den *Wechsel in der »Tonart«* des Liedes vom epochalen Winter. Die Schläfer täuschen sich über die Kälte hinweg. Ihr Schlaf könnte ein böses Ende finden. Vielleicht braucht es Wanderer, die nicht schlafen, die in der Kälte ausharren, die den Weg in der Dunkelheit auf sich nehmen?

Der Text der WINTERREISE sagt das nur sehr undeutlich. Die Musik von Franz Schubert sagt es dem, der es hört. Aber dafür einen Hinweis zu geben, ist schwer.

Der Text, der es deutlich hörbar macht, wird erst im Jahre 1914 veröffentlicht, in einem kleinen Gedichtband des jungen Dichters, der im selben Jahr im Garnisonsspital in Krakau an einer – vielleicht freiwilligen? – Kokainvergiftung gestorben ist: *Georg Trakl.*

Seine Fortsetzung der Winterreise lautet:

Ein Winterabend

Wenn der Schnee ans Fenster fällt,
Lang die Abendglocke läutet,
Vielen ist der Tisch bereitet
Und das Haus ist wohlbestellt.

Mancher auf der Wanderschaft
Kommt ans Tor auf dunklen Pfaden.
Golden blüht der Baum der Gnaden
Aus der Erde kühlem Saft.

Wanderer tritt still herein;
Schmerz versteinerte die Schwelle.
Da erglänzt in reiner Helle
Auf dem Tische Brot und Wein.[337]

Eine Winterreise kann bisweilen auch an ein Tor führen. Hier sei lediglich darauf hingewiesen, daß die Wanderung *auf dunklen Pfaden* zum Tore führt. Daß der Tisch bereitet und das Haus wohlbestellt ist, daß das Brot im Schrank und das Erdöl im Tank ist, reicht nicht aus, um dem Menschen das Wohnen zu gewähren. Der Mensch lebt nicht vom Öl allein.

So braucht es Wanderer, die dunkle Pfade gehen, die sich auf eine Winterreise begeben und auf dieser Reise auch den Weg über den Totenacker nicht meiden – so braucht es solche Wanderer auch um der Schläfer in ihren Betten willen?

»Es ist die Seele ein Fremdes auf Erden ...«, hieß es bei Trakl. Im epochalen Winter muß dieses Fremde die Heimat erst erwandern. Trakls »blaues Wild« muß »seines Pfads« gedenken, »des Wohllauts seiner geistlichen Jahre«. Ob freilich nach seiner Winterreise einst wieder ein Frühling erblühen wird (von einem »Advent« mit »Brot und Wein« auf dem Tische gar nicht zu reden), darüber entscheidet nicht das blaue Wild.

Doch »*Schmerz* versteinerte die Schwelle«. Martin Heidegger, der sich von diesem Gedicht Trakls auf seinem Weg UNTERWEGS

ZUR SPRACHE leiten ließ[338], sagte einmal vom Schmerz: »Der Schmerz verschenkt seine Heilkraft dort, wo wir sie nicht vermuten.«[339]

Wann unvermutet »ein lauer Wind« weht, »und der weiche Schnee zerrinnt«, kann das blaue Wild nicht wissen. Denn auch der laue Wind weht, wo er will. Aber ohne daß es sich auf den Pfad begibt, wird ein Frühling nicht sein.

Doch was soll in diesem Zusammenhang Georg Trakls Gedicht, bloß weil auch bei Trakl die Worte »fremd«, »Wanderer« und »Winter« häufig vorkommen? Welche Unterschiede bestehen da in Form, Inhalt und Stil!

Gewiß; nur ist dies keine literatur- oder musikhistorische Betrachtung. Wenn ich »Fortsetzung« sage, meine ich die epochale Fortsetzung, den hintergründigen geschichtlichen Zusammenhang.

Zu meiner Entlastung möchte ich aber auch noch etwas Vordergründiges anführen: Georg Trakl nennt in seinen Versen kaum Namen von bekannten Personen seiner oder einer vergangenen Zeit, ausgenommen das Gedicht *Unterwegs,* welches mit dem Tod jenes »Fremden« beginnt, von dessen Wanderschaft in den Gedichten von Trakl immer wieder die Rede ist[340]:

Am Abend trugen sie den Fremden in die Totenkammer...

In diesem Gedicht wird alsdann ein Name genannt:

Im Nebenzimmer spielt die Schwester eine Sonate von Schubert.

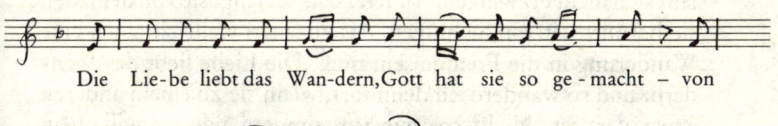

Die Lie-be liebt das Wan-dern, Gott hat sie so ge-macht – von

ei-nem zu dem an-dern, Gott hat sie so ge-macht.

Die Lie-be liebt das   Wan-dern, fein Lieb-chen gu - te Nacht, von

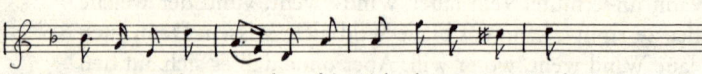

ei - nem zu dem   an-dern, fein Lieb-chen gu - te   Nacht !

Was soll dieser Vers hier? Wenn man ihn so herausgegriffen liest, klingt er wie ein Allerweltsspruch. Die Liebe liebt das Wandern – so ist das Leben.

Der Vers schließt unmittelbar an den Satz an, mit welchem der Geselle seinen Entschluß, in den Winter hinauszuwandern, bekräftigt: »Was soll ich länger weilen...?«

Wie kann neben dem einsamen, traurigen und doch getreuen Wandern des Gesellen auf seiner Winterreise so unvermittelt das ganz andere, das sprunghafte Wandern der Liebe stehen? Handelt es sich um einen poetischen Mißgriff von Wilhelm Müller? Oder ist der Bruch beabsichtigt? Ist das Ganze eine bittere, zynische Aussage über die Liebe, die eine Hure ist, welche das Wandern im doppelten Sinne liebt: Sie wandert selbst von einem zum andern, und sie treibt den Wanderer leichtfertig auf eine Winterreise?

Wenn wir das Lied in Franz Schuberts Vertonung hören, dann gibt es da weder einen Bruch noch einen zynischen oder ironischen Ton. Auch bei Schubert liebt die Liebe das Wandern in einem doppelten Sinne, aber jetzt ist er anders zu verstehen: Einerseits weht die Liebe, dem Winde gleich, wo sie will, und läßt sich nicht erzwingen. Andererseits verlangt sie von dem, den sie berührt hat, ein Sichfügen, das zuzeiten vielleicht auch eine Wanderung in die Fremde sein muß. Die Liebe liebt das Wandern, und so wandere ich denn fort, wenn sie zu einem anderen gewandert ist. Nicht so, wie *ich*, sondern wie *sie* will. Fein Liebchen, gute Nacht.

Auch der Wanderer auf der epochalen Winterreise wird sich wohl fügen müssen, wenn er in der Kälte ausharrt. Von ihm wird ein *Abschied* verlangt. Der Geselle ist von der Gesellschaft der Schläfer ab-geschieden und von der Gesellschaft derer, die ihren Besitz mit bellenden Hunden verteidigen und über den Träumer lachen, der Blumen im Winter sah. Der »Abgeschiedene«: So heißt der wandernde Fremdling bei Georg Trakl.[341]

Fein Liebchen, gute Nacht.

Will dich im Traum nicht stö-ren, wär schad um dei-ne Ruh, sollst mei-nen Tritt nicht hö-ren, sacht, sacht die Tü-re zu! Ich schrei-be nur im Ge-hen ans Tor noch gu-te Nacht, da-mit du mö-gest se-hen, ich hab an dich ge-dacht. Ich schrei-be nur im Ge-hen ans Tor noch gu-te Nacht, da-mit du mö-gest se-hen, ich hab an dich ge-dacht, ich hab an dich ge-dacht.

Die letzte Strophe des Liedes führt uns näher an diesen Abschied heran, der von einer ganz besonderen Art ist. Dazu ist es hier aber nötiger denn je »auf dieser ganzen Reise«, daß wir auch die *Musik* hören. In der letzten Strophe erscheint die sonst in der d-Moll-Tonart stehende Grundmelodie des Liedes in D-Dur. Diese Tonart wird bis zur Wiederholung des »ich hab an dich gedacht« beibehalten, die das Lied in das d-Moll des Anfangs zurücknimmt.

Der Musikwissenschaftler Thrasybulos Georgiades weist darauf hin, daß die Melodie am Anfang der letzten Strophe mit dem Wechsel zum Dur alle Halbtonschritte verliert und sich zu einem reinen Fünftongesang wandelt, wie wir ihn von exotischer Volksmusik her kennen. Während der Moll-Anfang des Liedes »die Vorstellung eines einem Zwang unterworfenen, niederziehenden Gehens« wecke, sei es bei der Fünftonmelodie »wie wenn das Gesetz der Schwerkraft aufgehoben würde; ein schwereloses, traumhaftes, nicht hörbares Gehen«, das – wie der Text es sagt – dich im Traum nicht stören will.[342]

Der Pianist Gerald Moore nennt den Dur-Teil den »Augenblick der Wahrheit«: Der Wanderer werfe einen sehnsüchtigen Blick zum Fenster der schlafenden Geliebten, und er gestehe sich ein, daß er sie, der schweren Enttäuschung zum Trotz, liebe und nie vergessen könne.[343]

Der Sänger Dietrich Fischer-Dieskau findet demgegenüber »die Wahrheit« im Moll-Schluß des Liedes: Mit der Rückkehr in die Herbheit des anfänglichen Moll-Charakters werde ein Riegel vor süßliches Selbstmitleid geschoben. Nicht Schwärmerei habe das letzte Wort, sondern »Wahrhaftigkeit«.[344]

Im Hinblick auf die »Wahrheit« haben beide, Moore und Fischer-Dieskau, recht. Die Dur-Passage ist erfüllt von einer unendlichen Zärtlichkeit, von liebevoller Rücksicht und von einer Hingabe, die durch und durch »wahr« ist und nirgends und in keinem Moment ins Süßliche oder Schwärmerische abgleitet. Und der lakonische Moll-Abschluß nimmt dies alles zurück in den ebenso »wahren« Ernst und in die Trauer der ganzen WINTERREISE.

Diese Rückwendung zu Moll geschieht über demselben Text:

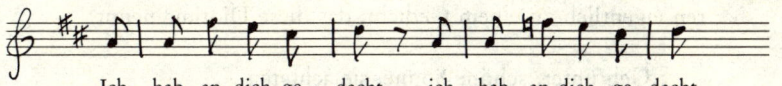

Ich hab an dich ge - dacht, ich hab an dich ge - dacht.

Hören wir, was der Angelos hier gehört hat, an dieser einmaligen Stelle der Geschichte der abendländischen Musik?

Hören wir, wie hier in vier Takten der Sommer zum Winter wird?

Das Wort, das durch die verschieden gestimmte Wiederholung und durch die Stellung am Schluß des Liedes sein besonderes Gewicht erhält, lautet:

»Ich hab an dich gedacht.« *An-Denken.*

Der »Abschied«, der vom Wanderer im epochalen Winter verlangt wird, ist zugleich ein »Andenken« an das Entzogene, ein schmerzlicher Gruß in ein »einst«, da nicht Winter war und vielleicht nicht Winter sein wird. Ein Andenken auch an dich, die/der du einst kein animal rationale warst, die/der du einst vielleicht kein abgekapseltes Subjekt sein wirst, das mittels Kommunikation und Interaktion erst angebohrt werden muß. Ich hab an dich gedacht.

Aber, so fragen wir nun doch, mehr als hundert Jahre nach Sigmund Freuds Geburt, berichtet der Text der letzten Strophe des Liedes *Gute Nacht* nicht auch von einer geradezu pathologischen Rücksicht? Will dich im Traum nicht stören, sacht, sacht die Türe zu – wäre es denn so schlimm, wenn die Treulose nach allem seinetwegen noch einmal geweckt würde? Und müssen wir hinter dieser übertriebenen Rücksichtnahme nicht eine »*Idealisierung der Frau*« vermuten, die vielleicht einer »unerfüllten Triebbefriedigung« oder gar einer »verdrängten Aggression« entspringt?

Eine solche Idealisierung war ja weiterum üblich im Zeitalter der Romantik. So entbrannte Friedrich Hölderlin in schwärmerischer, unerfüllter Liebe zu einer Kaufmannsgattin, die er im

Anklang an Platons Symposion Diotima nannte. Seine bereits zitierten Verse über den Untergang der »schönen Sonne« gehören eigentlich zu einem Gedicht, das diese Diotima nennt:

> Geh unter, schöne Sonne, sie achteten
> Nur wenig dein, sie kannten dich, Heilge, nicht,
> Denn mühelos und stille bist du
> Über den Mühsamen aufgegangen.
>
> Mir gehst du freundlich unter und auf, o Licht!
> Und wohl erkennt mein Auge dich, Herrliches!
> Denn göttlich stille ehren lernt ich,
> Da Diotima den Sinn mir heilte.
>
> O du des Himmels Botin! Wie lauscht ich dir!
> Dir, Diotima! Liebe! wie sah von dir
> Zum goldnen Tage dieses Auge
> Glänzend und dankend empor. Da rauschten
>
> Lebendiger die Quellen, es atmeten
> Der dunklen Erde Blüten mich liebend an,
> Und lächelnd über Silberwolken
> Neigte sich segnend herab der Aether.[345]

Ohne Zweifel ist dies ein Musterbeispiel für die »romantische Idealisierung der Frau«: Diotima war ja in Wirklichkeit Susette Gontard, die hübsche, sensible Gattin eines Frankfurter Bankiers, die es, vermutlich wegen der ernsthaften gesellschaftlichen Gefahr, nicht wagte, sich voll in ein Liebesverhältnis zum Hauslehrer Hölderlin einzulassen. »Romantische Idealisierung infolge gesellschaftlich bedingter Triebunterdrückung« wäre wohl die Diagnose von *Psychologie* und *Soziologie*.

Doch achten Psychologie und Soziologie nicht vielleicht genauso »wenig dein«, »schöne Sonne«, wie die »mühsamen« Zeitgenossen Hölderlins? Es könnte nämlich auch ganz anders gewesen sein mit der Idealisierung der Frau in der Romantik.

Das Gedicht Hölderlins gibt einen Hinweis: Diotima ist nicht selbst Göttin, sondern »des Himmels Botin«. Dank ihr geht ihm die Sonne am Himmel »freundlich unter und auf«, und sein Auge erkennt die Sonne, und er ehrt sie »stille«, in einer Zeit, da sie nur wenig geachtet wird und untergehen will. Liegt eine Wurzel der romantischen Idealisierung der Frau etwa darin, daß die Sonne unterzugehen droht? Klammert sich der Mensch an den Menschen, wenn er das Heraufkommen der epochalen Winternacht ahnt?

In Hölderlins Roman HYPERION sagt eine erdichtete Diotima zu ihrem geliebten Hyperion: »Du wolltest keine Menschen, glaube mir, du wolltest eine Welt.«[346]

Der Satz könnte mißverstanden werden: Du hast die Menschen gering geschätzt, denn du wolltest die ganze Welt erobern. Aber »Welt« ist hier, wie der Zusammenhang zeigt, nicht die Summe aller Dinge; Welt ist hier »Weltspielraum«, und der Satz besagt gewissermaßen: Wenn du einen Menschen geliebt hast, ging es dir nicht darum, ihn zu besitzen, sondern es ging dir durch diese Liebe hindurch um den goldenen Glanz der Welt, um die Welt als Weltspielraum und um den Verlust dieser Welt »in dürftiger Zeit«.

So gesehen wäre also auch die *romantische Idealisierung der Frau* (oder des Mannes) – wie die Verherrlichung der Nation im *Nationalismus*, wie die Verabsolutierung der wirtschaftlichen Freiheit im *Kapitalismus* und der gerechten Verteilung im *Kommunismus* – ein Vorbote des hereinbrechenden epochalen Winters.

Wenn in der Atmosphäre Wassertropfen gefrieren, erstarren sie unter Umständen zu Eiskristallen von einer solchen Größe, daß die einzelnen Kristalle, in der Luft schwebend, sich alle in derselben Weise ausrichten, zahllosen kleinen Fallschirmchen vergleichbar. Dann kann es geschehen, daß das Sonnenlicht durch die vielen geordnet vorliegenden Kristalle hindurch wie durch ein einziges großes Glas gebrochen wird. Unter bestimmten Bedingungen mögen uns dann *Nebensonnen* am Himmel erscheinen.[347]

Nebensonnen treten auf, wenn es kalt wird in der Atmosphäre. Das zweitletzte Lied der WINTERREISE hat den Titel *Die Nebensonnen:*

> Drei Sonnen sah ich am Himmel stehn,
> Hab lang und fest sie angesehn,
> Und sie auch standen da so stier,
> Als könnten sie nicht weg von mir.
> Ach, *meine* Sonnen seid ihr nicht!
> Schaut andern doch ins Angesicht!
> Ja, neulich hatt' ich auch wohl drei:
> Nun sind hinab die besten zwei.
> Ging nur die dritt erst hinterdrein!
> Im Dunkel wird mir wohler sein.

Das Gedicht ist nicht unmittelbar verständlich. Was ist mit den »besten zwei« Sonnen gemeint, die hinabgegangen sind, was mit der dritten, die noch oben steht? Wir wissen auch nicht recht, ob diese Unklarheit ein poetischer Mißgriff des Autors ist, ob der Vergleich gestelzt war oder ob er für die Zeitgenossen Müllers einsichtiger war als für uns. Der Musikologe A. H. Fox-Strangways und der Pianist Gerald Moore nehmen an, daß die drei Sonnen eine allegorische Darstellung von Glaube, Hoffnung und Leben seien. Glaube und Hoffnung seien dem Wanderer entschwunden, was ihm bleibe, sei das Leben, und dieses hinzugeben, sei er ohne weiteres bereit.[348] Plausibler scheint mir die handfestere Deutung von Emil Staiger zu sein: Die besten zwei Sonnen, die Nebensonnen, seien die Augen der verlorenen Geliebten, die dritte sei die wirkliche Sonne am Himmel.[349]

Wenn der *epochale Winter* hereinbricht, erscheinen *Nebensonnen* am Firmament: die romantische Liebe oder die nationale Ehre, die Freiheit des Tüchtigen oder die Gerechtigkeit der Kommune. Lauter Nebensonnen, die eine Weile »stier« dastehen, bevor sie mit der »schönen Sonne« untergehen in die epochale Winternacht.

Das Lied von den Nebensonnen ist das zweitletzte Lied der Winterreise, in deren erstem Lied – *Gute Nacht* – der Wanderer »an dich« gedacht hat.

Franz Hohler sang das Lied *Gute Nacht* am Ende seines Schubert-Abends. Er zeigte dort zuvor seine apokalyptische Vision eines alten Bürgers von Gösgen, dem Standort eines Schweizer Atomkraftwerks, aus dem Jahre 2000 n. Chr.: Die Radioaktivität des Atomreaktors von Gösgen ist bei der Demontage, die durch die Schließung der Wiederaufbereitungsanlage in La Hague notwendig geworden war, »außer Kontrolle« geraten. Der Bürger von Gösgen ist in die Zone der größten Verstrahlung »heimgekehrt«, denn der ortskundige Mann hat es verstanden, die Polizeisperren zu umgehen. Hier blickt er nun auf sein Leben zurück, frierend und allein in der radioaktiven Wüste, gezeichnet von den heimtückischen Strahlen, die – weiß er es nicht? – bald ihr tödliches Werk vollbracht haben werden.

Als Franz Hohler daraufhin das *Gute Nacht* der Winterreise sang, war *das Lied vom epochalen Winter* zu hören. Und als das »ich hab an dich gedacht« erklang, da dachten wir Zuhörer auch an dich, Bürger von Gösgen und von Zürich, an dich, Mädchen von Rio und von Athen. An dich, insofern du mehr gewesen bist und mehr sein könntest als ein einsames, gehetztes animal rationale in Schutzanzug und Gasmaske.

Ich hab an dich gedacht.

Das Lied vom epochalen Winter ist zu Ende. Es hat uns von der Fremde erzählt, in welcher der neuzeitliche Mensch einsam umherirrt. Von der Entfremdung dieses Menschen vom Ding, von der Erde, von einem Gott, der »tot« ist. Und damit vom Auszug aus der »Stätte des Wohnens«, aus der »Wohngemeinschaft«, in die unwirtliche Stadt des überhandnehmenden Maschinenwesens. Das Lied hat uns von der Kälte des epochalen Winters gesungen und vom Schmerz über den Entzug des

Blühens. Der »Träumer, der Blumen im Winter sah«, stößt nach dem Erwachen jäh auf die Eisblumen an den Fensterscheiben. Aber im epochalen Winter gibt es gegen den Schmerz tausenderlei Schmerzmittel, von den pharmazeutischen Produkten über die Elixiere des »gesunden Menschenverstandes« bis zum fahlen Trostlicht der epochalen Nebensonnen. Das Lied hat uns auch daran erinnert, wie in der Dunkelheit der epochalen Winternacht das neuzeitliche Menschensubjekt, das alles andere, selbst seine eigenen verzweifelten Zustände, zu seinem Objekt macht, sich selbst seinen Weg bestimmen muß, entsprechend seiner Welt-Anschauung, und daran, wie es in die Nachbarschaft des flüchtigen »Wildes« gerät. Das neuzeitliche Menschensubjekt, das sich als eigenmächtiger Herr der Welt gebärdet und doch gehetzt ist wie ein Wild im Schnee. Als vernünftiges Tier, als animal rationale, das arbeitet und rechnet und sich als psychosomatischen Apparat versteht und das sich immer ausschließlicher an das Augenfällige, an das Meßbare hält, nachdem sich die nicht augenfällige Harmonie, die einst im Verborgenen Geborgenheit gewährte, immer mehr entzogen hat.

Ob diese Auslegung der Winterreise als ein Werk, das auch den epochalen Winter hörbar macht, willkürlich ist? Vielleicht doch nicht. Wer Ohren hat, kann das Lied vom epochalen Winter hören, wer Augen hat, kann den Schnee und das Eis auf unseren Wegen sehen, und wer sich nicht zu warm polstert, wird die Kälte des epochalen Winters spüren; und außerdem fällt da auf, daß im Spätherbst, kurz vor dem Heraufkommen des Winters, »im Bereiche der Kunst« eine Winterreise erschien.

Wohl habe ich mit dieser Winterreise »etwas herausgegriffen«. Eine umfassende Kunstgeschichte, die sich auf das hintergründige epochale Geschehen stützen würde, ist noch nicht geschrieben. Vielleicht wird es sie auch nie geben können, denn das Bedürfnis nach einer umfassenden Geschichtsdarstellung, nach einer »Enzyklopädie«, hat ja ebenfalls epochale Wurzeln. Erst die Neuzeit maßt sich die Meinung an, daß sich das Wissen immerzu vermehren und für alle Ewigkeit speichern läßt. Am Ende stehen wir vor einem gewaltigen Berg von Mikrofilmen und Magnetspeichern, vor einer ungeheuren Datenbank, die alles umfaßt, was je gedacht und geschrieben wurde und deren Bestand laufend zunimmt. Schon längst ist dieses Inventar für ein Menschenleben nicht mehr zu überblicken. Aber auch der Zugang zu einem kleinen Spezialgebiet dieser Welt-Datenbank wächst sich immer mehr zu einer lebenslänglichen Irrfahrt aus, die nur mit der Bemühung des von Franz Kafka beschriebenen Landvermessers K. zu vergleichen ist, der vergeblich zu den maßgebenden Instanzen im Schloß vorzudringen versucht. Vielleicht müssen wir also »herausgreifen«. Vielleicht führt die Forderung nach einer umfassenden historisch-wissenschaftlichen Darstellung zu kafkaesken Konsequenzen. Die Frage ist dann nur, was wir herausgreifen.

Franz Schubert nannte die WINTERREISE »einen Zyklus schauerlicher Lieder«. Das schauerlichste Lied dieses Zyklus ist wohl das letzte, das Lied vom *Leiermann*, das ich zum Schluß noch »herausgreifen« möchte:

> Drüben hinterm Dorfe
> Steht ein Leiermann,
> Und mit starren Fingern
> Dreht er, was er kann.
>
> Barfuß auf dem Eise
> Schwankt er hin und her,
> Und sein kleiner Teller
> Bleibt ihm immer leer.
>
> Keiner mag ihn hören,
> Keiner sieht ihn an,
> Und die Hunde brummen
> Um den alten Mann,

Und er läßt es gehen,
Alles, wie es will,
Dreht, und seine Leier
Steht ihm nimmer still.

Wunderlicher Alter,
Soll ich mit dir gehn?
Willst zu meinen Liedern
Deine Leier drehn?

Die ersten fünf Takte der Klavierbegleitung dieses seltsamen Liedes lauten:

Die linke Hand des Pianisten spielt leere Orgelpunktquinten auf dem Grundton a. Die rechte Hand spielt einfache, verloren wirkende Passagen, die jäh mit einer Pause absetzen und vom Dominantakkord gefolgt sind, der sich mit dem Grundton der linken Hand reibt. Zu diesem ungewöhnlichen Klavierpart erklingt dann der Gesang des Winterreisenden mit der abschließenden Frage an den wunderlichen Alten.

Natürlich ist der Klavierpart von der Eigenart des Instruments inspiriert, welches der Alte auf dem Eis spielt, der Drehleier.

Die *Drehleier* war ein gitarrenförmiges Instrument, das mit einer Holzstütze auf den Boden gestellt und mit einem Lederriemen am Hals befestigt wurde. Die eine Hand bediente eine Drehkurbel, welche ein Rad antrieb, das sämtliche drei oder vier Saiten gleichzeitig strich. Zwei Saiten erklangen dabei als Begleitung in gleichbleibendem Quintenabstand; auf den übrigen ein bis zwei (gleichgestimmten) Saiten konnte die andere Hand des

Spielers mit einer Art Tastatur eine einfache Melodie greifen. Wenn der Alte auf dem Eise hin und her gehen wollte, mußte er das Instrument an der Kurbel in die Höhe heben, wodurch die Leiermusik für kurze Zeit absetzte. Sogar bis auf diese Pausen (z. B. in Takt 4 und 5) ahmt Schuberts Klaviermusik den Drehleierklang nach.[350]

Dennoch ist der Klavierpart nicht nur eine lautmalerische Imitation der Drehleiermusik. Die Drehleier war ein schreckliches Instrument; die bloße Darstellung ihrer Handhabung zeigt das nicht kraß genug. Man müßte die Drehleier hören können. Die Melodiestimme hat einen armseligen, schnarrenden Klang. Aber das eigentlich Erschreckende ist die Quintenbegleitung, welche wegen des Radantriebes als ununterbrochener, gleichmäßiger, gleichbleibender Hintergrundton erklingt. Dieser Ton hat etwas Hohles, Leeres und Mechanisches, entweder dauert er gleichförmig an, oder er setzt aus, wenn das Rad stillsteht, aber er zeigt nicht die atmende Bewegtheit des Bogenstrichs bei den uns bekannten Steichinstumenten. Ähnlich gleichförmig anhaltende Töne kennen wir eigentlich nur von den elektronischen Tongeneratoren und von den Sirenen der Fabrik oder des Endalarms im Krieg.

Trotz der formalen Nachahmung aber hat Schuberts *Leiermann* in keiner Weise etwas Mechanisches an sich. Text und Musik bringen die Drehleiermaschine gewissermaßen zur Sprache. Das letzte Lied der WINTERREISE ist ein ungeheuer dichtes Kunstwerk. Es verdichtet den Schmerz und die Sehnsucht »dieser ganzen Reise« und mit dem mechanisierten Leierklang weist es zugleich in das »überhandnehmende Maschinenwesen«, das in der Musik zur elektronischen Orgel, zur Computerkomposition und zur automatischen Rhythmusbegleitung führen wird.

Für Dietrich Fischer-Dieskau ist mit diesem Lied »nicht nur der Stimmungstiefpunkt des Zyklus, sondern überhaupt alles dessen erreicht, was Schubert zu Papier gebracht hat«. Die Wirkung auf den Hörer sei lähmend.[351]

Stimmt das? Wenn Interpret und Hörer auf die epochalen

Töne achten, könnte dieses Lied vielleicht auch eine erschütternde und aufrüttelnde Wirkung haben.

Willst zu meinen Liedern deine Leier drehn?

»Meine Lieder« von der Kälte des Winters, vom Entzug des Blühens, begleitet von der mechanischen Leier des alten Mannes – wird später, hundertfünfzig Jahre nach Schuberts und Müllers Tod das Lied vom epochalen Winter gerade dann vernommen werden, wenn das Maschinenwesen am reinsten waltet, wenn die Drehleier längst durch den extrem ausgewuchteten, extrem regelmäßig sich drehenden High-Fidelity-Stereo-Plattenteller ersetzt worden ist? Zum Beispiel 1979 in Zürich, beidseits eines kleinen Platzes an der Limmat.

So ist der *Leiermann* vielleicht ein diagnostisches und prophetisches Lied, welches das Problem des Säkulums in einem musikalischen Gedicht zur Sprache bringt, wie es kaum einfacher und reiner erklingen könnte. Es umfaßt die ganze Schönheit des epochalen Spätherbstes und das Ausgeleierte, Gleichgültige, Leere der zunehmenden Herrschaft des Maschinenwesens.

Ist das eine willkürliche Deutung? Mir scheint es nicht selbstverständlich, daß am Ende eines Zyklus von traurigen Liebesliedern eine mechanische Leier auftaucht. Gerald Moore zitiert eine Bemerkung von Richard Capell: »Auch nach tausend Vermutungen hätte niemand vorausgesagt, daß das letzte Lied des Zyklus so sein würde, wie es ist.«[352] Vielleicht hat das, was tausend Vermutungen nicht vermuten würden, etwas mit der hintergründigen, eigentlichen Weltgeschichte und mit dem überhandnehmenden Gestell zu tun?

Ein Herze, das zu Grund Gott still ist, wie er will,
Wird gern von ihm berührt: es ist sein Lautenspiel.
Angelus Silesius, DER CHERUBINISCHE WANDERSMANN (1657)[353]

An die Türen will ich schleichen,
Still und sittsam will ich stehn,
Fromme Hand wird Nahrung reichen,
Und ich werde weiter gehn.

Jeder wird sich glücklich scheinen,
Wenn mein Bild vor ihm erscheint,
Eine Träne wird er weinen,
Und ich weiß nicht, was er weint.

Goethe, *Lied des alten Harfenspielers* (1795/96)[354]

»Ich sehe Dich schon als Hofrat und als berühmten Lustspiel-
dichter! Aber ich! Was wird mit mir armem Musikanten? Ich
werde wohl im Alter wie Goethes Harfner an die Türen schleichen und um Brot betteln müssen!« (Franz Schubert, 1827)[355]

Vom Lautenspieler Gottes über den traurigen Harfner zum
Leiermann und vom Leiermann zum Wurlitzer und zum Synthe-
sizer?

Man mag sich an dieser Stelle auch fragen, in welchem Verhältnis
die Musik zu den anderen Künsten steht und in welchem
Verhältnis die Kunst zur Philosophie? Was machte den Anfang?
Die Zentralperspektive in der Malerei kam vor der Philosophie
von Descartes und Leibniz auf. Descartes und Leibniz gingen
der modernen Wissenschaft voraus. Hat sich das epochale
Weltgeschehen zuerst in der Kunst angekündigt und dann in der
Philosophie? Oder ist die Frage nach der Reihenfolge belanglos?
Lassen sich Kunst und Philosophie gar nicht so voneinander
trennen? Und gilt nur für beide das, was Zarathustra zur
»stillsten Stunde« gehört hat: »Der Thau fällt auf das Gras, wenn
die Nacht am verschwiegensten ist... Die stillsten Worte sind
es, welche den Sturm bringen. Gedanken, die mit Taubenfüßen
kommen, lenken die Welt.« (Friedrich Nietzsche, ALSO SPRACH
ZARATHUSTRA)[356]

Und die Gedanken, die mit Elefantenfüßen kommen, lenken
die Welt also nicht? Nicht die Manifeste, Proklamationen und
Stellungnahmen? Und die lauten Worte bringen nicht den
Sturm? Also bringt nicht das kommunistische Manifest und auch
nicht die Deklaration der Menschenrechte *die Revolution* –
Hölderlins eingangs zitierte *»künftige Revolution der Gesinnun-*

*gen und Vorstellungsarten, die alles Bisherige schamrot machen
wird«* und in bezug auf die es nicht ganz sicher ist, ob »eine
öffentliche Erörterung darüber« »an der Zeit« ist oder nicht?

Jedenfalls ist auch das Lied vom epochalen Winter mit Taubenfüßen gekommen. Komponiert wurde es von einem
Unglücklichen, dessen Freunden es zunächst nicht so recht
gefallen wollte. Gedichtet wurde es von einem »Sorglosen«, der
den Unglücklichen nicht kannte. Getarnt war es als Klagelied
eines elenden Wanderburschen. Und vielleicht verbirgt es auch
einen Hinweis auf jene »künftige Revolution der Gesinnungen
und Vorstellungsarten«.

Den neuen Ton, den wir schon in der zweiten Hälfte des
Liedes *Gute Nacht* zu hören glaubten, vernehmen wir – sehr,
sehr leise – vielleicht auch im *Leiermann.* Der wunderliche Alte
läßt es gehen, alles, wie es will. Nicht wie *er* will, sondern wie *es*
will. Ist dieses Lassen nur Fatalismus und Gleichgültigkeit, eine
Abgestumpftheit, die das »Elende nicht mehr zur Kenntnis
nimmt«?[357] Oder bringt uns der erstaunliche Griechen-Müller
hier auch gleich noch unter der Hand, in einem Nebensatz, ein
revolutionäres Programm? Das der *Revolution vom Wollen zum
Lassen* nämlich? Vom eigenmächtigen Wollen zur *Gelassenheit,*
die kein gleichgültiges Laissez-faire ist, sondern ein liebevolles
Laissez-être? Vom Wollen des Willens zur Macht zu einem
Lassen, das jenseits von Aktivität und Passivität, jenseits von
einem gewaltsamen Beherrschen wie von einem kraftlosen Trei-
benlassen der Dinge liegt?

Gerald Moore spürt beim wunderlichen Alten nicht nur
elenden Fatalismus, sondern eine gewisse leiderprobte Gelassenheit.[358] Wenn wir uns den alten Mann, barfuß auf dem Eise
schwankend und umbrummt von bösen Hunden vorstellen,
haben wir zwar Mühe, nicht an die Resignation des Elends zu
denken. Und doch –

> Und er läßt es gehen,
> Alles, wie es will...

Wie nahe die Worte »Lassen« und »Wollen« in diesem merkwürdigen Satz nebeneinander stehen. Wie deutlich dadurch
ihr Gegensatz wird. Kündigt sich hier vielleicht doch leise,
mit »stillsten Worten«, die Revolution vom Wollen zum Lassen an? Jedenfalls wirkt auf mich *Der Leiermann* nicht »lähmend«.

Mit Taubenfüßen geht das Lied vom epochalen Winter einen
revolutionären Weg: heraus aus dem Gefängnis des neuzeitlichen objektivierenden Subjektivismus, heraus aus dem Zoopavillon des animal rationale. Aus der Fremde in eine neue Stätte
des Wohnens, in eine neue Wohngemeinschaft. Von der Eisblume am Fenster der Welt-Anschauung zum »Erschütterer
Anemone« auf der offenen, blühenden Wiese. Aus der künstlich
erzeugten Schmerzlosigkeit in den Schmerz, der seine Heilkraft
nur unverhofft verschenkt. Aus dem verbissenen Wollen des
Willens zur Macht zum andenkenden Abschied des Lassens.
Von der Raserei des rechnenden Stellens in jene »Gelassenheit«,
die jenseits von Aktivität und Passivität, von Bemächtigung und
Fatalismus liegt und bisweilen in einem geduldigen Warten, zu
Zeiten auch in einem entschiedenen Handeln aufleuchten kann.
Aus der Orientierung am sichtbaren Zeiger des Meßgerätes in
den abgründigen Halt, den das Unsichtbare, Unwägbare, das
»nicht Augenfällige« gewährt.

Mitten im epochalen Winter – dieser revolutionäre Weg *ist*
eine Winterreise. Ob sie »einst« einen Frühling erwandert?
Vielleicht sollten wir uns nochmals an den Doppelsinn des
Wortes »einst«, der in die Zukunft *und* in die Vergangenheit
winkt, erinnern. Dieser »einstige Frühling« ist Vergangenheit
und Zukunft in einem – es geht bei der »Blume im Winter« nicht
um das Verhältnis von Vegetation und Jahreszeit, sondern um
die Nähe des Fernen, um die Anwesenheit des Abwesenden.

Darum kann uns das Lied vom Winter *aus dem Jahre 1827* auf
eine *künftige* Revolution der Gesinnungen und Vorstellungsarten bringen, aber auch zwei andere Stimmen weisen uns darauf
hin, die eines Träumers aus *unserem* Jahrhundert und die Stimme
Heraklits aus *früher Zeit*, die wir schon einmal vernommen

haben: »Das Wesentliche ist für die Augen unsichtbar« *(Antoine de Saint-Exupéry,* DER KLEINE PRINZ)[359] und »Nichtaugenfällige Harmonie ist stärker als augenfällige« (Heraklit).

Ihr lacht wohl über den Träumer, der Blumen im Winter sah?

Winston Smith und die Ereignisblume

Die Umschaltung des lebendigen, schwingenden Wortes in die Starrheit einer eindeutig, mechanisch festgelegten Zeichenfolge wäre der Tod der Sprache und die Vereisung und Verödung des Daseins.

Martin Heidegger 1937

Es war vorauszusehen, daß im Laufe der Zeit die Besonderheiten der Neusprache immer mehr hervortreten würden – es würde immer weniger Worte geben und deren Bedeutung immer starrer werden.

George Orwell 1948

Wir schreiben jetzt das Jahr 1984. Fast bis zum Überdruß hat man sich in letzter Zeit gefragt, ob die Wirklichkeit *George Orwells* utopischen Roman eingeholt, überholt oder glücklicherweise doch noch nicht ganz erreicht habe. 1984 beschreibt die totale Diktatur des anonymen Großen Bruders, abgekürzt GB, die mit dem Televisor, dem Zwangsfernseh- und Überwachungsgerät, alle Arbeits- und Wohnräume kontrolliert und die Dissidenten mit Folterungen und Gehirnwäsche gefügig macht, um sie am Ende doch zu »vaporisieren«. Die ganze Welt ist in der Darstellung des Romans aufgeteilt in drei solche Diktaturen, die einander in wechselseitigen Bündnissen militärisch und propagandistisch bekämpfen, sich dabei aber, abgesehen von der geographischen Lage, kaum voneinander unterscheiden: Ozeanien, Eurasien und Ostasien.

Doch bei all den Diskussionen über das Verhältnis von Roman und Wirklichkeit wurde etwas wenig beachtet: die Einführung der *Neusprache* in Ozeanien. George Orwell hat die Grundprinzipien dieser Neusprache in einem Anhang zu seinem Roman näher erläutert, aber ein Beispiel aus dem Romantext selbst sagt mehr als lange Erklärungen: Winston Smith arbeitet in der Registraturabteilung Regab des Wahrheitsministeriums Miniwahr – das heißt des Propagandaministeriums des Großen Bruders – in London, im »Luftstützpunkt Nr. 1« von Ozeanien. Ein Auftrag, den Winston Smith erhält, würde in der Altsprache, das heißt in der heute gebräuchlichen Sprache, folgendermaßen lauten: »Der Bericht über den Tagesbefehl des Großen Bruders in der Times vom 3. Dezember 1983 ist äußerst unbefriedigend und erwähnt heute nicht mehr lebende (vaporisierte) Personen. Noch einmal völlig neu schreiben und Ihren Entwurf an höherer Stelle vorlegen, ehe er im Archiv abgelegt wird.« In der Neusprache dagegen lautet der Auftrag so: »Times vom 3.12.83: Bericht GB Tagesbefehl doppelplusungut nennt Unpersonen totalumschreibt anteordner.«[360]

Zu den Grundprinzipien der Neusprache gehören Abkürzung, grammatikalische Vereinfachung und Einschränkung des Wortschatzes. Die Neusprache vermeidet alle Zwischentöne und alles Mehrdeutige, um einen Aufstand gegen GB im Keim zu ersticken. Der Satz »Alle Menschen sind gleich« ist zwar auch in der Neusprache noch möglich, aber er bedeutet dort etwas anderes, denn er kann nur noch in der handfesten Weise verstanden werden wie der altsprachliche Satz »Alle Menschen sind rothaarig«, also im Sinne von »Alle Menschen sind gleich groß oder gleich schwer«. Das altsprachliche »gleich« hat einen politisch oder philosophisch weiteren Sinn. »Alle Menschen sind gleich« heißt in der Altsprache: Sie sollen gleiche Rechte haben, sie sind in gleicher Weise sterblich. Der neusprachliche Satz jedoch ist eindeutig, eingleisig und läßt an ein Menschenrecht nicht einmal mehr denken.

Freilich fällt es uns, die wir immer noch im altsprachlichen Denken befangen sind, schwer, die Prinzipien der Neusprache und des »neuen englischen Sozialismus« ganz zu verstehen. In der Neusprache gesagt: Altdenker unintusfühl Engsoz.[361]

Aber wir machen Fortschritte. Wen Orwells Neusprache in Trübsinn oder gar in nackte Verzweiflung versetzt, den nennt die medizinische Fachsprache mittel oder schwer depressiv und die Neusprache selbst vielleicht plusunlustvoll oder doppelplusunlustvoll.

Man sieht, die Fachsprache kommt, wenigstens hier, schon nahe an Orwells Neusprache heran. Und durchaus verheißungsvoll ist diesbezüglich das moderne internationale Englisch, zum Beispiel im Flugverkehr: Check in, check out, take off. Put in, put out, compute...

Winston Smith arbeitet im Wahrheitsministerium (Miniwahr) mit Sprechschreibmaschinen. Winston Smith kann seine geschichtsklitternden Texte direkt in eine solche Maschine sprechen, wohingegen die Bevölkerung von Ozeanien nicht einmal mit den einfachsten Dingen des Alltags versorgt wird. George Orwell hat mit der Sprechschreibmaschine eine Erfindung vorweggenommen, die demnächst auf dem Markt erscheinen mag: den gesprochene Sprache analysierenden Textcomputer. Die Neusprache paßt voll und ganz dazu. Gut, plusgut, doppelplusgut, ungut, plusungut, doppelplusungut – das geht in jeden Computer. Ist die Neusprache *Computersprache?*

Die Neusprache ist durch und durch zweckmäßig. Ganz in ihre Richtung weisen unsere *Abkürzungen.* Die Europäer arbeiten da seit langem mit Silben: die Uni, die Komintern, die Sipo. Meisterhaft waren diesbezüglich die Nationalsozialisten: Blubo, Stuka, Gestapo. Sie wurden aber übertroffen von den angelsächsischen Physikern. Laser zum Beispiel ist ein sehr zweckmäßiges Wort. Manches Kind braucht heute im Spiel schon Laserkanonen; Laser ist nämlich fast so eingängig wie Mama, Papa und Auto. Dabei enthält das kurze Wort eine Fülle von Informationen: Light Amplification by Stimulated Emission of Radiation.

Neuerdings gehören solche Abkürzungen zur hohen Politik: Salt i, Salt ii, Salt iii, Salt iv: Strategic Arms Limitation

Talks, Gespräche über die Begrenzung strategischer Waffen. Und am St.-Nimmerleins-Tag dann SAL.

Noch besser an den Computer angepaßt sind natürlich unsere neuen formalisierten *Programmiersprachen,* zum Beispiel Basic, Fortran und Cobol. In Basic ist alles klar. Nur macht den Menschen Basic zu lernen Mühe. Die Neusprache Orwells dagegen verbindet die logisch-mathematische Präzision von Basic mit der leichten Erlernbarkeit einer Umgangssprache. Die Neusprache ist Basic fürs Volk.

Als ein Grundprinzip des digitalen Computers erkannten wir das binär-digitale Prinzip, die Reduktion auf ein sicheres, eindeutiges Entweder-Oder an jeder Schalt- und Speicherstelle. »Sicherheit durch Eindeutigkeit« ist auch das Leitmotiv der Computersprachen. Jedes »Wort« in Basic ist ein eindeutiges Signal für die Schaltvorgänge des Computers, eindeutig wie ein Verkehrssignal. Rot heißt eindeutig Stop und Grün heißt eindeutig Fahren; unzweckmäßig und gefährlich wäre ein Eisenbahnverkehr mit rot-blau-gelb-grün-schillernden Lichtsignalen.

Ist das Grundprinzip der Neusprache etwa *die Signalisierung?*

Rotlicht bedeutet Stop. Das Signal gibt mit der Information zugleich auch eine Instruktion. Der Lokomotivführer sieht das rote Licht und betätigt die Bremse. Und wenn er das Licht übersieht, oder wenn er mutwillig die Instruktion mißachtet? Dann löst eine auf dem überfahrenen Geleise montierte Sicherheitseinrichtung im Zug eine Notbremsung aus. Die perfekte technische Signalisierung tendiert von sich aus zum direkten und eindeutigen Eingriff, zur Fernsteuerung. Am Ende wird der Lokomotivführer und damit auch das rote Licht überflüssig. Die perfekte Signalisierung hebt sich selber auf und wird zur direkten, zwangsläufigen Kausalwirkung.

Interessanterweise paßt das zum Zauberwort der Kybernetik: zur *Information.* Wie schon erwähnt, bedeutet lateinisch formare ursprünglich: in Erz gießen. Nach der Erkaltung des Gusses ist an der Form nicht mehr zu rütteln. Die Information hat ihr Leitbild in der Signalgebung, die in sich zur direkten Einwirkung, zur Prägung in eine vorgegebene Form tendiert.

Information ist Instruktion, ist Einprägung. Und Information und manipulierte Propaganda liegen nahe beieinander. Für den Dissidenten Winston Smith im Wahrheitsministerium besteht da kein Unterschied mehr. Doch ist Sprache nicht ganz allgemein Vermittlung von Information durch Zeichengebung? Winston Smith liebt Julia. Heimlich und unter großer Gefahr treffen sich die beiden in einem Gehölz in der Umgebung von London, wo sie hoffen, nicht mit versteckten Mikrofonen belauscht zu werden. Am Waldrand hat sich eine Drossel auf einem Ast niedergelassen, um ihren Gesang in den Mainachmittag hinaus-zuschmettern. »Schau!« flüstert Julia. Dann fallen sie sich in die Arme.[362] Schau die Drossel – hat Julia Winston Smith nicht in der Tat ein Signal gegeben?

Vögel begleiten einige Liebesszenen der Weltliteratur. »Es war die Nachtigall und nicht die Lerche, die eben jetzt dein banges Ohr durchdrang...«, sagt eine andere Julia, die sich gegen den heraufkommenden Morgen sträubt. Ist das nicht auch eine an Romeo übermittelte Information, auch wenn es eine Fehlinformation ist, auch wenn es doch die Lerche war? Sind die Wörter unserer Sprache Signalzeichen zur Übermitt-lung von Information? Die Neusprache mit ihren Abkürzun-gen und Vereinfachungen im Dienste der zweckmäßigen und eindeutigen Feststellung führt uns direkt zu solchen Fragen. Ist das Wort Drossel ein Zeichen für die wirkliche singende Drossel?

Die Neusprache Orwells stößt uns mit ihrer ganzen Brutalität auf die Frage, was Sprache heißt. Wenn das Grundprinzip der Neusprache die Signalisierung ist – ist es das Grundprinzip der Sprache überhaupt? Ist Sprache einfach Zeichengebung, und deckt die Neusprache diesen Sachverhalt nur besonders drastisch auf? Oder ist das Grundprinzip der Neusprache nur das Grund-prinzip *unseres* Sprachverständnisses, des Sprachverständnisses *unserer* Epoche? Ist die Neusprache etwa nichts anderes als die Sprache des Gestells?

Die Liebe von Romeo und Julia dauert bis in den Tod. Doch die Liebe von Winston und Julia wird vorher gebrochen, in den

Folterkammern des Wahrheitsministeriums. Nach der Gehirnwäsche sehen sich die beiden wieder, »an einem abscheulichen,
schneidenden Märztag, als die Erde aussah wie aus Eisen, das
ganze Gras abgestorben schien...« Da haben sie sich nichts
mehr zu sagen. Am Ende bleibt dem Rebellen Winston Smith
nur noch der Victory-Gin des trostlosen Cafés ›Zum Kastanien-
baum‹, wo er auf die Siegesnachrichten des Televisors lauscht
und auf seine Vaporisierung wartet. »Er hatte den Sieg über sich
selbst errungen. Er liebte den Großen Bruder.«[363] Das letzte
Wort ist GB.

> Die Liebe konnte nicht bestehen
> Es kam zu große Kält:
> Wie sollen die Bäumchen blühen
> Wenn so viel Schnee drauf fällt.
>
> Bertolt Brecht, *Kinderkreuzzug*[364]

Winston Smith und Julia können sich nur heimlich, für kurze
Zeit und unter größter Lebensgefahr treffen. Überall gibt es
Televisoren und Mikrofone. In der Öffentlichkeit müssen sie
tun, als kennten sie einander nicht. Auch jenen Treffpunkt im
Wald suchen sie einzeln auf, und einzeln machen sie sich wieder
davon. Undenkbar, daß sie in einer vom Mond erhellten Nacht
Hand in Hand durch die Felder schlenderten.

Noch ist es nicht undenkbar für Herrn H. und Frau F. in
Zürich oder anderswo im Jahre 1984. Herr H. blickt in die Weite
des Nachthimmels und sagt dann zu Frau F.: »Eben habe ich eine
Sternschnuppe gesehen.« Frau F. antwortet: »Du darfst dir
etwas wünschen.«

Was ist Sprache? Die heute im Alltag herrschende Sprachauffassung wird im Brockhauslexikon so dargelegt: »Sprache ist ein
Vorrat von sinnlich wahrnehmbaren Zeichen, die allein oder
nach best. (in der Grammatik festgelegten) Kombinationsregeln
untereinander verbunden der Kommunikation dienen... Die S.
des Menschen ist Lautsprache, ein Gefüge gegliederter Laut-

gebilde, die als hörbare (...) Zeichen sinnvoll zum Ausdruck und zur Darstellung von Gedanken, Gefühlen, Willensregungen dienen...«

Damit sind drei Stichworte der heute herrschenden Sprachauffassung schon genannt. Unsere Zeit versteht die Sprache allgemein

- als *Ausdruck,*
- als *Kommunikationsmittel* und
- als *Zeichengebung.*

Unsere Zeit versteht die Sprache als *Ausdruck.* Mit ihr drückt der Mensch sein Inneres aus, zum Beispiel das Abbild einer Sternschnuppe im Gehirn. Der Ausdruck erfolgt mit Lauten und Gebärden. Die Laute werden mit Zunge, Lippen, Zähnen und Kehlkopf gebildet, welche die Luft aus der Brust gemäß der Steuerung durch das Gehirn in eine komplizierte Schwingung versetzen. Diese Schallwellen erreichen das Gehör eines anderen Menschen. Ein anderer Weg führt über schreibende Hände, über Buchstaben und Augen.

Unsere Zeit versteht die Sprache als *Kommunikationsmittel.* Der Mensch benützt sie je nach Bedarf als ein Mittel, als ein Werkzeug zum Zweck der Kommunikation. Das Werkzeug Sprache ist dabei gebunden an körperliche Organe, die ihrerseits als Werkzeuge verstanden werden: das Sprechwerkzeug (Zunge usw.) und das Schreibwerkzeug (die Hand). In manchen Sprachen heißt das Wort für die Sprache nichts anderes als Zunge (lingua, langue) oder ist direkt daraus abgeleitet (language).

Unsere Zeit versteht die Sprache als *Zeichengebung.* Ein Abbild der wirklichen Sternschnuppe wird mittels Lichtwellen (oder -quanten) von bestimmter Anordnung und Dauer an das Gehirn von Herrn H. übermittelt. Diese Lichtwellen sind ein Zeichen (ein Code, ein Signal) für die ferne Sternschnuppe. Vom Gehirn des Herrn H. zum Gehirn der Frau F. wird ebenfalls übermittelt, und zwar mittels Schallwellen, die in bestimmter Weise angeordnet sind. Diese Laute sind ein Zeichen für das Abbild der Sternschnuppe und so für die Sternschnuppe selbst.

Und Buchstaben sind Zeichen (Symbole) für solche Laute. Alles läßt sich hier also unter den Titel Zeichen setzen.

Ein Subjekt drückt sich mit dem Instrument der Zeichengebung aus, um mit einem andern Subjekt zu kommunizieren. Unsere Sprachauffassung entspricht durch und durch dem neuzeitlichen objektivierenden Subjektivismus.

Herr H. sagt zu Frau F., eben habe er eine Sternschnuppe gesehen, und Frau F. antwortet ihm, er dürfe sich etwas wünschen.

Doch mit den Lauten allein ist es bei diesem kleinen Dialog noch nicht getan. Die Laute erfassen ja nur die *verbale Kommunikation*. Die Stimme von Herrn H. klingt leicht erregt und verrät Frau F., daß er nicht nur an Sternschnuppen gedacht hat. Und Frau F. lächelt bei ihrer Antwort.

Unsere Zeit versteht auch diese *nonverbale Kommunikation* als Ausdruck des Subjekts mittels Zeichengebung: mit Gebärden, Stimmfärbungen, Düften und so weiter. Allenfalls spricht man auch, angeregt durch die Psychologie, von »unbewußten« Signalen. Nur gilt die nonverbale Kommunikation als ursprünglicher. Die verbale Kommunikation wird ja erst später erlernt, geboren wird der Mensch als in-fans, als Nicht-Sprechender. Bevor er spricht, kann er lallen. Bevor er lallt, kann er lächeln und brüllen. Und die Wissenschaft findet ebendiese Stufenfolge auch in der biologischen Evolution des Menschen aus dem Tierreich.

Kein Zweifel, wo wir wieder gelandet sind: beim animal rationale. Das vernünftige Tier ist auch das sprechende Tier, das Lebewesen, das die verbale Sprache besitzt. Mit dieser Definition taucht auch der wertende Zwiespalt zwischen ratio und animal wieder auf: Die verbale Kommunikation gilt als intellektuell, differenziert. Man spricht über Sternschnuppen. Aber eigentlich denkt Herr H. in jener Nacht an ganz andere Dinge. Und Frau F. gibt mit ihrem Lächeln gerade darauf eine Antwort. Die nonverbale Kommunikation gilt im Vergleich zur verbalen als ursprünglich, elementar.

Das heutige Sprachverständnis paßt zur Auffassung vom

Menschen als Subjekt und als animal rationale. Sprache ist danach menschlicher *Ausdruck* von Innerem, vom Menschen eingesetzt als *Werkzeug* für die *Kommunikation* von Subjekt zu Subjekt, mit Hilfe von verbalen (rationalen) oder auch nonverbalen (animalischen) *Zeichen*. Wer würde dem widersprechen? Nichts ist heute selbstverständlicher als das.

Martin Heidegger allerdings hat schon 1937 in einer Vorlesung gewarnt: »Die Umschaltung des lebendigen, schwingenden Wortes in die Starrheit einer eindeutig, mechanisch festgelegten Zeichenfolge wäre der Tod der Sprache und die Vereisung und Verödung des Daseins.«[365]

Es wäre die Einrichtung der Neusprache im epochalen Winter. Sagen Heidegger und Orwell in entscheidender Hinsicht dasselbe?

Wenn die Sprache als Ausdruck, Kommunikationsmittel und Zeichengebung verstanden wird, dann wird das Wort Sternschnuppe zum Code für das Erlebnis eines kurz aufflammenden Lichtstrichs am Himmel. Das Wort wird abgetrennt vom Ding. Und das abgetrennte Wort wird zur Anhängeetikette, zum bloßen Zeichen, zum an und für sich beliebigen Signal. Es wird sich die Frage gefallen lassen müssen, ob es ein zweckmäßiges Zeichen sei.

Das rot leuchtende Signal bedeutet Stop, das grüne bedeutet Fahren. An und für sich könnte es auch umgekehrt sein; bei der Eisenbahn wurde es eben einmal so festgelegt, vielleicht weil die rote Farbe besser zu sehen ist.

Und das Wort Sternschnuppe? Ist es zweckmäßiger als zum Beispiel Bilgrotschif oder Nöz? Das letzte wäre jedenfalls kürzer. Es würde der Kürze eines Sternschnuppenlebens eher entsprechen, und es brauchte auf der Schreibmaschine weniger Aufwand. Herr H. sagte »Nöz«, und Frau F. würde lächeln. Und Sekunden würden gewonnen. Das Wort Sternschnuppe ist lang und umständlich, und seine Signalwirkung ist beschränkt auf den deutschen Sprachbereich. Rotlicht bedeutet auf den

Bahnlinien und Straßen des ganzen Erdkreises Stop. Aber Sternschnuppe muß fast in jedem Land neu übersetzt werden. Falling star, étoile filante, stella cadente, estrella vaga, spadająca gwiazda, diatton astir.

Außerdem sind alle diese Übersetzungen in keiner Weise eindeutig. Frau F. kommt aus Italien, und sie übersetzt die von Herrn H. genannte Sternschnuppe im Geist mit stella cadente. Aber ist damit dasselbe gesagt? Hören wir Sternschnuppe, denken wir wohl eher an absplitternde, jäh verglimmende Schnipsel. Hören wir stella cadente, denken wir eher an einen Sturz. Das deutsche Wort ruft den Funken und das italienische den Fall.

Schon das einzelne Wort ist mehrdeutig, und noch vieldeutiger ist ein ganzer Satz, insbesondere wenn man bedenkt, was alles dabei zwischen den Zeilen gesagt wird.

Man sieht, wie schwierig es wäre, schon nur den kleinen Satz »Eben habe ich eine Sternschnuppe gesehen« einem Computer einzugeben. Zunächst müßte man wohl ein Inventar von allen Dingen erstellen, eine Art Telefonbuch, in welchem die »wirkliche Sternschnuppe« eine bestimmte Nummer zugewiesen bekäme. Die erste Ziffer würde die Klasse der leblosen Naturdinge anzeigen, die zweite die Unterklasse der Himmelskörper und so weiter. Schon diese Klassifizierung wäre freilich nicht einfach: Ist eine wirkliche Sternschnuppe der jähe Lichtstrich, den wir am Nachthimmel sehen, oder ist eine wirkliche Sternschnuppe ein in die Erdatmosphäre eintauchender Meteorit?

Sodann müßte ein zweites Inventar sämtliche sprachlichen und geschichtlichen Verweisungen (z. B. Herkunft des Wortes, mögliche Klangassoziationen, usw.) enthalten, die zur Sternschnuppe und zur stella cadente gehören mögen. Hier erhielte auch der Brauch, daß man sich beim Erblicken einer Sternschnuppe etwas wünschen darf, seine Ziffer.

Schließlich müßte ein drittes Inventar sämtliche möglichen »Gefühle« und »Wünsche« der Menschen umfassen. Hier würden der Wunsch von Herrn H., seine Erregung und seine Unsicherheit, wie sich Frau F. dazu stellen wird, klassifiziert.

Dann erst könnte der Computer den kleinen Satz zusammen-ordnen, verrechnen, com-putieren.

Wie unzweckmäßig und unbotmäßig unsere Sprache doch ist! Die Transformationsgrammatiker und die Erbauer von Übersetzungs- oder Sprechschreibmaschinen haben es nicht leicht. Gar so leicht gerät die Sprache wohl doch noch nicht unter die Zwangsherrschaft von GB.

Und doch – Check-in-check-out, Laser und Basic – das Gewitter hat auch hier seine Richtung genommen. Vor allem aber kommt es vielleicht gar nicht so sehr auf die offensichtlichen Manifestationen der Neusprache an als vielmehr auf die Herrschaft ihres Prinzips. Denn *die Trennung von Wort und Ding »im Zeichen des Zeichens«* verändert die Welt.

Vielleicht unfreiwillig hat dies kürzlich ein Hollywoodfilm illustriert. In *War Games* ist der Weltsicherheitscomputer des Pentagon entsprechend der kybernetischen Spieltheorie nach dem Muster von Kampfspielen wie Schach und Mühle programmiert. Durch einen unglücklichen Zufall wird aus einem spielerischen Eintippen eines sowjetischen Atomraketenstarts tödlicher Ernst. »What is the difference?« fragt der Bildschirm die fassungslosen Menschen. Der Computer kann den Unterschied zwischen einem simulierten und einem wirklichen Raketenstart in der Nähe einer sowjetischen Stadt, zum Beispiel bei Dnjepropetrowsk, nicht »verstehen«, weil für ihn »Dnjepropetrowsk« immer schon nur ein Code war, völlig abgetrennt von der wirklichen Stadt am Dnjepr. Die Trennung von Wort und Ding hat ihre Konsequenzen.

Im Film löst ein computerbegeistertes Kind den Schrecken aller Schrecken aus. Doch in den vergangenen Jahren soll Vergleichbares tatsächlich vorgekommen sein, zum Beispiel soll im November 1979 ein versehentlich eingespieltes Testband in Amerika einen sowjetischen Raketenangriff vorgetäuscht und einen Atomalarm ausgelöst haben, bis der Fehler nach sechs Minuten erkannt wurde. Bemerkenswert ist allerdings die

Offenheit, mit der die Amerikaner über solches immer noch berichten. Daß aus anderen Einsatzzentralen von ähnlichen Vorfällen nichts verlautet, kann nur das Vertrauen von Straußenvögeln erhöhen.

Das binär-digitale Prinzip des Computers verwies uns auf die klassische Logik mit dem Satz vom ausgeschlossenen Dritten. A ist entweder B oder nicht-B, ein Drittes gibt es nicht. In dieser logischen Formulierung verbergen sich zwei Aussagen über das Sein:

– A ist B : B kommt A zu;
– A ist nicht-B : B kommt A nicht zu.

Im Satz vom ausgeschlossenen Dritten werden diese zwei Aussagen als zwei gleichwertige Positionen nebeneinander gestellt:

– die eine Position: ist (kommt zu);
– die andere Position: ist nicht (kommt nicht zu).

Im digitalen Computer nun kommt die Gleichwertigkeit der beiden Positionen im Verein mit der Trennung von Wort und Ding auf unheimlich konsequente Weise zum Vorschein. Zwei gleichwertige Positionen: Entweder startet die Rakete, oder sie startet nicht.

Der digitale Computer bringt so gleich zwei Ungeheuerlichkeiten an den Tag, die eine erschreckender als die andere:

–Ob die Rakete startet oder nicht, ist nur eine gleichwertige Position. »What is the difference?«

– Wenn »ist« und »ist nicht« zwei gleichwertige Positionen sind, dann ist Sein – mit Kant gesprochen – »bloß« eine »Position«[366]. Mit dem Sein ist es nichts.

Das binär-digitale Prinzip und der europäische Nihilismus (die »Seinsverlassenheit des Seienden«) – sind sie am Ende dasselbe? Ist das ganze komplizierte Riesengebäude der Mikroprozessoren- und Magnetspeichertechnologie gegründet auf ein nichtiges Nichts, gebaut auf Sand, konstruiert in einen Abgrund hinein, mit den Worten des Predigers im Alten Testament: »nichtig und ein Haschen nach Wind«? Am Ende ist es so. Am Ende aller »War Games«.

Erst wenn Wort und Ding getrennt sind und die Sprache nichts als Zeichengebung ist, wird es möglich, daß alles, nicht nur das Gesprochene und das Geschriebene, zur Information schrumpft. Nun können mit Hilfe dieses Zauberwortes auch Bereiche der Maschinentechnik und der Biologie wie etwas Sprachliches in den Griff genommen werden. Denn wenn die Sprache bloße Signalisierung ist, dann wird man umgekehrt auch eine Signalisierung Sprache nennen dürfen.

Zum Beispiel gibt uns der Wasserkessel ein Zeichen, wenn das Wasser kocht: Er pfeift. Er übermittelt uns die Information ›das Wasser kocht‹ und damit die Instruktion ›Schalte den Strom aus‹. Sprache kann dies zwar noch nicht einmal der Werbejargon nennen. Doch man müßte sich den Kessel nur ein bißchen komplizierter vorstellen, etwa als eine Kaffeemaschine mit einer Quarzuhr, mit einem Telefonbeantworter und einem die gesprochene Sprache analysierenden und synthetisierenden Computer. Eine solche Maschine würde vielleicht nicht mehr pfeifen, sondern so informieren und instruieren: »Guten Tag, Herr H., Ihr Kaffee ist fertig. Es ist sieben Uhr. Nach dem Frühstück erwartet Frau F. in Bologna Ihren Rückruf.« Nun könnte die Werbung getrost von einer sprechenden Kaffeemaschine reden.

Ähnliches jedenfalls tun manche Biologen. In einem Sammelband mit dem Titel DER MENSCH UND SEINE SPRACHE schreibt Konrad Lorenz in seinem Beitrag *Kommunikation bei Tieren*: »Kommunikation beginnt dort, wo zwei organische Systeme einander Information übermitteln, die übrigens meist in Instruktionen besteht.«[367] Und im Beitrag *Sprache und Lernen auf molekularer Ebene* schreibt Manfred Eigen, Sprache sei »als Prinzip zur Organisation und als Mittel zum Austausch von Information« ein Naturphänomen, das über den Menschen hinausrage und »als solches abstrakt – also ohne Bezug auf menschliche Existenz – analysiert werden« könne. »Im molekularen Bereich« könne man den Begriff Sprache mit »Informationsübertragung und Instruktion« in Zusammenhang bringen (die »Sprache« der Nukleinsäuren der Gene).[368]

Der kybernetische Systembegriff verwischt, wie wir gesehen

haben, alle Grenzen zwischen Maschinen, nichtmenschlichen Lebewesen und Menschen. Und der *kybernetische Informationsbegriff* hilft mit, *auch den Unterschied zwischen Sprachlichem und Nichtsprachlichem aufzuheben.* Einerseits wird die Sprache des Menschen vom Computer her verstanden und dem Computer angepaßt. Andererseits werden Abläufe in Maschinen und im molekularen Bereich als Sprache interpretiert. Alles wird zur Information, zur »Nachricht«.

In seinem frühen kybernetischen Wegweiser MENSCH UND MENSCHMASCHINE schrieb *Norbert Wiener* 1958, jedes Lebewesen, auch der Mensch, sei eine »Nachricht« und die telegrafische Übermittlung dieser Nachricht von einem Ort zum andern sei zwar technisch kaum zu bewerkstelligen, aber es liege dabei »nicht an der Unmöglichkeit der Idee«.[369] Die Nachricht »Herr H.« würde in Zürich aufgenommen, binär-digital zerlegt und durch den Telegrafendraht übermittelt. In Bologna würde die Nachricht wieder zu einem Herrn H. aus Fleisch und Blut aufgebaut. Ob sich Frau F. über diese kybernetische »Telekinese« freuen würde?

Die Kybernetik verwandelt die Welt in ein gigantisches Telegramm. Alles wird Information, Information aber ist Instruktion. Wenn die Sprache als Zeichengebung Mittel des Ausdrucks ist, wird sie leicht zum »Druckmittel«.[370] Unsere Sprachauffassung ist die Voraussetzung für die Einrichtung der Neusprache und damit der totalen Diktatur.

Die Partei von GB hat immer recht. Die Vergangenheit wird im Wahrheitsministerium permanent nach der jeweils gerade gültigen Doktrin umgeschrieben. Die Partei ist das Kollektiv der Parteimitglieder, die Partei ist ein kollektives Subjekt. Seine Perspektive ist immer die richtige.

Kollektivsubjekte, die immer recht haben und an der Einführung der Neusprache arbeiten, müssen sich allerdings nicht unbedingt Partei nennen. Und sie müssen nicht, wie die Engsoz-Partei bei Orwell, darauf bestehen, daß zwei und zwei gleich fünf sei, wenn die Partei es will. Es gibt heute Kollektivsubjekte, die ausgezeichnet rechnen können. Die Mikroelektronikkonzerne zum Beispiel verstoßen niemals gegen das Einmaleins. Sie werden darauf schwören und mit ihren Taschenrechnern tausendfach beweisen, daß zwei und zwei gleich vier ist. Aber daraus ergibt sich nicht alles andere von selbst. Der Rebell Winston Smith schrieb nämlich in sein Tagebuch: »Freiheit ist die Freiheit zu sagen, daß zwei und zwei gleich vier ist. Sobald das gewährleistet ist, ergibt sich alles andere von selbst.«[371] War Orwell so optimistisch?

Die heutige Sprachauffassung und der perspektivisch objektivierende Subjektivismus gehören zusammen. Die Sprache als Ausdruck, Kommunikationsmittel und Zeichengebung verendet in der Neusprache von GB.

> ... und haben fast
> Die Sprache in der Fremde verloren.
> Friedrich Hölderlin, *Mnemosyne*[372]

Wir haben die Sprache fast verloren; aber hatten wir sie denn einst? Versteht sich die neuzeitliche Sprachauffassung etwa doch nicht von selbst? Kann uns vielleicht die Begegnung mit einem heute noch bestehenden fremdartigen Kultur- und Sprachbereich einen Zugang zu einem anderen Sprachverständnis geben? Seit Wilhelm von Humboldt hat man sich immer wieder bemüht, Sprache und Welterfahrung in ihrem jeweiligen Zusammenhang zu sehen. Eindrückliche Ergebnisse hat in unserem Jahrhundert zum Beispiel *Benjanim Lee Whorf* vorgelegt, der die Sprache der Hopi-Indianer mit unseren abendländischen Sprachen verglichen und dabei in der Indianersprache ein Verhältnis zur Welt gefunden hat, das sich von unserer heutigen objektivierenden Denkweise stark abhebt, weshalb es, wie Peter Müller-Locher kürzlich in einem Vortrag gezeigt hat, zum Vergleich mit den Auffassungen Heideggers geradezu herausfordert.[373] Die Ethnologen und Sprachforscher müssen allerdings aufpassen, daß sie mit ihren Forschungen nicht stets zu spät kommen. Denn schneller, als sie von der fremden Kultur das erlernen, was unsere gewohnte Denkweise in Frage stellen könnte, lernt offenbar die fremde Kultur von uns. Der perspektivisch objektivierende Subjektivismus mit dem überhandnehmenden Maschinenwesen zeigt eine erstaunliche Überzeugungskraft, die jene der christlichen Mission bei weitem übertrifft. Während der Forscher noch auf die fremden Worte lauscht, ist sein Forschungsgegenstand bereits mit Siebenmeilenstiefeln in den Weg des Forschers eingeschwenkt, in den »Fortschritt ins Nichts«[374]. Bald wird er in seiner Sprache wie der Forscher sprechen, und vielleicht merken beide nicht, welche Ungeheuerlichkeit da geschehen ist.

Eine Ahnung von der beschränkten Geltung des heutigen Sprachverhältnisses gibt uns aber auch dessen Geschichte selbst. Sie ist gewiß ein weites Feld, doch einige Brennpunkte lassen sich darin schon ausmachen.

Die neuzeitliche Trennung von Wort und Ding führt uns zurück ins Mittelalter. Damals wurde darüber disputiert, ob der Begriff Gott ein Beweis dafür sei, daß es auch wirklich einen Gott gebe (Anselm von Canterbury). Oder, wie beim Begründer des spätmittelalterlichen Nominalismus, Wilhelm von Ockham, darüber, ob die allgemeinen Begriffe nur bloße Namen, bloße Zeichen seien. Und in Ansätzen läßt sich die Interpretation der Sprache als Zeichengebung bis zu Aristoteles zurückverfolgen. Die Leitstruktur der von Aristoteles geprägten Sprachauffassung aber ist die *Aussage.*

»Dieser Vogel ist eine Drossel.« Das ist eine Aussage über etwas, über den Vogel. »Schau!« flüstert Julia und weist auf den Vogel. Der Satz »Schau den Vogel« ist keine Aussage, sondern eher so etwas wie eine hinweisende »reine Nennung«[375]. Die beiden Vogelsätze zeigen uns nun:

– Die Aussage wirkt sekundärer, wissenschaftlicher, distanzierter als die reine Nennung. Im Grunde genommen setzt die Aussage die reine Nennung voraus.

– Die reine Nennung läßt den Vogel dort vorne auf dem Ast sitzen, während die Aussage ein bißchen (und sei es nur mit einer Nuance) »von oben herab« spricht, wie ein Richterspruch, wie ein Urteil.

- Die reine Nennung kann höchstens aus unerfindlichen Gründen auch erfolgen, wenn nichts Vogelartiges zu sehen ist, aber sie ist nicht richtig oder falsch. Die Aussage dagegen ruft sofort nach der Frage, ob das Urteil auch richtig sei und mit dem wirklichen Sachverhalt übereinstimme. Ist es wirklich eine Drossel?
- Gerade deshalb wird man die Aussage eher für sich, als Satz mit einer bestimmten Wortfolge betrachten und die einzelnen Worte isoliert, im Hinblick auf ihre Funktion.

Damit aber wird nun verständlich:

- Inwiefern die aristotelische Orientierung an der Aussage sich an etwas Sekundäres hält,
- wie sie die Sprache unter die Herrschaft der Logik bringt (fortan wird es um Widerspruchsfreiheit und Richtigkeit der Aussage gehen)
- und wie sie sie ferner unter das Joch der Grammatik spannt.

Die von Aristoteles geprägte Auslegung der Sprache wirft einen langen Schatten voraus auf das überhandnehmende Maschinenwesen mit der wildgewordenen Computerlogik, der Neusprache und dem Code des Raketenstarts bei Dnjepropetrowsk.

Martin Heidegger nannte diese Auslegung der Sprache in einem Seminar »von Grund auf undichterisch«. Eine dichterische Sprachauslegung dagegen sei es, wenn Hölderlin das Nennen als ein Rufen erfahren habe.[376]

Herr H. sagt zu Frau F.: Eben habe ich eine Sternschnuppe gesehen.

Ein solches Sagen ruft die eben verglühte Sternschnuppe heran, zeigt sie, es nennt sie bei ihrem Namen, »beschwört« sie und läßt sie in einer seltsamen Weise als schon wieder abwesende anwesend sein. Herr H. und Frau F. können sie, wenn der Satz gesagt ist, nicht mehr mit ihren Augen sehen, und doch bleibt die Sternschnuppe eine Weile anwesend, in ihrer gemeinsamen Welt.

Anwesend heißt seiend, anwesen heißt sein. Das Wort ruft, und die Sternschnuppe ist.

Ist das rufende Wort vom anwesenden Ding vielleicht doch nicht so leicht zu trennen? Ist das Wort doch keine abhängbare Etikette, kein bloßes Zeichen für das Ding, sondern bedingt das Wort selbst das anwesende Ding?

Heidegger nannte das Wort die »Bedingnis des Dings«. »Bedingnis«, sagte er und nicht »Bedingung«, um den Anklang an eine logische Voraussetzung oder an einen sonstigen Ermöglichungsgrund zu vermeiden und um zu unterstreichen, daß es sich dabei um ein Geschehen handelt. Er erläuterte das, was er meinte, mit den zwei letzten Versen eines späten Gedichtes von Stefan George:

> So lernt ich traurig den verzicht:
> Kein ding sei wo das wort gebricht.[377]

Der »verzicht« ist nicht etwas Trauriges, nur das Lernen des Verzichtes ist schmerzlich. Es geht um den Verzicht auf die Meinung, daß das Wort wie ein Signalzeichen etwas zuvor schon Vorfindliches signalisieren und ausdrücken könnte – es geht um den Verzicht auf die heutige Sprachauffassung. Der zweite Vers spricht die *Zusammengehörigkeit von Ding, »ist«, und Wort* aus.

»Eben habe ich eine Sternschnuppe gesehen.« Das Wort Sternschnuppe erklingt und verklingt. Doch gerade indem es zurück ins Lautlose verklingt, indem es »zerbricht«, geschieht es, daß eine Sternschnuppe als eben vorbeigegangene abwesend-anwesend ist. Heidegger sagte, frei nach Stefan George:

> Ein »ist« ergibt sich, wo das Wort zerbricht.[378]

Die gesprochenen Worte verklingen. Die gelesenen Worte verblassen. Die gedachten Worte entschwinden. Tonband, Schrift und Mikrofilm speichern sie nur, insofern es Hörende und Lesende gibt, die sie abermals hören und lesen, das heißt, sie wieder verklingen lassen. Und wir gehören dazu. Das Wort verklingt hier und jetzt. Und »ist«, Wort, Ding und Mensch gehören untrennbar zusammen.

Doch wir sind selbst am Verklingen. Einst wurden wir die Sterblichen genannt – nicht deswegen, weil am Ende unseres Lebens der Tod lauert, sondern deswegen, weil wir jetzt und grundsätzlich, als Greise wie als Kinder, in einem Verhältnis zum Tod stehen.

Das Wort verklingt, die Sternschnuppe verglüht, wir sind die Sterblichen. Endlichkeit durchzittert alles, das Wort, das jeweilig anwesende Ding, uns, die wir untrennbar dazugehören. *Die Zusammengehörigkeit von Sein, Wort, Ding, Mensch und Tod.*

UNTERWEGS ZUR SPRACHE lautet der Titel eines im Jahre 1959 veröffentlichten Buches von Heidegger, das dieser Zusammengehörigkeit nachgeht. Heidegger war auf all seinen Denkwegen immer schon unterwegs zur Sprache. Schon als Achtzehnjährigen beschäftigte ihn ein Satz von Aristoteles: »Das Seiend aber wird ja gesagt auf vielfache Art…«[379] Damals blitzte ihm die »Frage nach dem Sinn von Sein« vielleicht erstmals auf. Schon damals muß ihn die Zusammengehörigkeit von Sein und Sprache angerührt haben. In immer neuen Annäherungsversuchen tastete er sich in der Folge an die Sprache heran.

Die Sprache sei »*das Haus des Seins*«, in dem wir Menschen wohnten, schrieb er 1947.[380] Vielleicht ist das keine bloße Metapher. Wir wohnen in Häusern, und wir wohnen in der Sprache. Und die schachtelförmigen Wohnblöcke von Chicago bis Manila und Dnjepropetrowsk stehen zu den gewachsenen älteren Häusern in genau demselben Verhältnis wie die Neusprache zu den gewachsenen Mundarten der Erde. Daß Sein (Anwesenheit) und Sprache beim Herbeirufen einer schon verglühten, abwesend-anwesenden Sternschnuppe untrennbar zusammengehören, mag man zur Not akzeptieren. Aber gilt diese Zusammengehörigkeit für jeden Satz? Julia flüstert: »Schau!« Der Vogel sitzt auf dem Ast, beide, Julia und Winston, sehen ihn. Aber ist er nicht gegenwärtig sichtbar anwesend, ob Julia nun darauf hinweist oder nicht? Diese Anwesenheit ist doch kein sprachliches Geschehen und die Sprache kein Haus für jegliches Sein.

Oder etwa doch? Julia hat die Drossel gesehen: Sie hat die Drossel bemerkt, die Drossel beansprucht ihre Aufmerksamkeit. Bemerken, beanspruchen – ist auch das Sehen eines gegenwärtig anwesenden Vogels im Grunde ein Sprachgeschehen? Dann freilich wäre alles Sprache, und die Sprache würde zu Recht das Haus des Seins genannt. Die verlautbarte Sprache (»Schau den Vogel!«) wäre nur der Spezialfall eines fundamentaleren Sprachgeschehens. Ein Vogel nimmt uns in Anspruch, spricht uns an.

Der Vogel nimmt Winston Smith und Julia in Anspruch, auch wenn sie das Wort »Vogel« weder stumm denken noch laut und deutlich aussprechen. Wenn Julia aber ihr »Schau!« flüstert, sagt sich ihnen der Vogel in einer besonderen Weise zu. Plötzlich ist Julia der singende Vogel viel näher als der Schuh an ihrem Fuß, obschon der Vogel mehrere Meter von Julia entfernt ist, der Abstand zwischen Julias Kopf und ihrem Fuß hingegen nicht einmal zwei Meter beträgt. Ist Sprache Nähe?

Etwas *gegenwärtig* Anwesendes, zum Beispiel ein Vogel, spricht uns an, geht uns an, »berührt« uns, kommt uns nahe, ob wir es vernehmbar sagen oder nicht.

»Eben habe ich eine Sternschnuppe gesehen.« Ob ein solcher Satz laut erklingt oder nicht, auch etwas nicht mehr gegenwärtig Anwesendes, etwas Vorbeigegangenes, *Vergangenes* spricht uns an, geht uns an, kommt uns nahe.

»Es war die Nachtigall und nicht die Lerche, die eben jetzt dein banges Ohr durchdrang.« Das Ohr ist bang wegen des kommenden Tages mit seiner großen Gefahr. Ob ein solcher Satz laut erklingt oder nicht, auch etwas *Zukünftiges* spricht uns an, macht uns bang, kommt so auch in die Nähe.

Ist Sprache grundsätzlich Nähe, jene »anfängliche Dimension«, die alles Gegenwärtige, Vergangene und Zukünftige nah und fern sein läßt, versammelt und auseinanderhält?[381]

Sprache als Haus des Seins, als Nähe und Versammlung – das sprengt das heutige Sprachverständnis. Das fundamentale Sprachgeschehen ist viel mehr als Ausdruck, Kommunikationsmittel und Zeichengebung des Subjekts, viel mehr auch als die physikalisch-physiologisch vorgestellte stimmliche Verlautbarung. Die Sprache als jene Versammlung, die alles, was ist, war und sein wird versammelt und auseinanderhält, ist ein sehr viel weiteres Feld als der Exerzierplatz der verbalen und nonverbalen Kommunikation. Auf dem Hintergrund dieses fundamentalen Sprachgeschehens, das alle Verlautbarung, alles Denken und alle Wahrnehmung schon trägt, ist denn auch jener provozierende Satz Heideggers zu verstehen, der so oft mit Kopfschütteln aufgenommen worden ist: »Die Sprache spricht.«[382]

»Okay«, wird man vielleicht entgegnen, »Definitionssache!« Nein, GB, es ist nicht o. k. Die »Definition« hat ihre Folgen, zum Beispiel für Dnjepropetrowsk am Dnjepr.

Die alles versammelnde Versammlung ist nicht ein zusammengeschütteter Welthaufen, die Versammlung *geschieht,* hier und jetzt. Das Haus des Seins ist kein Abstellschuppen, kein Depot für benutzbare Wortgeräte. Die Sprache spricht als alles tragender »Austrag«. Alles – alle Dinge und die Welt im Ganzen, als *Austrag von Welt und Ding.*[383]

Herr H. sagt mit leiser Erregung zu Frau F.: »Eben habe ich eine Sternschnuppe gesehen.« Und Frau F. antwortet lächelnd: »Du darfst dir etwas wünschen.« Der kleine Dialog besteht aus zwei Sätzen. Der erste Satz ruft eine eben schon verglühte Sternschnuppe ins Wort, bringt sie als abwesend-anwesendes Ding zur Sprache, zur Sprache als Versammlung. Der erste Satz ruft ein Ding nahe herbei in die gemeinsame verliebte Welt von Herrn H. und Frau F. und läßt es doch abwesend sein, erloschen in der dunklen Ferne des Himmels. Der erste Satz nennt ein Ding, einen fallenden Stern und bringt damit – zwischen den Zeilen – eine ganze Welt ins Spiel, den nächtlichen Himmel und die Erde, welche jedes Fallen auffängt und auch die wünschenden, unruhigen Sterblichen trägt und ihren Orgasmus, der sie für eine Weile in die Gefilde der Seligen entführen mag. Der zweite Satz, die Antwort, bringt zwischen den Zeilen auch gewisse Dinge ins Spiel, aber die Zeilen selbst rufen eher die Welt, in der eine erlöschende stella cadente und ein sehnsüchtiger Mensch zusammengehören und in der es bisweilen auch ein Dürfen gibt.

Die Antwort taucht die nur zwischen den Zeilen erwähnten Dinge in den Glanz dieser gemeinsamen Welt. Zugleich läßt sie vieles ungesagt, zum Beispiel auch das den Dialog in kaum sagbarer Weise durchflutende Geheimnis des Todes. Sono anch' io, sei anche tu una stella cadente? Der kleine Dialog ist ein Beispiel für den innigen, schmerzlich-heiteren Austrag von Welt und Ding.

Die Sternschnuppe ist jäh in die Welt von Herrn H. und Frau F. eingefallen. Und das Beispiel ist vor einiger Zeit mir eingefallen. Ist dieser »Einfall« nun das Produkt des sogenannten »Unbewußten« in meiner Psyche, oder ist auch er ein Austrag von Welt und Ding? Eine Sprachauffassung, die die Sprache nicht mehr als Ausdruck, Kommunikationsmittel und Zeichengebung versteht, sondern als Austrag von Welt und Ding, als Versammlung und Nähe, als Haus des Seins, könnte schwerwiegende Folgen haben, für die *Psychologie* und vor allem auch für jene Therapien, die auf dem Gespräch beruhen wie die verschiedenen Formen der *Psychotherapie*.

Mit Welt ist hier nicht die Summe aller Dinge gemeint, nicht das Universum und schon gar nicht die Umwelt des Subjekts. Welt ist hier die Weite des Spielraums zwischen Himmel und Erde, den das Wort, zum Beispiel das Wort Sternschnuppe, durchmißt und in dem wir sterbliche Mitspieler sind.

Die Sternschnuppe verweist auf den Nachthimmel und mit ihrem Fallen auch auf die Erde. Die Sternschnuppe sagt uns: Himmel und Erde. Und die Nacht sagt uns: Tag, und der Tag sagt uns: Nacht – auch das geheimnisvolle »Walten« der Natur ist in einem gewissen Sinne Sprache.

Zwar kann uns das Aufflammen einer Sternschnuppe, kann uns der Wechsel von Tag und Nacht auch gleichgültig lassen. In der Stimmung der Langeweile mögen sie uns nichts mehr sagen. Doch auch ein Nichts-Sagen ist etwas Sprachliches. In anderen Stimmungen hingegen sagt uns gerade das Walten der Natur sehr viel. Der wechselnde Gang von Sonne, Mond und Sternen kann uns vom Geheimnis der Welt erzählen, und ein Baum mit seinem Stamm, seiner Blätterkrone und seinen Wurzeln von Regen und Sonnenschein, aber auch von der ausdauernden selbständigen Öffnung gegen die Weite des Himmels und von der Verwurzelung im Dunkel der Erde, kurz: von den Grundbedingungen des existierenden Wohnens in der Welt, das ein Ek-sistieren ist, ein »Aus-stehen« (lateinisch sistere heißt hintreten, stehen), ein mehr oder weniger selbst-ständig aus-haltendes Inne-stehen.[384] Allein: »Die Natur verstummt auf der Folter...« (Goethe, MAXIMEN UND REFLEXIONEN)[385]

Der 1967 im Alter von 96 Jahren verstorbene Indianer Tatanga Mani soll gesagt haben: »Wußtet ihr, daß Bäume sprechen? Doch, das tun sie. Sie sprechen miteinander, und sie sprechen auch zu euch, wenn ihr zuhört. Das Schlimme ist, daß die Weißen nicht zuhören. Sie haben es nie gelernt, den Indianern zuzuhören, deshalb werden sie vermutlich auch nicht anderen Stimmen der Natur zuhören. Ich aber habe eine Menge von den Bäumen gelernt: Mal erzählen sie vom Wetter, mal von Tieren und manchmal vom Großen Geist.«[386]

Zum fundamentalen Sprachgeschehen gehören die Wetter des Himmels, die Tiere der Erde und wir Sterblichen selbst, wir Indianer und schwerhörige, die Natur folternde Weiße. Und der »Große Geist«? Für Heidegger ist die Welt ein *»Geviert«*, das »Weltspiel« von Himmel, Erde, Mensch und Gott. Denn In-der-Welt-sein heißt für ihn: sich auf der Erde aufhalten, unter dem Himmel, im Miteinander der sterblichen Menschen und in irgendeiner Weise bezogen auf Göttliches (zum Beispiel auch fernab vom göttlichen Glanz) und bei den Dingen, von denen wir angesprochen sind.

Warum nennt Heidegger gerade diese vier? Warum nicht Himmel, Erde und Meer, Gott, Mensch und Tier? Warum nicht ein Gesechst? Eine solche Warumfrage trifft hier wohl ins Leere. Vielleicht geht es nicht um eine Zählung, sondern eine Erzählung, um die Erzählung der »alten Sage« des Zusammengehörens der vier. Die Erde trage, nähre und hege »Gewässer und Gestein, Gewächs und Getier«. Der Himmel sei »der Sonnengang, der

Mondlauf, der Glanz der Gestirne, die Zeiten des Jahres, Licht und Dämmerung des Tages, Wolkenzug und blauende Tiefe des Äthers«. Die Sterblichen seien die Menschen, die von Geburt an, zeitlebens, sterben. Und die Göttlichen? Und Gott? Wir befinden uns im epochalen Winter, und ich ziehe es vor, hier die Erzählung der »alten Sage« abzubrechen. Wer die scheuen, durchwegs untheologischen Annäherungsversuche Heideggers an das Vierte des Gevierts nachlesen möchte, mag dies auf eigene Initiative hin tun.[387]

Wir mögen die seltsame Erzählung der alten Sage vom Weltgeviert annehmen oder ablehnen, entscheidend ist, daß wir sehen, daß es dabei vor allem um die Vermeidung von Einseitigkeit geht und von Versteifung auf nur eines der vier.

Das Weltgeviert spricht zum Beispiel gegen den anthropozentrischen Subjektivismus der Neuzeit, mit welchem sich der Mensch einseitig aufspreizt, während die Welt zu seiner Umwelt oder gar zu seiner bloßen Vorstellung verblaßt.

Das Weltgeviert spricht auch gegen das theozentrische Vorspiel des Anthropozentrismus, gegen die absolute Herrschaft eines Schöpfergottes, eines obersten Produzenten, neben dem die Welt zu seinem bloßen Produkt verblaßt.

Das Weltgeviert spricht ferner gegen den neuzeitlichen objektivierenden Materialismus, der nur das gelten läßt, was mit den Händen zu fassen und mit den Augen zu sehen ist. Vielleicht spricht es auch gegen das antike Vorspiel zum Materialismus, gegen die Lehre von den vier Elementen.

Das Weltgeviert spricht schließlich gegen das Erstürmen des Himmels, sowohl gegen jenes idealistische, welches die Verhaftung ans Irdische leugnet, wie auch gegen jenes handfestere mit Keplers Ferngläsern, mit Space Shuttle und Mondlandefähre.

Auf die seltsame alte Sage vom Weltgeviert kam Heidegger bei der Erörterung eines Gedichtfragmentes von Hölderlin mit dem Titel *Griechenland,* das im ersten Vers die »Stimmen des Geschicks« anruft und das die vier nennt, ohne sie ausdrücklich aufzuzählen.[388] Zu diesem Gedicht meinte Heidegger: »Vier Stimmen sind es, die tönen: Der Himmel, die Erde, der Mensch, der Gott. In diesen vier Stimmen versammelt das Geschick das ganze unendliche Verhältnis. Doch keines der Vier steht und geht einseitig für sich...«[389] Keines der Vier überschreit die anderen im vierstimmigen Gesang der alten Sage, des »Verhältnisses aller Verhältnisse«[390].

Für dieses »Verhältnis aller Verhältnisse«, für den Austrag von Welt und Ding, für die Zusammengehörigkeit von Ding, »ist«, Wort, Mensch und Tod fand Heidegger in seinen späteren Jahren einen geheimnisvollen Namen: *das Ereignis.*

»Ereignis« wird dabei in einer einzigartigen Weise verstanden, nicht so wie im üblichen Sprachgebrauch, wo es so etwas wie ein herausstechendes Vorkommnis bedeutet – zum Beispiel in einer Autoreklame, die vor einigen Jahren in den Zeitungen anzutreffen war: »Das Ereignis – der Mazda RX 7.« Den Mazda RX 7 gibt es. Er ist, ein Seiendes, tausendfach hergestellt in einer japanischen Fabrik, für die einen ein Wunderwerk der Technik, für andere eine Plage wie die Heuschrecken Ägyptens. Aber das Ereignis im Sinne Heideggers gibt es nicht. Es ist nicht. Denn der Name Ereignis nennt das »*es gibt*« selbst. *Es gibt* Sein. Es gibt das »Wunder aller Wunder« und den »Schrecken des Abgrundes«, *daß* Seiendes *ist*, zum Beispiel eine Sternschnuppe.[391]

Das Ereignis gibt es nicht. Das Ereignis: es gibt. Das Ereignis ereignet, das heißt, es bringt eine »Sache« in ihr »Eigenes«, und als ursprünglicher »Sach-Verhalt« hält es sie auch. Das Ereignis ereignet zum Beispiel die Sache Sein. Das Ereignis ereignet zum Beispiel die Sache Zeit. Das Ereignis: der Sachverhalt: Es gibt Sein und Zeit. Das Ereignis ereignet Welt und Ding. Das Ereignis ereignet Himmel und Erde, das Geviert, zu dem wir Sterblichen gehören. Denn wir sind in das Ereignis »eingelassen«. Und auch der Tod gehört dazu: Das Ereignis ist in sich »Enteignis«.[392]

Und die Sprache? Die Sprache sei, meinte Heidegger, die »Ur-Kunde des Ereignisses«.[393] Die Sprache sei »die zarteste, aber auch die anfälligste, alles verhaltende Schwingung im schwebenden Bau des Ereignisses«.[394] Die Sprache sei »die Weise, in der das Ereignis spricht« – die Weise nicht als »Art und Weise«, sondern als musikalische Weise, als Lied.[395] So wäre denn die Sprache das vierstimmige Lied, die vierstimmige Fuge des Ereignisses?

Das ist gewiß total verrückt, weggerückt von unserer gewohnten Sprachauffassung. Aber in bezug auf Verrücktheit hat es ja auch die heutige Sprachauffassung in sich: Dnjepropetrowsk ist nach ihr nur ein Computerzeichen. Vielleicht braucht es in einer verrückten Zeit die wirklich ver-rückten Gedanken.

Das Ereignis ereignet, ereignet...

> Unsäglich ist das alles, o Gott, daß man erschüttert
> ins Knie bricht.
>
> Georg Trakl, *Unterwegs II*[396]

Die Nacht sagt: Tag; der Tag sagt: Nacht; der Baum sagt: Himmel und Erde. Dieses Sagen des Baumes ist ein Verweisen. Der Baum verweist auf Erde und Himmel, er gehört in einen »*Verweisungszusammenhang*«.[397]

Doch da melden sich Bedenken: Mache ich jetzt nicht genau dasselbe wie die kybernetisch denkenden Techniker und Biologen, welche nichtsprachliche maschinelle und biochemische Abläufe »Sprache« nennen, und verwische so – wie sie – alle Unterschiede? Und entspricht der genannte »Verweisungszusammenhang« denn nicht genau dem *vernetzten System* der kybernetisch denkenden Ökologen? Verweisungszusammenhang: Der Baum verweist auf Erde und Himmel, auf die Wiese und auf den Bach, auf die Sonne und auf den sauren Regen – alles hängt mit allem zusammen, wie im vernetzten System. Wo bleibt da ein Unterschied?

Der Unterschied ist immens. Er beruht genau darauf, daß der Verweisungszusammenhang sprachlich ist und daß das vernetzte System dies nicht ist. Der Baum sagt: Wiese, sagt: Bach, sagt: Regen – der Baum sagt *uns* Wiese, Bach und Regen. Wir gehören jedesmal untrennbar dazu. Der Baum braucht uns. Zwar müssen wir uns zu Recht fragen, was wir sein werden, wenn es die Bäume nicht mehr gibt. Aber ebenso berechtigt ist die Frage, was die Bäume ohne uns, die wir sie Bäume nennen, wären, die Sternschnuppe ohne Herrn H. Was wäre die Drossel ohne Julia? Der Verweisungszusammenhang gehört in einen Weltspielraum, zu dem wir Sterblichen dazugehören, zum Ereignis, zu jener Zusammengehörigkeit von Sein und Sprache und Tod.

Beim vernetzten System dagegen sind wir wissenschaftliche Beobachter. Und die Zusammenhänge selbst sind in sich sprachlos und eigentlich leer. Die Bestandteile des Systems sind nur aneinandergereiht und durch beliebige Zeichen ersetzbar, zum Beispiel in einem Computermodell.

Das vernetzte System ist computergängig, der Verweisungszusammenhang jedoch ist es nicht. Und so ist das vernetzte System am Ende mit der Herrschaft des Großen Bruders kompatibel. Der Verweisungszusammenhang jedoch ist für GB Dynamit.

Wenn die Sprache als Weise des Ereignisses spricht, sind wir nicht ihre Herren, und dann sind auch die Dichter nicht ihre Meister. Der Mensch hat nicht die Sprache, sondern die Sprache hat ihn. Menschliches Sprechen ist dann, auch wenn es laut und vernehmbar erfolgt, kein Ausdruck und keine Zeichengebung mehr, sondern ein Nachsagen, ein dem Sprechen der Sprache entgegenkommendes *Entsprechen*.

Dieses Entsprechen umfaßt aber nicht nur das verlautbarte Sprechen, sondern nicht weniger das Wahrnehmen, das Denken und das Handeln. Julia hat sich vom Vogel, Herr H. hat sich von der Sternschnuppe in Anspruch nehmen lassen. In jedem Wahrnehmen und Bemerken liegt ein Sich-sagen-Lassen, ein Sichzeigen-Lassen. Aber auch wenn wir uns denkend an etwas erinnern, spricht sich uns das Erinnerte selbst wieder zu, und die Erinnerung kommt nicht bloß aus einem Speicher in unserer Psyche. Das menschliche Gedächtnis läßt sich nicht von der Floppy Disk her verstehen. Und selbst eine handfeste Handlung ist immer schon ein *entsprechendes* Antworten auf etwas, das sich uns schon zugesprochen hat.

Dieses sich-sagen-lassende Entsprechen ist ein ganz ursprüngliches *Hören*. Auf ihm beruht das leibhaftig mit den Ohren wahrnehmende, gewöhnliche Hören wie jedes Vernehmen überhaupt und wie auch jedes Sprechen. Wenn wir sprechen, hören wir. Herr H. hört den Zuspruch der Sternschnuppe, ehe er zu sprechen beginnt. Und noch »früher« hat er die »lautlose Stimme des Seins« gehört, den Zuspruch des Sachverhalts, daß überhaupt etwas ist, zum Beispiel eine Sternschnuppe.

Dieses ursprüngliche Hören ist ein »Ge-hören«, ein *Zugehören*. Ein Zugehören zur Sprache als Schwingung des Ereignisses, ein Gebrauchtwerden vom versammelnden Austrag.[398]

Das ursprüngliche Zugehören des Menschen zur Sprache als Weise des Ereignisses definiert ihn von Anfang an. Er ist nicht das Tier, das die Sprache als Ausdrucks- und Kommunikationswerkzeug hat. Animal rationale ist die lateinische Übersetzung der griechischen Bestimmung des Menschen als »Zoon, das Logos hat«. Wenn wir dieses Zoon als ein Wesen interpretieren, das am Logos, an der sprachlichen Versammlung, teilhat, das dem Logos zugehört, dann ist die alte Definition des Menschen vielleicht doch noch zu halten. Der Mensch ist durch und durch nichts anderes als dieses Zugehören.

Das hörende Entsprechen ist grundsätzlich immer schon in einer be-stimmten Weise *gestimmt*. Gestimmt vom vierstimmigen Klang des Ereignisses, das auch die geheimnisvolle Verwandtschaft von Wetter und Stimmung trägt.[399]

Das hörend-gestimmte Entsprechen, das uns ausmacht, ist etwas ganz und gar Ungegenständliches. Voll dazu gehört auch das, was wir Leib oder Körper zu nennen gewohnt sind. Doch sind wir weder Seelen, denen ein Leib angehängt ist wie ein Klotz, noch sind wir körperliche Organismen, die Bewußtsein und Sprachfähigkeit haben. Im Grunde genommen gibt es weder eine Seele noch einen Leib.

Das Entsprechen, das wir sind, ist vielmehr immer schon in sich *leiblich*. Magenverstimmungen und Knochenbrüche gehören auch dazu.

Als hörend-gestimmtes Entsprechen sind wir auch ein *Weg-*

geschehen. Denn die Sprache als Nähe und Versammlung verfügt über Annäherung und Entfernung. Nicht nur die Künstler, wir alle sind Botengänger einer Botschaft, der Ur-Kunde des Ereignisses – Botengänger, Reisende, Wanderer.[400]

Das Entsprechen ist immer schon *sterblich.* Der Tod ist nicht der Funktionsstop der Menschmaschine, den man im Krankenhaus Exitus letalis, tödlichen Ausgang, nennt. Der Tod ist nicht erst der nach dem Abspulen von null bis hundert Jahren Zeitachsenzeit eintretende »Ex«. Nein, der Tod be-stimmt unser Entsprechen jeden Augenblick, von Geburt auf, ob wir es wahrhaben wollen oder nicht. Der Tod verleiht jedem Augenblick seine einmalige, unwiederbringliche Schärfe, so daß wir uns entscheiden müssen, wofür wir unsere beschränkte Zeit gebrauchen. Und der Tod relativiert zugleich jeden noch so großartigen Entscheid.[401]

Doch gerade weil das hörende Entsprechen sterblich ist, kommt es auf unsere Worte und auf unser Schweigen an. Und nur insofern wir sterbliche Botengänger sind, können wir auch Wortdrechsler und Lügenschmiede werden.

Wir sind, mit Hölderlin gesagt[402], »ein Gespräch« und damit zugleich ein Geschwätz und ein Gedicht, das »angefangene Gedicht« des Ereignisses.[403]

Es wäre verlockend, zur Frage abzuschweifen, was für Folgen ein solches Verständnis des menschlichen Sprechens für *Psychologie* und *Psychotherapie* haben könnte. Wenn Sprechen ein Hören ist, dann ist jener, der einem anderen Menschen alles sagt, was ihm einfällt, nicht weniger ein Hörer als sein Zuhörer. Dann wäre die Psychotherapie ein gemeinsames Hören von besonderer Art? Doch ist hier für die Erörterung dieses »Hörspiels« nicht der Ort. Nur auf etwas sei noch hingewiesen: auf die Folgen für das schon erwähnte *Bedürfnisprinzip,* das davon ausgeht, daß die Menschen Bedürfnisse haben, gegen deren Befriedigung gesellschaftliche Schranken aufgerichtet werden, welche die Menschen »frustrieren«. Die Frustration erfolgt nach dieser Auffassung notwendigerweise in der Kindheit, insbesondere bei einer »repressiven« Erziehung. Wenn nun aber der

Mensch kein Subjekt mit inneren Bedürfnissen ist, sondern hörendes Entsprechen, dann verlieren diese Ansichten ihre Selbstverständlichkeit. Ich habe Durst und denke nur noch an Wasser: Auch das ist ein Sprachgeschehen, nicht ein frustriertes Bedürfnis, nicht nur ein Wasserdefizit in mir. Ich bin in einer sehr bedrängenden Weise angesprochen und beansprucht vom Wasser, vom ausbleibenden Regen, von der unerreichbaren Quelle, vom abwesend-anwesenden Bach, und ich bin unmißverständlich aufgerufen, mich wieder einzufügen in den großen Kreislauf des Wassers. Erst recht die Kinder: Wenn wir nicht monadenhaft isolierte Subjekte sind, die sich im Kampf um die Bedürfnisbefriedigung gegenseitig behindern und ausstechen müssen, sondern hörend-gestimmtes Entsprechen, dann sind die Kinder von Anfang an Teilhaber an diesem Gespräch und nicht nur unterdrückte Opfer, dann sind sie Botengänger und nicht bloß frustrierte Triebapparate. Dann verliert sich vielleicht auch die Mode, in jedem Kind ein verhindertes Universalgenie zu sehen und in jeder Mutter und in jedem Vater sowohl ein repressives Ungeheuer als auch einen potentiellen Erlöser von allem Bösen. »Eure Kinder sind nicht *eure* Kinder.« (Kahlil Gibran, DER PROPHET)[404] Sie sind Botengänger wie ihr. Und eure Eltern sind nicht *eure* Eltern. Ihr seid ein Gespräch und nicht sich selbst produzierende Subjekte – sich selbst produzierend in Schule und Elternhaus, in Politik, Gentechnologie und Psychotherapie.

Das ursprünglich hörende Entsprechen umfaßt Verlautbarung, Gebärde, Wahrnehmung, Denken und Handeln. Dennoch besteht natürlich ein Unterschied zwischen Denken und verlautendem Sagen.

Verlautendes menschliches Sagen ist, so wurde dargelegt, ein Herbeiholen, Rufen, Beschwören. Verlautendes Sagen ist ein betontes Verweilen bei dem, was uns angeht und anspricht.

Eine Sternschnuppe hat Herrn H. in Anspruch genommen: ein lautloses Sprachgeschehen. Darin verbirgt sich – auch wenn

Herr H. in seiner momentanen verliebten Verfassung kaum darauf achten wird: der Sachverhalt, daß überhaupt etwas ist, hat Herrn H. in Anspruch genommen – ein noch stilleres Sprachgeschehen. Zudem hat Herr H. heimlich bei sich gedacht: Sternschnuppe, wünschen, die Frau neben mir, mit ihr ins Bett – nochmals ein lautloses Sprachgeschehen. Dann spricht er es aus: »Eben habe ich eine Sternschnuppe gesehen.« Endlich ein lauthaftes Sprachgeschehen.

Das lauthafte Sprachgeschehen ist offensichtlich eingebettet in ein umfassenderes, lautloses Sprachgeschehen. Der Sprachlaut entspringt der Stille. Heidegger sagte 1950 in einem Vortrag: »Die Sprache spricht als das Geläut der Stille.«[405] Diese Stille ist ein Geschehen. Sie geschieht im Austrag von Welt und Ding, zum Beispiel im kleinen Dialog von Herrn H. und Frau F.

Im Wort Geläut können wir ein Läuten im Sinne von Verlauten, von vernehmlich Lautwerden hören. Das Wort Geläut erinnert aber auch an das Läuten von Glocken, die uns an einen Ort hinrufen und versammeln. *Das Geläut der Stille* ist verlautend und versammelnd.

»Eben habe ich eine Sternschnuppe gesehen.« Jetzt ist die Stille gebrochen. Der Satz ruft und versammelt das jähe Aufglühen der Sternschnuppe, den nächtlichen Sternenhimmel, die Erde und Herrn H. und Frau F., ihre Liebe und ihr ganzes kurzes Leben, vergleichbar dem jäh verglimmenden Feuerwerk einer Sternschnuppe, und so vieles Ungesagte mehr.

Das lautlose Sprachgeschehen ist »der Strom der Stille«[406], die nicht notwendigerweise laut erklingende vierstimmige Musik des Ereignisses. Die verlautete Sprache aber ist das Geläut dieser Stille, das vierstimmige Glockenspiel des Ereignisses. Wenn Herr H. das jähe Verglühen einer Sternschnuppe »ausdrücklich« zur Sprache gebracht hat, dann hat er nicht ein Erlebnis ausgedrückt, sondern er ist vom Ereignis gebraucht worden, das lautlose Sprachgeschehen des Weltspiels in das »Geläut« seines Satzes zu geleiten.

So verstanden wird die verlautete Sprache nicht mehr vom Schall und seiner Physik her interpretiert. Unsere Zeit deutet die

Sprache ja akustisch, sie versteht sie im Grunde genommen als strukturierten Lärm. Etwa so, wie ich ein Stimmengewirr in Hongkong erfahre, wenn ich fremd bin in Hongkong und jedes Wort für mich chinesisch ist. Die Sprache als strukturierter Lärm, dies paßt gut zum epochalen Winter – »fremd zieh ich wieder aus«.

Hängt das Überhandnehmen des Lärms der Maschinen und des Sounds der Medien vielleicht auch mit diesem akustischen Sprachverständnis zusammen?

Doch nun sei die Sprache das Geläut der Stille. Nun sei die Stille und nicht der Lärm das Maß.

Die Sprache spricht als das Geläut der Stille – vielleicht ist der Satz wieder ver-rückt. Aber vielleicht hätte ihn jener Indianerhäuptling ohne weiteres verstanden, der im Jahre 1796 dem Gouverneur eines lärmigen Volkes eine seltsame Meldung zukommen ließ. Sie brachte den Zusammenhang zwischen der Stille, dem Ertönen von Himmel und Erde und der furchtlosen Gelassenheit, die das Seiende sein läßt, zur Sprache. Die Botschaft des Indianerhäuptlings an den damaligen Gouverneur von Pennsylvania soll folgendermaßen gelautet haben:

> Wir lieben die Stille;
> wir lassen die Mäuse spielen,
> und wenn der Wind in den Wäldern rauscht,
> fürchten wir uns nicht.[407]

Hätten der Gouverneur und seine lärmigen Mitbürger die Botschaft beherzigt, wer weiß, vielleicht wäre seinem Kollegen im Jahre 1979 die Ratlosigkeit angesichts des siedenden Hexenkessels von Three Mile Island erspart geblieben.

Mit dem Geläut der Stille wird der leibliche Sprachlaut nicht mehr von der Akustik her verstanden und auch nicht länger von der Physiologie der Sprechorgane. Das Geläut der Stille hat nicht eine akustisch-physiologische Grundlage. Eher ist es umgekehrt: Das leibhaftig Irdische der Stimme, der Zunge, des Mundes gehört mit der ganzen Erde in die vierstimmige Fuge des grundlegenden Weltspiels. Und in den »Mundarten« spricht die Mannigfaltigkeit der Erde.[408]

Daher ist eine Übersetzung von einer Mundart in die andere nicht nur ein Versetzen von Wörtern (zum Beispiel beim Austausch von Sternschnuppe mit stella cadente), sondern gewissermaßen auch ein Hinübersetzen vom einen Ufer des Stroms der Stille zum andern, ein Umzug vom einen Haus des Seins ins andere. Ein Übersetzungscomputer kann eine solche Leistung nie erbringen.

Mit dem Phänomen der *Leiblichkeit* sind wir allerdings mitten in einem der schwierigsten Probleme. Daß wir als Mediziner, als »Körpertherapeuten«, jederzeit leichthin über den Körper und seine Teile reden können, spricht nicht gegen die Schwierigkeit. Der Restaurator eines verfallenen Bildes wird auch kundig über die Zusammensetzung der Farben sprechen, aber über seinen Zugang zum Kunstwerk ist damit noch nicht entschieden.

»Wir hören nicht, weil wir Ohren haben. Wir haben Ohren..., weil wir hören.«[409] Der Satz von Heidegger wird öfters zitiert. Entscheidend ist dabei die Verlagerung des Schwerpunktes vom Subjekt mit seinem Ohrwerkzeug zum Ereignis, dem wir zugehören und das uns als Sterbliche braucht. Wir haben Ohren, einen Mund und Hände, weil wir als hörend-entsprechend Handelnde gebraucht werden, vom Ereignis und seinem vierstimmigen Spiel, zu dem die Stimme der Erde gehört.

Leib, Sprachlaut und Erde – über ein Stammeln kommen wir hier kaum hinaus.

Und *der Unterschied verbal/nonverbal?* Wenn die gegenwärtige Psychobodywelle mit ihrem Kopf-Bauch-Jargon die verbale Kommunikation als intellektueller versteht und die nonverbale als elementarer und lebendiger, liegt dann darin nicht ein wahrer Kern? Das ist wieder eine Frage, die für die *Psychotherapie* von großer Bedeutung ist.

Vielleicht bleibt uns auch hier im Moment nicht viel mehr als ein Stammeln. Möglicherweise müßte im Hinblick auf den Unterschied verbal/nonverbal eine Eigenart des Glockengeläutes beachtet werden: Ein Geläut kann zu einer hohen Stunde an einen besonderen Ort versammeln, es kann aber auch bloß ein Lärm von Schellen sein. Die gesprochene, verlautete Sprache läßt beides zu: das hohle, seichte, nichtssagende Geschwätz, den Alltagsklatsch, das intellektuelle, neunmalkluge Gerede – aber auch, daß in einem einmaligen Augenblick etwas Einzigartiges gesagt wird. Die nonverbale Gebärde ist vermutlich zu beidem weniger geeignet. Darum können Gebärde und Stimmfall den Schwätzer verraten. Darum geschieht aber auch jenes einzigartige Sagen vielleicht doch eher in Worten als in Gebärden.

Die Sprache als die »zarteste« und »anfälligste« Schwingung »im schwebenden Bau des Ereignisses« ist stets in der Gefahr, vernutzt und verkauft zu werden. Die Neusprache zeigt es in der äußersten Konsequenz. Doch die Sprache brütet auch jene »stillsten Worte« aus, welche »den Sturm bringen«, jene »Gedanken, die mit Taubenfüßen kommen« und die Welt lenken.[410] Zwar herrscht GB durch die Neusprache. Aber die Sprache ist zugleich das Dynamit, das die Diktatur sprengen, das den Großen Bruder zerschmettern wird.

In der Neusprache hat jedes Wort eine eindeutige, klipp und klar festgelegte Bedeutung. Jedes Wort ist ein Behälter mit eindeutig definiertem Inhalt. Nicht so die altsprachlichen Worte. Sie sind oft mehrdeutig, in ihrer Bedeutung schwankend und schillernd.

Für Heidegger war diese *Mehrdeutigkeit* kein Mangel: Worte sind »Brunnen, denen das Sagen nachgräbt«, Brunnen, die leicht verschüttet werden, die sich aber bisweilen auch unverhofft wieder öffnen können.[411]

Dabei können diese Brunnen mitunter in den Quellgrund der Epoche reichen, so wie die Werke der Kunst, so wie die WINTERREISE. In den Quellgrund der hintergründigen, eigentlichen Weltgeschichte, der epochalen Geschichte.

Zwar sollte das Graben nach diesen Brunnen, die Beachtung der Herkunft, der Etymologie eines Wortes nicht zum Selbstzweck werden. Aber gelegentlich kann uns die Etymologie doch einen überraschenden Hinweis geben: zum Beispiel bei unserem Wort »Begriff«, in dem wir ein zupackendes Greifen hören können. Jedenfalls hat dieses Wort seit seiner Einführung in die Philosophie im Beginn des achtzehnten Jahrhunderts diesen Klang, genauso wie das lateinische Konzept (von capere/concipere, fassen, greifen). Das entspricht ganz dem neuzeitlichen Denken. Am eindeutigsten sind die Begriffe der Neusprache. Und die Gedankenpolizei von GB hat in Ozeanien alles fest in ihrem Foltergriff.

Doch Neusprache ist nicht Sprache schlechthin. Das Wort ist nicht von jeher Begriff und Griff. Auch das Wort Begriff nicht. Es war uns ein Brunnen, dem wir nachgegraben haben, und es gab uns einen Hinweis, einen Wink. Ist vielleicht das Wort ursprünglich eher Wink als Griff?

Jedenfalls habe es, meinte Heidegger, bei den Griechen des Altertums keine Begriffe gegeben. Das griechische Wort, das gelegentlich mit Begriff übersetzt wird, horismos (vgl. Horizont), heißt Begrenzung. Der griechische Horismos be-greife nicht, er umgebe »stark und zart« das, was das Sehen in den Blick nehme.[412] *Das Wort winkt stark und zart* – und so rätselhaft und in sich ruhend wie eine blühende Blume, zum Beispiel die Rose von Angelus Silesius:

> Die Ros' ist ohn' Warum; sie blühet, weil sie blühet,
> Sie acht't nicht ihrer selbst, fragt nicht, ob man sie siehet.[413]

In Zürich wurde eine Sammlung von lokalen Redewendungen einmal mit dem treffenden Titel »Limmatblüten« versehen. Ist ein Wort nicht Griff und Begriff, nicht Zeichen und Chiffre, nicht Signal und Code, nicht Behälter und Etikette, sondern – Blüte? Friedrich Hölderlin spricht im »traurig und prächtig« singenden Gedicht *Brot und Wein* davon, wie eines Tages »Worte, wie Blumen, entstehn«.[414] Sind Worte wie Blumen? Und in seinem Dialog *Zwischen einem Japaner und einem Fragenden* läßt Heidegger den Japaner die Sprache Koto ba nennen: Blütenblätter, die aus Koto stammen. Koto interpretiert er als »waltendes Ereignen«.[415]

Das Wort: Ereignisblume…

Das Wort Sternschnuppe ist eine Ereignisblume. Es winkt zum Himmel und zur Erde, zu Herrn H. und zu Frau F., es versammelt das Anwesende und leuchtet zugleich selber farbig auf im Lichte des Sachverhalts, daß es überhaupt Anwesendes gibt, des Wunders aller Wunder, im Lichte des Ereignisses.

Das Wort als Ereignisblume: Vielleicht ist auch das mehr als eine bloße Metapher. Vielleicht gehört auch das in die Zusammengehörigkeit von Sprache und Natur. Sind Sprachschutz und Naturschutz dasselbe?

Blumen

Eine Blume wächst, blüht, fruchtet und verwelkt. Sie wächst aus der Erde und öffnet sich gegen den Himmel. Sie ist nicht einzigartig; es gibt viele Blumen in der Wiese und im Garten, aber keine ist gleich wie die andere. Wissenschaftler reißen sie aus, pressen und trocknen sie und verfolgen ihre biologisch-phylogenetische, kybernetisch vorgestellte Evolution. Doch eine Blume »ist ohn' Warum; sie blühet, weil sie blühet«. Stark und zart. Ohne sie wäre es freudlos im Garten Eden. Blumen wachsen nicht nur in gepflegten, geschnittenen Gärten, sondern auch in der Wildnis, im Gebirge, im Sumpf. Im Garten blühen sie oft eher trotz der Pflege. Doch können wir uns im dornigen Blumengestrüpp auch verfangen. Wenn aber die Wüste wächst in der Giftluft, wenn die Bulldozer ins Land einfahren, wenn der Schnee fällt im Winter –

> Weh mir, wo nehm ich, wenn
> Es Winter ist, die Blumen, und wo
> Den Sonnenschein,
> Und Schatten der Erde?

Worte

Worte wachsen, blühen, verwelken und tragen Früchte. In jedem Gespräch wachsen uns Worte zu, die alsbald wieder verklingen und im Verklingen das »ist« sich ergeben lassen. In jedem einzelnen Gespräch unter heute lebenden Menschen, aber auch in jenem anderen Gespräch, das wir mit unseren Vorfahren und Nachkommen sind, in der hintergründigen epochalen Geschichte. Und Mundarten wachsen in einer bestimmten Gegend, Limmatblüten in der Limmatstadt. Wissenschaftler trocknen die Worte, pressen sie in Wörterbücher und verfolgen ihre kulturhistorische, kybernetisch vorgestellte Evolution. Doch auch das Wort ist ohn' Warum und blühet, weil es blühet. Stark und zart. Es durchmißt winkend die Weite des Spielraums zwischen Himmel und Erde. Und wir wohnen in der Sprache, im Haus des Seins wie im Garten Eden. Doch Gespräch ist Gedicht und Geschwätz, zähes Dickicht, in dem wir uns verlieren können. Wenn aber die Wüste wächst, wenn die Bulldozer von GB einfahren, wenn die Neusprache eingerichtet wird im epochalen Winter –

> Weh mir, wo nehm ich, wenn
> Es Winter ist, die Blumen, und wo
> Den Sonnenschein
> Und Schatten der Erde?
> Die Mauern stehn
> Sprachlos und kalt, im Winde
> Klirren die Fahnen.
> Friedrich Hölderlin, *Hälfte des Lebens*[416]

Dann stehen die Betonmauern in der Sprachlosigkeit der Neusprache, dann klirren die Fahnen, die Signalzeichen, von Ozeanien, Eurasien und Ostasien, von Engsoz und aller perspektivischen Welt-Anschauung des neuzeitlichen ojektivierenden Subjekts ...

Die Neusprache ist *die* Gefahr, die Gefahr aller Gefahren.
Aber zugleich – und dies ist ein erregender Gedanke –

zugleich gibt uns die Herrschaft der Neusprache einen Wink: Gerade diese Herrschaft spricht doch für die Macht der Sprache.

Warum wohl arbeitet im Ozeanien des Jahres 1984 ein ganzes Ministerium mit Akribie und Effizienz und mit der fortgeschrittensten Technik an der Einrichtung der Neusprache und an der permanenten Neuschreibung der Vergangenheit, während sonst in Ozeanien alles verlottert und jedermann darbt? Weil die Sprache spricht...

Die Neusprache ist zwar die äußerste Gefahr, aber sie bringt das Sprechen der Sprache zum Vorschein. Unfreiwillig bringt uns GB in ein anderes Sprachverständnis.

Wir alle kennen Augenblicke, in denen wir das rechte Wort nicht finden. Gerade dann kann uns aber der Zusammenhang von Sein und Sprache unter die Haut gehen, der Verzicht, daß kein Ding sei, wo das Wort gebricht. Nun aber erst die Neusprache: Sie findet für nichts mehr ein rechtes Wort. Schiebt uns damit nicht gerade sie in die andere Auffassung von der Sprache?

Zwar wird im Zeichen der Kybernetik die Sprache des Menschen an den Computer angeglichen, und biologisch-chemische Abläufe werden als Sprache interpretiert. Doch verbirgt sich nicht gerade darin ein Hinweis darauf, daß Sprache und Natur zusammengehören? Zwar wird das Wort zum Informationszeichen denaturiert und die Pflanze zum Output einer genetischen Information, aber der Zusammenhang blitzt von fern her auf: Worte, wie Blumen...

Der erregende Gedanke findet sich in verhüllter Form schon in SEIN UND ZEIT in der Abhandlung über das »Gerede« unter der Diktatur des »Man«. Spätere Erläuterungen Heideggers machen es deutlich: Das Gesagte enthalte einen Hinweis auf die Zugehörigkeit des Wortes zum Sein. Nur weil die Sprache die Behausung der Menschen sei, könne sie ihnen zum »Gehäuse ihrer Machenschaften« werden.[417]

Dieser Satz aber läßt sich leicht umkehren: Weil die Sprache zum Gehäuse der Machenschaften werden kann, ist sie das Haus des Seins. GB winkt uns in das Ereignis...

Dann läge im Heraufkommen der Neusprache selbst der Keim

einer epochalen Wende? Im Winter selbst läge verborgen das Aufbrechen des Frühlings?

Zwar veranstalten in den Verteidigungsministerien, neusprachlich Minipax genannt, die Computer jetzt Weltuntergangsspiele. Aber gerade damit bringen sie es an den Tag, daß die Trennung von Wort und Ding – von »Dnjepropetrowsk« und Dnjepropetrowsk –, daß das herrschende Sprachverständnis alles andere als harmlos ist. Die *War Games* machen eine Revision unumgänglich, mit schicksalhafter Notwendigkeit. Der Große Bruder sägt selbst am Ast, auf dem er sitzt.

Viel zu früh, kurz nach dem heute längst verblaßten Frieden von Lunéville, bald zweihundert Jahre vor unseren *War Games* dichtete Friedrich Hölderlin seine *Friedensfeier*. Darin finden sich folgende Verse:

> Schicksalsgesetz ist dies, daß Alle sich erfahren,
> Daß, wenn die Stille kehrt, auch eine Sprache sei.[418]

Die Verse sagen in geheimnisvoll-vielsagender Weise in einem einmaligen Augenblick Einzigartiges, wie es nonverbal wohl nie zur Sprache kommen könnte. Oder doch, mit Musik nämlich? Aber was soll hier die Trennung von Wort und Musik? Die geheimnisvollen Verse singen ja die schicksalsmäßige Einkehr und Wiederkehr der Stille und damit die Umkehr von der Sprachlosigkeit der Neusprache, vom Klirren der Fahnenzeichen im epochalen Winter, zur Sprache als Geläut der Stille, jener Stille, von der vielleicht auch der Indianerhäuptling in Pennsylvania sprach. Von den *War Games* zur *Friedensfeier*. Die Verse singen die Heimkehr aus der Fremde, in der wir die Sprache fast verloren haben, zur gemeinsamen Erfahrung, daß, wenn die Stille kehrt, auch eine Sprache sei. Daß, Winston Smith, GB nicht das letzte Wort sei.

Eine Wiese
ist eine Wiese

*... Edelsten Sinn ja erwirkt
In den Menschen, Freude auch ehrfürchtige
Scheu, die vorausdenkt.*

Pindar

Im Wald gibt es eine Lichtung. Dort ist eine große Wiese, die von Spaziergängern gerne aufgesucht wird. Die Sonne scheint durch die Wolken, und man kann Vögel und Grillen hören. Der Lärm der nahen Stadt dringt nicht bis hierher.

Nach der biologisch-darwinistischen Welt-Anschauung ist diese Wiese ein Schlachtfeld. Gräser, Grillen, Würmer und Bakterien kämpfen, alle gegen alle, ihren erbarmungslosen »Kampf ums Dasein«.

Nach der physikalischen Welt-Anschauung ist die Wiese ein komplex angeordneter kosmischer Reigen von Teilchen und Austauschteilchen.

Für die kybernetische Welt-Anschauung ist die Wiese ein vernetztes System, das seinerseits in eine umfassendere Vernetzung integriert ist.

Für den Bodenmakler ist die Waldwiese ein Grundstück, welches durch das Forstgesetz der Spekulation entzogen wird, obschon es eine einzigartige Lage für ein luxuriöses Einfamilienhaus böte.

Für den Raumplaner ist sie eine bestimmte Fläche einer stadtnahen Grünzone. Für den Graspollenallergiker ist sie im Juni ein Ort des Heuschnupfens.

Wer diese Wiese hier mäht und was sie für ihn ist, weiß ich nicht.

Für den Ökologen ist sie ein Ökosystem, das entweder dort vorkommt, wo der Mensch oder eine Naturgewalt Lücken in den Wald geschlagen haben, oder aber dort, wo die Umweltbedingungen einen Baumwuchs nicht erlauben, wie in der Pampa oder in der Prärie. Dieses Ökosystem bietet Platz für eine Unzahl von Tier- und Pflanzenarten.

Was die Wiese für diese Tiere und Pflanzen ist, wird uns freilich kaum zugänglich. Wohl aber kann die Waldwiese für uns Spaziergänger ein Ort der Erholung sein.

Und für mich führt sie jetzt zu einer Frage: Ist die Wiese einfach all das zusammen, oder ist sie etwas von alldem in besonders ausgeprägter Weise? Hat sie, wie man sagt, viele Aspekte, je nach Standpunkt des Betrachters? Wenn die Wiese Aspekte hat, was ist sie ohne die Aspekte? Eine »Wiese an sich«? Aber vielleicht haben wir in der Schule irgendwann einmal davon gehört, daß nach Immanuel Kant das »Ding an sich« nicht erfahrbar ist. Oder suchen wir nicht die Wiese an sich, sondern die Idee, die Essenz der Wiese?

Jedenfalls ist nach dem, was im letzten Kapitel gesagt worden ist, die Wiese ein »sprachlicher Verweisungszusammenhang«. Die Wiese verweist mit ihrer offenen Weite auf den Himmel über der Lichtung und auf die tragende Erde, und als Waldwiese spricht sie auch von der dunkeln Verborgenheit des ringsum stehenden Waldes. Sie erzählt von ihren Blumen und von ihren Tieren, und sie zeigt auf die Sterblichen, die von ihr angesprochen sind, auf die Holzfäller, welche die Lichtung gerodet haben, auf den Förster, den Ökologen, den Spekulanten. Auf uns, die wir sie Wiese nennen. Die Wiese versammelt das Weltgeviert, und sie birgt für uns das Geheimnis des Ereignisses.

Dabei hat die Waldwiese etwas ausgesprochen Offenes. Alles Mögliche könnte hier geschehen.

Die Psychotherapie kennt eine besondere Methode, die das katathyme Bild-Erleben – neusprachlich KB – genannt wird. Der Name ist zwar monströs, aber im wesentlichen geht es dabei einfach darum, sich absichtlich in einen Tagtraum einzulassen und das dabei Geträumte mit dem Therapeuten zu besprechen.

Die Methode kennt einige Regeln, zum Beispiel wird das KB oft damit eröffnet, daß man sich vorstellt, man befinde sich auf einer Wiese.

Das ist wohl kein Zufall. Die Wiese versammelt die Welt und läßt doch alles offen. Dem einen werden im Tagtraum auf der Wiese Menchen und Tiere begegnen, dem andern ein Bach oder ein Haus; die einen werden sich in den dunkeln Wald begeben und dort auf ein gefährliches Untier stoßen, andere gehen den Bach entlang und geraten zu einem Wasserfall, oder sie fahren in das Gemäuer der Stadt, und wieder andere legen sich in der Wiese nieder und warten, bis etwas geschieht. Vielleicht geschieht auch überhaupt nichts. Die Wiese am Anfang läßt das alles noch offen.

Die Wiese hier ist eine Lichtung im Walde. Martin Heidegger verstand das Dasein des Menschen als Da-Sein, und *da* hieß für ihn: in einer offenen Weite, in einem Offenheitsspielraum, in einer *Lichtung*. Existenz (Ek-sistenz, Aus-stehen) war für ihn inständig »draußen« stehen, ein Stehen in der Lichtung des Seins.[419]

Was ist jetzt die Wiese? Schlachtfeld, vernetztes System, Grundstück? Oder ist sie ein Verweisungszusammenhang? Aber nicht nur eine Wiese, jedes Ding versammelt doch irgendwie die Welt; die Aussage, die Wiese sei ein Verweisungszusammenhang, sagt noch nichts Spezifisches aus über sie. Spezifischer wird es erst, wenn wir die Wiese von ihren Verweisungen ausführlich erzählen lassen.

Eine Wiese ist eine Wiese. Das ist der Form nach ein Aussagesatz. Es wird etwas über die Wiese ausgesagt, und zwar, daß sie eine Wiese ist. Vom Selben wird das Selbe gesagt. Das Selbe heißt griechisch t'auto. Der Satz ist ein *tautologischer* Satz.

Der Name Tautologie wird so freilich nicht ganz in der sonst üblichen Weise gebraucht. Die Sprachkunde braucht den Begriff zur Kennzeichnung überflüssiger Wiederholungen: der weiße Schimmel, die Volksdemokratie und so weiter. Die traditionelle Logik kann unter einer Tautologie etwas Unlogisches verstehen, nämlich den Zirkelschluß, in welchem ein Beweis ausgerechnet mit dem erbracht wird, was bewiesen werden soll. Und die moderne formale Logik versteht gerade gewisse Grundsätze der klassischen Logik als Tautologien. So ist zum Beispiel nach ihrer Auffassung der Satz vom ausgeschlossenen Dritten nur eine Tautologie, und solche tautologischen Sätze sind von vornherein wahr, dabei aber ohne jeden Tatsachengehalt, weil sie immer gelten: nichtssagende Tautologien. Die Tautologie im Satz »Die Wiese ist eine Wiese« jedoch ist weder überflüssig noch nichtssagend; sie ist vielsagend.

Eine Wiese ist eine Wiese – was besagt denn das?

Nach meinem Gefühl zweierlei: Einerseits wehrt sich diese Aussage gegen umdeutende Erklärungen, welche die Wiese von anderswoher in Besitz zu nehmen drohen. Die Wiese ist nicht etwas anderes als eine Wiese; sie ist kein Schlachtfeld, kein vernetztes System und kein Grundstück – laßt die Wiese eine Wiese sein! Andererseits zieht uns der Satz mit der seltsamen Wiederholung des Selben auch zum Spezifischen, Eigenen der Wiese hin. Zur Wiese als Wiese, die kein Wald ist und kein Moor, keine Wüste und kein Gletscher. Dieses Hinziehen zum Eigenen hat etwas Kreisendes; es geht von der Wiese aus und endet wieder bei der Wiese.

Doch dieses Kreisen ist kein fehlerhafter Zirkelschluß, wie er von der traditionellen Logik bekämpft wird. Denn der Satz »Eine Wiese ist eine Wiese« ist weder eine Definition noch ein Beweis. Er entspricht nicht dem »pfeilförmig-schlußfolgernden Denken«. Das Kreisende dieses Satzes gehört eher zu dem, was seit Heidegger der hermeneutische Zirkel genannt wird.

Hermeneutik heißt die Kunst der Auslegung (ein hermeneus ist ein Ausleger und Dolmetscher, aber auch einer, der eine Botschaft überbringt, ein Herold, ein Botengänger). Die Bezeichnung war vor allem in der Theologie, bei der Auslegung der Bibel gebräuchlich, ehe sie mit Schleiermacher und Dilthey auch auf andere Auslegungsbereiche angewandt wurde.

Der hermeneutische Zirkel: Überall dort, wo es nicht um ein Beweisen geht, sondern um ein Auslegen, muß das Auszulegende sich uns schon immer in einer gewissen Weise zugesagt haben. Wir verstehen, indem wir verstanden haben. Dieser Zirkel ist nicht nur unausweichlich, sondern sogar notwendige Bedingung für eine Auslegung und für ein Verständnis. Er gründet im Geheimnis der Sprache. Es geht nicht darum, den Zirkel zu vermeiden, sondern darum, in den Zirkel hineinzukommen.[420] »Man muß eine Sache gefunden haben, wenn man wissen will, wo sie liegt.« (Goethe, MAXIMEN UND REFLEXIONEN)[421]

Die Wiese ist eine Wiese. Der kreisende Satz bringt uns der Wiese näher: *tautologische Annäherung.* Zu beweisen und abzuleiten gibt es da nichts. Der Satz kreist im angedeuteten Verweisungszusammenhang.

Aber ein Zirkel ist hier vielleicht zu statisch. Sollte man nicht eher von einem Wirbel sprechen, einem Geschehen, das nicht geometrisch fixierbar ist? Die Form des Aussagesatzes ist ja schließlich nur ein Notbehelf. Man müßte nicht zweimal dasselbe sagen, wenn das Geschehen, der Verweisungszusammenhang, von Anfang an mit einem Wort hervorgerufen werden könnte. Die Wiese: ein Geschehen. Heidegger hat es mit tautologischen Verben versucht. »Die Sprache spricht.«

Bei tautologischen Sätzen liegt die Parodie allerdings nahe. Wiest die Wiese? Oder einfach: Es wiest? Es wiest den Verweisungszusammenhang des Verwiesungszusammenhangs? Ein Ei eit eiend im Ei-Ei-Ei des Ge-eis.

Vom tautologischen Denken jedoch sagte Heidegger am Ende seines Lebens, es sei der ursprüngliche Sinn der *Phänomenologie.*[422]

Phänomen heißt »das, was sich zeigt« (griechisch phaos: Licht, phainomenon: das im Lichte sich Zeigende). Und der Wortteil » -logie« – vgl. logos – bedeutet sagen und damit zeigen. Phänomenologie ist nicht die Wissenschaft von den Phänomenen, so wie die Zoologie die Wissenschaft von den Tieren ist; Phänomenologie heißt zeigen, was sich zeigt; enthüllen, was sich enthüllt; durch den bloßen Anschein, durch die Verhüllung hindurch. Sagen, was sich uns zusagt, durch Schwerhörigkeit und Hörfehler hindurch: eigentliches »Entsprechen«.

Phänomenologie ist also nicht die Lehre von etwas; der Name

Phänomenologie nennt nicht ein *Was*, sondern ein *Wie*, nicht ein Gebiet, sondern einen Weg, nach der bekannt gewordenen Maxime: »Zu den Sachen selbst!« Ein Weg »zu den Sachen«, ein Gang der Annäherung an »die Sachen« also. Ein rätselhaftes, aus einem einzigen Wort bestehendes Fragment von Heraklit lautet: anchibasie, »*Nahe-Gang*«.[423]

Die tautologische Annäherung, die vom Selben, das sich uns zusagt, das Selbe sagt, ist der ursprüngliche Sinn jener Wegart, die seit Beginn unseres Jahrhunderts Phänomenologie genannt wird.[424]

Nun ist freilich das Aufkommen und die Bedeutung des Wortes phänomenologisch selbst ein schwieriges und verwirrendes Phänomen. Dies hängt zum einen damit zusammen, daß das Wort eigentlich eine Selbstverständlichkeit nennt und dennoch etwas, das sich offenbar ganz und gar nicht von selber versteht. Zum andern beruht die Schwierigkeit darauf, daß man mit Phänomenologie Verschiedenes bezeichnet: sowohl eine ganz bestimmte philosophische Bemühung in einer ganz bestimmten philosophischen Situation – *Edmund Husserls* LOGISCHE UNTERSUCHUNGEN aus der Zeit der Jahrhundertwende –, als auch das gesamte spätere Werk Husserls; ferner das von Husserl angeregte Denken, so etwa bei Geiger, Scheler, Hartmann, Ingarden, Stein, Landgrebe, Heidegger und Gadamer, bei Sartre, Merleau-Ponty und Ricœur, und schließlich die Ausstrahlung dieser philosophischen Bemühungen in die Literatur- und Kunstwissenschaft, in Pädagogik, in Psychologie und Medizin (Binswanger, Boss[425]). Das alles segelt unter dem Namen Phänomenologie und gehört in einer gewissen Weise zusammen und unterscheidet sich doch wieder voneinander sowohl in den »Sachen« als auch in der Tiefe und Echtheit der »Annäherung«. Phänomenologie ist ja inzwischen bereits auch wieder zu einem Schlagwort geworden.

Doch eigentlich läuft der Weg der Phänomenologie den Schlagworten und Vorurteilen entgegen. Und die Maxime »Zu den Sachen!« ist in sich notwendigerweise »entgegen«, gegen die Abkehr von den Sachen nämlich. Doch was sind die Sachen?

Husserl wandte sich mit seinen Logischen Untersuchungen in erster Linie gegen die damalige Psychologie und ihre Weise der Erklärung des Bewußtseins. Die »Sachen« sind bei Husserl Phänomene des Bewußtseins.[426]

Für *Heidegger* dagegen wurden die Logischen Untersuchungen Husserls zum Wegbereiter für einen Gang der Annäherung an etwas ganz anderes als das Bewußtsein. Verwurzelt in der aristotelischen Tradition, wurde er bedrängt von der »Frage nach dem Sinn von Sein«. Und in den Logischen Untersuchungen fand er Anhaltspunkte für eine Annäherung an das Sein selbst. Husserl wählte »ein Tintenfaß aus Bronze«[427] als Beispiel. Wir sehen ein Tintenfaß: Für die von Descartes und Kant vorgezeichnete Erkenntnistheorie bedeutet dies, daß wir primär die Farbe, die besondere Form, die Ausdehnung des Gefäßes wahrnehmen. Erst der Verstand macht diese »sinnlichen Gegebenheiten« zum Gegenstand, den er Tintenfaß nennt. Doch nach Husserl nehmen wir den Gegenstand unmittelbar als Gegenstand wahr. Wir *sehen,* daß das Tintenfaß ein Gegenstand *ist.* Das ist die philosophische Durchbruchstelle zu Heideggers Phänomenologie.[428]

Ein Tintenfaß war um die Jahrhundertwende noch ein alltäglicher Gegenstand. Die Phänomenologie befaßte sich von Anfang an mit dem *Alltag.* Auch wenn sie sich dem zuwandte, was »zunächst und zumeist« verborgen ist, ging sie doch von dem aus, was sich »zunächst und zumeist« zeigt.[429]

Zunächst zeigt sich jetzt eine Wiese. Doch horch – ein Auto rollt auf der Waldstraße heran. Schon wieder ein Mazda RX7! Das Fahrzeug hält am Waldrand. Vater, Mutter und die beiden Kinder steigen aus, und der Vater öffnet den Kofferraum, um einen Klapptisch und vier Klappstühle auszuladen. Das Picknick in der Lichtung kann beginnen.

Der Klappstuhl ist ein Klappstuhl. Er ist aus leichtem Metall und rotblauem Segeltuch. Doch das fällt jetzt nur mir auf, der ich in einiger Entfernung auf dem Boden hocke und das Schauspiel vor Augen habe. Mir fallen Farbe und Gestalt des Stuhles auf, aber der Vater, der nun auf ihm sitzt, beachtet kaum den Stuhl, wenn er aus einem Plastikteller ißt. Zumeist beachten wir die Stühle nicht, auf denen wir sitzen, es sei denn, sie krachen plötzlich zusammen. Der Stuhl ist zum Sitzen, und wir entsprechen dem Stuhl, indem wir es tun, so beiläufig, wie wir unsere Schuhe tragen. Zum Klappstuhl selbst gehört diese Unauffälligkeit im Gebrauch. Aufgefallen wäre er dem Vater wohl nur, wenn das Sitztuch zerrissen gewesen wäre oder eine Schraube gefehlt hätte, oder auch wenn der Stuhl wider Erwarten nicht im Kofferraum gewesen wäre. Und wenn es jetzt plötzlich zu regnen anfinge und die Familie ihr Picknickzeug hastig zusammenpacken müßte, und wenn dann der Klappstuhl im Kofferraum fast keinen Platz mehr fände, könnte er sogar so sehr auffallen, daß der Vater ihn beschimpfen würde. Und der kräftige Fluch würde dann vielleicht die leise Frage wecken nach Sinn und Bedeutung der ganzen mobilen Picknickwelt. Vielleicht würde ein Kind gar laut die Frage stellen: »Papa, warum macht man Picknick?« Darauf gäbe es dann wieder verschiedene Antworten, von einem ehrlichen »Ich weiß es auch nicht« über ein »Frag nicht so blöd!« bis zum Anzünden einer Zigarette. Doch jetzt scheint die Sonne durch die Wolken, und die Klappstuhlbeine stehen auf dem Wiesenboden und tragen den Tuchsitz in der passenden Höhe. Der Stuhl ist gewissermaßen ein überall hin verschiebbarer Miniaturboden für den sich hinsetzenden Menschen. Ein geeigneter Stein oder ein Baumstrunk täten denselben Dienst. Und sie sind auch wetterfest; aber sie sind nicht in allen Picknicksituationen zur Stelle. Auch ein solcher Klappstuhl verweist, das zeigt schon diese kurze Erörterung, auf den Boden der Erde, auf die dort verweilenden Menschen und auf die Wetter des Himmels. Auch ein solcher Klappstuhl versammelt eine ganze Welt. Außerdem gehört er in einen spezifischen Zusammenhang mit anderen Gebrauchsdingen: Physikalisch nicht feststellbare Verweisungsfäden verbinden ihn mit dem Klapptisch und den Plastiktellern. Wie die meisten heute produzierten Gebrauchsdinge ist der Klappstuhl industriell serienmäßig angefertigt. Verschiedene Arbeiterinnen und Arbeiter, die kaum je selbst darauf sitzen werden, haben ihn in einer Möbelfabrik hergestellt, aus anderswo verwobenen Flachsfasern und aus Bauxit, das in einer Aluminiumfabrik, unter reichlicher Verwendung von elektrischem Strom, zu Aluminiumrohren verarbeitet wurde. Im Geschäft kostet der Stuhl vielleicht Fr. 29.90. Vom Verkauf von Klappstühlen leben manche Sterbliche, einige gut, die Arbeiter in der Möbelfabrik wohl weniger gut. Einer von ihnen spart gerade für ein neues japanisches Farbfernsehgerät, das in einem Werbespot Klappstühle zeigen wird. Warum sitzt die Familie überhaupt auf solchen Stühlen? Wäre sie zu Fuß gekommen, hätte sie sich bestimmt auf den Wiesenboden gesetzt. Der Klappstuhl verweist also nicht nur in seiner Herstellung, sondern auch in seinem Gebrauch auf das überhandnehmende Maschinenwesen. Er ist der kleine Bruder des großen Wohnmobils. Übrigens – seit wann gibt es eigentlich Stühle in Europa, seit wann sitzen wir Menschen so oft mit angewinkelten Beinen und erhobenem Kopf und mit vom Boden abgehobenem Gesäß? Was bedeutet diese sitzende Lebensweise? Etwa auch souveräne Übersicht? Vom bodenlosen Thron des neuzeitlichen Subjekts, des Herrn und Be-Sitzers der Natur aus? Gustave Flaubert soll gesagt haben, man könne nur im Sitzen denken und schreiben. Darauf bezog sich Friedrich Nietzsche mit folgendem »Spruch und Pfeil«: »Damit habe ich dich, Nihilist! Das Sitzfleisch ist gerade die *Sünde* wider den heiligen Geist. Nur die *ergangenen* Gedanken haben Werth.«[430] – Was alles in einem Sitzklappzeug »liegt«...

Das Beispiel mag uns helfen, einige naheliegende Mißverständnisse hinsichtlich der hier dargestellten Phänomenologie zu klären. Wenn wir die Annäherung an den Klappstuhl im Auge behalten –

– dann ist diese Phänomenologie *nicht ein unbedachtes, naives und bequemes Schauen*[431]. Natürlich hat der Stuhl einen blauroten Sitz und Metallbeine, und praktisch ist er auch; er kostet weniger als dreißig Franken, und das ist billig; und überhaupt ist niemand gezwungen, ihn zu kaufen – aber der Stuhl ist ein Abgrund.

– dann ist diese Phänomenologie zwar vielleicht eine wissenschaftliche Selbstverständlichkeit, aber was unsere *Wissenschaften* erforschen, entspricht oft *nicht* dieser Phänomenologie. Wenn die Kunstwissenschaft den Stil des Stuhles klassifiziert (auch wenn es bei diesem Klappstuhl wohl nicht viel zu klassifizieren gibt), wenn die Biologie die Flachsfasern mikroskopisch untersucht, wenn Chemie und Physik das Material weiter analysieren und bis zu den Atomen und Austauschteilchen vordringen, dann ist das alles zwar nicht falsch, aber es führt auf eine geradezu erschreckende Weise am Wesen des Klappstuhls vorbei. Schon *Goethe* wußte: »Mikroskope und Fernröhre verwirren eigentlich den reinen Menschensinn.«[432] Und er gab einen von seinen Zeitgenossen kaum befolgten Rat: »Man erkundige sich ums Phänomen, nehme es so genau damit als möglich und sehe, wie weit man in der Einsicht und in praktischer Anwendung damit kommen kann, und lasse das Problem ruhig liegen. Umgekehrt handeln die Physiker: sie gehen gerade aufs Problem los und verwickeln sich unterwegs in so viel Schwierigkeiten, daß ihnen zuletzt jede Aussicht verschwindet.«[433] Und an anderer Stelle bemerkte Goethe: »Das Höchste wäre: zu begreifen, daß alles Faktische schon Theorie ist. Die Bläue des Himmels offenbart uns das Grundgesetz der Chromatik. Man suche nur nichts hinter den Phänomenen: sie selbst sind die Lehre.«[434] Doch vielleicht war auch das, was Goethe unter »Phänomenen« verstand (zum Beispiel: »die Bläue des Himmels«, »der Magnet«[435]) nicht ganz frei von physikalischer Welt-Anschauung, so daß, im Hinblick auf die Phänomenologie, auch eine gewisse Vorsicht im Umgang mit Goethezitaten angezeigt ist.

– dann ist diese Phänomenologie *nicht ein Steckenbleiben an der Oberfläche,* bei der sichtbaren Erscheinung oder gar bei einem Phänotyp, hinter dem ein nur mit speziellen Methoden faßbarer Genotyp steckt (z. B. blaue Augenfarbe als Phänotyp, entsprechende Nukleinsäurestrukturen in der Erbmasse als Genotyp). Ein phänomenologisches Vorgehen in der Psychologie muß daher auch nicht durch eine Tiefenpsychologie ergänzt werden. Ist es doch, wenn es vollzogen und nicht nur proklamiert wird, alles andere als oberflächlich. Um das phänomenologische Vorgehen besser zu charakterisieren, wird als Kontrast oft ein Satz von *Sigmund Freud* zitiert: »Die wahrgenommenen Phänomene müssen in unserer Auffassung gegen die nur angenommenen Strebungen zurücktreten.«[436] Eine solche Gegenüberstellung ist aber problematisch, denn Freud meinte mit den »wahrgenommenen Phänomenen« kaum die Phänomene der Phänomenologie, sondern wohl eher das von der damaligen (naturwissenschaftlich und bewußtseinspsychologisch orientierten) Psychiatrie naiv und objektivierend Beschriebene und Klassifizierte. Und die »nur angenommenen Strebungen« sind etwas Zwiespältiges: Einerseits dachte Freud dabei mechanistisch (metapsychologisch) an versteckte, zu eruierende Ursachen »hinter den Phänomenen« (zum Beispiel an unbewußte Triebwunschmotoren), analog zum Vorgehen der Naturwissenschaften, jedoch ohne wissenschaftliche Nachweisbarkeit, also pseudonaturwissenschaftlich. Andererseits aber war er mit seinen »nur angenommenen Strebungen« zeitweise auf dem Wege der Annäherung an echte Phänomene, wenn er beispielsweise das »nur« heimlich Gedachte und das »nur« Geträumte ernster nahm als seine Zeitgenossen.

– dann ist diese Phänomenologie *kein verkappter Platonismus und auch nicht verkappte Scholastik,* was hier allerdings nicht ausführlich dargelegt werden kann. Das hier angedeutete Wesen des Klappstuhls entspricht weder seiner reinen, nicht sinnlichen, ewigen Idee noch seinem Wesen im Sinne der mittelalterlichen essentia (als Washeit im Unterschied zur tatsächlichen Vorhandenheit, zur existentia). Eher ist Wesen auch hier verbal, als Zeitwort zu hören, wie beim »überhandnehmenden Maschinenwesen«. Das Wesen: das Geschehen im Verweisungszusammenhang, in den der Klappstuhl gehört.

Deshalb läßt sich das Wesen des Klappstuhls auch nicht immer besser und noch besser herauspräparieren. Was ich zum Klappstuhl gesagt habe, ist nicht nur unvollständig, sondern auch durch und durch geschichtlich bedingt und endlich. Trotzdem gehört es zum Klappstuhlgeschehen selbst und ist nicht nur subjektive oder symbolische Zutat zu einem nackten Gegenstand von bestimmter Form, Farbe, Ausdehnung und Masse, nicht nachträgliche Verkleidung eines Stuhldingskeletts.

– dann ist diese Phänomenologie nicht eine Methode im Sinne einer wissenschaftlichen Verfahrensanleitung, sondern ein *Weg*, der nur dadurch »er-fahren« werden kann, daß man ihn »selber fährt«. Deshalb können phänomenologische Untersuchungen auch nur schwer kurz zusammengefaßt werden. Ein tautologischer Satz ist nur ein Notbehelf.[437]

– und dann ist diese Phänomenologie schließlich auch kein Standpunkt, keine Weltanschauung und keine philosophische Richtung, und an ihrem *Namen* liegt dann auch nicht mehr viel.[438]

Wenn nun aber nicht viel liegt am Namen der Phänomenologie, alles hingegen am Weg, an der phänomenologischen Grundhaltung, dann wird diese Grundhaltung noch eingehender zu erörtern sein.

Bis jetzt ist dargelegt: Diese Grundhaltung ist tautologisch, vom Selben sagt sie das Selbe, im Wirbel des hermeneutischen Zirkels. Sie schießt nicht schlußfolgernde Pfeile ab, sondern zeigt das, was sich zeigt, sagt das, was sich uns zusagt, sich annähernd an die Sachen, um die es geht.

Doch die Annäherung an den Klappstuhl zeigt noch mehr: Zur phänomenologischen Grundhaltung, die ihren Ausgang vom Alltag nimmt, gehört eine Abkehr von der Naivität eines flüchtigen, zufälligen und vorschnellen Meinens. Im Anklang an Husserl (nicht im selben Sinne wie er) nannte Heidegger diese Abkehr anfänglich »phänomenologische Reduktion«. Zur phänomenologischen Grundhaltung gehört ferner eine Zuwendung zum Wesen, auch zum Wesen des Klappstuhls, zum Wesen von Ding und Welt, zum »Sein des Seienden«. Anfänglich nannte Heidegger diese Zuwendung »phänomenologische Konstruktion«. Und schließlich gehört zur phänomenologischen Grundhaltung auch der Abbau der Überlieferung auf die Quellen hin, eine kritische Annäherung an die Geschichte (z. B. der sitzenden Lebensweise, der industriellen Herstellung, der Interpretation eines Gebrauchsdings, des Verständnisses von Sein). Dies nannte Heidegger damals »phänomenologische Destruktion«.[439]

Reduktion, Konstruktion und Destruktion sind wissenschaftlich-technisch klingende Bezeichnungen, die Heidegger später vermied. Reduktion ersetzte er später meist durch »fernhalten«, »zurücktreten« und »Zurückhaltung«; statt von Destruktion sprach er von »an-denken das Gewesene«; an die Stelle von Konstruktion traten »Zuneigung« und »Vorneigung« (zum Wesenhaften), »vor-denken« (in das Ungedachte) und »zuvorkommen«.[440]

Phänomenologie wäre demnach fernhaltendes Auf-sich-beruhen- und Sein-Lassen, zurücktretende Zuneigung zum Wesenhaften, andenkendes Vordenken – kurz: *zuvorkommende Zurückhaltung*.

Das Wort zuvorkommend darf dabei ruhig in einer mehrfachen Weise gehört werden: so wie im gewöhnlichen Sprachgebrauch (im Sinne eines taktvollen, liebenswürdigen Entgegenkommens), räumlich (voraus auf dem Wege der Enthüllung des sich enthüllenden Wesenhaften) und zeitlich (früher kommend, vor der Enthüllung).

Und auch das Wort Zurückhaltung darf in mehrfacher Weise gehört werden: so wie im gewöhnlichen Sprachgebrauch (im Sinne der verhaltenen Bescheidenheit und Nichteinmischung), räumlich (als Schritt zurück vor dem, was uns zunächst und zumeist begegnet) und zeitlich (zurück auch in die Dimension der kritisch anzueignenden Geschichte).

Phänomenologie ist zuvorkommende Zurückhaltung. Sie versucht, sich zurückzuhalten von Vorurteil, Mißverständnis und vorschnellem Meinen, sie tritt vor dem Phänomen, vor dem, was sich zeigt, respektvoll einen Schritt zurück – zurück auch in die Dimension der Geschichte –, und sie kommt dem, was sich zunächst und zumeist verhüllt, dem Wesenhaften taktvoll entgegenkommend zuvor, den »Sachen«, dem Ungedachten, dem »Unscheinbaren«[441] des Seins, des Ereignisses.

Wird Phänomenologie in diesem Sinne verstanden, dann gibt es für sie in der Tat keine unübersteigbaren Gebietsschranken. Zuvorkommende Zurückhaltung kann Kennzeichen sein für eine grundsätzliche philosophische Besinnung, für ein medizinisches Krankheitsverständnis oder für praktisch-psychologische Bemühungen, wie zum Beispiel die Auslegung eines von einer Wiese ausgehenden KB-Tagtraumes oder die Auslegung eines nächtlichen, im Schlafe geträumten Geschehens (letzteres hat Medard Boss schon 1953 pionierhaft gezeigt).

Eine Wiese ist eine Wiese.

Ein Klappstuhl ist ein Klappstuhl.

Auch eine im Traum erschienene Schlange ist eine Schlange, nicht ein sexuelles oder archetypisches Symbol.

Der tautologische Satz sage, wurde am Anfang in bezug auf die Wiese ausgeführt, zweierlei: Er wehre die umdeutenden Erklärungen ab, welche der Sache etwas anderes unterstellen möchten, und er ziehe uns zum Spezifischen, Eigenen der Sache. Schon darin lag offensichtlich Zurückhalten und Zuvorkommen.

Die definierende Aussage dagegen neigt eher dazu, über die Dinge zu urteilen und sie in den Griff zu nehmen: in den Be-griff und in den Be-sitz. »Diese Wiese ist ein Grundstück.«

Zwar führen uns die definierende Aussage und die pfeilförmig schlußfolgernde Logik zurück bis zum griechischen Philosophen Aristoteles. Dennoch haben die Griechen des Altertums die Dinge kaum als Objekte erfahren.

Im kurzen Text Zeichen schrieb Heidegger 1969: »Das Erstaunliche der Griechen des Altertums bleibt, daß sie es vermochten, das zu Sagende schon in seiner Verhüllung aus einer zuvorkommenden Zurückhaltung her zu erblicken.«[442] Das griechische Wort horismos, das gelegentlich mit Begriff übersetzt wird, nehme, meinte Heidegger 1973, nicht in Besitz, es be-greife nicht, sondern umgebe das zu Sagende »stark und zart«.[443] Die zuvorkommende Zurückhaltung verhält sich zu den Phäno-menen *stark und zart*.

Und im Vortrag HÖLDERLINS ERDE UND HIMMEL verwies Heidegger schon 1959 auf einen Satz in einem Brief von Hölder-lin: »...sie (die »Popularität«, die Eigenart, der alten Grie-chen) ist Zärtlichkeit...«[444] Hölderlins spätes Gedichtfrag-ment *Griechenland* nennt nebeneinander »die Wissenschaft (das Denken) und Zärtlichkeit«.[445] Das Wort Zärtlichkeit habe, meinte Heidegger, für Hölderlin einen hohen, weitreichenden, unsentimentalen Sinn.[446] Genau in diesem hohen, weitreichen-den, unsentimentalen Sinn möchte ich sagen: Phänomenologie ist *Zärtlichkeit*.

Diese Zärtlichkeit be-greift und vergewaltigt nicht. Sie läßt das Phänomen sein. Zuvorkommend läßt sie es kommen. Diese Zärtlichkeit paßt wohl zu einem Wort von Mahatma Gandhi: »Die Wahrheit ist hart wie ein Diamant und zart wie eine Blüte.«[447]

Die Phänomenologie läßt die Phänomene sein. Auch das *Sein-Lassen* ist uns schon begegnet: bei der Botschaft des Indianer-häuptlings und im Lied vom epochalen Winter.

Gehört die »phänomenologische Bewegung« auch zu der Revolution »vom Wollen zum Lassen, zur Gelassenheit«, von der dort die Rede war? Ist diese Bewegung eine Revolution vom vergewaltigenden Wollen zum zärtlichen, zuvorkommend-zurückhaltenden Lassen?

Ohne Zweifel gehört zu dieser Revolution ein *Verzicht*. Das Wort verzichten ist nahe verwandt mit verzeihen. Verzeihen heißt, der Rache entsagen; die Grundbedeutung von zeihen ist sagen. Auch im Verzicht ist ein Entsagen zu hören. Verzicht, wie er hier gemeint ist, entsagt dem nachstellenden Machtwillen des Herrn und Besitzers der Natur. Dieser Verzicht ist kein Jammer und kein Verlust, weil er den Zauberglanz der Welt wiederge-winnt. Der Verzicht ist der Abstieg des Sonnenkönigs in die »wesenhafte Armut des Hirten«[448].

Vor etwa siebenhundert Jahren schrieb *Meister Eckhart* in einer Predigt über die Bergpredigt mit ihrer Seligpreisung der »geistlich Armen« (Matthäus 5,3): »Das ist ein armer Mensch, der nichts *will* und nichts *weiß* und nichts *hat*.«[449]

Der Religionsphilosoph Bernhard Welte hat in seiner kürzlich erschienenen Studie über Meister Eckhart den Satz folgendermaßen erläutert: Nach Eckhart könne der Mensch mit oder ohne »Eigenschaft« auf das ihm Begegnende bezogen sein. Mit Eigenschaft (Josef Quint übersetzt: mit Ich-Bindung) verhalte er sich dazu, wenn er es als sein Eigentum betrachte (Haben), wenn er es begreife und sich zustelle im Begriff (Wissen) und wenn er darüber verfüge zu seinem Zweck (Wollen). Doch der Mensch solle sich lösen von der Fessel der Eigenschaft und »arm« werden. Das sei die *»Abgeschiedenheit«*, die Eckhart immer wieder vom Menschen fordere.[450] »Ledig« soll der Mensch nach Eckhart werden, »empfänglich« wie eine »Jungfrau«.[451]

Der Abgeschiedene läßt die Dinge sein, wie sie sind; er nimmt sie an, aber er nimmt sie nicht in seinen Griff. Die »jungfräuliche Empfängnis« gewinnt bei Eckhart einen völlig unerwarteten Gehalt, fernab von aller Theologie der Sexualabstinenz und der Nichtbefleckung. Gehört vielleicht auch die Abgeschiedenheit des »Abgeschiedenen« auf der Winterreise hierher?

Von Geburt an angewiesen auf »Seiendes« und betäubt von der epochalen »Seinsvergessenheit«, klammern wir uns an das Seiende, wollend, wissend und habend. Der Abgeschiedene aber nimmt »Abschied vom Seienden«, »zur Wahrung der Gunst des Seins«[452]: »Der Mensch ist nicht der Herr des Seienden. Der Mensch ist der Hirt des Seins.« (Martin Heidegger, Brief über den »Humanismus«)[453]

In der verzweifelten, kurzsichtigen und verbissenen Anklammerung an das Seiende schließen wir die Augen vor dem »Schrecken des Abgrundes« des Seins, und das heißt zugleich: vor dem abgründigen Geheimnis des Todes. Gerade darum verschließen wir uns aber auch vor dem »Wunder aller Wunder: *daß* Seiendes *ist*«[454] – und damit vor einer möglichen Aufheiterung in der Gelassenheit.

Das ist kein Balsam mit garantierter Wirkung. Ich habe nicht gesagt: Wer sich begnügt, wird automatisch vergnügt. Aber können ohne jenen Abschied im Sinne von Eckhart Freude und Friede sein? Ist Phänomenologie »*jungfräuliche Empfängnis*«?

Vom Wollen des *Herrn* und Besitzers der Natur zum phänomenologischen Sein-Lassen als jung*fräulicher* Empfängnis – der Wandel des Geschlechts sticht in die Augen. Gehört zu dieser Revolution auch der Ortswechsel vom Patriarchat zu einer weiblicheren Grundhaltung? Es wird ja die These vertreten: So wie sich der Mensch heute zur Natur verhält, so verhält sich seit langem der Mann zur Frau; und weil die Frau »naturnäher« ist, wird eine Befreiung der Frau auch der Natur zugute kommen.

Einige der im ersten Kapitel besprochenen Autoren sehen denn auch einen wichtigen Zusammenhang zwischen der *Ökologie-* und der *Frauenbewegung* (z. B. Manon Maren-Grisebach, Erich Fromm, Herbert Pietschmann, Fritjof Capra). Ausgerechnet das technokratische Buch GLOBAL 2000, das sonst kaum auf die geistigen Belange des Umweltschutzes eingeht, verweist in einer Fußnote[455] auf das Buch der radikalen Feministin Mary Daly mit dem amüsanten Titel GYN-ÖKOLOGIE.

Das Picknick in der Lichtung ist vorüber. Der Vater gibt das Zeichen zum Aufbruch. Die nicht besonders gyn-ökologische Familie packt das Sitzklappzeug wieder in den Kofferraum und besteigt den Mazda RX7. Der Vater lenkt den Wagen zurück durch den Wald.

Die Bäume rings um die Wiese ragen in die Abenddämmerung. Manche Wipfel sind seltsam dünn, so daß man durch sie hindurch den Himmel sieht. Einige Tannen haben unten neue grüne Zweige. Angsttriebe nennen die Förster sie.

Was hat die *Phänomenologie* mit der *Ökologie* zu tun?

Die Antwort ist einfach: alles.

– Die Tautologie: Sie widerspricht dem pfeilförmig-schlußfolgernden, rechnenden Denken und damit der pfeilförmig produzierenden Industrie.

– Die Annäherung: Sie widerspricht dem überhandnehmenden Fort-Schritt. Dafür entspricht sie dem besinnlichen Denken.

– Die zuvorkommende Zurückhaltung: Sie widerspricht der kurzsichtigen Hybris. Das Zuvorkommen steht gegen die Kurzsichtigkeit und die Zurückhaltung gegen die Hybris.

– Die Zärtlichkeit: Sie widerspricht der vergewaltigenden Herrschaft des Herrn und Besitzers der Natur.

– Und schließlich die jungfräulich empfangende Gelassenheit: Sie widerspricht der verzweifelten Verbissenheit im Zeitalter des Willens zur Macht, der Sachzwänge des Gestells.

Sind Phänomenologie und Ökologie also insgeheim miteinander verwandt? Beide sagen und zeigen jedenfalls das Wohnen, beide führen uns zum gemeinsamen, alltäglichen Wohnaufenthalt bei den Dingen unter dem Himmel auf der Erde. Und beide sind durchstimmt von einer zuvorkommend-zurückhaltenden, schonenden und behutsamen Art. Umweltschutz ist Weltschutz, und Weltschutz ist Naturschutz, Daseinsschutz, Ding-Schutz und Sprach-Schutz.

Wenn der Wald stirbt, verschwindet auch die Lichtung. Wenn der Weltuntergang hergestellt wird, wo bleibt dann die »Lichtung des Seins«? Aber noch sind wir in die Lichtung, in das Ereignis eingelassen. Gelassenheit ist Hineingelassenheit. Und wir sind zu den Dingen hinzugelassen. Gelassenheit ist Hinzugelassenheit, zu einem Klappstuhl beispielsweise. Ein Klappstuhl ist ein Klappstuhl und verweist uns auch auf das Maschinenwesen. Ohne Auto kommt wohl höchstens ein Maler mit einem Klappstuhl auf dem Rücken in den Wald. Der Klappstuhl ist zunächst und zumeist überflüssig, das Auto übrigens auch. Heidegger sprach einmal in einem Vortrag von der »Gelassenheit zu den Dingen«.[456] Im Hinblick auf die technischen Dinge ist das oft verstanden worden als Aufforderung, diese in »heiterer Gelassenheit« zu benützen, ohne sich von ihnen allzusehr in Beschlag nehmen zu lassen, also zum Beispiel, indem man ohne Aufregung sein Auto lenkt und pflegt. Doch die Gelassenheit zu den Dingen ist auch Hinzugelassenheit. Und hinzugelassen zum Automobil und seinen Folgen, entscheiden wir uns vielleicht

eines Tages, nicht mehr Auto zu fahren. In *mutiger* Gelassenheit.

Vor fast zweitausendfünfhundert Jahren hat der griechische
Dichter Pindar folgendes gesagt:

...Edelsten Sinn ja erwirkt
In den Menschen, Freude auch ehrfürchtige Scheu, die voraus-
denkt,
Doch es kommt auch des Vergessens Wolke her, unangezeigt,
Und entrückt des Tuns und Handelns richtgen Weg
Ganz aus dem Sinn.

Das Maschinenwesen, das sich wie ein Gewitter herangewälzt
hat und das uns quält und ängstigt, ist eine überhandnehmende
Wolke des Vergessens. Sie entrückt uns den richtigen Weg.
Vorausdenkende Scheu aber, zuvorkommende Zurückhaltung
also, zeitigt mutiges und richtiges Handeln und bringt – vielleicht – auch Freude.

Wenn die Gräser
sprossen wollen . . .

. . . weht daher ein lauer Wind,
Und das Eis zerspringt in Schollen,
Und der weiche Schnee zerrinnt.

Wilhelm Müller

Das Buch vom epochalen Winter ist bald zu Ende. Wer bis hierher gelesen hat, hat mich auf einer langen Reise begleitet, auf verschiedenen, zum Teil beschwerlichen und befremdlichen Wegen.

Der erste Weg war ein Rundgang durch die Literatur der ökologischen Bewegung der letzten fünfzehn Jahre. Fehlt den Grünen eine Weltanschauung? Nein, die neuzeitliche perspektivische Welt-Anschauung selbst ist das Problem, und in ihren Fallstricken könnten wir hängenbleiben. Die »Revolution der Denkart« aber, die uns wohl bevorsteht, kann nicht eine bloße Umprogrammierung des Welt-Bildes sein; eher geht es dabei um die Umstimmung aus der verzweifelten, *kurzsichtigen Hybris* in eine andere Grundhaltung.

Der zweite Weg war ein Rundgang durch die Welt der Technik. Auf ihm haben wir zu erfahren versucht, was die verschiedenen Maschinen zeigen und verbergen. Martin Heidegger half uns hierbei mit seiner Interpretation des Wesens der Technik als »Gestell«.

Der nächste Weg war eine Winterreise auf den Spuren von Franz Schubert und Wilhelm Müller. Auf dieser Reise hörten wir das Lied vom epochalen Winter, das dieses ganze Buch durchstimmt.

Dann folgte eine Paßwanderung vom gewohnten, im heutigen Alltag herrschenden Sprachverständnis, das von George Orwell mit der Neusprache zu Ende gedacht worden ist, hin zu einer ungewohnten, alternativen Auffassung der Sprache.

Und zum Schluß führte uns ein Waldspaziergang auf den tautologischen Weg der Phänomenologie. Ihre Grundhaltung, die wir als *zuvorkommende Zurückhaltung* erfuhren, erwies sich dabei als Gegensatz zur Grundhaltung der kurzsichtigen Hybris.

Fünf Wege – alle im Banne jener von Hölderlin beschworenen »künftigen Revolution der Gesinnungen und Vorstellungsarten, die alles Bisherige schamrot machen wird«, im Banne des notwendigen »Umdenkens«.

Was heißt Umdenken? Denken ist offensichtlich Wanderschaft, Unterwegssein, Weg. Also ist Umdenken eine scharfe Kurve, eine Wegumkehr, eine »Kehre«.[458] Nach einer Haarnadelkurve auf einer Wanderung sieht die Landschaft mit einem Mal ganz anders aus. Denn wir haben uns um hundertachtzig Grad gedreht, und wir erblicken einen neuen Horizont. Wir sehen vor uns den Weg, den wir weitergehen, und wir können zugleich auf den Weg, auf dem wir hergekommen sind, zurückschauen. Wir blicken von... zu... Auf allen fünf Wegen sind wir auf solche Kurven gestoßen. Zum Beispiel: *von* der verzweifelten kurzsichtigen Hybris des perspektivisch objektivierenden Subjekts *zur* schmerzlich-heiter-mutig-gelassenen zuvorkommenden Zurückhaltung.

Was heißt Umdenken? Was bedeutet Umdenken, und was ist es, das uns umdenken heißt? Natürlich die Gefahr – die Gefahr heißt uns umdenken.

Die Gefahr hat viele Gesichter. Jetzt das Waldsterben und das Waldlichtungssterben – dann folgt das Wiesensterben, das Fisch-, Vogel- und Rindersterben, dann das Weizen- und das Kindersterben.

Andere Gefahren sind der Weltuntergangskrieg, die Heimatlosigkeit in der geometrischen Wüste, der Fort-Schritt ins Nichts, die entzaubernde Reduktion der Welt auf eine Weltformel oder auf einen sinnlosen Haufen Struktur.

Und die Gefahr aller Gefahren ist die Neusprache. Gerade sie aber, diese extreme Zuspitzung der neuzeitlichen Sprachauffassung, hat uns auf die Bedeutung und die Macht der Sprache hingelenkt.

Ähnliches gilt wohl auch für andere Zuspitzungen im Gestell. Bringen denn nicht gerade die weltweit überhandnehmenden schachtelförmigen Wohnmaschinen unsere »eigentliche Wohnungsnot« zum Vorschein, und weisen sie so nicht auf die Bedeutung des Wohnens hin und damit auf die Tatsache, daß In-der-Welt-Sein Wohnen heißt? Das Auto macht uns kaum unabhängig, aber weist denn die entfesselte Mobilität nicht gerade auf die Bedeutung der eigentlichen menschlichen Unabhängigkeit hin, jener, die einst bei Meister Eckhart Abgeschiedenheit hieß? Und wenn die moderne Physik mit Albert Einstein, wie erwähnt, die Meinung vertritt, daß wir uns damit abfinden müssen, daß die Wissenschaft immer unanschaulicher und lebensferner wird – liegt ein solches Sich-abfinden-Müssen nicht schon sehr nahe bei einem Sich-nicht-mehr-abfinden-Wollen?

Vor allem aber werden wir durch das überhandnehmende Maschinenwesen mit seiner Gefahr hautnah an jene ursprüngliche und untrennbare Zusammengehörigkeit von Ding, Welt, Mensch und Tod, von Himmel und Erde und Sprache herangeführt an den »Schrecken des Abgrundes«, an das »Wunder aller Wunder« des Ereignisses. Denn das Gestell fordert das uns Begegnende und uns selbst zu einem wechselseitigen, sich steigernden Stellen und Gestelltwerden heraus. Menschmaschine und Weltmaschine gehören untrennbar zusammen: der funktionierende Automobilist und die autogerechte Wüste, der rechnend denkende Computermensch und die neusprachlich verrechnete Welt. So weist gerade das Gestell in die untrennbare Zusammengehörigkeit der sterblichen Menschen und des geheimnisvollen Geschehens der Welt, welches alles, was ist, trägt und versammelt.

Die Zuspitzung hat es in sich. Das Gestell, meinte Heidegger, sei »äußerste Vergessenheit« und zugleich ein bestürzender »Wink in das Ereignis«. Das Gestell sei »gleichsam das photographische Negativ des Ereignisses.«[459]

Bedeutet das, daß wir schon mitten in der Wegkehre drin sind? Allein, diese Revolution ist keine vorausberechenbare historische Gesetzmäßigkeit, keine dialektische Notwendigkeit. Und sie läßt sich nicht erzwingen. Die Kehre ist keine willkürliche Drehung des Menschen, sondern eine Kehre des Weges, der sich der Wanderer fügen muß. Dabei kann es immerhin geschehen, daß er die Wegkehre im Nebel verfehlt. Es kommt also doch auf uns an, auch wenn sich der Weg nicht nach uns richtet.

Wenn die Gräser sprossen wollen und nicht, wenn wir Winterreisenden es möchten, weht daher ein lauer Wind. Wenn die Zeit gekommen ist, dann zerspringt das Eis in Schollen, und der weiche Schnee zerrinnt. Ob die im Buch vom epochalen Winter erörterte Wegkehre in der Luft liegt, ob unser Zeitalter wirklich in dieser Kehre steht oder nicht, können wir grundsätzlich nicht wissen als sterbliche Zeitgenossen. *Wenn* es so wäre, wäre es freilich, weil das Gestell weltweit herrscht, die Umkehr eines Welt-Schicksals.

Doch wo bleibt, wird man fragen, bei dieser »Revolution der Gesinnungen und Vorstellungsarten« das Handeln? Nur wenn dem Umdenken Taten folgen, wird sich etwas ändern. Wie Karl Marx schon sagte: »Die Philosophen haben die Welt nur verschieden *interpretiert*, es kömmt drauf an sie zu *verändern*.«[460]

Man mag diesem Satz entgegenhalten, daß er einen gedanklichen Kurzschluß enthält: Es kann kaum eine Veränderung geben, wenn nicht eine Interpretation gegeben ist, eine Orientierung über die Richtung, in welcher etwas verändert werden soll. Doch mag man diesem Einwand gegen den Satz von Marx wiederum entgegenhalten, daß der Satz nur auf bestimmte Philosophen ziele und nicht aus seinem Zusammenhang herausgerissen werden dürfe. Jedenfalls erhebt sich doch die Frage: Wie

kann es zu einem allgemeinen Handeln kommen, das dem
Umdenken entspricht? Durch das entschiedene Engagement
einzelner? Durch die Verbreitung des Umdenkens über die
Medien, über Politik und Pädagogik? Schließlich durch die
Einrichtung entsprechender Gesetze oder Institutionen?

Gewiß, wie denn sonst? Aber die gegenwärtige Diskussion
über Umdenken und alternatives Handeln verstrickt sich nicht
selten in ein ohnmächtiges *Hin und Her.* Es beruht auf einer
vierfachen Unterscheidung: rationales Denken »mit dem Kopf«,
nicht rationales Erfühlen »mit dem Bauch«, Handeln des einzelnen, Handeln der Gesellschaft.

Zum Beispiel die Vergiftung der Wälder: Ein einzelner oder
eine Bürgerinitiative unternimmt eine Aktion dagegen. Doch
wenn sie dann allenthalben auf Widerstände stößt, heißt es, das
Handeln sei zu voreilig gewesen, erst müsse das Umdenken
weitere Kreise erfassen, weshalb zunächst dieses Umdenken zu
fördern sei. Doch dagegen wird eingewendet, ein solches
Umdenken sei zu intellektuell, zu sehr eine Sache des Kopfes.
Nur wenn etwas »aus dem Bauch heraus« geschehe, werde es
Konsequenzen haben. Unterdessen stirbt der Wald weiter.
Wenn dann auch der Appell an den Bauch nichts ausrichtet,
besinnt man sich wieder auf das Handeln, und der einzelne wird
aufgefordert, sein Verhalten endlich zu ändern. Doch der einzelne hat Angst, aufzufallen, die Anerkennung der Mitmenschen
zu verlieren oder gar in eine nachteilige Position zu geraten.
Lautstark wehrt er sich dagegen, für dumm verkauft zu werden:
»Warum soll ausgerechnet ich auf das Auto verzichten, wenn die
anderen es nicht auch tun?« Nur wenn alle ihr Verhalten
änderten, sei auch er bereit dazu. Der Wald stirbt weiter, und der
Ball wandert zur politischen Gemeinschaft, die mit gesetzlichen
Vorschriften eine allgemeine Verhaltensänderung herbeiführen
soll. Es schlägt die Stunde der Parteien und der interessierten
Verbände. Und schon ist der Vorstoß zum allgemeinen Handeln
in die Mühle der politischen Polarisierungen geraten, zwischen
links und rechts, progressiv und konservativ, liberal und etati-
stisch, konfessionell und humanistisch, auf das endlos kreisende

Förderband von Exekutive, Parlament und interessierten Verbänden. Und wieder erklingt der Ruf nach einem grundsätzlichen Umdenken. Einzelner und Gesellschaft, Kopf und Bauch, Denken und Handeln schieben einander die Verantwortung zu, aber der Wald...

Das trostlose Hin und Her bringt manche zur Resignation. Doch von der hier erörterten Wegkehre aus erscheint auch dieses Hin und Her in einem anderen Licht.

Erstens erweist sich nunmehr die scharfe Gegenübersetzung von Denken und Handeln als fragwürdig. Denken und Handeln sind als antwortendes Entsprechen, als Gespräch und Wanderschaft nicht in der üblichen Weise voneinander zu trennen. Auch Denken ist ein Handeln, das schwerwiegende Folgen haben kann. Ähnliches gilt für die Gegenübersetzung von Kopf und Bauch. Die Anklammerung ans Rationale und die Flucht ins Irrationale sind vielleicht näher miteinander verwandt, als man meint. Denken als Weg, das kommt vor der Unterscheidung rational/irrational; leidenschaftliches Denken geschieht »mit Leib und Seele«. Und auch die Gegenübersetzung von Individuum und Gesellschaft ist kaum sinnvoll, wenn nicht bedacht wird, in welchem Sinne sich der einzelne und die Gesellschaft verstehen: ob als abgekapseltes und eigenmächtiges Subjekt – Einzelsubjekt der einzelne, Kollektivsubjekt die Gesellschaft – oder als ursprüngliche Wohngemeinschaft.

Zweitens gewinnen von der Wegkehre aus die sich gegenseitig neutralisierenden *politischen* Richtungen eine neue Bedeutung. Zwar vertritt der Liberalismus die neuzeitliche Selbstherrlichkeit der Person, die Freiheit im Sinne der schrankenlosen Autonomie des Subjekts und – mit der kapitalistischen Produktion – das herrschende Maschinenwesen. Laissez faire et profiter. Aber er weist mit seiner Forderung nach Toleranz und mit der Beachtung der Menschenrechte auch in die Richtung eines respektvollen, die Einmaligkeit des Da-seins achtenden Laissez être. Der Sozialismus vertritt die Selbstherrlichkeit des Kollektivsubjekts Industriegesellschaft, und insofern er das Hauptgewicht auf die Produktion legt, gehört auch er zum Maschinenwesen. Zugleich aber weist der Sozialismus auf den epochalen Entzug der Wohngemeinschaft hin, und er zeigt eine Tendenz zu einem respektvollen, solidarischen Wohnen. Der Nationalismus hinwiederum gehört zum willkürlichen Subjektivismus der Neuzeit, er gibt uns aber auch einen Hinweis auf den epochalen Entzug der Heimat in der Gleichförmigkeit des Gestells und damit einen Wink zur Bewahrung der Eigenart einer Gegend. Im Humanismus liegt etwas Anthropozentrisches und zugleich auch die Tendenz zur Menschlichkeit. Das Wort progressiv erinnert an die Bodenlosigkeit des überhandnehmenden Fort-Schritts, und doch mag ein »Progressiver« oft eher an die Zukunft der Geborenen und Ungeborenen denken als ein Konservativer. Der Konservative hingegen klammert sich vielleicht eigennützig an die bestehenden Verhältnisse, doch verweist das Wort konservativ – conservare heißt bewahren – auch auf die Bewahrung der bestehenden Wälder. Und so weiter – vielleicht könnte das Nachdenken über diese Zwiespältigkeit der verschiedenen politischen Programme mithelfen, die verhärteten politischen Fronten aufzuweichen und sie im Umweltschutz zu vereinigen. Ist die Sorge um den Wald links? Ist die Förderung des öffentlichen Verkehrs sozialistisch? Der öffentliche Verkehr ist so sozialistisch wie die öffentliche Schule, und das Fahrrad ist ein privates Verkehrsmittel. Etwas kann ich freilich nicht in diesem Zwielicht sehen: die demokratische Staatsform. Daß sie gerade auch für eine ökologisch orientierte Gesellschaft unabdingbar bleibt, entspricht nach meinem Gefühl ganz dem Abstieg des Sonnenkönigs in die Armut und Freiheit des Hirten.

Drittens fällt von der Wegkehre aus auch auf die ohnmächtige Angst des einzelnen ein neues Licht: Wird seine Angst nicht geschürt durch das fragwürdige Bedürfnisprinzip? Jeder kleine Verzicht wird da immer sogleich als ungeheure Bedrohung der Bedürfnisbefriedigung erfahren. Doch wenn sich der Mensch nicht mehr als vernünftiges Tier mit Bedürfnissen versteht, sondern als dem Ereignis zugehörender Botengänger, dann mag es ihm leichter fallen, auch als einzelner auf einen Vorteil zu verzichten, ganz abgesehen davon, daß sich schon mancher

Vorteil im Verzicht unversehens als vermiedener Nachteil entpuppt hat.

Viertens schließlich werden von der Wegkehre aus die gängigen *Vorurteile und Argumente gegen »die Ökologie«* leicht durchschaut, hinter welchen nicht selten ganz andere, handfestere Interessen stehen. Solche Argumente sind beispielsweise:

– Die Ökologie bedrohe die *»persönliche Freiheit«:* Von der Wegkehre aus erkennen wir unschwer, daß es sich dabei nur um eine bestimmte Form der Freiheit handelt, um die Freiheit im Sinne der rücksichtslosen Autonomie.

– Die Ökologie sei ein *»utopischer* Traum«: Dem ist entgegenzuhalten, daß es von der Wegkehre aus gesehen wohl nichts Utopischeres gibt als die moderne Technik. Sie träumt nicht nur, sondern sie glaubt auch, mit ihren Maschinen ihre Träume verwirklichen zu können. Zum Beispiel den Traum von der Mobilität. Konsequent zu Ende gedacht liegt darin die Tendenz zum kombinierten Land-, Amphibien- und Luftfahrzeug für sämtliche fünf Milliarden Erdenbürger. Der Traum wird zum Alptraum.

– Die Ökologie sei *»pessimistisch«* oder gar »kulturpessimistisch«. Doch muß auch hier darauf hingewiesen werden, daß gerade der Fortschrittstaumel des technischen Zeitalters etwas zutiefst »Pessimistisches« ist. Alles soll immerfort verbessert werden. So wie es ist, ist es offenbar nicht gut. Wird uns aber der Fortschritt einen besseren Wald bescheren?

– Die Ökologie sei *»nostalgisch«.* In der Nostalgie verbirgt sich das Heimweh, und von der Wegkehre aus gesehen besteht das Heimweh vielleicht zu Recht.

– Die Ökologie sei *»emotional«:* Ja, warum denn nicht? Was braucht es für eine perverse »Emotion«, um angesichts der überhandnehmenden Zerstörung kühl zu bleiben?

– Die Ökologie sei *»technikfeindlich«,* und sie behindere so auch jenen Fortschritt, der gerade auch für die Ökologie von Nutzen wäre. Stimmt das? Wer hätte etwas gegen billige photoelektrische Zellen von hohem Wirkungsgrad, die das Sonnenlicht dezentral und umweltschonend in elektrischen Strom verwandeln würden? Wenn aber die Produktion solcher Zellen nur als Nebeneffekt einer militärisch motivierten Weltraumtechnik zu haben ist?

– Die Ökologie zerstöre *Arbeitsplätze,* zum Beispiel in der Autobranche: Nun gehen freilich Arbeitsplätze, welche die Welt zerstören, mit der Weltzerstörung ohnehin zugrunde. Aber daß eine ökologische Wirtschaft, welche die Welt nicht zerstört, neue Arbeitsplätze schaffen kann, ist wohl ebenso einsichtig.

– Und überhaupt sei alles ja gar nicht so schlimm, und wo es schlimm sei, werde etwas Neues, ein *Durchbruch,* bald kommen. Zum Beispiel werde das bleifreie Benzin dem Waldsterben schon Einhalt gebieten, und wenn nicht das bleifreie Benzin, dann eben die Wasserstoffverbrennung, und wenn auch die nicht, dann der elektrische Antrieb. Hier möchte ich nur einwenden, daß das Bleibenzin seinerzeit mit demselben Enthusiasmus eingeführt wurde. Immer wird der Durchbruch gefeiert; über die Folgen spricht man dann später. Der Toxikologe, der damals vor der Einführung des Bleibenzins warnte, wurde nicht beachtet oder ausgelacht. Jahrzehntelang hieß es dann, das Blei sei absolut unschädlich. Und heute wird die Abschaffung des Bleis als große Errungenschaft gefeiert. In bezug auf die Durchbrüche ist es wohl ratsam, bis auf weiteres auf der Hut zu bleiben.

Dies alles läuft nun aber auf etwas hinaus, das angesichts der weithin herrschenden Resignation wohl von größter Bedeutung ist: Eine *vertiefte Besinnung* und ein *mutiges Handeln* müssen sich nicht widersprechen! Sie müssen sich nicht zerfleischen im Gegensatz von Denken und Handeln, von Kopf und Bauch. Nein, diese Besinnung und dieses Handeln lassen sich nicht gegeneinander ausspielen, sie ziehen beide am selben Strick.

Martin Luther soll gesagt haben, wenn er wüßte, daß die Welt morgen unterginge, so würde er heute doch einen Apfelbaum pflanzen.

Der jetzt wieder oft angeführte Satz hat einen epochalen

Hintergrund. In der griechischen Antike wäre ein solcher Satz kaum möglich gewesen. Allenfalls hätte man damals gesagt: »Wenn ich wüßte, daß unsere Stadt morgen untergeht, so würde ich heute doch einen Apfelbaum pflanzen.« Daß eine Stadt untergehen konnte, wußte man von Troja her nur zu gut. Aber die Welt? »Unvergänglich« und »unermüdlich« – so nannte Sophokles im berühmten Chorlied in der ANTIGONE die Erde.[461]

Luthers Satz setzt gewiß die jüdisch-christliche Vorstellung eines Weltendes voraus, wie es in der Offenbarung des Johannes geschildert wird. Doch der Satz zeigt auch, wie weit entfernt dieser apokalyptische Weltuntergang noch vom Alltag mit seinen Apfelbäumen war. Luthers Satz ist ein herzhaftes Bekenntnis zum Diesseits. Und Luther hätte wohl auch nicht an den Weltuntergang geglaubt, selbst wenn er darum gewußt hätte.

Inzwischen ist der Weltuntergang herstellbar geworden. Rasch und mit einem großen Knall seit dem November 1952, als die erste Wasserstoffbombe getestet wurde, aber auch langsam und schleichend. Wenn wir heute einen Apfelbaum pflanzen, können wir nicht mehr wissen, ob er den Stickoxidgasen und dem sauren Regen standhalten wird. Sophokles' »unermüdliche Erde« ist müde geworden.

Auch am Beispiel eines Baumes – es könnte ein blühender Apfelbaum sein – hat Martin Heidegger die Kehre vom Subjekt zum Da-sein gezeigt. Wir sehen einen blühenden Baum. Das heißt, der Baum zeigt sich uns, er spricht uns an, er stellt sich uns vor. Jedoch, seit langem denken wir eigentlich ganz anders. Seit langem stellen wir den Baum nach unserem Gutdünken vor uns hin. Die Wegkehre aber führt gewissermaßen von unserem Vorstellen des Baumes (ich stelle *den* Baum vor mich hin) zum Vorstellen des Baumes selbst (*der* Baum stellt sich mir vor).[462]

Wir haben uns ins Zentrum der Welt gesetzt und nehmen von diesem Zentrum aus eigenmächtig und selbstherrlich alles in den Griff, auch den blühenden Apfelbaum. Zum Beispiel stellen wir den Baum als Obstproduktionsanlage vor uns hin oder als einzelnes Exemplar einer botanischen Art der Gattung der

Rosengewächse, die sich durch eine bestimmte Genzusammensetzung von anderen Gattungen unterscheidet; und auch diese Gene möchten wir in den Griff bekommen. Vielleicht um Äpfel mit Beinen zu züchten, die uns von selbst in den Mund wandern? Oder wir sagen mit Schopenhauer, der Apfelbaum sei nur eine Vorstellung im Kopf.[463] Oder wir sagen, unsere Sinne täuschten uns: eigentlich sei der Baum nur ein Schauer von Elementarteilchen und Lichtquanten. Oder wir sagen schließlich, die Netzhaut unserer Augen sei ein Hochleistungscomputer mit Photozellen, und der Sehnerv leite den Output dieses Computers zur zentralen Datenverarbeitungsstelle Großhirn; der Baum sei also eigentlich nur ein gewisses Quantum von Information.

So gering denken wir vom Apfelbaum. Eigentlich ist er nur Obstfabrik, botanisches Exemplar, Vorstellung im Kopf, Photonenschauer, Informationspaket.

Allerdings sind wir nicht ganz konsequent; immer noch suchen wir auf einer Wanderung *seinen* Schatten, immer noch verhalten wir uns im Alltag so, als sei der Baum mehr als nur eine Information im Gehirn.

Wir haben also eine *doppelte Buchführung:* Wissenschaft und Alltag sind auseinander gerissen. Diese doppelte Buchführung beginnt sich zu rächen. Nachdem wir den Baum seit langem in der genannten philosophisch-wissenschaftlich-wirtschaftlichen Weise geistig liquidiert haben, müssen wir uns plötzlich die Augen reiben und sehen voll Entsetzen: Jetzt stirbt der Baum tatsächlich, der Apfelbaum selbst, nicht die Information im Großhirn. Die doppelte Buchführung ist wieder eine einfache geworden.

Wäre aber die Vergasung der Wälder, zum Beispiel durch die sorglose Ausbreitung des Automobilverkehrs, möglich geworden ohne die geschilderte geistige Mißachtung des Baumes? Der Baum selbst stirbt, und die vertiefte Besinnung ruft uns auf zu mutigem Handeln. Zum Beispiel kann der einzelne sofort aufhören, Auto zu fahren. Und auch die politische Gemeinschaft könnte sofort handeln; es geht im Falle des Autoverkehrs nicht weiter wie bisher, und wie es weitergehen könnte, bedarf wohl auch keiner wissenschaftlichen Abklärungen mehr. Im bereits erwähnten Zeitungsartikel »Macht uns das Auto unabhängig?« habe ich schon 1977 versucht, nicht nur zu kritisieren, sondern habe auch einige Vorschläge für eine »menschenwürdigere Verkehrskonzeption« angeführt:

»Für *Fahrten über größere Distanzen* scheint mir die *Geschwindigkeit* des Automobils sinnvoll zu sein. Doch wünsche ich mir bei einer solchen Geschwindigkeit einen berufsmäßigen, tüchtigen Fahrer, eine abgegrenzte, gesicherte Trasse und im Fahrzeug drinnen eine größere Mobilität. Normalerweise nennen wir das *Eisenbahn.* Vorschläge, wie die öffentlichen Fernverkehrsmittel attraktiver gestaltet werden könnten (z. B. Taktfahrplan), bestehen zur Genüge. Auch für das Reisegepäckproblem in der Eisenbahn sollten bessere Lösungen zu finden sein, nachdem die Mondlandung gelungen ist.

Für den *Nahverkehr* scheint mir eine generelle *Höchstgeschwindigkeitsreduktion,* auch außerorts, beispielsweise auf das Niveau der Straßenbahn, also auf etwa dreißig bis vierzig Kilometer pro Stunde, vielversprechend zu sein (wobei jetzt offenbleiben möge, auf welchem Wege sie zu erreichen wäre, ob beispielsweise durch Geschwindigkeits- oder Konstruktionsvorschriften oder durch allmähliche freiwillige Umstellung). Davon erhoffe ich mir vor allem einen *gefahrloseren Verkehrsablauf,* was dazu führen könnte, daß man wieder lieber zu Fuß gehen oder auch statt des Home-Trainers das *Fahrrad* benützen würde und daß Spaziergänge in der näheren Umgebung einer Stadt wieder erfreulicher wären. Dadurch würde sich für manche Unternehmung der Gebrauch eines vierrädrigen Fahrzeuges erübrigen. Die *öffentlichen Nahverkehrsmittel würden weniger behindert und könnten attraktiver gestaltet werden.*

Daneben gäbe es gewiß auch Verkehrsbedürfnisse, für die *eine Art langsamen Automobils* vorteilhaft wäre: zum Beispiel zur Beförderung behinderter Menschen oder zum Transport von Waren. Ein solches Fahrzeug brächte gegenüber dem heutigen Automobil wesentliche Vorteile: Gewichts- und Platzersparnis, Parkplatzverkleinerung, weniger aufwendige Sicherheitsmaßnahmen (Knautschzone), weniger aufwendige Klimatisierung (für das seltener und über kürzere Distanzen gefahrene Fahrzeug wäre eine Heizung vielleicht nicht nötig) und vor allem niedrigeren *Energieverbrauch.* Vermutlich würde dadurch auch die Anwendung von weniger umweltbelastenden Energie- und Antriebsformen wesentlich erleichtert, womit eine Lösung des *Abgasproblems* in Sicht käme. Wenn man beim heutigen Straßenverkehr das Benzin ganz durch in schweren Batterien gespeicherte Elektrizität ersetzen und dabei die Geschwindigkeit und die Reichweite der heutigen Automobile beibehalten würde, käme man gewiß zu einer massiven Steigerung des Elektrizitätskonsums mit den entsprechenden fragwürdigen Folgen. Bei einer Umstellung auf das langsamere, seltener und von wenigen gebrauchte Fahrzeug wäre dagegen eine Elektrifizierung vermutlich zu verkraften, besonders wenn sie ergänzt würde durch eine Drosselung des übrigen Stromverbrauchs . . .«

Nun, von meinen Träumereien im Jahre 1977 ist inzwischen einzig der bereits damals allgemein diskutierte Taktfahrplan Wirklichkeit geworden. Und die Möglichkeit des Apfelbaumsterbens fiel mir damals nicht einmal im Traume ein.

Die Vereinigung der Anonymen Alkoholiker (AA) kennt einen Leitgedanken, der sehr gut hierher paßt. Sie wünschen sich den Mut, das zu verändern, was zu verändern ist, die Demut, das zu akzeptieren, was nicht zu ändern ist, und die Weisheit, das eine vom anderen zu unterscheiden. Das Auto gehört meines Erachtens in die Kategorie dessen, was zu verändern ist, nur gibt es noch keine entsprechende AA-Vereinigung, noch keine Anonymen Automobilisten. Doch das Auto ist hier nur ein Beispiel und steht für tausend andere Dinge.

Praktische Vorschläge für die anderen Dinge finden sich in den Publikationen der *Umweltorganisationen* und der ökologisch orientierten *Parteien. Denis de Rougemont* hat sie kürzlich in seinem Manifest Das andere Europa in einen gesamteuropäischen Rahmen gebracht. Für alle diese Vorschläge aber gilt das Wort von *Jürgen Dahl:* »Es ist ja nicht, wie manche Optimisten uns weismachen wollen, fünf vor zwölf, es ist nicht Zeit, die Notlösungen auch noch zu perfektionieren und wissenschaftlich abzusichern, sondern es ist fünf nach zwölf, die Sturzfahrt längst im Gange, und unsere erste Frage hätte nicht die zu sein, was wir in dieser Lage anzufangen hätten, sondern die: Womit wir aufzuhören hätten, auf der Stelle und um beinah jeden Preis.«[464]

Eine vertiefte Besinnung ist nicht zuletzt auch für die Grundlegung einer ökologischen Ethik vonnöten.

Die bisherige Ethik, auch wenn sie religiös fundiert war, hat sich weitgehend auf das Verhältnis des Menschen zum Menschen beschränkt, so zum Beispiel die christliche Feindesliebe. »Ich aber sage euch: Liebet eure Feinde und bittet für die, welche euch verfolgen, damit ihr Söhne eures Vaters in den Himmeln seid! Denn er läßt seine Sonne aufgehen über Böse und Gute und läßt regnen über Gerechte und Ungerechte.« (Matthäus 5, 44–45) Und der vom Menschen angesäuerte Regen?

Auch Immanuel Kants kategorischer Imperativ betraf in erster Linie das Verhalten zum Mitmenschen. »Handle so, daß die Maxime deines Willens jederzeit zugleich als Prinzip einer allgemeinen Gesetzgebung gelten könne.«[465] Diese Forderung besagte zum Beispiel, daß wir ein gegebenes Versprechen halten sollen, weil andernfalls, und wenn keiner sein Versprechen hält, ein Versprechen überhaupt sinnlos wird. Doch bezog sich diese Forderung nicht auf das Verhältnis des Menschen zur Natur. Und so betrifft sie vielleicht die Beachtung der Verkehrsregeln, aber sie nimmt nicht Stellung zur Frage, ob wir überhaupt Auto fahren sollen.

Hans Jonas greift in seinem Buch Das Prinzip Verantwortung, das eine Ethik für die heutige Zivilisation zu geben versucht, auf eine Frage von Leibniz zurück: »Warum gibt es eher etwas als nichts?«[466] Das »Warum« in dieser Frage kann für Jonas nicht eine Ursache meinen, weil eine Ursache, zum Beispiel die Schöpfung durch einen Schöpfergott, ja selbst wieder unter diese Frage geraten würde. Der Sinn der Frage sei für ihn der, warum überhaupt etwas im Vorrang zum Nichts sein solle. Und das »Prinzip Verantwortung« wurzle in der Antwort, daß etwas sein solle und nicht nichts.[467]

Da der Weltuntergang inzwischen herstellbar ist, gewinnt die Frage von Leibniz eine ganz neue Dimension. Die Antwort »Etwas, und nicht nichts, soll sein« wird aber noch plausibler, wenn wir mehr auf die Stimmung achten, wie es Martin Heidegger bei *seiner* Wiederaufnahme der Leibnizschen Frage getan hat: Daß etwas ist und nicht nichts, ist für ihn »der Schrecken des Abgrundes« und zugleich »das Wunder aller Wunder«.[468]

Das Wunder aller Wunder, daß etwas ist und nicht nichts – etwas, zum Beispiel ein Apfelbaum, der sich uns vorstellt. Oder sollten wir vielleicht eher sagen: »Es stellt uns den Baum vor«, so wie wir sagen: »Es regnet«? Es – die Zusammengehörigkeit von Sein, Welt, Mensch, Tod und Sprache – das Ereignis?

Auf dieses Wunder aller Wunder aber geben wir Menschen, ob wir es bedenken oder nicht, eine Antwort. Sie lautet primär ja. Auch ein verzweifeltes Nein wäre nicht verzweifelt, wenn sich darin nicht das ursprünglichere Ja noch verbergen würde.

Diese Antwort ist das von Jonas beschworene »Prinzip Verantwortung«. Ver-Antwort-ung. Ja, ein ausdrückliches Ja zum Wunder aller Wunder, daß etwas ist und nicht nichts. Nein zur Herstellung des Weltuntergangs.

Das Prinzip Verantwortung ist im Grunde eine Gewissensfrage. Leise können wir eine Gewissensstimme hören, die uns aufruft zur Verantwortung für das Wunder aller Wunder. Eigentlich ist diese Stimme die Voraussetzung für alle anderen Gewissensstimmen, die uns in einer bestimmten Situation zu etwas Bestimmtem aufrufen mögen.

Natürlich ist ein Buch mit dem Titel Das Prinzip Verantwortung auch eine Auseinandersetzung mit dem Prinzip

HOFFNUNG von Ernst Bloch. Das »Prinzip Hoffnung« findet sich nach Jonas in den utopischen Träumen des technischen Fortschritts, der alles immer besser und noch besser machen möchte und darob blindlings ins Verderben rennt. Das »Prinzip Hoffnung« findet sich auch im utopischen Marxismus, der das Himmelreich auf Erden verwirklichen will und dabei die Ungläubigen überrennt.

Führt die Wegkehre auch vom »Prinzip Hoffnung« zum »Prinzip Verantwortung«?

»Lasciate ogni speranza«, laßt alle Hoffnung fahren, ihr seid schon lange in der Hölle. Aber vielleicht besteht die Hölle nur solange, als das »Prinzip Hoffnung« nicht aufgegeben wird. Liegt denn nicht gerade in der Verzweiflung und in der Resignation sehr viel enttäuschter Hoffnung?

Die Sorge um das Wunder aller Wunder ist vielleicht auch stärker als die Angst vor dem eigenen Untergang, als die Todesangst, die uns ängstlich und verzweifelt macht. Denn das Ja zum Wunder aller Wunder kann auch unser Verhältnis zum Tode in dem Sinne verändern, daß wir unsere beschränkte Zeit weder vertrödeln noch verplanen, sondern verantwortlich gebrauchen, wie meine Frau, Ania Padrutt, kürzlich in ihrem Vortrag No FUTURE? gezeigt hat.[469]

> Blüh' auf, gefrorner Christ, der Mai ist vor der Tür;
> Du bleibest ewig tot, blühst du nicht jetzt und hier.
>
> Angelus Silesius, *Cherubinischer Wandersmann* [470]

Zwar ist auch in der Resignation das ursprüngliche Ja nicht ausgelöscht, nur verdeckt vom verzweifelten Nein, von der enttäuschten Hoffnung. Aber die Verdeckung des Ja durch das Nein macht Christen und Nichtchristen »tot«. Wir wissen nicht, wann die Gräser sprossen wollen und der weiche Schnee zerrinnt. Doch steht der Mai auch im tiefsten Winter stets »vor der Tür«.

Friedrich Hölderlin ließ vor bald zweihundert Jahren Hyperion an Bellarmin schreiben, die Zeitgenossen hätten »den

Glauben an alles Große« verloren und sie müßten »hin«, wenn dieser Glaube nicht »wie ein Komet« wiederkehre.[471] Die Wegkehre, die »Revolution der Gesinnungen und Vorstellungsarten«, wäre auch Einkehr, Heimkehr und Wiederkehr: die Einkehr des Menschen in die zuvorkommende Zurückhaltung des verantwortlichen Da-seins, die Heimkehr aus der Fremde des epochalen Winters in eine neue Wohngemeinschaft unter dem Himmel auf der Erde und die Wiederkehr der Stille. »Daß, wenn die Stille kehrt, auch eine Sprache sei.« Dies wäre keine Bekehrung, sondern die Wiederkehr des »Glaubens an alles Große«.

Das Ereignis, das Wunder aller Wunder, daß etwas ist und nicht nichts, ist das Große. Ohne den Glauben daran, ohne das ursprüngliche Ja gibt es keine Verantwortung und keine ökologische Ethik. Der Glaube an dieses Große aber schärft die Besinnung und gibt den Mut zum gelassenen und entschiedenen Handeln.

Hyperion an Bellarmin: »O ihr Genossen meiner Zeit! fragt eure Ärzte nicht und nicht die Priester, wenn ihr innerlich vergeht!

Ihr habt den Glauben an alles Große verloren; so müßt, so müßt ihr hin, wenn dieser Glaube nicht wiederkehrt, wie ein Komet aus fremden Himmeln.«

Anhang

Anmerkungen

(Die hier angegebenen Seitenzahlen und Hinweise beziehen sich auf die im *Verzeichnis der erwähnten Schriften* angeführten Publikationen. Quellenangaben, die bereits im Text stehen, werden in den Anmerkungen nicht wiederholt.)

1 Brief an Johann Gottfried Ebel vom 10. Januar 1797, *Werke und Briefe*, S. 864

2 *Aus der Erfahrung des Denkens*, S. 212

3 vgl. J. Huber, S. 199 ff.

4 »Unter Töchtern der Wüste«, *SW*, Bd. 4, S. 380

5 vgl. S. 18

6 *Global 2000*, S. 707, 841

7 B. Komarow: *Das große Sterben am Baikalsee*

8 *Global 2000*, S. 20

9 L. Mumford, S. 386 ff., 433

10 L. Mumford, S. 400; H. Holzhey: »Die Wiedergewinnung der Natur im Denken«, in: *Was heißt Umdenken*, S. 72

11 *Discours de la Méthode*, v/6 S. 83, v/9 S. 91, v/11 S. 97; *Meditationes*, 11/5 S. 45

12 L. Mumford, S. 445; H. Holzhey, siehe Anm. 10

13 *Monadologie*, § 64, S. 57

14 J. Mittelstraß: »Das Wirken der Natur«, in: F. Rapp, S. 43, 45, 51 ff.

15 M. Heidegger: *Vorträge und Aufsätze*, S. 58/54 Heidegger spricht den zitierten Satz Max Planck zu, ohne Quellenangabe

16 »Faust 11«, v. 4917–4922, *Werke* Bd. 3, S. 154

17 S. 17

18 S. 108

19 I. Illich, S. 28

20 H. C. Binswanger: *Arbeit ohne Umweltzerstörung* vgl. ferner: Binswanger/Geissberger/Ginsburg: *Der NAWU-Report; Der neue Konsument*

21 vgl. *Dialog mit der Natur*, S. 161; E. Jantsch: »Dissipative Strukturen«

22 W. Altenkirch, S. 15, 176 ff.

23 ebd., S. 12

24 vgl. ebd., S. v; H. Remmert, S. 1

25 »Der Blutegel«, *SW* Bd. 4, S. 311

26 F. Vonessen, S. 164 ff.

27 W. Altenkirch, S. 47 f.

28 S. 89/66

29 F. Vonessen, S. 134 ff.

30 »Maximen und Reflexionen«, Nr. 664, *Werke*, Bd. 12, S. 458

31 *Vorträge und Aufsätze*, S. 274/266

32 S. 312

33 »Paritätsverletzungen im Alltagsleben«

34 »Nachgelassene Fragmente«, *SW* Bd. 13, S. 36

35 »Von der Selbst-Überwindung«, *SW* Bd. 4, S. 147

36 S. 27

37 S. 158

38 T. C. McLuhan, S. 18

39 V. 299

[40] S. 158
[41] S. 129
[42] »Jenseits von Gut und Böse«, Nr. 36, *SW* Bd. 5, S. 54
[43] »Nachgelassene Fragmente«, in: *SW* Bd. 12, S. 112
[44] ebd., S. 251
[45] Nr. 230, in: *SW* Bd. 5, S. 169
[46] »Freuds Auffassung des Menschen im Lichte der Anthropologie«, in: *Ausgewählte Vorträge und Aufsätze* Bd. 1
[47] zitiert nach: G. Bally, S. 14
[48] in: *Was heißt Umdenken?* und in: *Schweizer Monatshefte;* vgl. auch W. Schiesser.
[49] S. 238 f.
[50] »Beantwortung der Frage: Was ist Aufklärung?«, in: *Akademie*-Ausgabe Bd. 8, S. 35
[51] »Nachgelassene Fragmente«, in: *SW* Bd. 13, S. 144
[52] ebd., Bd. 12, S. 127
[53] ebd., S. 203
[54] *Discours de la Méthode,* vi/2 S. 101
[55] »Kritik der Hegelschen Rechtsphilosophie«, *MEW* Bd. 1, S. 385
[56] *Vier Seminare,* S. 132
[57] vgl. M. Heidegger: *Wegmarken,* S. 342/172
[58] Siehe Anm. 55
[59] »Die heilige Familie oder Kritik der kritischen Kritik«, *MEW* Bd. 2, S. 98
[60] Kap. 1, *Werke* Bd. viii, S. 345
[61] S. 50
[62] S. 18
[63] S. 166
[64] S. 106 f., 136 f.
[65] vgl. M. Heidegger: *Was heißt Denken?* S. 95; *Wegmarken,* S. 322 f./153 f.
[66] »Nachgelassene Fragmente«, *SW* Bd. 12, S. 16, 153
[67] vgl. K. Marx: Vorwort »Zur Kritik der politischen Ökonomie«, *MEW* Bd. 13, S. 8 f. und E. Fräntzki, S. 148
[68] »Nachgelassene Fragmente«, *SW* Bd. 12, S. 125
[69] ebd., Bd. 13, S. 56 f.
[70] S. 1/1
[71] *Rat für die Ratlosen,* S. 31
[72] S. 44
[73] vgl. auch M. Thürkauf: *Die Tränen des Herrn Galilei*
[74] vgl. M. Heidegger: *Wegmarken,* S. 340/171; *Nietzsche* ii, S. 387
[75] *Technomanie,* S. 91
[76] *Holzwege,* S. 10/15
[77] »Der Staat«, 514 ff., *SW* Bd. 4
[78] ebd., 473 cd
[79] »Phaidon«, 110 a, *SW* Bd. 3
[80] »Nachgelassene Fragmente«, *SW* Bd. 12, S. 253
[81] Antisthenes: Fragment Nr. 7 aus »Saton«, in: *Die Sokratiker,* S. 79
[82] *Rudolf Steiner* (Erinnerung an die Ausstellung von 1961), S. 55
[83] S. 25, 36, 60 ff.
[84] *R. Steiner* (Erinnerung an die Ausstellung von 1961), S. 47
[85] S. 177 vgl. auch P. Teilhard de Chardin: *Die lebendige Macht der Evolution*
[86] Fragment Nr. B 27 in der Zählung von H. Diels. Zur Übersetzung vgl. auch: M. Heidegger/E. Fink, S. 242 ff.; G. Neeße, S. 102
[87] D. Holwerda, S. 60
[88] M. Heidegger: *Wegmarken,* S. 236/141, 320/151 f.

[89] F. Vonessen, S. 219

[90] *Vorträge und Aufsätze*, S. 69/65

[91] S. 264 f.

[92] »Ökologie und Ethik«, in: *Was heißt Umdenken?* vgl. auch: W. Schiesser

[93] S. 92

[94] S. 233

[95] »Phaidros«, 229 e–230 a, *SW* Bd. 3

[96] S. 180

[97] F. Vonessen, S. 271

[98] vgl. z. B.: H. Berve/G. Gruben, S. 22; *Leben und Meinungen der Sieben Weisen*, S. 14

[99] vgl. C. F. von Weizsäcker: »Begegnungen in vier Jahrzehnten«, in: G. Neske, S. 246

[100] S. 32, 52

[101] »Jenseits von Gut und Böse«, Vorrede, *SW* Bd. 5, S. 12

[102] S. 35 ff.

[103] *Wegmarken*, S. 349/179 f.

[104] »Technische Eingriffe in die Natur…«, in: *Ökologie und Ehtik*, S. 198

[105] *Möglichkeiten und Probleme auf dem Weg zu einer vernünftigen Weltfriedensordnung*, S. 7, 12, 16 ff.

[106] P. Kern/H.-G. Wittig: »Der ›Lernbericht‹ des CLUB OF ROME«; »Ökologische Perspektiven für die Pädagogik«; »Sokrates im Atomzeitalter«. vgl. *Club of Rome: Zukunftschance Lernen*

[107] S. 257, 267

[108] D. Meadows, S. 175

[109] B XVI f., B XXII, A 856/B 884

[110] S. 193 f., 261

[111] S. 148, 173, 175

[112] »Eine Schwierigkeit der Psychoanalyse«, *GW* Bd. XII, S. 6 ff. »Die Widerstände gegen die Psychoanalyse«, *GW* Bd. XIV, S. 109

[113] S. 291, 337

[114] »Mesokosmos und objektive Erkenntnis«, in: *Die Evolution des Denkens*, S. 91

[115] S. 247

[116] *Technomanie*, S. 22; vgl. auch R. Löw: »Evolution und Erkenntnis…«, in: *Die Evolution des Denkens*

[117] S. 613

[118] S. 563, 590 ff., 603 ff., 619 f., 624, 632

[119] S. 225 ff.

[120] S. 93 ff.

[121] S. 137

[122] *Wendezeit*, S. 91 ff., 95 ff.; vgl. auch: *Der kosmische Reigen*

[123] S. 227 f.

[124] *Wendezeit*, S. 83, 97

[125] S. 227, 234, 238

[126] F. Selleri, S. 31 ff.

[127] S. 102, 116

[128] S. 237

[129] *Wendezeit*, S. 82

[130] S. 229, 238, 240

[131] *Wendezeit*, S. 97 ff.

[132] ebd., S. 12, 98, 102 f.

[133] S. 24, 268, 275, 286, 293

[134] *Wendezeit*, S. 91

[135] *Vorträge und Aufsätze*, S. 65/61

[136] zitiert nach: N. Straumann

[137] »In lieblicher Bläue blühet«, in: *SW*, Stuttgarter Ausgabe, Bd. II/1, S. 372/v. 25 f.

[138] S. 163

[139] *Wendezeit*, S. 98

[140] Nr. 14, *SW* Bd. 5, S. 28

[141] *Vorträge und Aufsätze*, S. 61/57

[142] S. 191

[143] S. 10

[144] M. Ferguson, S. 159

[145] B. Brecht: »Benares-Song«, *Die Gedichte*, S. 247, hier modifiziert nach der späteren Fassung der Oper von K. Weill und B. Brecht

[146] *Meditationes*, II/1, S. 43

[147] S. 170 f.

[148] »Cartesianische Meditationen und Pariser Vorträge«, S. 43 ff., 187 ff.

[149] S. 119 ff./89 ff., vgl. auch: *Nietzsche* II, S. 127 ff.

[150] »Deutsche Ideologie«, *MEW* Bd. 3, S. 33

[151] vgl. I. Gobry, S. 74, 76, 138 f.

[152] *Die Rückkehr zum menschlichen Maß*, S. 142 Bergpredigt: Mat. 5, 3–5. Die Übersetzung von Mat. 5,5 durch die *Zürcher Bibel* (denn »sie werden das Land besitzen«) wurde hier modifiziert.

[153] S. 16 ff.

[154] vgl. T. S. Kuhn: *Die Struktur wissenschaftlicher Revolutionen*; und v. a.: *Die Entstehung des Neuen*, S. 389 ff.

[155] *Nietzsche* II, S. 385

[156] *Einführung in die Metaphysik*, S. 47/33

[157] Katalog, S. 331

[158] S. 60 ff.

[159] *Erläuterungen zu Hölderlins Dichtung*, S. 76/73; *Holzwege* S. 338/311; *Nietzsche* I, S. 538; *Nietzsche* II, S. 206; *Vorträge und Aufsätze*, S. 63 ff./59 ff.

[160] Hesiod: Werke und Tage, zitiert nach F. Vonessen, S. 79

[161] *Wegmarken*, S. 39

[162] ebd., S. 155/51; *Grundprobleme der Phänomenologie*, S. 5 ff., 15 ff.

[163] vgl. M. Heidegger: *Schellings Abhandlung . . .*, S. 20 ff.

[164] vgl. M. Heidegger: *Holzwege*, S. 88 ff./81 ff.

[165] S. 91

[166] V. 765–771

[167] Fragment Nr. B 43 in der Zählung von H. Diels

[168] V. 241–251, *Werke und Briefe*, S. 130

[169] 3. Buch, 13. Kap., *Werke* Bd. 8. S. 429

[170] vgl. M. Heidegger: *Vier Seminare*, S. 126 ff.

[171] Vortrag »Das Gestell« im Club zu Bremen (1949), erweiterte Fassung: »Die Frage nach der Technik« in: *Vorträge und Aufsätze*, S. 13 ff./9 ff. und in: *Die Technik und die Kehre*, S. 5 ff.

[172] M. Heidegger: *Die Technik und die Kehre*, S. 5

[173] *Schellings Abhandlung . . .*, S. 38

[174] *Vier Seminare*, S. 108

[175] M. Heidegger: *Nietzsche* II, S. 482

[176] »Timaios«, 29 a, *SW* Bd. 6

[177] S. 86

[178] *Holzwege*, S. 293 f./271

[179] »Jenseits von Gut und Böse«, Nr. 14, *SW* Bd. 5, S. 29

[180] vgl. M. Heidegger: *Unterwegs zur Sprache*, S. 190

[181] *Der Satz vom Grund*, S. 60

[182] *Holzwege*, S. 95/88

[183] M. Heidegger: *Vorträge und Aufsätze*, S. 96/92

[184] *Vier Seminare*, S. 126

[185] M. Heidegger: *Die Technik und die Kehre*, S. 44

[186] »Der Wanderer und sein Schatten«, Nr. 220, *SW* Bd. 2, S. 653

187 S. 33

188 »Der Wanderer und sein Schatten«, Nr. 288, *SW* Bd. 2, S. 683

189 ebd., Nr. 278, S. 674

190 *Was heißt Denken?* S. 4; *Vorträge und Aufsätze*, S. 133/127

191 *Zur Sache des Denkens*, S. 64 f.

192 *Erläuterungen zu Hölderlins Dichtung*, S. 178

193 M. Heidegger: *Zur Sache des Denkens*, S. 79; *Aus der Erfahrung des Denkens*, S. 212

194 S. 317, 338

195 *Aus der Erfahrung des Denkens*, S. 211

196 *Gelassenheit*, S. 12 f.

197 M. Heidegger: *Vorträge und Aufsätze*, S. 68/64

198 *Einrede gegen die Mengenlehre/ Einrede gegen die Mobilität/Einrede gegen Plastic*, S. 36

199 S. 144

200 M. Heidegger: *Wegmarken*, S. 413/ 241

201 S. 888

202 »Jenseits von Gut und Böse«, Nr. 156, *SW* Bd. 5, S. 100

203 M. Heidegger: *Sein und Zeit*, S. 170/127

204 »Wilhelm Meisters Wanderjahre«, 2. Buch, »Betrachtungen im Sinne der Wanderer«, *Werke* Bd. 8, S. 289

205 S. 103

206 S. 32

207 *Aus der Erfahrung des Denkens*, S. 212

208 F. Weber: »Dreidimensionale Bilder...«

209 vgl. M. Heidegger: *Vorträge und Aufsätze*, S. 163/157

210 *Die Technik und die Kehre*, S. 46

211 S. 64, 96, 108

212 M. Thürkauf: *Technomanie*, S. 49 f.

213 *Gelassenheit*, S. 12

214 L. M. Branscomb: »Die letzten Grenzen der Information«

215 S. 27 f.

216 M. Eigen: »Sprache und Lernen auf molekularer Ebene«, in: *Der Mensch und seine Sprache*

217 »Die allerersten Gene«

218 S. 234

219 Psychologisches Institut der Universität Zürich: *Bulletin*

220 Item Nr. 37 im Persönlichkeitsfragebogen; Werbebrief

221 *Einrede gegen die Mengenlehre/ Einrede gegen die Mobilität/Einrede gegen Plastic*, S. 44

222 B. L. Whorf, S. 82

223 *Die Einheit der Natur*, S. 357 f.

224 4. Teil, Kap. 38/II, S. 860 f.

225 *Vorträge und Aufsätze*, S. 161/ 155

226 *Aus der Erfahrung des Denkens*, S. 139

227 *Sein und Zeit*, S. 73/54; *Vorträge und Aufsätze*, S. 159 f./153 f.

228 *Aus der Erfahrung des Denkens*, S. 138 f.

229 M. Heidegger: *Vorträge und Aufsätze*, S. 162/156

230 S. 139

231 *Was heißt Denken?* S. 47; *Vorträge und Aufsätze*, S. 126/122

232 Fragment Nr. B 90 in der Zählung von H. Diels

233 vgl. E. Fink in: M. Heidegger/E. Fink, S. 171

234 »Menschliches, Allzumenschliches«, »Der Wanderer und sein Schatten«, Nr. 218, *SW*, Bd. 2, S. 653

235 *Die Einheit der Natur*, S. 345, 358, 362 f.

[236] *Der Störfall von Harrisburg*, S. 118, 125

[237] C. Perincioli: *Die Frauen von Harrisburg*...

[238] A. Weinberg, zitiert nach O. Rohweder, S. 29

[239] M. Thürkauf: *Technomanie*, S. 163

[240] vgl. A. Padrutt: »No Future?« in: *Was heißt Umdenken?*, gekürzte Fassung in: *Technische Rundschau*

[241] Vortrag »Kernenergie« in Bonn (1978) in: *Kernenergie – Wozu?*

[242] S. de Witt/ H. Hatzfeldt: *Zeit zum Umdenken!*

[243] *Auf Gedeih und Verderb*...

[244] »Technische Eingriffe in die Natur...« in: *Ökologie und Ethik*

[245] »Die Kernenergiekontroverse aus psychologischer Sicht«

[246] V. 5063 f., *Werke* Bd. 3, S. 158

[247] R. L. Mössbauer: »Haben Neutrinos eine endliche Ruhemasse?«

[248] *Holzwege*, S. 294/271 f.

[249] »Das Kapital«, Bd. 1, *MEW* Bd. 23, S. 623

[250] G. W. F. Hegel, Bd. 1, S. 94

[251] *Einführung in die Metaphysik*, S. 40 f./28 f.

[252] vgl. G. Schneeberger

[253] W. Franzen, S. 80; J. B. Lotz: »Im Gespräch« in: G. Neske, S. 158

[254] »Das Rektorat 1933/34« in: *Die Selbstbehauptung der deutschen Universität*...

[255] z. B.: *Hölderlins Hymnen »Germanien« und »Der Rhein«*, S. 17 (1934/35); *Einführung in die Metaphysik*, S. 38/27 (1935)

[256] z. B.: *Hölderlins Hymnen*..., S. 26 f., 84, 120, 195, 254, 294 (1934/35); *Einführung in die Metaphysik*, S. 50 f./35 f. (1935); *Nietzsche* I, S. 476 (1939)

[257] vgl. W. Franzen, S. 78 ff., mit ausführlicher Literaturübersicht

[258] z. B.: P. Hühnerfeld

[259] »Der Fall Heidegger« in: *Essays*..., S. 187 ff.

[260] vgl. M. Heidegger: *Wegmarken*, S. 306 f./102, 332/163

[261] *Sein und Zeit*, S. 226 ff./170 ff.

[262] *Einführung in die Metaphysik*, S. 40 f./28 f., 48 f./34 f.; vgl. auch: *Parmenides*, S. 127 f.

[263] *Einführung in die Metaphysik*, S. 42/29 f.

[264] S. 27 ff./19 ff.

[265] *Hölderlins Hymnen »Germanien« und »Der Rhein«*, S. 290 ff., *Hölderlins Hymne »Andenken«*, S. 128 ff.

[266] vgl. M. Heidegger: *Vorträge und Aufsätze*, S. 47/43

[267] S. 242

[268] *Holzwege*, S. 111/102

[269] *Vorträge und Aufsätze*, S. 95 ff./91 ff.; *Nietzsche* II, S. 21

[270] *Vorträge und Aufsätze*, S. 96/92

[271] M. Ende: *Momo*

[272] *Nietzsche* II, S. 24

[273] »König Oidipus«, V. 97 f.

[274] F. Hölderlin: *Werke und Briefe*, S. 729 ff.

[275] *SW*, Stuttgarter Ausgabe, Bd. II/1, S. 373/V. 20 f.

[276] M. Heidegger: *Wegmarken*, S. 312/107 f.

[277] Sophokles: »Ödipus auf Kolonos«, V. 1777–1779. Allerdings ist auch eine Übersetzung mög-

[278] lich, die das Kyros nur auf die Besiegelung durch den Eid des Königs Theseus bezieht: vgl. die Übersetzung von E. Buschor in *Aischylos/Sophokles*...

[278] *Holzwege*, S. 295/272

[279] D. Kerner, S. 147 ff.

[280] Brief an Leopold Kupelwieser vom 31. März 1824, O.E. Deutsch: *Die Dokumente*..., S. 234

[281] Schubert zu Anselm Hüttenbrenner, O.E. Deutsch: *Die Erinnerungen*..., S. 154 f.

[282] D. Fischer-Dieskau, S. 202

[283] E. Staiger: *Musik und Dichtung*, S. 188

[284] Brief an Schober und die anderen Freunde vom 3. August 1818, O.E. Deutsch: *Die Dokumente*..., S. 62

[285] Fragment Nr. B 30 in der Zählung von H. Diels. Zur Übersetzung vgl. auch E. Fink in: M. Heidegger/E. Fink, S. 95

[286] Aufzeichnung von Josef von Spaun, O.E. Deutsch: *Die Erinnerungen*..., S. 117

[287] Schubert zu Josef Hüttenbrenner, O.E. Deutsch: *Die Erinnerungen*..., S. 62

[288] siehe Anm. 286

[289] *Musik und Dichtung*, S. 188 ff.

[290] vom 7. 6. 1826, S. 270

[291] T. G. Georgiades, S. 216

[292] H. Kreissle von Hellborn: Franz Schubert. Wien 1865, zitiert nach T. G. Georgiades, S. 219. Vgl. O.E. Deutsch, *Die Erinnerungen*..., S. 170, 173

[293] D. Fischer-Dieskau, S. 296

[294] »Aphorismen zur Lebensweisheit«, Kap. VI, *Werke* Bd. VIII, S. 528

[295] V. 30, *Werke und Briefe*, S. 120

[296] »Mnemosyne«, 2. Fassung, V. 2, ebd., S. 199

[297] »Trauer und Melancholie«, *GW* Bd. X, S. 430

[298] »Zarathustra's Vorrede«, *SW* Bd. 4, S. 19

[299] »Das Buch von der Pilgerschaft«, *SW* Bd. 1, S. 329

[300] Siehe Anm. 286

[301] *Werke und Briefe*, S. 36

[302] *Unterwegs zur Sprache*, S. 169

[303] Siehe Anm. 286

[304] M. Schneider, S. 107, 139

[305] *Holzwege*, S. 65/64, 73 f.

[306] »Mnemosyne«, 2. Fassung, V. 2 f., *Werke und Briefe*, S. 199

[307] Ökonomisch-philosophische Manuskripte (1844), »Die entfremdete Arbeit«, in: *Marx/Engels-Studienausgabe* Bd. II, S. 82

[308] *Wegmarken*, S. 340/170

[309] ebd., S. 339/170

[310] V. 1–4, *Werke* Bd. VIII, S. 273

[311] V. 22, »Sebastian im Traum«, *Dichtungen und Briefe*, S. 78

[312] B. Brecht: *Aufstieg und Fall der Stadt Mahagonny*, S. 12

[313] *Statische Gedichte*, S. 65

[314] F. Nietzsche: »Also sprach Zarathustra«, »Unter Töchtern der Wüste«, *SW* Bd. 4, S. 380

[315] »Die fröhliche Wissenschaft«, Nr. 125, *SW* Bd. 3, S. 481

[316] S. 211

[317] »Brot und Wein«, V. 122, und »Dichterberuf«, V. 64, *Werke und Briefe*, S. 118 und 84

[318] »Zarathustra's Vorrede«, *SW* Bd. 4, S. 13 f.

[319] Nr. 125, *SW* Bd. 3, S. 480 f.

[320] »Nachgelassene Fragmente«, *SW* Bd. 9, S. 631 f.

[321] *Holzwege*, S. 267/246 f.

[322] Fragment Nr. B 54 in der Zählung von H. Diels.
Zur Übersetzung vgl.: K. Held, S. 145; D. Holwerda, S. 60; *Die Vorsokratiker 1*, S. 259

[323] vgl. Anm. 15

[324] M. Heidegger: *Vorträge und Aufsätze*, S. 197/191, 200/194

[325] *Werke und Briefe*, S. 736

[326] »König Oidipus«, v. 910, in: *Aischylos/Sophokles/Euripides*, Bd. 3, S. 129

[327] »Oedipus der Tyrann«, *Werke und Briefe*, S. 706

[328] D. Fischer-Dieskau, S. 131

[329] »Geh unter, schöne Sonne…«, V. 1–4, *Werke und Briefe*, S. 72

[330] *Die Kunst der Interpretation*, S. 28

[331] Ch. Morgenstern, S. 71

[332] S. 114 (Übersetzung des Autors)

[333] S. 109

[334] V. 13–17, »Sebastian im Traum«, *Dichtungen und Briefe*, S. 75

[335] T. G. Georgiades, S. 215 f.

[336] D. Fischer-Dieskau, S. 272 f.

[337] 2. Fassung, »Sebastian im Traum«, *Dichtungen und Briefe*, S. 57

[338] *Unterwegs zur Sprache*, S. 17 ff.

[339] *Aus der Erfahrung des Denkens*, S. 79

[340] V. 1, 5, »Sebastian im Traum«, *Dichtungen und Briefe*, S. 46

[341] »Gesang des Abgeschiedenen«, ebd., S. 72, 78 f.

[342] S. 363 ff.

[343] S. 108

[344] S. 293

[345] *Werke und Briefe*, S. 72 f.

[346] 1. Band, 2. Buch, *Werke und Briefe*, S. 353

[347] A. B. Fraser: »Halo-Phänomene«

[348] G. Moore, S. 206

[349] *Musik und Dichtung*, S. 191

[350] G. Moore, S. 210 f.

[351] S. 298

[352] G. Moore, S. 210

[353] V. Buch, Spruch 366 (»Das Lautenspiel Gottes«), *SW*, S. 221

[354] »Wilhelm Meisters Lehrjahre«, 5. Buch, 14. Kap., *Werke* Bd. 7, S. 335

[355] Aufzeichnung von Eduard von Bauernfeld, O. E. Deutsch: *Die Erinnerungen…*, S. 201

[356] »Die stillste Stunde«, *SW* Bd. 4, S. 188 f.

[357] D. Fischer-Dieskau, S. 298

[358] S. 210, 213

[359] S. 52

[360] G. Orwell, S. 52 f.

[361] ebd., S. 340

[362] ebd., S. 141

[363] ebd., S. 328, 336

[364] *Die Gedichte*, S. 835

[365] *Nietzsche 1*, S. 169; vgl. G. Orwell, S. 344 (Motto dieses Kapitels)

[366] *Kritik der reinen Vernunft*, A 598/B 626

[367] S. 167

[368] S. 181

[369] S. 83 ff.

[370] vgl. M. Heidegger: *Vorträge und Aufsätze*, S. 190/184

[371] G. Orwell, S. 93

[372] 2. Fassung, V. 2 f., *Werke und Briefe*, S. 199

[373] »Die Metalinguistik B. L. Whorfs und die daseinsanalytische ›Sprachschöpfung‹«

[374] vgl. A. Lommel

375 vgl. M. Heidegger: *Vier Seminare*, S. 66

376 ebd., S. 74

377 M. Heidegger: *Unterwegs zur Sprache*, S. 157 ff., S. 217 ff.

378 ebd., S. 216

379 Aristoteles: *Metaphysik*, 1003 a33; 1026 a33, b2; 1089 a6 f. Zur Übersetzung vgl. M. Heidegger: *Aristoteles...*, S. 4, 15, 20 vgl. »Vita« in: G. Neske, S. 303

380 *Wegmarken*, S. 313/145

381 vgl. M. Heidegger: *Die Technik und die Kehre*, S. 40; *Unterwegs zur Sprache*, S. 202 ff., 257; *Zur Sache des Denkens*, S. 16

382 *Unterwegs zur Sprache*, S. 12, 33

383 ebd., S. 22 ff.

384 vgl. M. Heidegger: *Aus der Erfahrung des Denkens*, S. 88, 145, 150; *Vier Seminare*, S. 14, 21, 122

385 Nr. 498, *Werke*, Bd. 12, S. 434

386 T. C. McLuhan, S. 29

387 vgl. M. Heidegger: *Vorträge und Aufsätze*, S. 145 ff. / 139 ff., 163 ff. / 157 ff., 187 ff. / 181 ff.; *Erläuterungen zu Hölderlins Dichtung*, S. 152 ff.

388 F. Hölderlin: »Griechenland«, 2. und 3. Fassung, *Werke und Briefe*, S. 238 ff.

389 *Erläuterungen zu Hölderlins Dichtung*, S. 170

390 M. Heidegger: *Unterwegs zur Sprache*, S. 215

391 ders.: *Wegmarken*, S. 306 f./ 102 f.

392 ders.: *Identität und Differenz*, S. 11 ff./9 ff.; *Zur Sache des Denkens*, S. 1 ff.

393 *Unterwegs zur Sprache*, S. 267

394 *Identität und Differenz*, S. 30/26

395 *Unterwegs zur Sprache*, S. 266

396 v. 21, »Sebastian im Traum«, *Dichtungen und Briefe*, S. 47

397 vgl. M. Heidegger: *Sein und Zeit*, S. 90 ff/66 ff.

398 vgl. ders.: *Unterwegs zur Sprache*, S. 32 f., 175, 215, 254 ff.; *Erläuterungen zu Hölderlins Dichtung*, S. 124/117; *Identität und Differenz*, S. 22 f./18 f.; *Wegmarken*, S. 74 f.

399 vgl. ders.: *Wegmarken*, S. 306 f./ 102 f.; *Was ist das – die Philosophie*, S. 36/23 f.

400 vgl. ders.: *Unterwegs zur Sprache*, S. 136

401 vgl. A. Padrutt: »No future?« in: *Was heißt Umdenken?*, gekürzte Fassung in: *Technische Rundschau*.

402 »Friedensfeier«, V. 92 (vgl. auch 3. Ansatz), *Werke und Briefe*, S. 166/163

403 vgl. M. Heidegger: *Aus der Erfahrung des Denkens*, S. 76

404 S. 16

405 *Unterwegs zur Sprache*, S. 30

406 ebd., S. 255

407 T. C. McLuhan, S. 11

408 vgl. M. Heidegger: *Unterwegs zur Sprache*, S. 205

409 *Vorträge und Aufsätze*, S. 215/ 207

410 F. Nietzsche: »Also sprach Zarathustra«, »Die stillste Stunde«, *SW* Bd. 4, S. 188 f.

411 *Was heißt Denken?*, S. 89, 168

412 *Vier Seminare*, S. 137

413 »Cherubinischer Wandersmann«, 1. Buch, Spruch 289 (»Ohne Warum«), *SW* S. 61 (detebe, S. 53)

414 V. 18 und 90, *Werke und Briefe*, S. 114 und 117

[415] *Unterwegs zur Sprache*, S. 142, 144

[416] V. 8–14, *Werke und Briefe*, S. 134 f.

[417] *Wegmarken*, S. 317 f./149 f., 361/ 191. Vgl. *Sein und Zeit*, S. 168 ff./ 126 ff., 213 ff./160 ff.

[418] V. 83 f., *Werke und Briefe*, S. 165

[419] *Holzwege*, S. 49/49; *Wegmarken*, S. 325 ff./156 ff.; *Vier Seminare*, S. 118, 122

[420] vgl. M. Heidegger: *Sein und Zeit*, S. 50/37, 202 ff./152 f.; *Unterwegs zur Sprache*, S. 96 ff., 121 f., 150

[421] Nr. 240, *Werke* Bd. 12, S. 398

[422] *Vier Seminare*, S. 137

[423] Fragment Nr. B 122 in der Zählung von H. Diels

[424] vgl. M. Heidegger: *Prolegomena zur Geschichte des Zeitbegriffs*, S. 13 ff.; *Sein und Zeit* S. 36 ff./ 27 ff.; *Grundprobleme der Phänomenologie*, S. 1 ff.; *Zur Sache des Denkens*, S. 47 f., 69 ff., 81 ff.

[425] L. Binswanger, M. Boss. vgl. Literaturverzeichnis

[426] vgl.: *Philosophie als strenge Wissenschaft*; *Ideen zu einer reinen Phänomenologie...*, 1. Buch

[427] *Logische Untersuchungen*, Bd. 11, 2. Teil, 6. Kap., § 40, S. 128

[428] vgl. M. Heidegger: *Vier Seminare*, S. 111 ff.

[429] vgl. ders.: *Sein und Zeit*, S. 23/16

[430] Nr. 34 in: »Götzen-Dämmerung«, *SW* Bd. 6, S. 64

[431] vgl. M. Heidegger: *Sein und Zeit*, S. 49/37; *Prolegomena zur Geschichte des Zeitbegriffs*, S. 120

[432] »Maximen und Reflexionen«, Nr. 469, *Werke* Bd. 12, S. 430

[433] ebd., Nr. 415, S. 422

[434] ebd., Nr. 488, S. 432

[435] ebd., Nr. 19, S. 367

[436] »Vorlesungen zur Einführung in die Psychoanalyse«, *GW*, Bd. xi, S. 62

[437] vgl. M. Heidegger: *Vier Seminare*, S. 137; *Prolegomena zur Geschichte des Zeitbegriffs*, S. 32; *Aus der Erfahrung des Denkens*, S. 233

[438] vgl. ders.: *Grundprobleme der Phänomenologie*, S. 28; *Sein und Zeit*, S. 37/27; *Zur Sache des Denkens*, S. 90

[439] *Grundprobleme der Phänomenologie*, S. 28 ff., vgl. *Sein und Zeit*, S. 27 ff./19 ff.

[440] *Holzwege*, S. 16/20; *Der Satz vom Grund*, S. 158 f.; *Was ist das – die Philosophie?*, S. 40/26; *Erläuterungen zu Hölderlins Dichtung*, S. 177 f.; *Unterwegs zur Sprache*, S. 32 f.; *Aus der Erfahrung des Denkens*, S. 143, 153, 211

[441] vgl. M. Heidegger: *Vier Seminare*, S. 137

[442] *Aus der Erfahrung des Denkens*, S. 211

[443] *Vier Seminare*, S. 137

[444] F. Hölderlin: »Brief an Casimir Ulrich Böhlendorff, *Werke und Briefe*, S. 945

[445] 3. Fassung, V. 13 f., *Werke und Briefe*, S. 239

[446] *Erläuterungen zu Hölderlins Dichtung*, S. 160, 167

[447] Collected Works, Bd. 39, S. 122, zitiert nach P. Kern/H.-G. Wittig: »Was können wir...«

[448] vgl. M. Heidegger: *Wegmarken*, S. 342/172

[449] Predigt 32, S. 303

450 B. Welte, S. 31 ff.

451 Predigt 2, S. 159 ff.

452 vgl. M. Heidegger: *Wegmarken*, S. 310/106

453 ebd., S. 342/172

454 vgl. ebd., S. 306 f./102 f.

455 *Global 2000*, S. 877; vgl. auch A. Padrutt: »›Gyn-Ökologie‹…«

456 *Gelassenheit*, S. 23 ff.

457 Siebte olympische Ode, V. 43–47

458 Wenn hier im Anklang an Heidegger das Wort »Kehre« gebraucht wird, dann nicht nur, wie oft in der Sekundärliteratur, als bloße Kennzeichnung einer Änderung von Heideggers Philosophie, sondern als »Kehre im Geschick von Sein«, wie in: *Die Technik und die Kehre*, S. 37 ff.; *Wegmarken*, S. 201/97

459 *Holzwege*, S. 373, Anm. a; *Identität und Differenz*, S. 28/24; *Vier Seminare*, S. 104

460 »Thesen über Feuerbach«, 11. These, in: *Marx/Engels-Studienausgabe* Bd. 1, S. 141

461 V. 339

462 *Was heißt Denken?*, S. 16 ff.

463 »Die Welt als Wille und Vorstellung« 11, Erster Teilband, Kap. 1 und 18, *Werke* Bd. 111, S. 10 und 224

464 »Die perfekte Notlösung«, »Fußnoten«, in: *Scheidewege* 1983/84, S. 334

465 *Kritik der praktischen Vernunft*, 1. Teil, 1. Buch, 1. Hauptst., § 7, S. 36

466 G. W. Leibniz: *Vernunftprinzipien der Natur und der Gnade*, § 7, S. 12

467 S. 97 ff.

468 *Wegmarken*, S. 306 f./102 f.

469 in: *Was heißt Umdenken?*, gekürzte Fassung in: *Technische Rundschau*

470 III. Buch, Spruch 90 (»Jetzt mußt du blühen«), *SW* S. 113 (detebe S. 67)

471 »Hyperion«, 1. Band, 1. Buch, *Werke und Briefe*, S. 329

Verzeichnis der erwähnten Schriften

Aischylos: *Tragödien und Fragmente*, griechisch-deutsche Ausgabe, hrsg. und übersetzt von O. Werner, München 1969

Aischylos/Sophokles/Euripides: *Gesamtausgabe der griechischen Tragödien*, übersetzt von E. Buschor, Zürich 1979

Alt, F.: *Frieden ist möglich.* Die Politik der Bergpredigt, München 1983

Altenkirch, W.: *Ökologie*, Frankfurt a. M. 1977

Amery, C.: *Das Ende der Vorsehung.* Die gnadenlosen Folgen des Christentums, Reinbek bei Hamburg 1974

Angelus Silesius: *Der Cherubinische Wandersmann*, Zürich 1979 (detebe 20644)

Angelus Silesius: *Sämtliche poetischen Werke und eine Auswahl aus seinen Streitschriften*, hrsg. von G. Ellinger, Berlin 1923

Aristoteles: *Metaphysik*, griechisch-deutsche Ausgabe, hrsg. von H. Seidl, Hamburg 1978, 1980

Bally, G.: *Einführung in die Psychoanalyse Sigmund Freuds*, München 1965

Bateson, G.: *Ökologie des Geistes*, Frankfurt a. M. 1983

Baumgartner, A.: *Zumutungen*, Bern 1983

Benn, G.: *Statische Gedichte*, Zürich 1983

Berve, H./Gruben, G.: *Tempel und Heiligtümer der Griechen*, München 1978

Binswanger, H. C./Fritsch, H./Nutzinger, H. G., u. a.: *Arbeit ohne Umweltzerstörung*, Frankfurt a. M. 1983

Binswanger, H. C./Geissberger, W./Ginsburg, T. (Hrsg.): *Der NAWU-Report: Wege aus der Wohlstandsfalle*, Frankfurt a. M. 1978

Binswanger, L.: *Ausgewählte Vorträge und Aufsätze*, Bd. I und II, Bern 1955, 1961

Bloch, E.: *Das Prinzip Hoffnung*, Frankfurt a. M. 1978

Boss, M.: *Der Traum und seine Auslegung*, Bern 1953

Boss, M.: *»Es träumte mir vergangene Nacht,...«*, Bern 1975

Boss, M.: *Grundriß der Medizin*, Bern 1971

Boss, M.: *Psychoanalyse und Daseinsanalytik*, Bern 1957

Branscomb, L. M.: »Die letzten Grenzen der Information«, in: *Neue Zürcher Zeitung*, 17. 10. 1979

Braque, G.: *Vom Geheimnis in der Kunst.* Gesammelte Schriften und von D. Vallier aufgezeichnete Erinnerungen und Gespräche. Übertragen von S. Bütler und J.-C. Berger, Zürich 1958

Brecht, B.: *Aufstieg und Fall der Stadt Mahagonny*, Frankfurt a. M. 1975 (es 229)

Brecht, B.: *Die Dreigroschenoper*, Frankfurt a. M. 1974

Brecht, B.: *Die Gedichte*, Frankfurt a. M. 1981

Büchner, G.: *Werke und Briefe*, hrsg. von F. Bergemann, Frankfurt a. M. 1979

Büchner, L.: *Kraft und Stoff.* Empirisch-Naturphilosophische Studien, Leipzig 1862

Capra, F.: *Der kosmische Reigen*, Bern 1983

Capra, F.: *Wendezeit.* Bausteine für ein neues Weltbild, Bern 1983

Club of Rome: *Zukunftschance Lernen*, hrsg. von A. Peccei, München 1983

Condrau, G.: *Aufbruch in die Freiheit*, Wien 1972

Dahl, J.: *Auf Gedeih und Verderb. Kommt Zeit, kommt Unrat.* Zur Metaphysik der Atomenergie-Erzeugung, Ebenhausen 1981

Dahl, J.: *Der Anfang vom Ende der Autos*, Ebenhausen 1981

Dahl, J.: *Einrede gegen die Mengenlehre/Einrede gegen die Mobilität/Einrede gegen Plastic*, Ebenhausen 1974

Daly, M.: *Gyn/Ökologie*, München 1981

Der Mensch und seine Sprache, hrsg. von A. Peisl und A. Mohler, Frankfurt a. M. 1979

Der neue Konsument, Frankfurt a. M. 1979

Der Störfall von Harrisburg. Der offizielle Bericht der von Präsident Carter eingesetzten Kommission über den Reaktorunfall auf Three Mile Island, Düsseldorf 1979

Descartes, R.: *Discours de la Méthode*, französisch-deutsche Ausgabe, übersetzt und hrsg. von L. Gäbe, Hamburg 1969

Descartes, R.: *Meditationes*, lateinisch-deutsche Ausgabe, hrsg. von L. Gäbe, Hamburg 1977

Deutsch, O. E.: *Schubert. Die Do-*

kumente seines Lebens; Leipzig und Kassel 1964

Deutsch, O. E.: *Schubert. Die Erinnerungen seiner Freunde,* Leipzig 1957

»Die allerersten Gene«, in: *Neue Zürcher Zeitung,* 8. 8. 1979

Die Evolution des Denkens, hrsg. von K. Lorenz und F. M. Wuketits, München 1983

»Die Kernenergiekontroverse aus psychologischer Sicht«, in: *Neue Zürcher Zeitung,* 4. 2. 1981

Die Sokratiker, in Auswahl übersetzt und hrsg. von W. Nestle, Jena 1922

Die Vorsokratiker 1, griechisch-deutsche Ausgabe, hrsg. und übersetzt von J. Mansfeld, Stuttgart 1983

Diels, H.: *Die Fragmente der Vorsokratiker,* griechisch-deutsche Ausgabe, hrsg. von W. Kranz, Bd. I, Zürich 1974

dtv-Brockhaus-Lexikon in 20 Bänden, München 1982

Ende, M.: *Momo,* Stuttgart 1973

Ferguson, M.: *Die sanfte Verschwörung* (The Aquarian Conspiracy), Basel 1982

Fischer-Dieskau, D.: *Auf den Spuren der Schubert-Lieder,* München 1977

Fräntzki, E.: *Der mißverstandene Marx,* Pfullingen 1978

Franzen, W.: *Martin Heidegger,* Stuttgart 1976

Fraser, A. B.: »Halo-Phänomene«, in: *Physik in unserer Zeit,* Weinheim 3. Jg. Nr. 1/1972

Freud, S.: *Gesammelte Werke,* hrsg. von A. Freud u. a., London/ Frankfurt a. M. 1952–1968

Frey, B. S.: *Umweltökonomie,* Göttingen 1972

Fritzsch, H.: *Vom Urknall zum Zerfall,* München 1983

Fromm, E.: *Haben oder Sein,* Stuttgart 1978

Gay, J.: *The poetical, dramatic and miscellaneous works of J. Gay in 6 Vols,* Vol. 4, New York 1970 (reprinted from the edition of 1795, London)

Georgiades, T. G.: *Schubert, Musik und Lyrik,* Göttingen 1979

Gibran, K.: *Der Prophet,* Olten 1983

Global 2000. Der Bericht an den Präsidenten, Frankfurt a. M. 1981

Gobry, I.: *Franz von Assisi,* Reinbek bei Hamburg 1976

Goethe, J. W. von: *Werke,* Hamburger Ausgabe (dtv-Taschenbuchausgabe), München 1982

Gorz, A.: *Ökologie und Freiheit*, Reinbek bei Hamburg 1980

Gruhl, H.: *Ein Planet wird geplündert*, Frankfurt a. M. 1983

Haffner, S.: *Anmerkungen zu Hitler*, Frankfurt a. M. 1983

Hegel, G. W. F.: *Wissenschaft der Logik*, hrsg. von G. Lasson, Hamburg 1975

Heidegger, M.: *Gesamtausgabe*, Frankfurt a. M. ab 1975 (In den Anmerkungen wird grundsätzlich aus der Gesamtausgabe zitiert. Die entsprechenden Seitenzahlen einiger in Einzelausgabe erschienenen Titel werden ebenfalls angeführt)

Aristoteles, Metaphysik IX 1–3, Bd. 33;
Aus der Erfahrung des Denkens, Bd. 13;
Einführung in die Metaphysik, Bd. 40;
Erläuterungen zu Hölderlins Dichtung, Bd. 4;
Grundprobleme der Phänomenologie, Bd. 24;
Hölderlins Hymne »Andenken«, Bd. 52;
Hölderlins Hymnen »Germanien« und »Der Rhein«, Bd. 39;
Holzwege, Bd. 5;
Parmenides, Bd. 54;
Prolegomena zur Geschichte des Zeitbegriffs, Bd. 20;
Sein und Zeit, Bd. 2;
Wegmarken, Bd. 9.

Heidegger, M.: *Der Satz vom Grund*, Pfullingen 1978
”: *Die Selbstbehauptung der deutschen Universität;
Das Rektorat 1933/34*, Frankfurt a. M. 1983
”: *Die Technik und die Kehre*, Pfullingen 1982
”: *Gelassenheit*, Pfullingen 1959/1982
”: *Identität und Differenz*, Pfullingen 1957/1982
”: *Nietzsche Bd. I und II*, Pfullingen 1961
”: *Schellings Abhandlung über das Wesen der menschlichen Freiheit*, Tübingen 1971
”: *Unterwegs zur Sprache*, Pfullingen 1982
”: *Vier Seminare*, Frankfurt a. M. 1977
”: *Vorträge und Aufsätze*, Pfullingen 1959/1978
”: *Was heißt Denken?*, Tübingen 1971
”: *Was ist das – die Philosophie?*, Pfullingen 1963/1984
”: *Zur Sache des Denkens*, Tübingen 1976

Heidegger, M./Fink, E.: *Heraklit*, Frankfurt a. M. 1970

Heine, H.: *Briefe*, Bd. 1, hrsg. von F. Hirth, Mainz 1950

Heisenberg, W.: *Wandlungen in den Grundlagen der Naturwissenschaft*, Stuttgart 1980

Held, K.: *Heraklit, Parmenides und der Anfang von Philosophie und Wissenschaft*, Berlin 1980

Herdi, F.: *Limmatblüten/Limmat-falter*, Zürich 1966

Hobbes, T.: *Leviathan*, übersetzt von J. P. Mayer, Stuttgart 1980

Hölderlin, F.: *Sämtliche Werke*, Stuttgarter Ausgabe, Bd. II/1, hrsg. von F. Beißner, Stuttgart 1951

Hölderlin, F.: *Werke und Briefe*, hrsg. von F. Beißner und J. Schmidt, Frankfurt a. M. 1969

Holwerda, D.: *Sprünge in die Tiefen Heraklits*, Groningen 1978

Holzhey, A.: »Jenseits des Bedürfnisprinzips«, in: *Schweizer Monatshefte*, Zürich 12/1983, redigierte Fassung des auf der Tagung »Was heißt Umdenken?« gehaltenen Vortrages.

Huber, J.: *Die verlorene Unschuld der Ökologie*, Frankfurt a. M. 1982

Hühnerfeld, P.: *In Sachen Heidegger*, München 1961

Husserl, E.: *Cartesianische Meditationen und Pariser Vorträge*, *Husserliana*, Bd. I, Den Haag 1973

Husserl, E.: *Ideen zu einer reinen Phänomenologie und phänomenologischen Philosophie*, 1. Buch, *Husserliana*, Bd. III, Den Haag 1976

Husserl, E.: *Logische Untersuchungen*, Tübingen 1980

Husserl, E.: *Philosophie als strenge Wissenschaft*, Frankfurt a. M. 1981

Huxley, A.: *Schöne neue Welt*, Frankfurt a. M. 1984

Illich, I.: *Selbstbegrenzung*, Reinbek bei Hamburg 1980

Institut für Psychodiagnostik, Verlag H. Huber, Bern: *MMPI-Computer-Programm*, Werbebrief vom Januar 1981

Jantsch, E.: »Dissipative Strukturen: Ordnung durch Fluktuation«, in: *Neue Zürcher Zeitung*, 26. 11. 1975

Jaspers, K.: *Psychologie der Weltanschauungen*, Berlin/Heidelberg 1971

Jonas, H.: *Das Prinzip Verantwortung*, Frankfurt a. M. 1982

Jünger, E.: *Das Sanduhrbuch*, Frankfurt a. M. 1954

Jünger, E.: *Der Arbeiter*, Stuttgart 1982

Jünger, F. G.: *Die Perfektion der Technik*, Frankfurt a. M. 1980

Jungk, R.: *Der Atomstaat*, Reinbek bei Hamburg 1979

Kästner, E.: *Aufstand der Dinge*, Frankfurt a. M. 1976

Kafka, F.: *Das Schloß*, Frankfurt a. M. 1983

Kafka, F.: *Sämtliche Erzählungen*, Frankfurt a. M. 1983

Kant, I.: *Kritik der praktischen Vernunft*, Hamburg 1974

Kant, I.: *Kritik der reinen Vernunft*, Hamburg 1976

Kants gesammelte Schriften, Bd. 8, hrsg. von der königl.-preußischen Akademie der Wissenschaften, Berlin ab 1900

Katz, R.: *Drei Gesichter Luzifers. Lärm, Maschine, Geschäft*, Erlenbach/Zürich 1934

Keller, G.: *Werke*, Zürcher Ausgabe, hrsg. von G. Steiner, Zürich 1978 (detebe 20 521–20 528)

Kelly, P./Leinen, J. (Hrsg.): *Prinzip Leben*, Ökopax, die neue Kraft, Berlin 1982

Kern, P./Wittig, H.-G.: »Der ›Lernbericht‹ des CLUB OF ROME«, in: *Zeitschrift für Pädagogik*, Weinheim 1/1981

Kern, P./Wittig, H.-G.: »Ökologische Perspektiven für die Pädagogik«, in: *Allgemeiner Schulanzeiger*, Freiburg 1/1983

Kern, P./Wittig, H.-G.: »Sokrates im Atomzeitalter«, in: *Gymna-*

sium Helveticum, Luzern, Nr. 37/2, 10. 3. 1983

Kern, P./Wittig, H.-G.: »Was können wir angesichts der Ökokrise von Gandhi lernen?« in: *Patmos*, Düsseldorf, 1/1984

Kernenergie – Wozu? hrsg. von W. C. Zimmerli, Basel 1978

Kerner, D.: *Krankheiten großer Musiker*, Bd. 1, Stuttgart 1973

King Crimson: *In the court of the crimson king*, Schallplatte LC 0309 (1969)

Komarow, B. (Pseudonym): *Das große Sterben am Baikalsee*, Frankfurt a. M. 1978

Kowalski, E.: »Die Drucktastenzivilisation«, in: *Neue Zürcher Zeitung*, 16. 7. 1975

Kuhn, T. S.: *Die Entstehung des Neuen*, Frankfurt a. M. 1978

Kuhn, T. S.: *Die Struktur wissenschaftlicher Revolutionen*, Frankfurt a. M. 1981

Leben und Meinungen der Sieben Weisen, griechische und lateinische Quellen, erläutert und übertragen von B. Snell, München 1971

Leibniz, G. W.: *Vernunftprinzipien der Natur und der Gnade; Monadologie*, französisch-deutsche Ausgabe, hrsg. von H. Herring, Hamburg 1982

Lommel, A.: *Fortschritt ins Nichts.* Die Modernisierung der Primitiven Australiens, Berlin 1981

Lorenz, K.: *Das sogenannte Böse.* Zur Naturgeschichte der Aggression, München 1974

Lorenz, K.: *Die acht Todsünden der zivilisierten Menschheit*, München 1982

Marcel, G.: *Sein und Haben*, übersetzt von E. Behler, Paderborn 1968

Marcuse, L.: *Essays, Porträts, Polemiken*, hrsg. von H. v. Hofe, Zürich 1979

Maren-Grisebach, M.: *Philosophie der Grünen*, München 1982

Marx-Engels-Werke, *MEW*, Ost-Berlin 1956

Marx, K./F. Engels-*Studienausgabe in 4 Bänden*, hrsg. von I. Fetscher, Frankfurt a. M. 1982

McLuhan, T. C.: *...wie der Hauch eines Büffels im Winter*, Indianische Selbstzeugnisse, Hamburg 1979

Meadows, D. u. a.: *Die Grenzen des Wachstums*, Reinbek bei Hamburg 1973

Meister Eckehart: *Deutsche Predigten und Traktate*, hrsg. und übersetzt von J. Quint, Zürich 1979 (detebe 20642)

Meyer, E. Y.: *Plädoyer*, Frankfurt a. M. 1982

Mössbauer, R. L.: »Haben Neutrinos eine endliche Ruhemasse?« in: *Neue Zürcher Zeitung*, 19. 9. 1979

Moore, G.: *Schuberts Liederzyklen*, Kassel 1978

Morgenstern, Ch.: *Alle Galgenlieder*, Zürich 1981 (detebe 20400)

Moser, H. A.: *Vineta*, Zürich 1955

Müller, W.: *Die Winterreise*, Zürich 1984

Müller-Locher, P.: »Die Metalinguistik B. L. Whorfs und die daseinsanalytische ›Sprachschöpfung‹«, Vortrag, gehalten im Forum der Schweizerischen Gesellschaft für Daseinsanalyse vom 4. 11. 1982 in Zürich, unveröffentlichtes Manuskript

Mumford, L.: *Mythos der Maschine*, Frankfurt a. M. 1980

Nationale Schweizerische UNESCO-Kommission/Schweizerische Naturforschende Gesellschaft: *Wie wir unsere Erde zum Treibhaus machen*, Bern 1983

Neeße, G.: *Heraklit heute*, Hildesheim 1982

Neske, G. (Hrsg.): *Erinnerung an Martin Heidegger*, Pfullingen 1977

Nietzsche, F.: *Sämtliche Werke, Kritische Studienausgabe* in 15 Bänden, hrsg. von G. Colli und M. Montinari, München 1980

Nossack, H. E.: *Unmögliche Beweisaufnahme*, Frankfurt a. M. 1976

Ökologie und Ethik, hrsg. von D. Birnbacher, Stuttgart 1980

Orwell, G.: *1984*, übersetzt von K. Wagenseil, Zürich 1983 (detebe 21 087)

Ott, H.: »Martin Heidegger als Rektor...«, in: *Zeitschrift des Breisgau-Geschichtsvereins*, 102. Jahresheft, Freiburg 1983, und 103. Jahresheft (noch nicht erschienen). Zusammenfassender Bericht von L. Lütkehaus in: *Basler Zeitung*, 15. 3. 1984

Padrutt, A.: »›Gyn-Ökologie‹ – zieht uns das Ewig-Weibliche hinan?«, Vortrag, gehalten im Forum der Schweizerischen Gesellschaft für Daseinsanalyse vom 6. 10. 1983 in Zürich, unveröffentlichtes Manuskript

Padrutt, A.: »No Future?« in: *Technische Rundschau*, Bern, Nr. 32, 7. 8. 1984, gekürzte Fassung des auf der Tagung »Was heißt Umdenken?« gehaltenen Vortrages

Padrutt, H.: »Macht uns das Auto unabhängig?« in: *Neue Zürcher Zeitung*, 23./24. Juli 1977

Padrutt, H.: »Zärtlichkeit« (zur phänomenologischen Haltung in der Therapie), in: *Schweiz. Ärztezeitung*, Bd. 63, Nr. 29, 21. 7. 1982

»Paritätsverletzungen im Alltagsleben«, in: *Neue Zürcher Zeitung*, 30. 5. 1979

Perincioli, C.: *Die Frauen von Harrisburg oder »Wir lassen uns die Angst nicht ausreden«*, Reinbek bei Hamburg 1980

Picht, G.: *Hier und Jetzt: Philosophieren nach Auschwitz und Hiroshima*, Bd. 1, Stuttgart 1980

Pietschmann, H.: *Das Ende des naturwissenschaftlichen Zeitalters*, Berlin 1983

Pindar: *Siegesgesänge und Fragmente*, griechisch-deutsche Ausgabe, hrsg. und übersetzt von O. Werner, München 1967

Platon: *Sämtliche Werke*, eingeleitet von O. Gigon, übertragen von R. Rufener, Zürich/München 1979

Prigogine, I./Stengers, I.: *Dialog mit der Natur*, München 1981

Psychologisches Institut der Universität Zürich: *Bulletin* Nr. 2, hrsg. von U. Moser, November 1968

Rapp, F. (Hrsg.): *Naturverständnis und Naturbeherrschung*, München 1981

Remmert, H.: *Ökologie, ein Lehrbuch,* Berlin/Heidelberg 1978

Richter, H. E.: *Der Gotteskomplex,* Reinbek bei Hamburg 1979

Riedl, R.: *Evolution und Erkenntnis,* München 1982

Rilke, R. M.: *Sämtliche Werke,* Insel Werkausgabe, Frankfurt a. M. 1976

Robertson, J.: *Die lebenswerte Alternative,* Frankfurt a. M. 1979

Rohweder, O.: »Ökodilemma«. Sonderdruck aus: *Natur und Mensch,* Nr. 2–6 1981 und Nr. 1–4 1982, Schaffhausen

Rougemont, D. de: *Das andere Europa,* mit dem »Ökologischen Manifest«, München 1980

Rudolf Steiner. Eine Erinnerung an die Rudolf-Steiner-Ausstellung des Jahres 1961. Hrsg. vom Goetheanum, Dornach

Sänger, E.: *Raumfahrt – technische Überwindung des Krieges,* Hamburg 1958

Saint-Exupéry, A. de: *Der kleine Prinz,* übersetzt von G. und J. Leitgeb, Düsseldorf 1984

Scheidewege. Jahresschrift für skeptisches Denken, Baiersbronn, Jg. 13, 1983/84

Schiesser, W.: »Umdenken in bedrohter Umwelt«, in: *Neue Zürcher Zeitung,* 17./18. 9. 1983

Schneeberger, G.: *Nachlese zu Heidegger,* Bern 1962

Schneider, M.: *Franz Schubert,* Reinbek bei Hamburg 1978

Schopenhauer, A.: *Werke in 10 Bänden,* Zürcher Ausgabe, Zürich 1977 (detebe 20 421–20 431)

Schubert, F.: *Winterreise op. 89,* Lieder, Heft 2, Urtext der Neuen Schubert-Ausgabe, hrsg. von W. Dürr, Kassel 1979

Schumacher, E. F.: *Die Rückkehr zum menschlichen Maß,* »Small is Beautiful«, Reinbek bei Hamburg 1979

Schumacher, E. F.: *Rat für die Ratlosen,* Reinbek bei Hamburg 1979

Schweitzer, A.: *Die Ehrfurcht vor dem Leben,* hrsg. von H. W. Bähr, München 1984

Selleri, F.: *Die Debatte um die Quantentheorie,* Braunschweig 1983

Shakespeare. Dramatische Werke, übersetzt von A. W. v. Schlegel und L. Tieck, hrsg. und revidiert von H. Matter, Zürich 1979 (detebe 20 631–20 640)

Sophoclis Fabulae, griechische Ausgabe, Oxford Classical Texts, 1975

»Spiegel-Gespräch« mit Martin Heidegger vom 23. 9. 1966, in: *Der Spiegel*, Hamburg, Nr. 23/1976

Staiger, E.: *Die Kunst der Interpretation*, München 1971

Staiger, E.: *Musik und Dichtung*, Zürich 1980

Steiger, A.: *Sozialprodukt oder Wohlfahrt?* Diessenhofen 1979

Steiner, R.: *Grundlinien einer Erkenntnistheorie der Goetheschen Weltanschauung*, Dornach 1979

Strasser, J./Traube, K.: *Die Zukunft des Fortschritts*, Bonn 1981

Straumann, N.: »Eichtheorien und Unifizierung der fundamentalen Wechselwirkungen«, in: *Neue Zürcher Zeitung*, 8. 11. 1978

Strohm, H.: *Friedlich in die Katastrophe*, Frankfurt a. M. 1981

Teilhard de Chardin, P.: *Die lebendige Macht der Evolution*, Werke Bd. 7, Olten 1967

Thürkauf, M.: *Die Tränen des Herrn Galilei*, Zürich 1980

Thürkauf, M.: *Technomanie – die Todeskrankheit des Materialismus*, Schaffhausen 1978

Trakl, G.: *Dichtungen und Briefe*, Salzburg 1974

Traube, K.: *Müssen wir umschalten?*, Reinbek bei Hamburg 1984 (rororo sachbuch 7827)

Vester, F.: *Unsere Welt – ein vernetztes System*, Stuttgart 1978

Vonessen, F.: *Die Herrschaft des Leviathan*, Stuttgart 1978

Was heißt Umdenken? Vorträge der psychologisch-philosophischen Tagung zur ökologischen Problematik vom 11./12. Juni 1983 in Horgen/Zürich, hrsg. von der Schweizerischen Gesellschaft für Daseinsanalyse und der Philosophischen Gesellschaft Zürich.

Weber, F.: »Dreidimensionale Bilder – ohne Holographie«, in: *Neue Zürcher Zeitung*, 26. 1. 1983

Weber, M.: *Soziologie, Universalgeschichtliche Analysen, Politik*, hrsg. und eingeleitet von J. Winckelmann, Stuttgart 1973

Weill, K./Brecht, B.: *Aufstieg und Fall der Stadt Mahagonny*, Schallplatte CBS 77 341 (1972)

Weizsäcker, C. F. von: *Die Einheit der Natur*, München 1982

Weizsäcker, C. F. von: *Möglichkeiten und Probleme auf dem Weg zu einer vernünftigen Weltfriedensordnung*, München 1984

Weizsäcker, C. F. von: *Wege in der Gefahr*, München 1979

Welte, B.: *Meister Eckhart, Gedanken zu seinen Gedanken*, Freiburg 1979

Whorf, B.L.: *Sprache, Denken Wirklichkeit*, Reinbek bei Hamburg 1976

Wiener, N.: *Mensch und Menschmaschine*, Frankfurt a. M. 1972

Wieser, W.: *Organismen, Strukturen, Maschinen*, Frankfurt a. M. 1959

Wilde, O.: *Der Sozialismus und die Seele des Menschen*, Zürich 1970 (detebe 20003)

Winn, M.: *Die Droge im Wohnzimmer*, Reinbek bei Hamburg 1979

Witt, S. de/Hatzfeldt, H. (Hrsg.): *Zeit zum Umdenken!* Kritik an v. Weizsäckers Atom-Thesen, Reinbek bei Hamburg 1979

Zürcher Bibel von 1955

Personenregister

George Orwell
im Diogenes Verlag

Die besten Geschichten von George Orwell
Ausgewählt von Christian Strich
Diogenes Evergreens

Werkausgabe in 11 Bänden:

Erledigt in Paris und London
Sozialreportage aus dem Jahre 1933. Aus dem Englischen von Alexander Schmitz
detebe 20533

Tage in Burma
Roman. Deutsch von Susanna Rademacher
detebe 20308

Eine Pfarrerstochter
Roman. Deutsch von Hanna Neves
detebe 21088

Die Wonnen der Aspidistra
Roman. Deutsch von Nikolaus Stingl
detebe 21086

Der Weg nach Wigan Pier
Sozialreportage von 1936. Deutsch und mit einem Nachwort von Manfred Papst
detebe 21000

Mein Katalonien
Bericht über den Spanischen Bürgerkrieg. Deutsch von Wolfgang Rieger. detebe 20214

Auftauchen, um Luft zu holen
Roman. Deutsch von Helmut M. Braem
detebe 20804

Farm der Tiere
Ein Märchen. Neu übersetzt von Michael Walter. Mit Zeichnungen von Friedrich Karl Waechter und einem neuentdeckten Nachwort des Autors ›Die Pressefreiheit‹.
Diogenes Evergreens. Auch als detebe 20118

1984
Roman. Deutsch von Kurt Wagenseil
detebe 21087 (nur in Kassette lieferbar)

Im Innern des Wals
Erzählungen und Essays. Deutsch von Felix Gasbarra und Peter Naujack. detebe 20213
Warum ich schreibe – Einen Mann hängen – Einen Elefanten erschießen – Hopfenpflücken – In einem Bergwerk – Marrakesch – Im Innern des Wals – Mark Twain – Der Hofnarr – Rudyard Kipling – Wells, Hitler und der Weltstaat

Rache ist sauer
Erzählungen und Essays. Deutsch von Felix Gasbarra und Claudia Schmölders
detebe 20250
Autobiographisches – Rückblick auf den Spanischen Krieg – Einige Bemerkungen über Salvador Dali – Raffles und Miss Blandish – Rache ist sauer – Zur Verhinderung von Literatur – Gedanken über die gemeine Kröte – Bekenntnisse eines Rezensenten – Politik contra Literatur: Eine Untersuchung von *Gullivers Reisen* – Lear, Tolstoi und der Narr – Gedanken über Gandhi – Die Schriftsteller und der Leviathan

Außerdem lieferbar:

Das George Orwell Lesebuch
Essays, Reportagen, Betrachtungen. Herausgegeben und mit einem Nachwort von Fritz Senn. Deutsch von Tina Richter.
detebe 20788
Orwell über Orwell – Die Engländer – Reportagen – Freiheit und Sozialismus – Allerlei Vorurteile – Aus dem Alltag – Schriftsteller und Bücher – Bemerkungen am Weg

Denken mit Orwell
Sätze für Zeitgenossen, zusammengestellt von Fritz Senn. Deutsch von Felix Gasbarra und Tina Richter. Mit 8 Zeichnungen von Tomi Ungerer. Diogenes Evergreens

Über Orwell
Herausgegeben von Manfred Papst. Deutsch von Matthias Fienbork. detebe 21225

Ludwig Marcuse
im Diogenes Verlag

Arthur Schopenhauer
Zürcher Ausgabe

Vollständige Neuedition, die als Volks- und Studienausgabe angelegt ist:
Jeder Band bringt nach dem letzten Stand der Forschung den integralen
Text in der originalen Orthographie und Interpunktion Schopenhauers;
Übersetzungen fremdsprachiger Zitate und seltener Fremdwörter sind in
eckigen Klammern eingearbeitet; ein Glossar wissenschaftlicher Fachaus-
drücke ist als Anhang jeweils dem letzten Band der *Welt als Wille und
Vorstellung* (detebe 20424), der *Kleineren Schriften* (detebe 20426) und der
Parerga und Paralipomena (detebe 20430) beigegeben. Die Textfassung
geht auf die historisch-kritische Gesamtausgabe von Arthur Hübscher
zurück; das editorische Material besorgte Angelika Hübscher.

Die Welt als Wille und Vorstellung I
in zwei Teilbänden. detebe 20421 + 20422

Die Welt als Wille und Vorstellung II
in zwei Teilbänden. detebe 20423 + 20424

Über die vierfache Wurzel des Satzes vom zureichenden Grunde
Über den Willen in der Natur
Kleinere Schriften I. detebe 20425

Die beiden Grundprobleme der Ethik:
Über die Freiheit des menschlichen Willens
Über die Grundlagen der Moral
Kleinere Schriften II. detebe 20426

Parerga und Paralipomena I
in zwei Teilbänden, von denen der zweite die
›Aphorismen zur Lebensweisheit‹ enthält. detebe 20427 + 20428

Parerga und Paralipomena II
in zwei Teilbänden, von denen der letzte ein Gesamtregister
zur Zürcher Ausgabe enthält. detebe 20429 + 20430

Außerdem erschien:

Über Arthur Schopenhauer
Essays von Friedrich Nietzsche, Thomas Mann,
Ludwig Marcuse, Max Horkheimer und Jean Améry.
Zeugnisse von Jean Paul bis Arno Schmidt.
Chronik und Bibliographie.
Herausgegeben von Gerd Haffmans. detebe 20431

Theorie · Philosophie · Historie · Theologie
Politik · Polemik
im Diogenes Verlag

● **Alfred Andersch**

Öffentlicher Brief an einen sowjetischen Schriftsteller, das Überholte betreffend
Reportagen und Aufsätze. detebe 20398

Einige Zeichnungen
Graphische Thesen am Beispiel einer Künstlerin. Mit Zeichnungen von Gisela Andersch. detebe 20399

Die Blindheit des Kunstwerks
Literarische Essays und Aufsätze
detebe 20593

Ein neuer Scheiterhaufen für alte Ketzer
Kritiken und Rezensionen. detebe 20594

● **Angelus Silesius**
Der cherubinische Wandersmann
Ausgewählt und eingeleitet von Erich Brock. detebe 20644

● **Anton Čechov**
Die Insel Sachalin
Ein politischer Reisebericht. Aus dem Russischen von Gerhard Dick. detebe 20270

● **Ida Cermak**
Ich klage nicht
Begegnung mit der Krankheit in Selbstzeugnissen schöpferischer Menschen
detebe 21093

● **Raymond Chandler**
Die simple Kunst des Mordes
Briefe, Essays, Fragmente. Aus dem Amerikanischen von Hans Wollschläger
detebe 20209

● **Manfred von Conta**
Reportagen aus Lateinamerika
Broschur

● **Friedrich Dürrenmatt**
Theater
Essays, Gedichte und Reden. detebe 20855

Kritik
Kritiken und Zeichnungen. detebe 20856

Literatur und Kunst
Essays, Gedichte und Reden. detebe 20857

Philosophie und Naturwissenschaft
Essays, Gedichte und Reden. detebe 20858

Politik
Essays, Gedichte und Reden. detebe 20859

Zusammenhänge/Nachgedanken
Essay über Israel. detebe 20860

Der Winterkrieg in Tibet
Stoffe I. detebe 21155

Mondfinsternis/Der Rebell
Stoffe II/III. detebe 21156

● **Meister Eckehart**
Deutsche Predigten und Traktate
in der Edition von Josef Quint. detebe 20642

● **Albert Einstein**
Briefe
Ausgewählt und herausgegeben von Helen Dukas und Banesh Hoffmann. detebe 20303

● **Albert Einstein & Sigmund Freud**
Warum Krieg?
Ein Briefwechsel. Mit einem Essay von Isaac Asimov. detebe 20028

● **Ralph Waldo Emerson**
Natur
Essay. Neu aus dem Amerikanischen übersetzt von Harald Kiczka
Diogenes Evergreens

Essays
Herausgegeben und übersetzt von Harald Kiczka. Mit zahlreichen Anmerkungen und einem ausführlichen Index. detebe 21071

● **Federico Fellini**
Aufsätze und Notizen
Herausgegeben von Christian Strich und Anna Keel. detebe 20125